工业和信息化
人才培养规划教材
Industry And Information
Technology Training
Planning Materials

高职高专计算机系列

计算机网络技术基础
任务驱动式教程（第2版）

Computer Network
Technology

柳青 ◎ 主编
骆金维 王俊波 付军 王敏 ◎ 副主编

U0212872

人民邮电出版社
北京

图书在版编目（ＣＩＰ）数据

计算机网络技术基础任务驱动式教程 / 柳青主编
. -- 2版. -- 北京：人民邮电出版社，2014.9
工业和信息化人才培养规划教材. 高职高专计算机系列
ISBN 978-7-115-35911-7

Ⅰ. ①计… Ⅱ. ①柳… Ⅲ. ①计算机网络－高等职业教育－教材 Ⅳ. ①TP393

中国版本图书馆CIP数据核字(2014)第180713号

内 容 提 要

　　本书以计算机网络体系结构与协议为基础，紧密结合当前网络技术的发展，系统地介绍了计算机网络的基本概念、数据通信基础知识、计算机网络体系结构、局域网技术、广域网技术、网络互连技术、Internet 基础与宽带接入技术、构建 Internet 信息网站、网络管理与网络安全、局域网组建典型案例等内容。

　　本书可作为高职高专院校计算机及相关专业计算机网络技术基础课程的教材，也可以作为计算机网络技术的培训教材。

◆ 主　编　柳　青
　　副主编　骆金维　王俊波　付　军　王　敏
　　责任编辑　王　威
　　责任印制　杨林杰
◆ 人民邮电出版社出版发行　　北京市丰台区成寿寺路 11 号
　　邮编　100164　　电子邮件　315@ptpress.com.cn
　　网址　http://www.ptpress.com.cn
　　三河市君旺印务有限公司印刷
◆ 开本：787×1092　1/16
　　印张：20　　　　　　　　　　2014 年 9 月第 2 版
　　字数：501 千字　　　　　　　2024 年 8 月河北第 15 次印刷

定价：45.00 元
读者服务热线：(010)81055256　印装质量热线：(010)81055316
反盗版热线：(010)81055315

前 言 PREFACE

　　"计算机网络技术基础"是计算机相关专业的必修课程，也是一门理论与实践紧密结合的课程。随着我国各行各业信息化进程的深入，计算机网络技术已成为计算机专业人才必备的能力要素。通过学习本课程，学生能够掌握网络技术的基本原理、操作技能和应用能力，具备网络系统建设、管理和维护等方面的能力，成为企事业单位的信息化建设人才。

　　本书第 1 版《计算机网络技术基础》和《计算机网络技术基础实训》出版以来，对网络技术基础课程的教学改革起到了积极的推动作用，并得到读者的一致好评。作者在总结第 1 版教材使用情况的基础上，根据职业岗位的工作性质和人才需求，结合编者的教学实践和工程实践，在课程内容的选择和优化方面进行了深入的研究与实践，对全书重新进行了编写。

　　本书将教学内容按照职业活动的特点和要求进行了整合，教学内容的组织与编排既注意符合知识的逻辑顺序，又着眼于符合学生的思维发展规律和网络技术应用的基本规律。书中介绍理论知识适量，对学习难点进行了分散处理；理论与实践相结合，突出实践能力的培养；结合工程实践，坚持教学过程与工程实践相结合，注重基本能力和基本技能的培养；合理设置了应用实践模块，将理论教学与实践教学紧密结合，使用于理实一体化教学；教学内容与职业认证考试相结合。

　　本书教学内容按照实际的工作需求、工作过程和工作情境组织，力图形成围绕工作目标的教学任务，以任务组织教学，注重提高学生的学习主动性，创新教学内容和教学模式，强化能力培养。本书以计算机网络体系结构与协议为基础，在此基础上介绍局域网工作原理与组网方法、广域网技术与应用、Internet 知识和技术，力求使学生具有实际构建、配置和管理网络的基本能力。通过学习，使学生获得计算机网络技术的基础知识，掌握计算机网络建设的基本方法，具备网络系统软硬件的安装、配置、管理、维护等基本技能，培养学生对计算机网络的认知能力，对网络技术的实际应用能力，以及具备自主学习和创新的能力。

　　本书可作为高等职业院校计算机及相关专业网络技术基础、网络技术等课程的教材，非计算机专业计算机网络技术选修课教材，也可以作为计算机网络培训教材。

　　本书由柳青任主编，骆金维、王俊波、付军、王敏任副主编。全书分为 3 篇，其中，第一篇的学习任务 1、学习任务 2、学习任务 3 由柳青、王敏编写，第二篇的学习任务 4、学习任务 5 由骆金维编写，第二篇的学习任务 6、学习任务 7 由王俊波编写，第三篇的学习任务 8、学习任务 9 由付军编写，成秋华、刘顺来、陈立德、沈明、张攀、叶明伟等参加了第 1 版的编写。全书由柳青修改和统稿。广州中星网络技术有限公司、广州市唯康通信技术有限公司、星网锐捷网络有限公司等对本书的编写给予了大力的支持和帮助，在此表示衷心感谢。

　　限于编者水平，书中难免有错误和不妥之处，望广大读者批评指正。

编　者
2014 年 6 月

目 录 CONTENTS

第二篇　交换路由基础

学习任务 4　局域网组网技术　　88

学习任务 5　广域网技术　　131

学习任务 9　网络管理与网络安全　296

参考文献　312

PART 1

第一篇
网络基础的认知

1

- 学习任务 1　初识计算机网络
- 学习任务 2　数据通信基础知识
- 学习任务 3　网络体系结构与协议

PART 1

学习任务 1
初识计算机网络

知识引导 1.1　了解计算机网络

1.1.1　计算机网络无处不在

随着计算机技术的飞速发展，计算机应用的范围日益广泛。尽管计算机的运行速度在不断倍增，但单台计算机的资源还是有限的，如存储容量不够大、打印机质量低等。在现代信息化社会中，对信息的处理不仅仅是计算、统计、归纳、分类等，还需要进行大量的信息交互。计算机已从单机使用发展到群机使用，越来越多的应用领域需要计算机在一定的地理范围内联机工作，从而促进计算机技术和通信技术的紧密结合，以实现资源共享和信息交互，计算机网络技术应运而生。

计算机和通信曾经是各不相干的两门学科，近年来，它们之间的界限已逐渐变得模糊了，人们已经越来越难将它们完全分开了。今天，无论是大型计算机、小型计算机还是微型计算机，都以某种方式连接到网络上，利用专用的设备即可通过网络交换数据、语音和其他信号。具体来说，数据存储在计算机中的方式与它们在通信线路上的传输方式之间，已经没有什么区别了。在计算机中，数据总是以数字形式进行编码。随着多媒体技术的发展，语音信号在从发送者传送到接收者的过程中，也在某个节点上进行了数字化。对于通信线路上流动的信号，人们根本无法区分那些是计算机数据，哪些是数字化的语音信号，哪些是数字化的视频信号。

现代社会中，大多数人每天都在使用计算机网络，计算机网络已经融入人们的日常生活中，包括家庭、学校、工作单位等，没有网络，人们几乎什么都做不了。在日常生活中，电话是人们十分熟悉的通信工具，不需要经过培训就会使用。现在，计算机网络也达到了电话网络的相同地位和影响，人类的生活已经开始依赖于计算机网络了。除少数国家和地区外，全球性的 Internet 已经无处不在。当今的年轻人是伴随着 Internet 成长起来的，他们不需要任何说明书或培训，坐在计算机前即可使用 Internet，在含有海量信息、游戏和其他各种资源的信息海洋中畅游。

在日常生活中，有线电话网、无线移动电话网是非常重要的，人们无法与这两种电话网割裂开来。银行的自动取款机与银行网络系统连接在一起，使人们可以通过网络在自己的银行账户中取钱或存钱。同样，银行借记卡也是通过银行网络系统发挥作用的。购物时，银行机终端通过读码器发出的激光束，扫描所购商品的条形码；收银机终端与商店或连锁店内部的计算机网络连接在一起，可以跟踪商店里商品库存情况和顾客的购买习惯等。其中，计算机网络的终端能自动发出重新进货的订单，以保证顾客喜爱的商品不会缺货，新的商品会被自动订购，并在数小时或数日内送到。顾客递上自己的信用卡时，网络查看该张信用卡，以确认没有超过信用额度，或确认是客户自己的信用卡。所有这一切，都是在数秒内完成的。

很多人在家里、办公室或在学校学习时访问 Internet。在某个图书馆借书时，也许会通过网络访问该图书馆馆藏图书数据库。订购某种商品时，可以通过 Internet 访问生产该产品的公司网站，该公司可能通过一个内部网络检查库存，生成送货单核账单，并安排送货日期等。用手机打电话即使用无线网络。如果通过家里的有线电视系统或卫星上网，那是在使用另一种形式的网络。

无论是企业、政府机关、学校等，常常在一个办公室或一幢楼里通过小型局域网将各种终端与计算机设备连接起来，这种小型局域网不同于大型的跨国或国际大型网络。只有大型组织或机构才有条件建设和维护大型网络。随着计算机网络技术的发展，小型网络和大型网络之间的这种区别也开始变得模糊了，Internet 无处不在。对于许多人来说，没有 Interne 就根本无法工作。

可见，网络已经成为日常生活中不可或缺的一部分，以至于人们几乎意识不到网络的存在。人们通过网络进行商务交易、检索信息、信息交互与通信，而对于通信得以实现的原因与相关技术则缺乏认识。人们不需要关心网络的运作细节，也无需担心网络是否能在人们需要时正常工作，就好比打开水龙头时，无需担心水是否会流出来一样，也好比打开电灯开关时，无需担心电灯是否会亮起来一样。计算机网络是新的技术，与传统的服务相比，虽然在可靠性上有一定的差距，但一般来说还是相当可靠的。今天，计算机网络已经变得与电话网、无线移动电话网、电网、供水网等传统的"网络"同等重要。

综上所述，在信息高速公路上，计算机网络是一个载体，计算机网络无处不在，为人们的工作、生活带来了便利，提高了效率。那么，什么是计算机网络？计算机网络是如何工作的？如何建立、使用和管理计算机网络？这是本书需要解决的主要问题。

1.1.2　计算机网络的定义

计算机网络技术是随着现代通信技术和计算机技术的高速度发展、密切结合而产生和发展起来的。把几台计算机连接在一起，就可以建立起一个简单的计算机网络，如图 1-1 所示。其中，服务器是一种高性能的计算机，集线器是一种网络互连设备。在这个非常简单的办公网络中，可以把需要共享的文件存放在服务器或任意一台计算机上，连接到网络中的任意一台计算机都可以访问这些文件。此外，还可以使用共享的网络打印机，网络上的各台计算机之间、计算机和服务器之间、计算机和网络打印机之间，可以相互交换信息，进行数据通信。

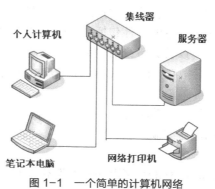

图 1-1　一个简单的计算机网络

如何定义计算机网络？多年来一直没有一个严格的定义，各种资料上的说法也不完全一致。一个比较通用的定义：利用通信线路将地理上分散的、具有独立功能的计算机系统和通信设备按不同的形式连接起来，以功能完善的网络软件及协议实现资源共享和信息传递的系统。所谓资源共享，是指计算机网络系统中的计算机用户可以利用网络内其他计算机系统中的全部或部分资源。

此外，从不同的角度还可以有不同的定义方法。例如，从应用或功能的角度看，可定义计算机网络如下：把多个具有独立功能的单机系统，以资源（硬件、软件和数据）共享的形式连接起形成的多机系统，或把分散的计算机、终端、外围设备和通信设备用通信线路连接起来，形成能够实现资源共享和信息传递的综合系统。

上述计算机网络的定义包含了以下 3 个要点。

（1）计算机网络是一个多机系统，系统中包含多台具有自主功能的计算机。所谓"自主"，是指这些计算机在脱离计算机网络后，也能独立地工作和运行。通常将网络中的这些计算机称为主机（Host），可以向用户提供服务和可共享的资源。

（2）计算机网络是一个互连系统，通过通信设备和通信线路把众多计算机有机地连接起来。所谓"有机地连接"，是指连接时必须遵循规定的约定和规则，这些约定和规则就是通信协议。这些通信协议，有些是国际组织颁布的国际标准，有些是网络设备和软件厂商开发的。

（3）计算机网络是一个资源共享系统。建立计算机网络的主要目的，是实现数据通信、信息资源交流、计算机数据资源共享，或计算机之间协同工作。一般将资源共享作为计算机网络的最基本特征。在计算机网络中，由各种通信设备和通信线路组成通信子网，由网络软件为用户共享网络资源和信息传递提供管理和服务。

计算机网络中，提供信息和服务能力的计算机是网络的资源，索取信息和请求服务的计算机是网络用户。由于网络资源与网络用户之间的连接方式、服务类型和连接范围的不同，形成了不同的网络结构及网络系统。

1.1.3 计算机网络的功能

计算机网络的功能可归纳为以下几点。

1．资源共享

资源共享是计算机网络的基本功能之一。计算机网络的基本资源包括硬件资源、软件资源和数据资源。共享资源即共享网络中的硬件、软件和数据资源。网络中多个用户可共享的硬件资源，一般是指那些特别昂贵或特殊的硬件设备，如大容量存储器、绘图仪、激光打印机等。网络用户可共享其他用户或主机的软件资源，避免在软件建设上的重复劳动和重复投资，以提高网络的经济性。可以共享的软件包括系统软件和应用软件以及其组成的控制程序和处理程序。计算机网络技术可以使大量分散的数据被迅速集中、分析和处理，同时为充分利用这些数据资源提供方便。分散在不同地点的网络用户可以共享网络中的大型数据库。

2．信息传递

信息传递也是计算机网络的基本功能之一。在网络中，通过通信线路可实现主机与主机、主机与终端之间数据和程序的快速传输。

3．实时的集中处理

在计算机网络中，可以把已存在的许多联机系统有机地联接起来，进行实时集中管理，使各部件协同工作、并行处理，提高系统的处理能力。

4．均衡负荷和分布式处理

计算机网络中包括很多子处理系统，当某个子处理系统的负荷过重时，新的作业可通过网络内的节点和线路分送给较空闲的子系统进行处理。进行这种分布式处理时，必要的处理程序和数据也必须同时送到空闲子系统。此外，在幅员辽阔的国家中，可以利用地理上的时差，均衡系统日夜负荷不均衡的现象，以达到充分发挥网内各处理系统的负载能力。

5．开辟综合服务项目

通过计算机网络可为用户提供更全面的服务项目，如图像、声音、动画等信息的处理和传输。这是单个计算机系统难以实现的。

1.1.4　计算机网络的分类

由于计算机网络的广泛使用，世界上已出现了多种形式的计算机网络，对网络的分类方法也很多。从不同角度观察、划分网络，有利于全面了解网络系统的各种特性。

1．按照网络的覆盖范围分类

根据计算机网络覆盖的地理范围、信息的传递速率及其应用目的，计算机网络可分为广域网、城域网和局域网。

（1）广域网（Wide Area Network，WAN）：又称远程网。广域网指实现计算机远距离连接的计算机网络，可以把众多的城域网、局域网连接起来。广域网的覆盖范围较大，一般从几千米到几万千米，用于通信的传输装置和介质一般由电信部门提供。广域网的规模大，能实现较大范围内的资源共享和信息传递。

（2）局域网（Local Area Network，LAN）：又称局部网，在一个有限的地理范围（十几千米以内）将计算机、外部设备和网络互连设备连接在一起的网络系统，常用于一座大楼、一个学校、一个企业内，属于一个部门或单位组建的小范围网络。局域网专为短距离通信而设计，可以在短距离内使互连的多台计算机之间进行通信，组网方便，使用灵活，一般具有较高的传输速率，是目前计算机网络发展中最活跃的分支。

（3）城域网（Wide Area Network，WAN）：又称城市网、区域网、都市网。城域网一般指建立在大城市、大都市区域的计算机网络，覆盖城市的大部分或全部地域，距离通常在几十千米内。城域网通常采用光纤或无线网络把各个局域网连接起来。

近年来，随着对高速上网需求的日益增加，接入网技术得到了飞快发展。接入网是局域网和城域网之间的桥接区，提供多种高速接入技术，使用户接入到 Internet 的瓶颈得到某种程度上的解决。广域网、局域网、城域网与接入网的关系如图 1-2 所示。

图 1-2　广域网、局域网、城域网与接入网的关系

2．根据数据传输方式分类

根据数据传输方式的不同，计算机网络可以分为广播网络和点对点网络两大类。

（1）广播网络（Broadcasting Network）：计算机或设备使用一条共享的通信介质进行数据传播，网络中的所有节点都能收到任何节点发出的数据信息。

广播网络的传输方式有 3 种。

● 单播（Unicast）：发送的信息中包含明确的目的地址，所有节点都检查该地址，如果与自己的地址相同，则处理该信息；如果不同，则忽略。

● 多播（Multicast）：又称多播将信息传送给网络中部分节点。

● 广播（Broadcast）：在发送的信息中使用一个指定的代码标识目的地址，将信息发送给所有的目标节点。当使用这个指定代码传输信息时，所有节点都接收并处理该信息。

（2）点对点网络（Point to Point Network）：计算机或设备以点对点的方式进行数据传输，两个节点间可能有多条单独的链路。

目前的网络技术中，以太网和令牌网属于广播网，ATM 和帧中继属于点对点网。

3．根据网络组件的关系分类

根据网络中的各组件的关系，计算机网络通常有对等网络和基于服务器网络两种类型。

（1）对等网络：网络的早期形式，使用的典型操作系统有 DOS、Windows 95/Windows 98，网络中的各计算机在功能上是平等的，没有客户机和服务器之分。每台计算机既可以提供服务，又可以索取服务。对等网络具有各计算机地位平等、网络配置简单、网络的可管理性差等特点。

（2）基于服务器网络：采用客户机/服务器模式。服务器提供服务，不索取服务；客户机则索取服务，不提供服务。基于服务器网络具有网络中计算机地位不平等、网络管理集中、便于网络管理、网络配置复杂等特点。

除了以上分类方法外，计算机网络还可以按网络的拓扑结构分为总线网、环型网、星型网、树型网、微波网和卫星网等，按网络采用的传输媒体分为双绞线网、同轴电缆网、光纤网、无线网等，按网络的应用范围和管理性质分为公用网和专用网等，按网络的交换方式分为电路交换网、报文交换网、分组交换网、帧中继交换网、ATM 交换网和混合交换网等。此外，还有一些其他的划分方法。

项目实践 1.1　认识计算机网络

如前所述，生活在信息时代的人们已经离不开计算机了，并且总是把多台计算机连接起来，形成网络，实现资源共享和相互通信。人们在家庭使用家庭网络，在办公室使用办公网络，在图书馆、机场、餐厅等公共场所使用无线网络等。计算机网络为人们的生活和工作注入了丰富的色彩，通过网络，人们可以进行文字、语音或视频聊天，可以查看新闻、在线看电影、在线玩游戏，也可以查询资料、在线学习等，企业可以通过计算机网络宣传产品、进行网上交易等。可见，计算机网络不但给人们提供了新的生活方式，还为人们提供了资源共享和数据传输的平台。

以下是几项初步的网络应用实践。

1．了解校园网

参观学校网络中心和网络实验室，了解校园网的总体布局，观察网络中心机房的主要设备；了解校园网的主要功能、可以提供的服务、各种网络设备的用途及网络连接方式，整体认识计算机网络的功能，增强对网络的感性认识。

2．发送电子邮件

随着计算机网络技术的飞速发展，电子邮箱已逐渐取代了普通的信箱，承担起信息交流的重任。读者可以按以下步骤应用电子邮箱发送普通电子邮件。

（1）登录 126 网站，申请免费邮箱账号，具体操作请见网站介绍。

（2）登录 www.126.com 网站，打开自己的邮箱。

（3）给自己写一封信，单击"发送"按钮，发送邮件。如果邮件发送成功，显示"邮件发送成功"界面。

（4）等待片刻，观察收件箱中是否有新邮件，打开并阅读收到的邮件。

3．使用即时通信软件 QQ

网络的发展促成了信息交流方式的千变万化，通过通信软件 QQ 的应用实践，进一步了解计算机网络蕴含的丰富内容。

即时通信是一个终端服务，允许两人或多人使用网络即时传递文字信息、档案、语音与视频交流。它是一个终端连接到一个即时通信网络的服务，不同于 E-mail，交谈是即时的。近年来，许多即时通信服务开始提供视频会议的功能，网络电话（VoIP）与网络会议服务开始整合为兼有影像会议与即时信息的功能，使得这些媒体之间的区分变得越来越模糊。

在网际网络上受欢迎的即时通信服务包括 MSN Messenger、AOL Instant Messenger、Yahoo! Messenger、NET Messenger Service、Jabber、ICQ 与 QQ。随着计算机网络技术的发展和网络性能的提高，网络传输的带宽不断加大，QQ 软件的功能不断拓展，已成为即时通信中的佼佼者。而 QQ 的附件发送功能在目前信息交流中越来越占据优势，同时也为网络使用者提供了非常方便快捷的信息传递模式。

使用 QQ 发送附件的操作步骤如下。

（1）申请 QQ 账号并登录。

（2）进入与好友聊天的界面，在工具栏中单击"传送文件"图标，弹出"打开"对话框。选择准备传送的文件，单击"打开"按钮，即可将选择的文件发送到对方的聊天界面上。

（3）接收方单击"接收"链接按钮，将接收到的文件保存到 QQ 软件安装目录中的"MyRecvFiles"文件夹中。若单击"另存为"链接按钮，可手动选择保存路径。

（4）若接收方单击"谢绝"链接按钮，则拒绝接收该文件。

思考：QQ 使用了计算机网络中的哪些功能？

4．使用搜索引擎搜索信息

上网登录搜索引擎网站 www.baidu.com（或 www.google.com. cn），输入"计算机网络技术"，搜索与计算机网络技术相关的事件。

思考：搜索引擎利用了计算机网络中的哪些功能？搜索引擎对人们的学习、工作有什么帮助？

知识引导 1.2　　了解计算机网络的形成与发展

1.2.1　计算机网络的形成

1946 年第一台电子计算机 ENIAC 诞生后，随着半导体技术、磁记录技术的发展和计算机软件的开发，计算机技术的发展异常迅速。20 世纪 70 年代微型计算机（微机）的出现和发展，使计算机在各个领域得到了广泛的普及和应用，极大地加快了信息技术革命，使人类进入了信息时代。在计算机应用的过程中，需要对大量复杂的信息进行收集、交换、加工、处理和传输，从而引入了通信技术，以便通过通信线路为计算机或终端设备提供收集、交换和传输信息的手段。

计算机网络的研究基本上是从 20 世纪 60 年代开始的。计算机技术与通信技术的结合，使计算机的应用范围得到了极大的开拓。当前，计算机网络的应用已渗透到社会的各个领域，无论是军事、金融、情报检索、交通运输、教育等领域，或是企业、机关或学校内部的管理等，无不采用计算机网络技术，计算机网络已成为人们打破时间和空间限制的便捷工具。此外，计算机网络技术对于其他技术的发展也具有强大的支撑作用。

1.2.2 计算机网络的发展

与任何其他事物的发展过程一样，计算机网络的发展经历了从简单到复杂、从单机到多机、从终端与计算机之间的通信到计算机与计算机之间直接通信的演变过程。其发展大致经历了四个阶段：面向终端的计算机网络，多机系统互连的计算机网络，开放式标准化网络体系结构的网络，计算机网络互连与高速网络。

1．面向终端的计算机网络

在 20 世纪 50 年代中期至 60 年代末期，计算机技术与通信技术初步结合，形成了计算机网络的雏形——面向终端的计算机网络。这种早期计算机网络的主要形式，实际上是以单个计算机为中心的连机系统。为了提高计算机的工作效率和系统资源的利用率，将多个终端通过通信设备和通信线路连接到计算机上，在通信软件的控制下，各个终端用户分时轮流使用计算机系统的资源。系统中除一台中心计算机外，其余的终端都不具备自主处理功能，系统中主要是终端和计算机间的通信。20 世纪 60 年代初期，美国航空公司使用的是由一台中心计算机和全美范围内 2000 多个终端组成的机票预订系统，就是这种远程连机系统的一个代表。

这种单计算机连机网络涉及多种通信技术、多种数据传输设备和数据交换设备等。从计算机技术上来看，属于分时多用户系统，即多个终端用户分时占用主机上的资源，主机既承担通信工作，又承担数据处理工作，主机的负荷较重，且效率低。此外，每一个分散的终端都要单独占用一条通信线路，线路利用率低；随着终端用户的增多，系统的费用也增加。为了提高通信线路的利用率，减轻主机的负担，采用多点通信线路、集中器以及通信控制处理机等技术。

（1）多点通信线路如图 1-3 所示。在一条通信线路上串接多个终端，多个终端共享同一条通信线路与主机通信，各个终端与主机间的通信可以分时地使用同一高速通信线路，提高信道的利用率。

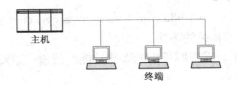

图 1-3　多点通信线路方式示意

（2）通信控制处理机（Communication Control Processor，CCP）：又称前端处理机（Front End Processor，FEP），负责完成全部通信任务，让主机专门进行数据处理，以提高数据处理效率。

（3）集中器：负责从终端到主机的数据集中，以及从主机到终端的数据分发，可以放置于终端相对集中的地点。其中，一端用多条低速线路与各终端相连，收集终端的数据；另一端用一条较高速率的线路与主机相连，实现高速通信，以提高通信效率，如图 1-4 所示。集中器把收到的多个终端的信息按一定格式汇总，再传送给主计算机。

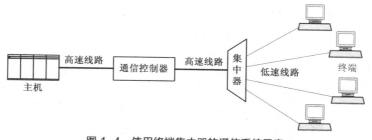

图 1-4　使用终端集中器的通信系统示意

面向终端的计算机网络属于第一代计算机网络。这些系统只是计算机网络的"雏形"，没有真正出现"网"的形式，一般在用户终端和计算机之间通过公用电话网进行通信。随着终端用户增加，计算机的负荷加重，一旦计算机发生故障，将导致整个网络的瘫痪，降低其可靠性。

2．多机系统互连的计算机网络

从 20 世纪 60 年中期到 70 年代中期，随着计算机技术和通信技术的进步，利用通信线路将多个单计算机联机终端网络互连起来，形成多机系统互连的网络。多个计算机系统主机之间连接后，主机与主机之间也能交换信息、相互调用软件以及调用其中任何一台主机的资源，系统呈现多个计算机处理中心，各计算机通过通信线路连接，相互交换数据、传送软件，实现互连的计算机之间的资源共享。

这时的计算机网络有以下两种形式。

（1）通过通信线路将主计算机直接互连起来，主机既承担数据处理任务又承担通信任务，如图 1-5 所示。

（2）把通信从主机分离出来，设置通信控制处理机（CCP），主机之间的通信通过 CCP 的中继功能逐级间接进行。由 CCP 组成的传输网络成为通信子网，如图 1-6 所示。

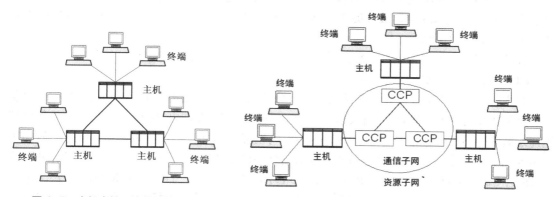

图 1-5　主机直接互连的网络示意　　　　图 1-6　具有通信子网的计算机网络示意

通信控制处理机负责网络上各主机之间的通信控制和通信处理，它们组成的通信子网是网络的内层或骨架层，是网络的重要组成部分。网络中的主机负责数据处理，是计算机网络资源的拥有者，它们组成了网络的资源子网，是网络的外层。通信子网为资源子网提供信息传输服务，资源子网上用户之间的通信建立在通信子网的基础上。没有通信子网，网络不能工作，而没有资源子网，通信子网的传输也失去意义，两者结合构成统一的资源共享的两层网络，将通信子网的规模进一步扩大，使之变成社会共有的数据通信网，如图 1-7 所示。广域网，特别是国家级的计算机网络大多采用这种形式。这种网络允许异种机入网，兼容性好、通信线路利用率高，是计算机网络概念最多、设备最多的一种形式。

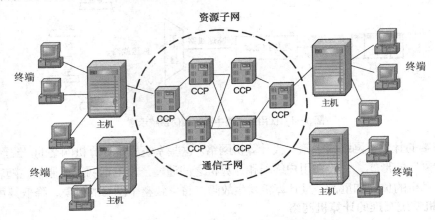

图 1-7　具有公共数据通信网的计算机网络示意

多机系统使计算机网络的通信方式由终端与计算机之间的通信，发展到计算机与计算机之间的直接通信。网络中各计算机子系统相对独立，形成一个松散耦合的大系统。用户可以把整个系统看作由若干个功能不一的计算机系统集合而成，功能比面向终端的计算机网络扩大了很多。美国国防部高级研究计划署（DARPA）1969 年建成的 ARPANFT 实验网，就是这种形式的最早代表。

这个时期的计算机网络，以远程大规模互连为其主要特点，称为第二代网络，属于计算机网络的形成阶段。

3．开放式标准化网络体系的计算机网络

经过 20 世纪 60 年代和 70 年代前期的发展，为了促进网络产品的开发，各大公司纷纷制订了自己的网络技术标准，最终促成了国际标准的制定，遵循网络体系结构标准建成的网络称为第三代计算机网络。

计算机网络体系结构依据标准化的发展过程可分为两个阶段。

（1）各计算机制造厂商网络结构标准化。

各大计算机公司和计算机研制部门进行计算机网络体系结构的研究，目的是提供一种统一信息格式和协议的网络软件结构，使网络的实现、扩充和变动更易于实现，适应计算机网络迅速发展的需要。1974 年，IBM 公司首先提出了完整的计算机网络体系标准化的概念，宣布了SNA 标准，方便了用户用 IBM 各种机型建造网络。1975 年，DEC 公司公布了面向分布式网络的 DNA（数字网络系统结构）；1976 年，UNIVAC 公司公布了 DCA（数据通信体系结构）；Burroughs 公司公布了 BNA（宝来网络体系结构）等。这些网络技术标准只是在一个公司范围内有效，即遵从某种标准的、能够互连的网络通信产品，也只限于同一公司所生产的同构型设备。

（2）国际网络体系结构标准化。

为适应网络向标准化发展的需要，国际标准化组织（ISO）于 1977 年成立了 TC97（计算机与信息处理标准化委员会）下属的 SC16（开放系统互连分技术委员会），在研究、吸收各计算机制造厂商的网络体系结构标准和经验的基础上，着手制定开放系统互连的一系列标准，旨在方便异种计算机互连。该委员会制定了"开放系统互连参考模型"（OSI/RM），简称为OSI。"开放系统互连参考模型"（OSI）为新一代计算机网络系统提供了功能上和概念上的框架，是一个具有指导性的标准。OSI 规定了可以互连的计算机系统之间的通信协议，遵从 OSI

协议的网络产品都是所谓的开放系统，符合 OSI 标准的网络被称为第三代计算机网络。这个时期是计算机网络的成熟阶段。

20 世纪 80 年代，微型计算机有了极大的发展，对社会生活各个方面都产生了深刻的影响。在一个单位内部微型计算机和智能设备的互连网络，不同于远程公用数据网，推动了局域网技术的发展。1980 年 2 月，IEEE802 局域网标准出台。局域网从开始就按照标准化、互相兼容的方式展开竞争，迅速进入了专业化的成熟时期。

4．Internet 的应用与高速网络技术的发展

从 20 世纪 80 年代末开始，计算机技术、通信技术以及建立在 Internet 技术基础上的计算机网络技术得到了迅猛发展。随着 Internet 被广泛应用，高速网络技术与基于 Web 技术的 Internet 应用迅速发展，计算机网络的发展进入第四阶段。

Internet 飞速发展与应用的同时，高速网络的发展也引起人们越来越多的关注。高速网络的发展主要表现在：宽带综合业务数据网（B-ISDN）、异步传输模式（ATM）、高速局域网、交换局域网、虚拟网络与无线网络。基于光纤通信技术的宽带城域网与宽带接入网技术，以及无线网络技术已经成为当前研究、应用于产业发展的热点问题之一。

随着社会生活对网络技术与基于网络信息系统的依赖程度越来越高，人们对网络与信息安全的需求越来越强烈。网络与信息安全的研究正在成为研究、应用和产业发展的重点问题，引起社会的高度重视。

随着网络传输介质的光纤化，各国通信设施的建立与发展，多媒体网络与宽带综合业务数字网（B-ISDN）的开发和应用，智能网的发展，计算机分布式系统的研究，计算机网络相继出现了高速以太网、光纤分布式数字接口（FDDI）、快速分组交换技术（包括帧中继、ATM）等新技术，推动着计算机网络技术的飞速发展，使计算机网络技术进入高速计算机互联网络阶段，Internet 成为计算机网络领域最引人注目、也是发展最快的网络技术。

5．计算机网络的发展趋势

进入 21 世纪，计算机网络向着综合化、宽带化、智能化和个性化方向发展。信息高速公路向用户提供声音、图像、图形、数据和文本的综合服务，实现多媒体通信，是网络发展的目标。电话、收音机、电视机以及计算机和通信卫星等领域正在迅速地融合，信息的获取、存储、处理和传输之间的"孤岛现象"随着计算机网络和多媒体技术的发展而逐渐消失，曾经独立发展的电信网络、电视网络和计算机网络不断融合，新的信息产业正以强劲的势头迅速崛起。

随着 Internet 的广泛应用，推动计算机网络与通信网络技术的迅猛发展，推动通信行业从传输网技术到服务业务类型的巨大变化。要满足大规模 Internet 接入和提供多种 Internet 服务，电信运营商必须提供全程、全网、端到端、可灵活配置的宽带城域网。在这样一个社会需求的驱动下，电信运营商纷纷将竞争重点和大量资金从广域网骨干网的建设，转移到高效、经济、支持大量用户接入和支持多种业务的城域网建设中，导致了世界性的信息高速公路建设的高潮。信息高速公路的建设又推动了电信产业的结构调整，推动了大规模的企业重组和业务转移。宽带城域网的建设与应用引起世界范围内大规模的产业结构调整和企业重组，宽带城域网已成为现代化城市建设的重要基础设施之一。

如果将国家级大型主干网比作是国家级公路，各个城市和地区的高速城域网比作是地区级公路，接入网就相当于最终把家庭、机关、学校、企业用户接到地区级公路的道路。接入网技术解决的是最终用户接入地区性网络的问题。由于 Internet 的应用越来越广泛，社会对接

入网技术的需求也越来越强烈，接入网技术有着广阔的市场前景，已成为当前计算机网络技术研究、应用与产业发展的热点问题。

计算机网络的重要的支撑技术是微电子技术和光电子技术。基于光纤通信技术的宽带城域网与接入网技术，以及移动计算网络、网络多媒体计算、网络并行计算、网格计算与存储区域网络正在成为网络应用与研究的热点。全光网络将以光节点取代现有网络的电节点，并用光纤将节点互连成网，利用光波完成信号的传输、交换等功能，以克服现有网络在传送和交换时的瓶颈，减少信息传播的拥塞，提高网络的吞吐量。

1.2.3　云计算及其应用

当前，全球 IT 产业正经历着一场声势浩大的"云计算"浪潮，人类已经进入"以服务为中心"的时代，"云"越来越成为 IT 业界关注的焦点。什么是云？云有什么与众不同的特性？它将如何改变整个世界？这是大家都在关心的一个问题。

云计算是一种计算模式，而不是一种技术。在这种计算模式中，所有服务器、网络、应用程序以及与数据中心有关的其他部分，都通过网络提供给 IT 部门和最终用户，IT 部门只需购买自己所需的特定类型和数量的计算服务。

云计算的最核心本质，是把一切都作为服务来交付和使用。展望未来的发展趋势，无论工作、生活、娱乐、人际关系，一切事物均以一种"服务"形态展现在人们面前，一切都可以作为服务交付给客户使用。

1．云计算的基本概念

近年来，随着信息技术和 Internet 的急速发展，网络的数据量高速增长，导致数据处理能力的相对不足；同时，网络上存在着大量处于闲置状态的计算设备和存储资源，如果能够将网络上的设备资源聚合起来，统一调度，提供服务，将可以大大提高利用率，让更多的用户受益。目前，用户一般通过购置更多数量、更高性能的终端或服务器来增加计算能力和存储资源。但是，不断提高的技术更新速度与昂贵的设备价格，往往让人望而却步。如果能够通过高速网络租用计算能力和存储资源，可以大大减少对自有硬件资源的投资和依赖，从而不必为一次性支付大笔设备费用而烦恼。

云计算通过虚拟化技术将资源进行整合，将网络上分布的计算、存储、服务构件、网络软件等资源集中起来，形成庞大的计算与存储网络，以基于资源虚拟化的方式，为用户提供方便快捷的服务。用户只需要使用一台接入网络的终端，即可用相对低廉的价格获得所需资源和服务，而无需考虑其来源。云计算可以实现资源和计算能力的分布式共享，能够很好地应对当前网络上数据量的高速增长。

如果把"云"视为一个虚拟化的存储与计算资源池，那么云计算则是这个资源池基于网络平台为用户提供的数据存储和网络计算服务。Internet 是最大的一片"云"，其上的各种计算机资源共同组成了若干个庞大的数据中心及计算中心。

狭义的云计算是一种资源交付和使用模式，指通过网络获得应用所需的资源（硬件、平台、软件）。提供资源的网络称为"云"。"云"中的资源在使用者看来是可以无限扩展的，并且可以随时获取。广义的云计算是指服务的交付和使用模式，即用户通过网络以按需、易扩展的方式获得所需的 IT 基础设施或服务。这种服务可以是 IT 基础设施（硬件、平台、软件），也可以是任意其他的服务。无论是狭义还是广义，云计算的核心理念是"按需服务"，就像人们使用水、电、天然气等资源的方式一样，按需购买和使用。

可见，云计算是一种商业计算模型，它将计算任务分布在大量计算机构成的资源池上，使各种应用能够根据需要获取计算、存储空间和各种软件服务。

根据使用范围，云计算分为私有云和公有云两种。私有云是所有企业或机构内部使用的云；公有云是对外部企业、社会及公共用户提供服务的云。此外，还有混合云。

从提供服务的类型上看，云计算分为三个层次：IaaS、PaaS 和 SaaS。

（1）IaaS（Infrastructure As Service）："基础设施即服务"，消费者通过 Internet 可以从完善的计算机基础设施获得服务。

IaaS 以硬件设备虚拟化为基础，组成硬件资源池，具备动态资源分配及回收能力，为应用软件提供所需的服务。硬件资源池不区分为哪个应用系统提供服务，资源不够时，整体扩容。

（2）SaaS（Software As Service）："软件即服务"，一种通过 Internet 提供软件的模式，用户无需购买软件，而是向提供商租用基于 Web 的软件，来管理企业经营活动。

严格来讲，SaaS 构建于 IaaS 之上，部署于云上的 SaaS 应用软件的基本特征是具备多用户能力，便于多个用户群体通过应用参数的不同设置，共同使用该应用，且产生的数据均存储在云端。非严格的 SaaS 可独立于 IaaS，代价是牺牲硬件的利用率，用户感知不到。SaaS 与一般网络应用的区别，在于不同的用户通过不同设置实现不同的功能，而一般网络应用几乎都按照同样的实例运行，几乎无法做灵活的配置和调整。

（3）PaaS（Platform As Service）："平台即服务"，实际上是指将软件研发的平台作为一种服务，以 SaaS 的模式提交给用户。因此，PaaS 也是 SaaS 模式的一种应用。但是，PaaS 可以加快 SaaS 的发展，尤其是加快 SaaS 应用的开发速度。

PaaS 层次介于 IaaS 和 SaaS 之间，最难实现，一旦实现后可带来巨大效益。严格来讲，PaaS 也是基于 IaaS，在硬件之上提供一个中间层，主要表现形式为接口、API、BO（业务对象）或 SOA 模块等，它不直接面向最终用户，更多的使用者是开发商。开发商应用这些接口可快速开发出灵活性、扩展性强的 SaaS 应用，提供给最终用户。非严格的 PaaS 可独立于 IaaS，同样会牺牲硬件效率，如部分中间件、普元 EOS 等产品。

当前，国际组织积极推动云计算的标准化工作，包括中国在内的各国政府高度重视云计算，积极推动云计算的发展和应用。云计算的市场潜力巨大，随着用户的信任感不断提高，未来几年将继续保持较快增长。

2．云计算的工作原理和关键技术

在典型的云计算模式中，用户通过终端接入网络，向"云"提出需求；"云"接受请求后组织资源，通过网络为"端"提供服务。用户终端的功能可以大大简化，诸多复杂的计算与处理过程都将转移到终端背后的"云"上完成。用户所需的应用程序不需要运行在个人计算机、手机等终端设备上，而是运行在 Internet 的大规模服务器集群中；用户处理的数据无需存储在本地，而是保存在网络上的数据中心。提供云计算服务的企业负责这些数据中心和服务器正常运转的管理和维护，并保证为用户提供足够强的计算能力和足够大的存储空间。任何时间和任何地点，用户只要能够连接至 Internet，即可访问云，实现随需随用。

云计算是随着处理器技术、虚拟化技术、分布式存储技术、宽带互联网技术和自动化管理技术的发展而产生的。从技术层面上讲，云计算基本功能的实现取决于两个关键的因素，一个是数据的存储能力，另一个是分布式的计算能力。因此，云计算中的"云"可以细分为"存储云"和"计算云"，即"云计算=存储云+计算云"。

● 存储云：大规模的分布式存储系统。

- 计算云：资源虚拟化+并行计算。

其中，并行计算首先将大型的计算任务拆分，然后派发到云中节点进行分布式并行计算，最终将结果收集后统一整理。

虚拟化最主要的意义是用更少的资源做更多的事。在计算云中引入虚拟化技术的目的，是力求在较少的服务器上运行更多的并行计算，对云计算所应用到的资源进行快速而优化的配置等。

3．云计算的应用

"云"可分为基于 Internet 的公共云、基于各种组织内部网络的私有云，以及兼具公共云与私有云特点的混合云。目前的研究主要集中于公共云。各企事业单位可将内部的资源整合为"云"，为内部成员提供服务，即私有云，将来可以通过一定机制对外部开放，成为公共云的一部分。未来，我们将看到各式的"云"，从不同的云中享受所需的各式服务。

（1）云物联。物联网和云计算是目前产业界的两个热点，物联网与云计算结合是必然趋势。

如前所述，云计算主要有三种服务模式，即 IaaS、PaaS 和 SaaS。IaaS（基础设施即服务）主要作用是将虚拟物理资源作为服务提供给客户；PaaS（平台即服务）主要作用是将封装了各种基础能力和特定功能的平台提供给客户；SaaS（软件即服务）主要作用是将应用作为服务提供给多个客户。

物联网具备三个特征。一是全面感知，即利用传感设备和特定物体识别设备在更广范围内获取环境信息和物体信息。二是可靠传递，即利用 WSN 和电信广域网络将上述信息迅速可靠地传送出去。三是智能处理，即利用各种智能计算技术对海量信息进行分析处理，挖掘各种信息之间的关联关系，形成对所观测对象的完整认识，并进一步开放共享。云计算就是上述"智能技术"的一种。物联网的规模发展到一定程度后，与云计算结合起来是必然趋势。

物联网与云计算结合存在多种模式。目前国内建设的一些和物联网相关的云计算中心、云计算平台，主要是 IaaS 模式在物联网领域的应用。实际上，PaaS 模式、SaaS 模式也可以与物联网很好地结合起来。此外，从智能分布的角度还应该看到，"边缘计算"也是物联网应用智能处理模式的一种典型特征。

（2）云计算助力移动互联网发展。移动互联网是指以宽带 IP 为技术核心，可同时提供语音、数据、多媒体等业务服务的开放式基础电信网络。从用户行为角度来看，移动互联网广义上是指用户可以使用手机、笔记本等移动终端，通过无线移动网络和 HTTP 接入互联网；狭义上是指用户使用手机终端，通过无线通信方式，访问采用 WAP（无线通信协议）的网站。移动互联网的主要应用包括手机游戏、移动搜索、移动即时通信、移动电子邮件等。从全球范围来看，社区网络应用和定位导航正成为新的热点。移动互联网的发展速度已远远超过固定互联网（以固定 PC 为终端的传统互联网）。持续增长的用户数量和日趋多元的用户需求，构成了移动互联网的发展基础，也对移动互联网提出了更高的要求。

云计算为移动互联网的发展注入强大的动力。移动终端设备一般存储容量较小、计算能力不强，云计算将应用的"计算"与大规模的数据存储从终端转移到服务器端，降低了对移动终端设备的处理需求。移动终端主要承担与用户交互的功能，复杂的计算交由云端（服务器端）处理，终端不需要强大的运算能力即可响应用户操作，保证用户的良好使用。

云计算降低了对网络的要求，例如，用户需要查看某个文件时，不需要传送整个文件，只需根据需求发送需要查看的部分内容。由于终端不感知应用的具体实现，扩展应用变得更加容易，应用在强大的服务器端实现和部署，并以统一的方式（如通过浏览器）在终端实现与用户交互，为用户扩展更多的应用形式变得更为容易。

移动互联网的兴起已经成为不可逆转的趋势，云计算与移动互联网的结合，将促使移动互联网的应用向形式更加丰富、应用更加广泛、功能更加强大的方向发展，给移动互联网带来巨大的发展空间。

（3）云安全。云安全（Cloud Security）是一个从"云计算"演变而来的新名词。云安全的策略构想如下：使用者越多，每个使用者就越安全，因为如此庞大的用户群，足以覆盖网络的每个角落，只要某个网站被挂马或某个新木马病毒出现，就会立刻被截获。

所谓的挂马就是，黑客通过各种手段获得网站管理员账号，然后登录网站后台，修改网站页面内容，向页面加入恶意转向代码。访问被加入恶意代码的页面时，将自动访问被转向的地址或下载木马病毒。

"云安全"通过网状的大量客户端对网络中软件行为的异常进行监测，获取网络中木马、恶意程序的最新信息，推送到服务端进行自动分析和处理，再把病毒和木马的解决方案分发到每一个客户端。

（4）云存储。云存储是在云计算概念上延伸和发展出来的一个新的概念，是指通过集群应用、网格技术或分布式文件系统等功能，将网络中大量各种不同类型的存储设备通过应用软件集合起来协同工作，共同对外提供数据存储和业务访问功能的一个系统。当云计算系统运算和处理的核心是大量数据的存储和管理时，云计算系统中需要配置大量的存储设备，云计算系统将转变为一个云存储系统。因此，云存储是一个以数据存储和管理为核心的云计算系统。

（5）云游戏。云游戏是以云计算为基础的游戏方式，在云游戏的运行模式下，所有游戏都在服务器端运行，并将渲染后的游戏画面压缩后通过网络传送给用户。在客户端，用户的游戏设备不需要任何高端处理器和显卡，只需要基本的视频解压能力即可。

4. 云计算的发展趋势与前景

越来越多的厂商认同了未来发展的云模式，云计算将逐渐获得企业用户的认同，在未来几年保持较快的增长速度。可以预期，在现有的 SaaS、PaaS 和 IaaS 基础上还将不断产生新的云计算商业模式。技术创新将使云计算更安全、更可靠、更高效。

云计算以统一化的 IT 基础资源为用户提供个性化的服务，可以说是标准化与差异化的完美结合。根据市场预测，未来几年云计算将保持较高的增长速度，市场规模不断扩大。云计算的发展有赖于政府的支持，特别是从总体规划的科学性和财力支持力度来看，政府主导将成为云计算未来发展的重要趋势和主要动力之一。

知识引导 1.3　认识计算机网络的组成与结构

怎样把计算机连接起来，使之可以进行通信？将多台计算机连接构成计算机网络，需要有哪些设备？本任务将对这些问题做出初步的解答。

1.3.1　通信子网和资源子网

图 1-7 是一般的计算机网络示意图。从组成网络的各种设备或系统的功能看，计算机网络可分为两部分（两个子网），一个称为资源子网，一个称为通信子网。图中虚线外部是资源子网部分，内部是通信子网部分。资源子网和通信子网划分是一种逻辑的划分，它们可能使用相同或不同的设备。例如，在广域网环境下，由电信部门组建的网络常被理解为通信子网，仅用于支持用户之间的数据传输；而用户部门的入网设备则被认为属于资源子网的范围；在

局域网环境下，网络设备同时提供数据传输和数据处理的能力。因此，只能从功能上对其中的软硬件部分进行这种划分。

1. 资源子网

资源子网由主机、用户终端、终端控制器、联网外部设备、各种软件资源与信息资源等组成，负责全网面向应用的数据处理工作，向网络用户提供各种网络资源与网络服务。资源子网的任务是利用其自身的硬件资源和软件资源为用户进行数据处理和科学计算，并将结果以相应形式送给用户或存档。资源子网中的软件资源包括本地系统软件、应用软件以及用于实现和管理共享资源的网络软件等。

（1）主计算机系统：简称主机，可以是各种类型的计算机。主机是资源子网的主要组成单元，通过高速通信线路与通信子网的通信控制处理机（CCP）连接。主机中除装有本地操作系统外，还应配有网络操作系统和各种应用软件，配置网络数据库和各种工具软件，负责网络中的数据处理、执行协议、网络控制和管理等工作。主机与其他主计算机系统连网后，构成网络中的主要资源。它可以是单机，也可以是多机系统。主机为本地用户访问网络上的其他主机设备与资源提供服务，同时为网络中远程用户共享本地资源提供服务。

（2）用户终端：终端是用户访问网络的设备，可以是简单的输入/输出设备，也可以是具有存储和信息处理能力的智能终端，通常通过主机连入网络。终端是用户与网络之间的接口，主要作用把用户输入的信息转变为适合传送的信息送到网络上，或把网络上其他节点的输出信息转变为用户能识别的信息。智能终端还具有一定的计算、数据处理和管理能力。用户可以通过终端得到网络的服务。

（3）网络操作系统：建立在各主机操作系统之上的一个操作系统，用于实现在不同主机系统之间用户通信以及全网硬件、软件资源的共享，并向用户提供统一的、方便的网络接口，以方便用户使用网络。

（4）网络数据库：建立在网络操作系统之上的一个数据库系统，可以集中驻留在一台主机上，也可以分布在多台主机上。网络数据库系统向网络用户提供存、取、修改网络数据库中数据的服务，以实现网络数据库的共享。

2. 通信子网

通信子网由通信控制处理机、通信线路与其他通信设备组成，完成网络数据传输、转发等通信处理任务，为网络用户共享各种网络资源提供必要的通信手段和通信服务。

（1）通信控制处理机（Communication Control Processor，CCP）：简称通信控制器，在网络拓扑结构中称为网络节点（Node），一般指交换机、路由器等设备，如图 1-6 所示。一方面，节点作为与资源子网中主机、终端的连接接口，将主机和终端连接到网络中；另一方面，节点作为通信子网中数据包的存储转发节点，完成数据包的接收、校验、存储、转发等功能，实现将源主机报文准确地发送到目的主机的作用。

（2）通信线路：传输信息的载波媒体，为通信控制处理机之间、通信控制处理机与主机之间提供通信信道。计算机网络采用多种通信线路，如电话线、双绞线、同轴电缆、光导纤维电缆（光缆）、无线通信信道、微波与卫星通信信道等。

（3）其他通信设备：主要指信号变换设备。利用信号变换设备对信号进行变换，以适应不同传输介质的要求，例如，将计算机输出的数字信号变换为电话线上传送的模拟信号，所用的调制解调器即是一种信号变换设备。

从系统功能的角度来看，计算机网络系统由资源子网和通信子网组成。但从系统组成的角度来看，计算机网络由硬件部分和软件部分组成。图 1-7 所示为资源子网和通信子网的情况，也可以用如图 1-8 所示的形式来简单描述。

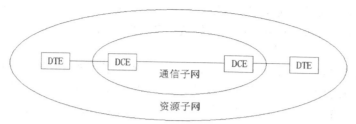

图 1-8 计算机网络的组成模型

图中，DTE（Data Terminal Equipment）为数据终端设备，DCE（Data Circuit terminating Equipment 或 Data Communication Equipment）为数据电路终接设备（或称数据通信设备）。

● DTE：产生数字信号的数据源或接收数字信号的数据宿，或者是两者的结合，是用户网络接口上的用户端设备。DTE 具有数据处理能力及转发数据能力，能够依据协议控制数据通信，包括主机、终端、计算机外设和终端控制器等设备。

● DCE：在 DTE 和传输线路之间提供信号变换和编码功能，可以提供 DTE 和 DCE 之间的时钟信号，包括各种通信设备，如集中器、调制解调器、通信控制处理机、多路复用器等。

1.3.2 计算机网络的组成

计算机网络在物理结构上可分为网络硬件和网络软件两部分，如图 1-9 所示。

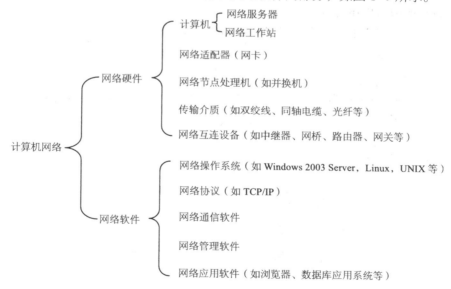

图 1-9 计算机网络的物理组成

有关计算机网络组成的相关内容，将在本书后续学习任务中介绍，在此从略。

1.3.3 计算机网络的拓扑结构

1. 网络拓扑的定义

网络拓扑是由网络节点设备和通信介质构成的网络结构图。在计算机网络中，以计算机作为节点、通信线路作为连线，可构成不同的几何图形，即网络的拓扑（Topolgy）结构。网络拓扑的设计选形是计算机网络设计的第一步。

网络拓扑结构是实现各种网络协议的基础。网络拓扑结构的选择对网络采用的技术、网络的可靠性、网络的可维护性和网络的实施费用都有重大的影响。选用何种类型的网络，要依据实际需要而定。

拓扑学是几何学的一个分支，是从图论演变而来的。拓扑学首先把实体抽象成与其大小、形状无关的点，将连接实体的线路抽象成点、线、面之间的关系。计算机网络拓扑结构通过网中节点与通信线路之间的几何关系表示网络结构，反映出网络中各实体的结构关系。

2．网络拓扑的分类

计算机网络拓扑结构主要是指通信子网的拓扑结构。网络拓扑可以根据通信子网中的通信信道类型分为两类：广播信道通信子网的拓扑结构，点对点线路通信子网的拓扑结构。

在采用广播信道的通信子网中，一个公共的通信信道被多个网络节点共享。任一时间内只允许一个节点使用公共通信信道，当一个节点利用公用通信信道"发送"数据时，其他节点只能"收听"正在发送的数据。采用广播信道通信子网的基本拓扑构型主要有四种：总线型、树型、环型、无线与卫星通信型。

利用广播通信信道完成网络通信任务时，必须解决两个基本问题。

（1）确定通信对象，包括源节点和目的节点。

（2）解决多节点争用公用信道的问题。

在采用点对点线路的通信子网中，每条通信线路连接一对节点。采用点对点线路的通信子网的基本拓扑构型有四类：星型、环型、树型与网状型。

3．常见的网络拓扑结构

计算机网络通常有以下几种拓扑结构，如图 1-10 所示。

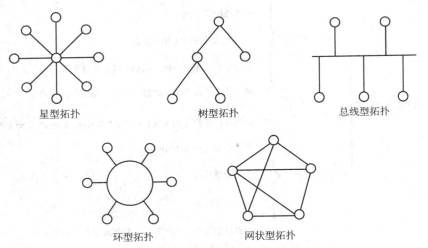

图 1-10　计算机网络常见拓扑结构示意

（1）星型拓扑。

星型拓扑以一个中心节点和多个从节点组成，主节点可以与从节点通信，而从节点之间必须通过主节点的转接才能通信。星型拓扑结构如图示 1-11 所示。星型拓扑以中央节点为中心，执行集中式通信控制策略，因而中央节点相当复杂，而各个节点的通信处理负担都很小。

根据主节点性质和作用的不同，星型拓扑还可分为两类。

① 中心主节点是一个功能很强的计算机，具有数据处理和转接的双重功能，与各自连到中心计算机的节点（或终端）组成星型网络。

② 中心主节点由交换机或集线器等仅有转接功能的设备担任，负责沟通各计算机或终端之间的联系，为它们转接信息。图1-12是带有配线架的星型拓扑结构，配线架相当于中央节点，可以在每个楼层配置一个，具有足够数量的端口，以供该楼层的节点使用，节点的位置可灵活放置。

图 1-11　星型拓扑结构

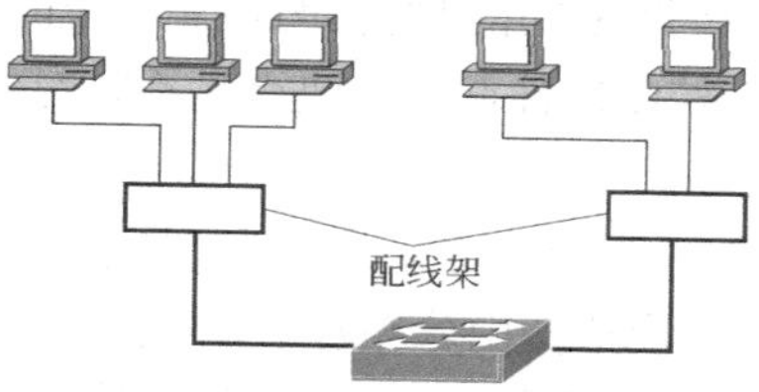

图 1-12　带有配线架的星型拓扑结构

星型拓扑具有结构简单、管理方便、组网容易等优点，利用中央节点可方便地进行网络连接和重新配置，且单个连节点的故障只影响一个设备，不会影响全网，容易检测和隔离故障，便于网络维护。

星型拓扑的缺点是网络属于集中控制，主节点负载过重，如果中央节点产生故障，则全网不能工作。因此，对中央节点的可靠性和冗余度要求很高。

（2）总线型拓扑。

总线型拓扑采用单根传输线作为传输介质，将所有入网的计算机通过相应的硬件接口直接接入到一条通信线上。为防止信号反射，一般在总线两端有终结器匹配线路阻抗。总线上各节点计算机地位相等，无中心节点，属于分布式控制。典型的总线型拓扑结构如图1-13所示。

总线是一种广播式信道，所有节点发送的信息都可以沿着传输介质传播，而且能被所有其他的节点接收。由于所有的节点共享一条公用的传输链路，因而一次只能由一个设备传输数据。通常采用分布式控制策略来决定下一次由哪个节点发送信息。

总线型拓扑具有结构简单、扩充容易、易于安装和维护、价格相对便宜等优点。缺点是同一时刻只能由两个网络节点相互通信，网络延伸距离有限，网络容纳的节点数有限。由于所有节点都直接连接到总线上，任何一处故障都会导致整个网络的瘫痪。

（3）树型网络。

树型拓扑从总线型拓扑演变而来，它把星型和总线型结起来，形状像一棵倒置的树，顶端有一个带分支的根，每个分支还可以延伸出子分支。树型拓扑结构如图1-14所示。当节点发送信息时，根接收该信号，然后再重新广播发送到全网。

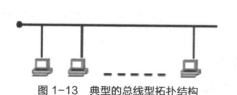

图 1-13　典型的总线型拓扑结构

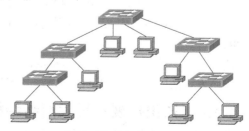

图 1-14　树型拓扑结构

树型拓扑的优点是易于扩展和故障隔离，缺点是对根的依赖性太大，如果根发生故障，则全网不能正常工作，对根的可靠性要求很高。

（4）环型拓扑。

环型拓扑将各节点的计算机用通信线路连接形成一个闭合环路，如图1-15所示。在环路中，信息按一定方向从一个节点传输到下一个节点，形成一个闭合环流。环型信道也是一条广播式信道，可采用令牌控制方式协调各节点计算机发送信息和接收信息。

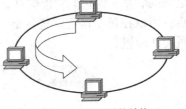

环型拓扑的优点是路径选择简单（环内信息流向固定）、控制软件简单。缺点是不容易扩充、节点多时响应时间长等。

图1-15　环型拓扑结构

（5）网状拓扑。

网状拓扑由分布在不同地点的计算机系统互连而成。网络中无中心计算机，每个节点机都有多条（两条以上）线路与其他节点相连，从而增加了迂回通路。网状拓扑的通信功能分布在各个节点机上。网状结构分为全连接网状和不完全连接网状两种形式。在全连接网状结构中，每一个节点和网中其他节点均有链路连接。在不完全连接网状网中，两节点之间不一定有直接链路连接，它们之间的通信，依靠其他节点转接。广域网中一般用不完全连接网状结构，如图1-16所示。

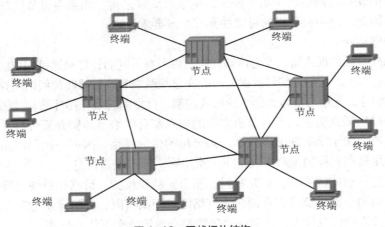

图1-16　网状拓扑结构

网状拓扑的优点是节点间路径多，碰撞和阻塞可大大减少，局部故障不会影响整个网络的正常工作，可靠性高；网络扩充和主机入网比较灵活、简单。缺点是关系复杂，组网和网络控制机制复杂。

以上是几种基本的网络拓扑结构。组建局域网时，常采用星型、总线型、环型和树型拓扑结构。树型和网状拓扑结构在广域网中比较常见。在一个实际的网络中，可能是多种网络结构的混合。

选择网络拓扑结构时，主要考虑的因素有：安装的相对难易程度、维护的相对难易程度、通信介质发生故障时受影响设备的情况及费用等。

1.3.4　知识扩展：现代网络结构的特点

在现代的广域网结构中，随着使用主机系统用户的减少，资源子网的概念已经有了变化。

目前，通信子网由交换设备与通信线路组成，负责完成网络中数据传输与转发任务。交换设备主要是路由器与交换机。随着微型计算机的广泛应用，连接到局域网中的微型计算机数目日益增多，它们一般通过路由器将局域网与广域网相连接。另外，从组网的层次角度看，网络的组成结构也不一定是一种简单的平面结构，而可能变成一种分层的层次结构。

引起网络系统的结构变化的主要因素有以下三点。

（1）随着微型计算机和局域网的广泛应用，使用大型机与中型机的主机-终端系统的用户减少，现代网络结构已经发生变化。

（2）随着微型计算机的广泛应用，大量的微型计算机通过局域网接入城域网、广域网和大型互联网络系统中。

（3）局域网、城域网与广域网之间的互联通过路由器实现。

Internet 的飞速发展与广泛应用，使得实际的网络系统形成一种由主干网、地区网、校园网与企业网组成的层次型结构。图 1-17 是一个典型的三层网络结构，最上层为国际或国家主干网（又称核心层），中间层为地区主干网（又称汇聚层），最下层为企业或校园网（又称接入层），为最终用户接入网络提供接口。用户计算机可以通过局域网方式接入，也可以选择公共电话交换网（PSTN）、有线电视（CATV）网、无线城域网或无线局域网方式接入到作为地区级主干网的城域网。城域网又通过路由器与光纤接入到作为国家级或区域级主干网的广域网。多个广域网互联成覆盖全世界的 Internet 网络系统。

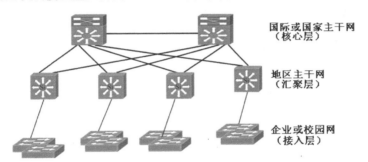

国际或国家主干网
（核心层）

地区主干网
（汇聚层）

企业或校园网
（接入层）

图 1-17　典型的三层网络结构示意图

尽管互联的网络系统结构日趋复杂，但都是采用路由器互联的层次结构模式。由于Internet 网络系统结构太复杂了，并且在不断变化，图 1-17 为 Internet 理想和概念性的网络结构示意图。

小结

本学习任务从日常生活和日常工作中计算机网络技术的应用开始，介绍了计算机网络的定义、功能与分类，通过初步的应用和实践，初步认识计算机网络。在此基础上，介绍了计算机网络的形成与发展过程。然后从资源子网和通信子网的角度介绍了计算机网络的组成与结构，认识如何把计算机连接起来，使之可以进行通信。从硬件和软件组成的角度，认识将多台计算机连接构成计算机网络需要的设备，了解现代网络结构的特点。最后，介绍了计算机网络的拓扑结构。

习题

一、简答题

（1）名词解释。

计算机网络，通信子网，资源子网，局域网，广域网，城域网，网络拓扑

（2）计算机网络具有哪些功能？

（3）计算机网络的发展可划分为几个阶段？每个阶段各有何特点？

（4）目前，计算机网络应用在哪些方面？

（5）计算机网络可从几方面进行分类？

（6）计算机网络由哪几部分组成？

（7）计算机网络常用拓扑结构有哪些，各有什么特点？

（8）计算机网络的发展趋势是什么？现代网络结构有哪些特点？

二、操作题

（1）参观一个实际的计算机网络环境或计算机网络实验室，确定网络的拓扑结构，并画出网络系统的拓扑图。

（2）设计一个拥有 45 台工作站的计算机网络拓扑图，并做出该网络系统的总造价，以及每一部分设备的预算。

　　计算机之间的通信是资源共享的基础，计算机通信网络的核心是数据通信设施。网络中的信息交换和共享意味着一个计算机系统中的信号通过网络传输到另一个计算机系统中去处理和使用。如何传输不同计算机系统中的信号，是数据通信技术要解决的问题。数据通信系统是指以计算机为中心，用通信线路连接分布在各地的数据终端设备而执行数据传输功能的系统。本任务了解数据通信系统的组成、基本概念和数据通信的主要技术指标。

知识引导 2.1　　了解数据通信系统

2.1.1　数据通信系统模型

1．通信系统的基本组成

　　通信是把信息从一个地方传送到另一个地方的过程。用任何方法，通过任何媒体将信息从一个地方传送到另一个地方均可称为通信。用来实现通信过程的系统称为通信系统。通信系统必须具备三个基本要素：信源、传输媒体和信宿。除此之外，通信系统还需要有发送设备对信号进行变换，接收设备对信号进行复原。

　　通信系统的一般模型如图 2-1 所示，包括信源、发送设备、信道、噪声源、接收设备和信宿六个部分。

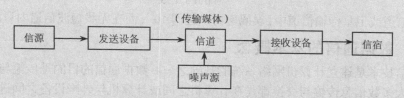

图 2-1　通信系统的一般模型

模型中各部分的功能如下。

　　（1）信源：信息的来源，作用是将原始信息转换为相应的信号（通常称为基带信号）。电话机的话筒、摄像机等都属于信源。

　　（2）发送设备：对基带信号进行各种变换和处理，如放大、调制等，使其适合在信道中传输。

　　（3）信道：发送设备和接收设备之间用于传输信号的媒介。

　　（4）接收设备：功能与发送设备相反，对接收信号进行必要的处理和变换后，恢复相应的基带信号。

（5）信宿：信息的接收者，与信源相对应，将恢复的基带信号转换成相应的原始信息。电话机的听筒、耳机以及显示器等都属于信宿。

（6）噪声源：信道中的噪声以及分散在通信系统其他各处噪声的集中表现。在图 2-1 所示模型中，如果通信距离较远，必须加上中继器，对被衰减的信号进行放大或再生，然后再传送。

2．通信系统的性能指标

衡量通信系统性能的优劣，最重要的是看它的有效性和可靠性。有效性指的是传输信息的效率，可靠性指的是接收信息的准确度。有效性和可靠性这两个要求通常是矛盾的。提高有效性会降低可靠性，反之亦然。因此，在实际设计一个系统时，必须根据具体情况寻求适当的折中解决办法。模拟通信系统和数字通信系统对这两个指标要求的具体内容有很大差别，因此分别予以介绍。

（1）模拟通信系统的性能指标。

模拟通信系统的有效性用有效传输频带来度量。信道的传输频带越宽，够容纳的信息量越大。例如，一路模拟电话占据 4kHz 带宽，采用频分复用技术后，一对架空明线最多只能容纳 12 路模拟电话，而一对双绞线可以容纳 120 路，同轴电缆的通信量最大可达到 10000 路。显然，同轴电缆的有效性指标比架空明线、双绞线好得多。模拟通信的可靠性用接收端输出的信噪比来度量。信噪比指输出信号的平均功率和输出噪声的平均功率之比，并用分贝值作为衡量的单位，即 $10\lg(S/N)$（即 dB）。信噪比越大，通信质量越好。例如，普通电话要求信噪比在 20dB 以上，电视图像则要求信噪比在 40dB 以上。

（2）数字通信系统的质量指标。

数字通信系统的有效性用信息速率来度量。它是指单位时间内传输的信息量，单位为 bit/s。例如，无线短波最大信息速率只有几百到几千 bit/s，而光纤、卫星通信系统速率可达几百兆到几千兆 bit/s，甚至更高。可以说只有光纤、卫星等才能为信息高速公路建立传输平台。

数字通信系统的可靠性用误码率来度量。它是指接收错误的码元数与传输的总码元数之比，即

$$P_{\mathrm{b}} = \frac{接收错误码元数}{总的码元数}$$

在有线信道或卫星传输信道中，误码率可以达到 10^{-7}；而在无线短波信道内只能达到 10^{-3}。

2.1.2　数据通信的基本概念

数据通信技术是建立计算机网络系统的基础之一。数据通信的目的是传输与交换信息，在应用中，大多数信息传输与交换都是在计算机之间或计算机与外围设备之间进行的。所以数据通信实质上就是计算机通信。数据通信就是在不同计算机之间传送表示数字、文字、语音、图形或图像的二进制代码信号的过程。

1．数据、信息和信号

数据（Data）是记录下来的可以被鉴别的符号，是把事物的某些特征（属性）规范化后的表现形式。数据具有稳定性和表达性，即，各数据符号所表达的事物的物理特性是固定不变的。数据符号则需要以某种媒体作为载荷体。

信息（Information）是对数据的认识和解释，是对数据进行加工和处理后产生信息。

数据和信息是有区别的。数据是独立的，是尚未组织起来的事实的集合；信息是按照一定要求以一定格式组织起来的数据，凡经过加工处理或换算成人们想要得到的数据，都可称

为信息。

信号（signal）是数据的物理表示形式。在数据通信系统中，传输媒体以适当形式传输的数据都是信号。电信号有模拟信号和数字信号两种形式。

2．模拟通信和数字通信

根据信道传输信号的差异，通信系统分为模拟通信系统和数字通信系统。信道中传输模拟基带信号或模拟频带信号的通信系统，称为模拟通信系统。信道中传输数字基带信号或数字频带信号的通信系统，称为数字通信系统。模拟通信系统仅使用模拟传输方式，由于数字频带信号是模拟信号，数字通信系统既可以使用模拟传输方式又可使用数字传输方式。

近年来，数字通信无论在理论上还是技术上都有了突飞猛进的发展。与模拟通信相比，数字通信更能适应现代通信技术不断发展的要求。原因在于其本身具有一系列模拟通信无法比拟的特点。

数字通信的主要优点有以下几点。

（1）抗干扰能力强。

在远距离通信中，中继器可以对数字信号波形进行整形、再生而消除噪声和失真的积累，但对模拟信号来说，中继器对传输信号放大的同时，对叠加在信号上的噪声和失真也进行了放大，如图2-2所示。此外数字通信还可以采用各种差错控制编码方法进一步改善传输质量。

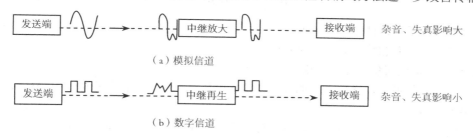

图 2-2　模拟通信和数字通信抗干扰性能比较

（2）便于加密处理。

数字通信易于采用复杂、非线性长周期的码序列对信号进行加密，从而使通信具有高强度的保密性。

（3）易于实现集成化，使通信设备体积小、功耗低。

由于数字通信的大部分电路都是由数字电路实现的，微电子技术的发展可使数字通信便于用大规模和超大规模集成电路实现。

（4）利于采用时分复用实现多路通信。

数字信号本身可以很容易用离散时间信号表示，在两个离散时间之间，可以插入多路离散时间信号实现时分多路复用。

当然，数字通信系统的许多优点是采用比模拟信号占用更宽的频带换来的。以电话为例，一路模拟电话仅占用约 4kHz 带宽，而一路数字电话却要占用 20kHz～64kHz 的带宽。随着卫星和光纤通信信道的普及，以及数字频带压缩技术的发展，数字通信占用频带宽的问题可以获得解决。

2.1.3　数据通信的主要技术指标

1．数据传输速率

数据传输速率由以下两种。

（1）比特率 S：数据的传输速率，指在有效带宽上单位时间内传输的二进制代码位（比特）数，单位是"位/秒"，记作 bit/s。常用的数据传输速率单位有：kbit/s、Mbit/s、Gbit/s 与 Tbit/s。其中：1kbit/s $= 1 \times 10^{3}$ bit/s；1Mbit/s $= 1 \times 10^{6}$ bit/s；1Gbit/s $= 1 \times 10^{9}$ bit/s；1Tbit/s $= 1 \times 10^{12}$ bit/s。

比特率的高低，由每位数据所占的时间决定，一位数据所占的时间宽度越小，则其数据传输速率越高。设 T 为传输的电脉冲信号的宽度或周期，N 为脉冲信号所有可能的状态数，则比特率为

$$S = \frac{1}{T} \log_2 N \quad (\text{bit/s})$$

式中，$\log_2 N$ 是每个电脉冲信号所表示的二进制数据的位数（比特数）。如电信号的状态数 $N=2$，即只有"0"和"1"两个状态，则每个电信号只传送 1 位二进制数据，此时，$S = \frac{1}{T}$。

（2）波特率 B：调制速率，又称码元速率，是数字信号经过调制后的传输速率。波特率指在有效带宽上，单位时间内传送的波形单元（码元）数，即模拟信号传输过程中，从调制解调器输出的调制信号每秒钟载波调制改变的次数。波特率等于调制周期（即时间间隔）的倒数，单位是波特（Baud）。若用 T（S）表示调制周期，则波特率为

$$B = \frac{1}{T} \quad (\text{Band})$$

即 1 波特表示每秒钟传送一个码元。

波特率与比特率的数量关系：$S = B \log_2 N$。

2．信道、信道容量、信道带宽

（1）信道：信道是传送信号的通路，由传输介质和相关线路设备组成。一条传输线路上可以有多个信道。

（2）信道容量：表示一个信道的最大数据传输速率，单位为位/秒，记作 bit/s。

（3）信道带宽：指信道上能够传送信号的最高频率与最低频率之差，单位为赫兹（Hz）。

3．误码率 Pe

误码率是衡量数据通信系统在正常情况下传输可靠性的指标。误码率是指二进制码元在数据传输中被传错的概率，又称"出错率"。假设传输的二进制码元总数为 N，被传错的码元数为 Ne，则误码率为 $Pe = Ne/N$。

在计算机网络中，一般要求误码率不高于 10^{-6}，即平均每传输 1000000 位二进制数据仅可能出错一位。

4．吞吐量

吞吐量是信道或网络性能的另一个参数，数值上等于信道或网络在单位时间内传输的总信息量，单位也是 bit/s。如果把信道或网络看成一个整体，则平均数据的流入量应等于平均数据的流出量，这个单位时间的数据平均流入量或流出量称为吞吐量。如果信道或网络的吞吐量急剧下降，表明信道或网络发生了阻塞现象。

5．网络负荷量

网络负荷量是指网络单位面积中的数据分布量，即数据在网络中的分布密度。在计算机网络中，网络负荷量不宜过小，也不宜过大。网络负荷量过小，网络的吞吐量也会小，导致网络利用率过低；网络负荷量过大，容易产生阻塞现象，直接导致网络吞吐量降低。

知识引导2.2　理解数据通信的方式

在计算机网络中，从不同的角度看有多种不同的通信方式。本任务学习、掌握并行通信和串行通信，单工、半双工和全双工通信的基本概念。

2.2.1　并行通信和串行通信

1．并行通信

并行通信是指多个数据位同时在设备之间进行传输。并行通信可同时传送多个二进制位，一般适用于短距离、要求传输速度高的场合，常用于计算机内部各部件之间的数据传输，将构成一个字的若干位代码通过并行信道同时传输，如图2-3（a）所示。计算机内部的这种并行数据通信线路又称为总线，如并行传送16位数据的总线称为16位数据总线，并行传送32位的数据总线称为32位数据总线。

2．串行通信

串行通信是指只有1个数据位在设备之间传输。串行通信一次只传送一个二进制位。串行传输信道将一个由若干位二进制数表示的字按位进行有序的传输，如图2-3（b）所示。串行通信常用于计算机与计算机或外部设备之间的数据传输。串行通信收发双方只需要一条通信信道，易于实现，节省设备，是计算机网络中远程通信普遍采用的通信方式。这种通信方式可以利用覆盖面极其广阔的公共通信系统来实现，对计算机网络具有更大的现实意义。

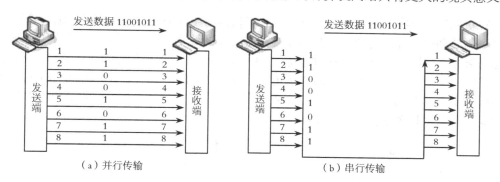

图2-3　串并行传输

2.2.2　单工、半双工和全双工通信

通信的双方需要交互信息，在连接交互双方的传输链路上，数据传输有单工、全双工和半双工几种通信方式，如图2-4所示。

1．单工通信

通信信道是单向信道，数据信号仅沿一个方向传输，发送方只能发送不能接收，接收方只能接收而不能发送，任何时候都不能改变信号传送方向，如图2-4（a）所示。无线电广播和电视都属于单工通信。计算机和打印机之间也是一种单工通信，计算机永远是发送方，而打印机永远是接收方。

2．全双工通信

数据可以同时沿相反的两个方向双向传输，如图2-4（b）所示。例如，电话通话就是一种典型的全双工通信。

3．半双工通信

信号可以沿两个方向传送，但同一时刻一个信道只允许单方向传送，即两个方向的传输只能交替进行，不能同时进行。改变传输方向时，要通过开关装置进行切换，如图2-4（c）所示。半双工信道适合于会话式通信，例如，公安系统使用的对讲机和军队使用的步话机，都是半双工通信。

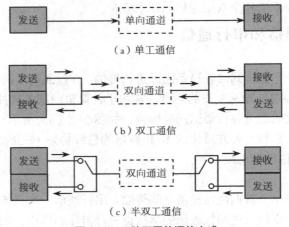

（a）单工通信

（b）双工通信

（c）半双工通信

图 2-4　三种不同的通信方式

知识引导 2.3　　理解数据传输方式

计算机网络中存在多种数据传输方式。计算机网络中的通信技术主要以传输计算机数据为目的，需要通过计算机与通信线路的连接，完成数据编码的传输、转接、存储和处理。不同的信号形式直接影响通信的质量和速度。常见的信号形式有模拟信号和数字信号，如图 2-5 所示。其中，模拟信号（Analog Signal）的电平是连续变化的，数字信号（Digital Signal）是用两种不同电平表示 0、1 比特序列的电压脉冲信号。本任务学习基带传输、频带传输和宽带传输，信源编码技术和多路复用技术等。

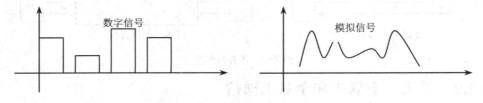

图 2-5　数字信号和模拟信号

2.3.1　基带传输、频带传输和宽带传输

1．基带传输

基带（Baseband）是指调制前原始电信号占用的频带，是原始电信号固有的基本频带。基带信号是未经载波调制的信号。在数据通信中，由计算机、终端等直接发出的数字信号以及模拟信号经数字化处理后的脉冲编码信号，都是二进制数字信号。这些二进制信号是典型的矩形拨脉冲信号，由"0"和"1"组成。这种数字信号有称为"数字基带信号"。在信道中直接传输基带信号时，称为基带传输。

基带传输的信号既可以是模拟信号，也可以是数字信号，具体类型由信源决定。基带传输主要是传输数字信号，是在通信线路上原封不动地传输由计算机或终端产生的 0 或 1 数字脉冲信号。基带传输的特点是信道简单、成本低。基带传输占据信道的全部带宽，任何时候只能传输一路基带信号，信道利用率低。基带信号在传输过程中很容易衰减，在不进行再生放大的情况下，一般不大于2.5km。因此，基带传输只用于局域网中的短距离传输。

2．频带传输

如果要利用公共电话网实现计算机之间的数字信号传输，必须将数字信号转换成模拟信号。所谓频带传输，是将数字信号调制成模拟信号后再发送和传输，到达接收端时，再把模拟信号解调为原来的数字信号。为此，需要在发送端选取某个频率的模拟信号作为载波，用它运载要传输的数字信号，通过电话信道将其送至另一端。在接收端再将数字信号从载波上分离出来，恢复为原来的数字信号波形。这种利用模拟信道实现数字信号传输的方法，称为"频带传输"。

采用频带传输方式时，发送端和接收端都需要安装调制解调器，进行模拟信号和数字信号的相互转换。频带传输不仅解决了利用电话系统传输数字信号的问题，而且可以实现多路复用，以提高传输信道的利用率。

频带传输与基带传输不同。基带传输中，基带信号占有信道的全部带宽；在频带传输中，模拟信号通常由某个频率或某几个频率组成，占用一个固有频带，即整个频道的一部分。频带传输与传统的模拟传输有区别，频带传输的波形比较单一，因为在频带传输中只需要用不同幅度或不同频率表示0、1两个电平。

3．宽带传输

宽带是指带宽比音频更宽的频带。利用宽带进行的传输称为宽带传输。宽带传输可以在传输媒体上使用频分多路复用技术。由于数字信号的频带很宽，不便于在宽带网中直接传输，通常将其转化成模拟信号在宽带网中传输。

宽带传输的主要特点：宽带信道能够被划分成多个逻辑信道或频率段进行多路复用传输，使信道容量大大增加；对数据业务、TV或无线电信号用单独的信道支持。宽带传输能够在同一信道上进行数字信息或模拟信息服务，宽带传输系统可以容纳全部广播信号，并可进行高速数据传输。宽带比基带的传输距离更远。

2.3.2 信源编码技术

通信信道分为模拟信道和数字信道，依赖于信道传输的数据相应分为模拟数据与数字数据。模拟数据和数字数据可以在模拟信道和数字信道上直接传输，当数字数据要借助模拟信道传输，或模拟数据要借助数字信道传输时，就要利用数据编码技术进行数据转换。即使是数字数据以数字信号传输，为了获得最佳的传输效果，也要进行适当的编码。

基本的数据编码方式包括：数字数据的模拟信号编码，数字数据的数字信号编码，模拟数据的数字信号编码。数字编码方法如图2-6所示。

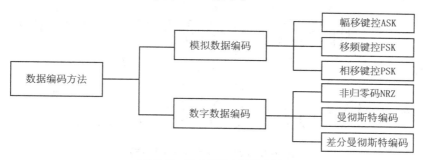

图2-6　数字编码方法示意图

1．数字数据的模拟信号编码

数字数据常利用电话信道以模拟信号的形式进行传输。但传统的电话通信信道不能直接传输数字数据，只能传输音频为300Hz～3400Hz的模拟信号。为了利用电话交换网实现计算机的数字数据的传输，必须先将数字信号转换成模拟信号，即对数字数据进行调制，然后才能在模拟信道中传输，如图2-7所示。

图2-7 数字数据的模拟传输

发送端将数字数据信号变换成模拟数据信号的过程称为调制（Modulation）。接收端将模拟数据信号还原成数字数据信号的过程称为解调（Demodulation）。若数据通信的发送端和接收端以双工方式进行通信，需要同时具备调制和解调功能的设备，这个设备就是调制解调器（Modem）。对数字数据调制的基本方法有三种：幅移键控、频移键控和相移键控。编码的基本原理是用数字脉冲波对连续变化的载波进行调制，如图2-8所示。

（1）幅移键控法 ASK（Amplitude Shift Keying）。幅移键控法又称幅度调制（AM，简称调幅），是调制载波的振幅，用载波信号的幅度值表示数字信号"1"、"0"。通常用有载波 ω 表示数字信号"1"，无载波表示数字信号"0"。

（2）频移键控法 FSK（Frequency Shift Keying）。频移键控法又称频率调制（FM，简称调频），是调制载波的频率，用载波信号的不同频率（幅值相同）表示数字信号"1"、"0"。用 ω_1 表示数字信号"1"，用 ω_2 表示数字信号"0"。

（3）相移键控法 PSK（Phase Shift Keying）。相移键控法又称相位调制（PM，简称调相），是调制载波的相位，用不同的载波相位（幅值相同）表示两个二进制值。绝对调相使用相位的绝对值，相位为 0 表示数字信号"1"，相位为 π 表示数字信号"0"。相对调相使用相位的相对偏移值。当数字数据为 0 时，相位不变化；数字数据为 1 时，相位偏移 π。

在现代调制技术中，常将上述基本方法加以组合应用，以求在给定的传输带宽内提高数据的传输速率。

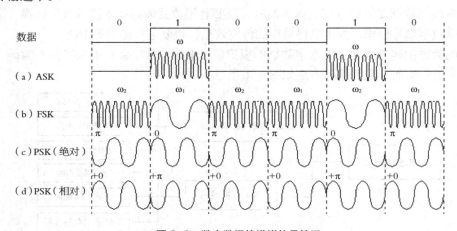

图2-8 数字数据的模拟信号编码

2．数字数据的数字信号编码

数字数据如果利用数字信道直接传输，在数字数据传输前常常进行数字编码。数字信号编码的目的是使二进制数"1"和"0"的特性更有利于传输，如图2-9所示。

图2-9　数字数据的数字传输

数字数据的编码方式有三种：非归零码、曼彻斯特编码和差分曼彻斯特编码，如图2-10所示。

（1）归零编码（Non-Return to Zero，NRZ）。归零编码规定，如果用负电平表示逻辑"0"，则正电平表示逻辑"1"，反之亦然。

特点：发送能量大，有利于提高收端信比；带宽窄但直流和低频成分大，不能提取同步信息，判决电平不易稳定。归零编码一般用于设备内部和短距离通信。

（2）曼彻斯特编码（Manchester）。目前应用最广泛的编码方法之一，每一位二进制信号的中间都有跳变，从低电平跳变到高电平，表示数字信号"1"，从高电平跳变到低电平，表示数字信号"0"。曼彻斯特编码是典型的同步数字信号编码技术，编码中的每个二进制"位"持续时间分为两半，在发送数字"1"时，前一半时间电平为高，后一半时间电平为低。在发送数字"0"时刚好相反。这样，发送方发出每个比特持续时间的中间必定有一次电平的跳变，接收方接受信号时，可以通过检测电平的跳变来保持与发送方的比特同步，从而在矩形波中读出正确的比特串，保持通信的顺利进行。

特点：不含直流分量，无需另发同步信号，具有编码冗余，极性反转时常会引起译码错误。

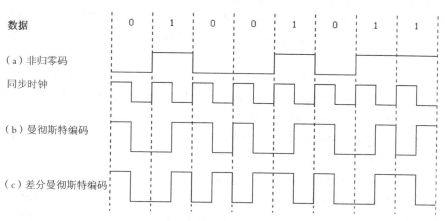

图2-10　数字数据的数字信号编码

（3）差分曼彻斯特编码（Difference Manchester）。是对曼彻斯特编码的改进。与曼彻斯特编码不同的是，每位二进制数据的取值根据其开始边界是否发生跳变决定。若一个比特开始处"有跳变"，则表示"0"，若一个比特开始处"无跳变"，则表示"1"。在局域网通信中，更常用差分曼彻斯特码，其每个码位中间的跳变被专门用作定时信号，用每个码开始时刻有无跳变来表示数字"0"或"1"。

3．模拟数据的数字信号编码

数字信号传输具有失真小、误码率低、传输效率高和费用低等优点。实际应用中，许多模拟数据通过数字化后用数字信号方式传输，接收方再把信号恢复为模拟信号。模拟数据数字化编码的常用方法是脉冲编码调制 PCM（Pulse Code Modulation），如图 2-11 所示。脉冲编码调制是模拟数据数字化的主要方法。在网络中，除计算机直接产生的数字信号外，语音、图像信息必须数字化才能交给计算机处理。在语音传输系统中也常用 PCM 技术。发送端通过 PCM 编码器将语音数据变换为数字信号，接收方再通过 PCM 解码器还原成模拟信号。数字化语音数据传输的速率高、失真小，并可存储在计算机中。编码调制包括三部分，采样、量化和编码，如图 2-12 所示。

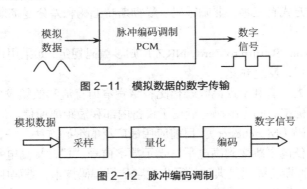

图 2-11　模拟数据的数字传输

图 2-12　脉冲编码调制

（1）采样：每隔一个固定的极短的时间间隔，取出模拟信号的值。以模拟信号的瞬时电平值做为样本，表示模拟数据在某一区间随时间变化的值。采样频率 $f \geqslant 2B$，B 为信号的最高有效频率，即相邻两次采样之间的时间间隔应等于或高于两倍的最高有效频率。

（2）量化：分级处理。量化之前，估计模拟信号可能的幅值范围，把这个幅值范围划分为若干宽度相等的小区域，如可分为 8 级、16 级或更多的量化级，这取决于系统的精确度要求。每个级别的幅值定义为该范围的上限或下限或均值。然后把每次取样的信号幅值对应到相应的级别里，以级别代号代替本次取样的幅值，使连续的模拟信号变成随时间变化的数字数据。

（3）编码：把相应的量化级别用一定位数的二进制码表示。如果有 N 个量化级，则需要 $\log_2 N$ 位二进制码（如 8 级用 3 位，16 级用 4 位二进制）。把编码以脉冲的形式送到信道上进行传输。还原的过程刚好相反，只要发送端和接收端双方有共同的量化级别表和共同的取样周期，就可以将信号还原为模拟信号。PCM 用于数字化语音系统时，将声音分为 128 个量化级，采用 7 位二进制编码表示，再用 1 个比特进行差错控制，采样速率 8000 次／秒。因此，一路语音的数据传输速率为 $8 \times 8000 \ \text{bit/s} = 64 \ \text{bit/s}$。

脉码调制技术不仅用于语音信号，还用于图像信号及其他任何模拟信号的数字化处理。

近年来，由于超大规模集成电路技术的飞速发展，模拟信号从抽样、量化到编码只需 1 个集成芯片就能完成，使模拟信号的数字化很容易实现。

2.3.3　多路复用技术

当通信线路的传输能力超过单一终端设备发送信号的速率时，如果该终端设备独占整个通信线路，将会造成传输介质的浪费。为有效利用传输通信线路，可以同时把多个信号送往传输介质，以提高传输效率，即将多条信号复用在一条物理线路上。这种技术称为多路复用技术，如图 2-13 所示。

图 2-13　多路复用

多路复用可以在一个信道上同时传输多路信号，采用该技术进行远距离传输时，可以大大节省线路的安装维护费用。常用的多路复用技术分为频分多路复用、时分多路复用和波分多路复用三类。

1．频分多路复用（FDM）

频分多路复用技术适用于模拟信号的传输。当介质可用带宽（频谱的范围）超过单一信号所需的带宽时，可在一条通信线路上设计多路通信信道，将线路的传输频带划分为若干个较窄的频带，每个窄频带构成一个子通道，可传输一路信号。每路信道的信号以不同的载波频率进行调制，各个载波频率不重叠，使得一条通信线路可以同时独立地传输多路信号。即频分多路复用分割的是传输介质的频率。为使各路信号的频带相互不重叠，需要利用频分多路复用器（MUX）来完成这项工作。发送信号时，频分多路复用器用不同的频率调制每一路信号，使得各路信号在不同的通道上传输，如图 2-14 所示。为防止干扰，各通道之间留有一定的频谱间隔。接收时，用适当的滤波器分离出不同信号，分别进行解调接收。要想从频分复用的信号中取出某一个话路的信号，只要选用一个与其频率范围对应的带通滤波器对信号进行滤波，然后进行解调，即可恢复原调制信号。闭路电视就是用频分多路复用技术进行传输的。一个电视频道所带宽 6MHz，闭路电视的同轴电缆可用带宽达 470MHz，若从 50 MHz 开始传输电视信号，采用频分多路复用技术，闭路电视的同轴电缆可同时传输 70 个频道的节目。

图 2-14　频分多路复用

2．时分多路复用（TDM）

时分多路复用技术适用于数字信号的传输。当介质所能传输的数据速率超过单一信号的数据速率时，将信道按时间分成若干个时间片段，轮流地给多个信号使用。即时分多路复用分割的是信道的时间。每一个时间片由复用的一个信号占用信道的全部带宽，时间片大小可以是传输一位，也可以传输由一定字节组成的数据块。互相独立的多路信号顺序占用各自的时间隙，合成一个复用信号，在同一信道中传输。在接收端按同样的规律把它们分开，从而实现一条物理信道传输多个数字信号，如图 2-15 所示。假设每个输入数据的比特率是 9.2kbit/s，线路的最大比特率是 92kbit/s，则可传输 10 个信号。

时分多路复用（TDM）又分为同步时分复用（STDM）和异步时分复用（ATDM）。

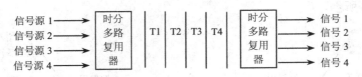

图 2-15　时分多路复用

STDM 采用固定时间片分配方式，将传输信号的时间按特定长度划分成时间段（一个周期），再将每一个时间段划分成等长度的多个时隙，每个时隙以固定的方式分配给各个用户，各个用户在每一个时间段都顺序分配到一个时隙。由于时隙已预先分配给各个用户且固定不变，无论该路信号是否传输数据，都占有时隙，形成了浪费，时隙的利用率很低。

ATDM 能动态地按需分配时隙，避免每个时间段中出现空闲时隙。当某路用户有数据发送时，才把时隙分配给它，否则不给它分配时隙，电路的空闲时隙可用于其他用户的数据传输。既提高了资源的利用率，也提高了传输速率。

3．波分多路复用（WDM）

波分多路复用是指在一根光纤上同时传送多个波长不同的光载波，基本原理与频分复用相同，区别仅在于 FDM 使用的是电载波，而 WDM 使用的是光载波。

波分多路复用技术主要用于全光纤网组成的通信系统，可以用一根光纤同时传输多个频率很接近的光载波信号，提高了光纤的传输能力，如图 2-16 所示。早期一根光纤上只能复用两路光载波信号，随着技术的发展，在一根光纤上复用的路数越来越多。WDM 能够复用的光波数目与相邻两波长之间的间隔有关，间隔越小，复用的波长个数就越多。相邻两峰值波长的间隔为 50nm～100nm 时，称为 WDM 系统。当相邻两峰值波长间隔为 1nm～10nm 时，称为密集的波分复用（DWDM）系统。

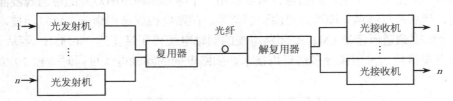

图 2-16　单向结构 WDM 传输系统

4．码分多路复用（CDMA）

码分多路复用技术根据不同的编码来区分各路原始信号，主要和各种多址技术结合产生各种接入技术。码分多路复用技术是一种用于移动通信系统的技术。笔记本电脑和掌上电脑等移动计算机的连网通信大量使用码分多路复用技术。

在蜂窝系统中，以信道来区分通信对象，一个信道只容纳一个用户进行通话，许多同时通话的用户以信道来区分，这就是多址。将需要传输的、具有一定信号带宽的信息数据用一个带宽远大于信号带宽的高速伪随机码进行调制，使原数据信号的带宽得到扩展，经载波调制后再发送出去。码分多路复用具有抗干扰性好、抗多径衰落、保密安全性高、同频率可在多个小区内重复使用、容量和质量之间可做权衡取舍等特点。例如，CDMA 允许每个站任何时候都可以在整个频段范围内发送信号，利用编码技术可以将多个并发传输的信号分离，并提取所期望的信号，同时把其他信号当作噪声加以拒绝。CDMA 可以将多个信号进行线性叠加而不是将可能冲突的帧丢弃掉。

2.3.4 知识扩展：同步技术

实现收发信息双方之间的同步，是数据传输的关键技术之一。同步是指在数据通信系统中，当发送端与接收端采用串行通信时，通信双方交换数据需要有高度的协同动作，彼此间传输数据的速率、每个比特的持续时间和间隔都必须相同。否则，收发之间会产生误差，即使是很小的误差，随着时间增加的逐步累积，也会造成传输的数据出错。通常使用的同步技术有两种，异步传输和同步传输，如图 2-17 所示。

1．同步传输

同步传输（Synchronous Transmission）又称同步通信，采用位同步（即按位同步）技术，以固定的时钟频率串行发送数字信号。通信双方必须建立准确的同步系统，并在其控制下发送和接收数据。通信的双方事先约定同样的传输速率，发送方和接收方的时钟频率和相位始终保持一致，以保证通信双方发送数据和接收数据时具有完全一致的定时关系。在有效数据发送之前，首先发送一串特殊的字符（称为同步字符 SYN）进行联络。同步字符 SYN 用于接收方进行同步检测，从而使收发双方进入同步状态。发送同步字符或字节后，可以连续发送任意多个字符或数据块。发送数据完毕，再用同步字符或字节标识整个发送过程的结束。同步传送时，由于发送方和接收方将整个字符组作为一个单位传送，且附加位非常少，数据传输的效率比较高。同步传输方式一般用在高速传输数据的系统中。

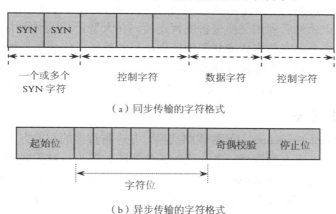

（a）同步传输的字符格式

（b）异步传输的字符格式

图 2-17 同步传输与异步传输的字符格式

同步传输的两种方式如下。

（1）外同步：发送端在发送数据前先向接收端发送一串用于同步的时钟脉冲，接收端收到同步信号后，对其进行频率锁定，然后以同步频率为准接收数据。

（2）自同步：发送端在发送数据时，将时钟脉冲作为同步信号包含在数据流中同时传送给接收端，接收端从数据流中辨别同步信号，再据此接收数据。自同步传输中，接收端是从接收到的信号波形中获得同步信号，因而称为自同步。

2．异步传输

异步传输（Asynchronous Transmission）又称异步通信，采用"群"同步技术。这种技术根据一定的规则，将数据分成不同的群，每一个群的大小不确定，即每个群包含的数据量是不确定的。这种技术在位同步基础上进行的同步，要求发送端与接收端在一个群内必须保持同步，发送端在数据前面加上起始位，在数据后面加上停止位。接收端通过识别起始位和停止位来接收数据。

异步传输方式中，通信双方各自使用独立的定位时钟。两个字符之间的时间间隔是不固定的，而在一个字符内各位的时间间隔是固定的。每传送 1 个字符（7 位或 8 位），都要在每个字符码前加 1 个起始位，表示字符代码的开始，在字符代码和校验码后面加 1 或 2 个停止位，表示字符结束。接收方根据起始位和停止位判断一个新字符的开始，以保持通信双方的同步。

异步方式实现比较容易，但每传输一个字符都需要多使用 2~3 位，适用于低速通信。

3. 同步传输与异步传输的区别

（1）异步传输是面向字符的传输，而同步传输是面向比特的传输。

（2）异步传输的单位是字符，同步传输的单位是帧。

（3）异步传输通过字符起始位和停止位抓住再同步的机会，同步传输从数据中抽取同步信息。

（4）异步传输对时序的要求较低，同步传输往往通过特定的时钟线路协调时序。

（5）异步传输相对于同步传输效率较低。

知识引导 2.4　理解数据交换技术

一个拥有众多用户的通信网不可能采用两两之间连接的全互联方式，只能把这些用户的线路都引到同一地点，然后利用交换设备进行连接。在大型计算机网络中，计算机之间传输的数据往往要经过多个中间节点才能从源地址到达目的地址。传输信号如何通过中间节点或交换设备进行转发，是数据交换技术要解决的问题。数据通信中常用的交换方式有电路交换和存储转发交换等多种交换方式。本任务主要学习电路交换、存储/转发交换和高速交换技术。

2.4.1　电路交换

电路交换（Circuit Switching）又称线路交换，是一种直接的交换方式。线路交换通过网络中的节点，在两个站点之间建立一条专用的通信线路，即为一对需要进行通信的节点提供一条临时的专用传输通道。这条通道通过节点内部电路对节点间传输路径的适当选择、连接而完成，是一条由多个节点和多条节点间传输路径组成的链路。这种交换方式类似于电话系统，通信时在两个站点之间有一个实际的物理连接。线路交换必须通过线路建立、数据传输和线路拆除三个阶段。

（1）线路建立：通过源节点请求完成交换网中相应节点的连接，建立一条由源节点到目的节点的传输通道。

（2）数据传输：传输的数据可以是数字数据，也可以模拟数据。

（3）线路拆除：完成数据传输后，源节点发出释放请求信息，请求终止通信；目的节点接受释放请求并发回释放应答信息；各节点拆除该电路的对应连接，释放由该电路占用的节点和信道资源，结束连接。

线路交换方式的优点是实时性好，适用于实时或交互式会话类通信，如数字语音，传真等通信业务。一旦连接建立后，网络对用户是透明的，数据以固定速率传输，传输可靠，不会丢失，没有延时。这种通信系统用来传送计算机或终端的数据时，线路真正用于传送数据的时间往往不到 10%，呼叫时间大大长于数据的传送时间，通信线路的利用率不高。整个系统不具备存储数据的能力，无法发现与纠正传输过程中发生的数据差错。对通信双方而言，必须做到双方的收发速度、编码方法、信息格式和传输控制等一致才能完成通信。

2.4.2　存储转发交换

存储/转发交换是指网络节点先将途经的数据按传输单元接收并存储下来，然后选择一条适当的链路转发出去。根据转发的数据单元的不同，存储/转发交换又可分为如下两类。

1．报文交换（Message Switching）

在报文交换中，信息的发送以报文为单位。报文由报头和要传输的数据组成，报头中有源地址和目标地址。发送信息时，通信双方不需要事先建立专用的物理通路，只需把目的地址附在报文上，并发送到网络的临近节点。节点收到报文后，先把它存储起来，等到有合适的输出线路时，再将报文转发到下一个节点，直至到达目的地。报文交换节点通常是一台通用的小型计算机，有足够的容量来缓存进入节点的报文。

报文交换使多个报文可以分时共享一条点到点的通道，线路效率高，源节点和目标节点在通信时，不需要建立一条专用的通路，与电路交换相比，没有建立电路和拆除电路所需的等待和时延。由于报文交换的存贮转发特点，线路通信量很大时，虽然报文被缓冲导致传输延迟增加，但不会引起阻塞。这种传输延迟使得报文交换不能满足实时或交互式的通信要求；报文交换允许把同一个报文发送到多个节点，还可以建立报文的优先权，使得一些短的、重要的报文优先传递；数据传输的可靠性高，每个节点在存储转发中，都进行差错控制，即检错和纠错。

2．分组交换（Packet Switching）

分组交换与报文交换的工作方式基本相同，差别在于参与交换的数据单元长度不同。分组交换不是以"整个报文"为单位进行交换传输，而是以更短的、标准的"报文分组"（Packet）为单位进行交换传输。分组交换将需要传送的整块数据（报文）分割为一定长度的数据段，在每一个数据段前面加上目的地址、发送地址、分组大小等固定格式的控制信息，形成被称为"包"的报文分组。由于各个分组可以通过不同的路径来传输，可以平衡网络中各个信道的流量。另外，由于各个分组较小，在网络上的延时比单独传送一个大的报文要短得多。

分组交换中，分组的传输有两种管理方式：数据报和虚电路方式。

（1）数据报方式。

交换网把进网的每个分组作为一个称为数据报（Datagram）的基本传输单位进行单独处理，而不管它是属于哪个报文的分组。数据报可在网络上独立传输，在传输的过程中，每个数据报都要进行路径选择，各个数据报可以按照不同的路径到达目的地。因此，各数据报不能保证按发送的顺序到达目的节点，有些数据报甚至可能在途中丢失。在接收端，按分组的顺序将这些数据报重新合成一个完整的报文。

数据报分组交换的特点：每一个报文在传输过程中都必须带有源节点地址和目的节点地址，同一报文的不同分组可以由不同的传输路径通过通信子网；同一报文的不同分组到达目的节点时可能出现乱序、重复或丢失现象；数据报文传输延迟较大，不适用于长报文、会话式通信。数据报方式的工作原理如图 2-18 所示。

（2）虚电路方式。

结合了数据报方式与线路交换方式的优点，可达到最佳的数据交换效果。虚电路是为了传送某一报文而设立和存在的。两个节点在开始互相发送和接收数据之前，需要通过通信网络建立一条逻辑上的连接，所有分组都必须沿着事先建立的虚电路传输。不需要发送和接收数据时，清除该连接。虚电路是一种逻辑上的连接，不像线路交换那样有一条专用物理通路，因而称为虚电路，如图 2-19 所示。虚电路方式在每次报文分组发送之前，必须在源节点与目的节点之间建立一条逻辑连接，每个分组包含一个虚电路标识符，所有分组都必须沿着事先建立的虚电路传输，服从这条虚电路的安排，即按照逻辑连接的方向和接收的次序进行输出排队和转发。因此，每个节点不需要为每个数据包作路径选择判断，就好像收发双方有一条专用信道一样。完成数据交换后，拆除虚电路。整个过程经历虚电路建立、数据传输和虚电路拆除三个阶段。

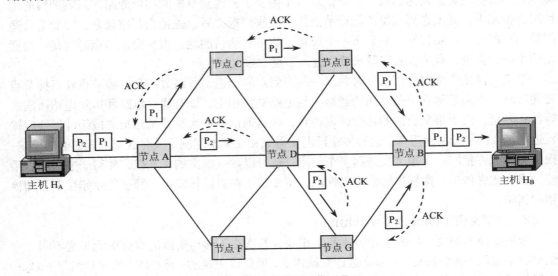

图 2-18　数据报工作原理

　　虚电路方式具有分组交换与线路交换两种方式的优点，报文分组通过每个虚电路上的节点时，不需要路径选择，只需要差错检测。一次通信的所有分组都通过同一条虚电路顺序传送，因此，报文分组不必带目的地址、源地址等辅助信息。分组到达目的节点时，不会出现丢失、重复与乱序的现象。通信子网中每个节点可以和任何节点建立多条虚电路连接。分组交换的信道利用率高，可靠性高，是网络中最广泛采用的一种技术。

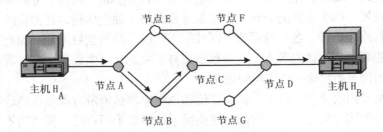

图 2-19　虚电路工作原理

　　分组交换与报文交换相比的优点有如下几个。
　　① 分组交换比报文交换减少了时间延迟。原因：当第一个分组发送给第一个节点后，接着可发送第二个分组，随后可发送其他分组，多个分组可同时在网中传播，总的延时大大减少，网络信道的利用率大大提高。
　　② 分组交换把数据的最大长度限制在较小的范围内，每个节点所需的存储量减少了，

有利于提高节点存储资源的利用率。数据出错时，只需要重传错误分组，而不要重发整个报文，有利于迅速进行数据纠错，大大减少每次传输发生错误的概率以及重传信息的数量。

③ 易于重新开始新的传输。可让紧急报文迅速发送出去，不会因传输优先级较低的报文而堵塞。

2.4.3　知识扩展：高速交换机

1．帧中继（Frame Relay）

分组交换具有传输质量高的优点，是目前数字通信网的主要交换方式。但分组交换延较大，信息传输效率低且协议复杂。为了改进分组交换这些缺点，发展了帧中继交换。

帧中继交换技术是在分组交换技术充分发展、数字与光纤传输线路逐渐取代已有模拟线路的条件下发展起来的。帧中继交换技术主要用于传输数据业务，用一组规程将数据以帧的形式有效地进行传送。帧的信息长度远比分组长度要长。帧中继的协议以 OSI 参考模型为基础，协议模型仅包含两层，即物理层和数据链路层核心功能。不提供纠错、流量控制、应答和监视等机制，从而使得交换的开销减少，提高了网络的吞吐量，降低了通信时延。帧中继传送数据信息传输链路是逻辑连接，而不是物理连接。在一个物理连接上可以复用多个逻辑连接。帧中继交换采用统计复用，动态分配带宽（即按需分配带宽），向用户提供共享的网络资源，每一条线路和网络端口都可由多个终端按信息流共享，大大提高了网络资源的利用率。

帧中继可以为大型文件的数据传输提供高性能的传送，也可为高分辨率可视图文、高分辨率图形数据提供高吞吐量、低时延的数据传送服务。帧中继网络可以传送各种通信协议的信息，例如 X.25、IP、HDLC/SDLC 等。帧中继对高层协议保持透明，方便用户接入网络，这一特性为通过帧中继实现网络互连打下了基础。通过帧中继实现局域网（LAN）的互联，是帧中继的主要应用之一。图 2-20 所示为局域网经路由器通过帧中继网的相互连接。

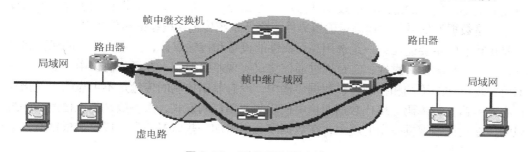

图 2-20　局域网通过帧中继互联

2．异步传输模式 ATM（Asynchronous Transfer Mode）

异步传输模式是一种比帧中继传输速率更高的快速分组交换方式。ATM 的传输单位为信元（cell），又称信元交换。它建立在大容量光纤传输介质的基础上，短距离传输速率可达 2.2Gbit/s，中长距离也可达到几十或几百 Mbit/s。异步传输模式 ATM 是一种时分多路复用传输，在每个时隙中传输的单位称为信元。信元是一种具有固定长度的短的数据分组，长度为 53 个字节。长度固定而且很短的信元，使得节点只用硬件电路即可进行信元处理，大大缩短了信元处理时间。由于光纤信道的误码率极低，和帧中继一样，ATM 也不必在数据链路层进行差错控制和流量控制，而是放在高层处理，进一步提高了信元的传输速度。图 2-21 描述了一个 ATM 网的结构。

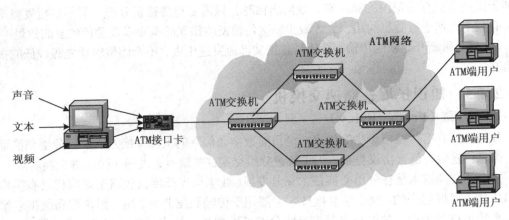

图2-21　ATM网

知识引导 2.5　了解差错控制技术

通信的目的是进行信息的传输。传输过程中，任何信息的丢失或损坏，都将对通信双方产生重要的影响。因此，如何实现无差错的数据传输是一个非常重要的问题。差错控制技术是实现数据可靠传输的主要手段。

2.5.1　差错控制方法

1．差错控制

所谓差错，是在数据通信中，接收端接收的数据与发送端发出的数据不一致的现象。差错控制是指数据通信过程中，发现、检测差错并对差错进行纠正，从而把差错限制在数据传输所允许的尽可能小的范围内的技术和方法。差错控制技术是提高数据传输可靠性的重要手段之一，是数据通信系统中提高传输可靠性，降低系统传输误码率的有效措施。

差错控制的主要途径：一是选用高可靠性的设备和传输媒体，并辅以相应的保护和屏蔽措施，以提高传输的可靠性；二是通过通信协议实现差错控制，在通信协议中，通过差错控制编码实现差错的检测和控制。在数据传输中，没有差错控制的传输是不可靠的。差错控制的核心是差错控制编码。现代数据通信中使用的差错控制方式，大多数是基于信道编码技术实现的，在发送端根据一定的规则，在数据序列中附加一些监督信息，接收端根据监督信息进行检错或者纠错。

2．差错的产生原因

信号在物理信道中传输时，线路本身电器特性造成的随机噪声、信号幅度的衰减、频率和相位的畸变、电器信号在线路上产生反射造成的回音效应、相邻线路间的串扰以及各种外界因素（如大气中的闪电、开关的跳火、外界强电流磁场的变化、电源的波动等），都会造成信号的失真。

（1）从差错的物理形成分析。

传输中的差错大都是由噪声引起的。噪声有两大类，一类是信道固有的、持续存在的随机热噪声。另一类是由外界特定的短暂原因造成的冲击噪声。

① 热噪声：热噪声由传输介质导体的电子热运动产生，是一种随机噪声，引起的传输差错为随机差错。这种差错引起的某位码元的差错是孤立的，与前后码元没有关系，导致的随

机错误通常较少。

② 冲击噪声：冲击噪声由外界电磁干扰引起，与热噪声相比，冲击噪声幅度较大，是引起传输差错的主要原因。冲击噪声引起的传输差错为突发差错，特点是前面的码元出现了错误，会使后面的码元也出现错误，即错误之间有相关性。

（2）从差错发生的位置分析。

差错发生在不同位置时，形成的原因不同。

① 通信链路差错：通信链路差错是由通信链路上的故障、外界对通信链路的干扰造成的传输错误。

② 路由差错：路由差错是传输报文在路由过程中因阻塞、丢失、死锁以及报文顺序出错而造成的传输差错。

③ 通信节点差错：是通信中某节点由于资源限制、协议同步关系错误、硬件故障等造成的传输差错。会影响通信链路的正确链接或正常通信。

（3）从差错发生的层次分析。

在 OSI 模型中，物理层、数据链路层，网络层和运输层属于面向通信的部分，不同的层次上差错形成的主要原因也是不同的。

① 物理层和数据链路层差错：在物理层，主要由通信链路差错引起传输错误。错误的随机偶然性较大。考虑到物理层主要依靠硬件实现，该层实现检错和纠错比较困难，原则上是把差错控制交给数据链路解决。数据链路层通常以帧为单位进行检错和重传，以保证向上层提供无差错的数据传输服务。

② 网络层和传输层差错：网络层的主要任务是提供路由选择和网络互联功能，主要是路由转发过程中因拥塞、缓存溢出、死锁等引起的报文丢失、失序等差错。网络层一般只做差错检测，把纠错处理交给传输层处理。传输层需要采取序号、确认、超时、重传等措施解决因丢失、重复、失序而产生的差错。提供虚电路服务的网络层也需要有纠错功能，因为虚电路服务必须保证报文不丢失、不重复、不乱序。

3. 差错控制方法

差错控制的方法有两种：一是改善通信线路的性能，使错码出现的概率降低到满足系统要求的程度；二是采用抗干扰编码和纠错编码，将传输中出现的某些错码检测出来，纠正错码。

差错的表现形式有"失真"、"丢失"、"失序"。失真是指被传输数据的比特位被改变或被插入。通信中的干扰、入侵者的攻击、发送和接收的不同步，都会造成失真。检测因失真造成的差错，主要通过各种校验方法来实现。丢失是指数据在传输过程中被丢弃。噪声过大、线路拥塞、节点缓存容量不足等，都会造成信息的丢失。丢失可用序号、计时器和确认的方式来检测，通过重传机制纠正错误。**失序**是指数据到达接收方的顺序与发送方发送的顺序不一致。路由策略的选择会引起后发先到、重传丢失的数据也可能导致数据不能按序到达，只要把失序的数据存储后重新装配，或丢弃乱序的数据，可解决失序的问题。

数据通信中采用的差错控制基本方法有三种：前向纠错 FEC（Forward-Error-Control）、反馈检验法和自动请求重发 ARQ（Automatic Repeat Request System）。

（1）前向纠错。

发送端根据一定的编码规则对信息进行编码，然后通过信道传输；接收端接收到信息后，如果检测到接收信息有错，则通过一定的算法，确定差错的具体位置，并自动加以纠正。通过译码器不仅能够发现错误，还能够自动纠正传输中的错误，并把纠正后的信息发送至目的地。比较著名的前向纠错码有海明码和 BCH 码。

（2）反馈检验法。

接收端将收到的信息码原封不动地发回发送端，与原发信息码比较。如果发现错误，发送端重发。反馈检验的方法、原理和设备都比较简单，但需系统提供双向信道。

（3）自动请求重发 ARQ。

接收端检测到接收信息有错后，通过反馈信道要求发送端重发原信息，直到接收端认可为止，从而实现纠错。

2.5.2 差错控制编码

差错编码的基本思想是在被传输信息中增加一些冗余码，利用附加码元和信息码元之间的约束关系加以校验，以检测和纠正错误。发送数据前，进行差错控制编码，即按照某种规则在数据位之外附加上一定的冗余位后发送。接收端收到编码后，利用相同的规则对信息位和冗余位之间的关系进行检测，判断传输过程中是否发生差错。对于发生的传输错误，有两种处理方法：检错法和纠错法。检错法是检测传输信息的改变，接收端检测错误时，只能够发现出错，不能确定出错的位置也不能纠正传输差错。接收端将出错的信息丢弃，同时通知发送者重发该信息。纠错法是检测到错误时，接收方能纠正错误而无须重发。纠错码需要比检错码使用更多的冗余位，编码效率低。纠错算法也比检错算法复杂得多。除在单向传输或实时性要求特别高的场合外，数据通信中更多的还是使用差错检测和重传相结合的差错控制方式。

这里主要介绍目前广泛用于差错检测的奇偶校验码和循环冗余码。

1．奇偶校验码

奇偶校验是最常用的差错检测方法，也是其他差错检测方法的基础。原理是在 7 位的 ASCⅡ代码的最后一位增加 1 位校验位，组成的 8 位中"1"的个数成奇数（奇校验）或成偶数（偶校验）。经过传输后，如果其中一位（包括校验位）出错，接收端按同样的规则即可发现错误。

奇偶校验分为水平奇偶校验、垂直奇偶校验和水平垂直奇偶校验三种。

（1）水平奇偶校验：以字符组为单位，对一组字符中相同位在水平方向进行编码校验。数据传输还是以字符为单位传输，先按字符顺序进行字符的传输，最后进行校验位的传输。奇偶校验位与数据一起发送到接收方，接收方检测奇偶校验位。对于偶校验，若接收方发现 1 的个数为奇数，则说明发生了错误。

（2）垂直奇偶校验：以字符为单位的一种校验方法。对字符在垂直方向加校验位构成校验单元。假设某一字符的 ASCⅡ编码为 0011000，根据奇偶校验规则，如果采用奇校验，则校验位应为 1，即 00110001，如果采用偶校验，校验位应为 0，即 00110000。垂直奇偶校验检错效果高于水平奇偶校验。

（3）水平垂直奇偶校验：将前面两种校验方式结合而成。在水平方向和垂直方向同时进行校验。

表 2-1 是水平垂直奇偶检验的示例。每 6 个字符作为一组，在每个字符的数据位传输前，先检测并计算奇偶校验位，然后将其附加在数据位后。根据采用奇偶校验位是奇数还是偶数，计算一个字符包含"1"的数目，接收端重新计算收到字符的奇偶校验位，并确定该字符是否出现传输差错。

表 2-1　　　　　　　　　　　　　　水平垂直奇偶检验

位＼字符	字符 1	字符 2	字符 3	字符 4	字符 5	字符 6	效验位（奇）
位 1	1	1	0	1	1	1	0
位 2	0	0	0	0	1	0	0
位 3	0	1	1	1	1	0	1
位 4	1	1	1	0	0	1	1
位 5	1	0	0	0	0	1	0
位 6	0	1	0	1	1	0	0
位 7	1	0	0	0	1	0	0
效验位（偶）	0	0	1	1	1	1	1

采用这种校验方式时，只有所有列都发送完毕，错误才能够完全检测出来，而且接收方可能不能确定是哪个列不正确，只有重发所有列，增大了通信设备的负担。在奇偶校验中，只能发现单个比特的差错，若有两个比特位都出现传输错误，例如两 0 变成了两个 1，发生的错误不能被检测出来，奇偶校验位无效。实际传输过程中，偶然一位出错的机会最多，这种简单的校验方法还是很有用处。这种方法只能检测错误，不能纠正错误。由于不能检测出错在哪一位，一般只用于对通信要求较低的异步传输和面向字符的同步传输环境中。

2．循环冗余码

循环冗余码（Cyclic Redundancy Code，CRC）是使用最广泛并且检错能力很强的一种检验码。CRC 的工作过程：在发送端按一定的算法产生一个循环冗余码，附加在信息数据帧后面一起发送到接收端；接收端将收到的信息按同样算法进行除法运算，若余数为"0"，表示接收的数据正确，若余数不为"0"，表示数据在传输的过程中出错，请求发送端重传数据。

循环冗余校验方法的原理如下。

① 将待编码的 n 位信息码组 $C_{n-1}C_{n-2}C_iC_1C_0$ 表示为一个 $n-1$ 阶的多项式 $M(x)$。

$$M(x)=C_{n-1}x^{n-1}+C_{n-2}x^{n-2}+\ldots+C_ix^i+\ldots+C_1x^1+C_0x^0$$

例如，二进制序列 0 1 0 0 1 1 0 1 对应的多项式为

$$M(x)=0x^7+1x^6+0x^5+0x^4+1x^3+1x^2+0x^1+1x^0=x^6+x^3+x^2+1$$

② 将信息码组左移 k 位，形成 $M(x)\cdot xk$，即 $n+k$ 位的信息码组。

$C_{n-1}C_{n-2}C_iC_1C_0000\ldots000$

③ 发送方和接收方约定一个生成多项式 $G(x)$，设该生成多项式的最高次幂为 r。对 $M(x)\cdot xk$ 作模 2 运算，获得商 $Q(x)$ 和余数 $R(x)$，显然，有 $M(x)\cdot xk=Q(x)\cdot G(x)+R(x)$。

④ 令 $T(x)=M(x)+R(x)$，得到循环冗余校验码。$T(x)$ 是在原数据块的末尾加上余数得到的。

⑤ 发送 $T(x)$ 所对应的数据。

⑥ 设接收端接收到的数据对应的多项式为 $T'(x)$，将 $T'(x)$ 除以 $G(x)$，若余式为 0，即 $T'(x)=T(x)$，则传输无错误。

$$T'(x)/G(x)=(Q(x)\times G(x)+R(x)+R(x))/G(x)=(Q(x)\times G(x))/G(x)=Q(x)$$

若余式不为 0，即 $T'(x)\neq T(x)$，传输有错误。

（1）生成多项式不是任何一个多项式都可以作为生成多项式。从检错和纠错的要求出发，生成多项式应能满足下列要求。

● 任何一位发生错误都应使余数不为 0。

● 不同位发生错误应使余数不同。

● 对余数继续作模 2 运算应使余数循环。

生成多项式的选择主要靠经验。下列几种多项式已经成为标准，具有极高的检错率，即

CRC-CCITT：　$G(x)=x^{16}+x^{12}+x^5+1$

CRC-12：　　　$G(x)=x^{12}+x^{11}+x^3+x^2+x+1$

CRC-16：　　　$G(x)=x^{16}+x^{15}+x^2+1$

CRC-32：　　　$G(x)=x^{32}+x^{26}+x^{23}+x^{22}+x^{16}+x^{12}+x^{11}+x^{10}+x^8+x^7+x^5+x^4+x^2+x+1$

数据链路层协议 HDLC 采用 CRC-CCITT，IBM 的 Bisync 协议采用 CRC-16，以太网和光纤分布式数据接口（FDDI）中采用 CRC-32 检验。

（2）CRC 检验和信息编码的求取方法。

设 r 为生成多项式 $G(X)$ 的阶。

① 在数据多项式 M(X) 的后面附加 r 个 "0"，得到一个新的多项式 $M'(X)$。

② 用模 2 除法求得 $M'(X)/G(X)$ 的余数。

③ 将该余数直接附加在原数据多项式 $M(X)$ 的系数序列的后面，结果即为最后要发送的循环冗余校验码多项式 $T(X)$。

（3）CRC 校验中求余数的除法运算规则。

模 2 运算是指以按位模 2 加减为基础的四则运算，运算时不考虑进位和借位。加法不进位，减法不借位。模 2 加减的规则：两数相同为 0，两数相异为 1。乘除法与二进制运算是一样的，只是做减法时按模 2 进行，如果减出的值的最高位为 0，则商为 0，如果减出的值的最高位为 1，则商为 1。

例如：11010000 模 2 除 1001，商为 11001，余数是 1。

$$
\begin{array}{r}
11001 \\
1001{\overline{)}\,}11010000 \\
\underline{1001} \\
1000 \\
\underline{1001} \\
1000 \\
\underline{1001} \\
1
\end{array}
$$

下面举例说明循环冗余校验码多项式 $T(X)$ 的具体求法。

假设准备发送的数据信息码是 1101011011，生成多项式为 $G(X)=X^4+X+1$

① 计算信息编码多项式 $T(X)$。

$M(X)=1101011011$　　　$G(X)=10011$

生成多项式的最高次幂 $r=4$ 信息码附加 4 个 0 后形成新的多项式。

$M'(X)$：11010110110000

② 用模 2 除法求 $M'(X)/G(X)$ 余数。

```
                              1 1 0 0 0 0 1 0 1 0
              1 0 0 1 1 ) 1 1 0 1 0 1 1 0 1 1 0 1 1 0 0 0 0
                          1 0 0 1 1
                            1 0 0 1 1
                            1 0 0 1 1
                              0 0 0 0 1
                              0 0 0 0 0
                                0 0 0 1 0
                                0 0 0 0 0
                                  0 0 1 0 1
                                  0 0 0 0 0
                                    0 1 0 1 1
                                    0 0 0 0 0
                                      1 0 1 1 0
                                      1 0 0 1 1
                                        0 1 0 1 0
                                        0 0 0 0 0
                                          1 0 1 0 0
                                          1 0 0 1 1
                                            0 1 1 1 0
                                            0 0 0 0 0
                                              1 1 1 0  ←
```

帧：1101011011
除数：10011
附加 4 个零后形成的串：11010110000
传输的帧：11010110111110

③ 得出要传输的循环冗余校验码多项式。

将余数 1110 直接附加在 $M(x)$ 的后面得：$T(X)=11010110111110$

④ 接收端对接收到 T(X)进行校验。

设接收端接收到的数据为多项式为 $T'(x)$，将 $T'(x)$ 除以 $G(x)$，若余式为 0，即 $T'(x)=T(x)$，则认为没有错误。

$$T'(x)/G(x)=(Q(x)\times G(x)+R(x)+R(x))/G(x)=(Q(x)\times G(x))/G(x)=Q(x)$$

若余式不为 0，即 $T'(x)\neq T(x)$，认为有错。

CRC 检验编码的计算需要花费不少的时间，降低了协议的性能。为了提高协议的性能，常借助移位寄存器或查检验表（在表中放置事先计算好的检验）的方式来缩短处理时间。

3．海明码

海明码是一种纠错码，纠错码比检错码功能更强。检错码只能检测到错误，纠错码不仅能检测出错误，而且可以检测出哪位发生了错误并进行纠正。纠错码有很多种，如海明码、卷积码及 BCH 码等。这里只介绍海明码。

1950 年，海明（Hamming）发明了从待发送数据位中生成一定数量的特殊码字，并通过该特殊码字检测和纠正差错代码的理论和方法。按照海明的理论，对于 m 位数据，当增加 k 位的校验位后，组成 $n=m+k$ 位的码字。

海明码由数据位及校验位组合而成，但数据位和校验位是交叉排列的。假设要发送的数据为 m0 m1 m2 m3 m4 m5 m6 m7，则海明码为 AB m0 C m1 m2 m3 D m4 m5 m6 m7，其中 A、B、C、D 为校验位，其编号是 1、2、4、8。数据位所对应的编号分别为 3、5、6、7、9、10、11、12，例如，m0 的编号为 3，D 的编号为 8，为了知道某个编号的数据对哪些校验位有影响，将每个数据位的编号用校验位编号的和来表示，即

3=2+1	5=4+1	6=4+2
7=4+2+1	9=8+1	10=8+2
11=8+2+1	12=8+4	

上面各式决定了每个数据位由哪个校验位进行校验。将上面的表示填入表 2-2 中。

表 2-2　　　　　　　　　　　海明码的数据位与校验位的排列

数据位编号 校验位编号	3	5	6	7	9	10	11
A(1)	★	★		★	★		★
B(2)	★		★	★		★	★
C(4)		★	★	★			★
D(8)					★	★	★	★

可以得出：

A 是编号为 3、5、7、9、11 的数据位（即 m0、m1、m3、m4、m6）的校验位；

B 是编号为 3、6、7、10、11 的数据位（即 m0、m2、m3、m5、m6）的校验位；

C 是编号为 5、6、7、12 的数据位（即 m1、m2、m3、m7）的校验位；

D 是编号为 9、10、11、12 的数据位（即 m4、m5、m6、m7）的校验位。

为了说明如何为每个校验位取值，以一个 7 位 ASCII 字符使用海明码形成 11 位码字为例。例如，字符 M 的 ASCII 编码为 1101101，海明码为 AB1C101D101，按偶校验规则进行校验，见表 2-3。

表 2-3

数据位 校验位	1（3）	1（5）	0（6）	1（7）	1（9）	0（10）	1（11）
A（1）	★	★		★	★		★
B（2）	★		★	★		★	★
C（4）		★	★	★			★
D（8）					★	★	★

可得校验码 A=1，B=1，C=0，D=0，字符 M 的海明编码为"11101010101"。将其发送到接收端。当校验位码字到达时，接收方将出错计数器清 0，然后检查校验位码字是否具有正确的奇偶性。如果该校验位码字的奇偶性不对，则在计数器中加入一个数值，数值的大小是校验位码字编号对应的值。所有校验位码字检查完毕后，如果计数器值为 0，说明数据传输无差错；如果计数器值不为 0，该值就是出错位的编号。根据计数器的值即可确定是哪位出错，将该位数据取反即可纠正错误。

例如，11101010101 在传输中因某种原因第 5 位数据由"1"变为"0"，在接收端对第一个校验位 A 进行检查时出错，将该校验位的编码"1"加到计数器中，对第三个校验位 C 进行检查，也出错，将该校验位的编码"4"加到计数器中，对第二和第四个校验位进行检查没有错误。此时，出错计数器的值为"5"，说明第 5 位有错，将第 5 位数据取反，就可得到正确的数据。

这种方法只能纠正一位错误，如果要纠正更多位的错误，就要使用其他编码方式。

小结

计算机网络广泛采用数据通信技术。要全面了解现代计算机网络技术，掌握数据通信技术是必不可少的环节。通过本章的学习，可以增加读者的数据通信知识。本章介绍了数据通信的基本概念和信号的编码方式，从不同的角度对数据传输方式进行分类，使读者从多方面认识和了解数据通信的相关知识。

数据通信技术是一门复杂的学科，本章只能从几个方面做简要的介绍，包括数据交换技术、差错控制技术、多路复用技术等。有兴趣的读者可以阅读数据通信的相关书籍，以便更好地学习计算机网络知识。

习题

一、填空题

（1）通信系统必须具备的三个基本要素是_____、_____、_____。

（2）衡量通信系统性能的优劣，最重要的是看它的有效性和可靠性。有效性是指_____，可靠性是指_____。

（3）信道容量表示_____。

（4）信道上能够传送信号的最高频率与最低频率之差，称为_____。

（5）可同时传送多个二进制位的传输方式称为_____。一次只传送一个二进制位的传输方式称为_____。

（6）数据信号仅沿一个方向传输，发送方只能发送不能接收，接收方只能接收而不能发送的数据传输方式称为_____。数据可以同时沿相反的两个方向作双向传输的数据传输方式称为_____。信号可以沿两个方向传送，但同一时刻一个信道只允许单方向传送的数据传输方式称为_____。

（7）数字数据调制的基本方法有三种。数字数据的编码方式有_____，_____，_____三种。

（8）模拟信号在数字信道上传输前要进行_____处理；数字数据在数字信道上传输前需进行_____，以便在数据中加入时钟信号，并具有抗干扰能力。

（9）脉冲编码调制 PCM 用于_____编码。

（10）将多条信号复用在一条物理线路上，这种技术称为_____。常用的多路复用技术可分为_____、_____、_____三类。

（11）频分多路复用分割的是传输介质的_____，时分多路复用分割的是信道的_____，_____是指在一根光纤上，同时传送多个波长不同的光载波。

（12）在数据通信中，接收端接收到的数据与发送端实际发出的数据出现不一致的现象称为_____。

（13）被传输数据的比特位被改变或被插入称为_____。数据在传输过程中被丢弃称为_____。数据到达接收方的顺序与发送方发送的顺序不一致称为_____。

二、单选题

（1）在网络中，将语音与计算机产生的数字、文字、图形与图像同时传输，将语音信号数字化的技术是（   ）。

    A．QAM 调制   B.PCM 编码   C.Manchester 编码   D.FSK 调制

（2）在同一时刻，通信双方可以同时发送数据的信道通信方式为（   ）。

    A．半双工通信   B．单工通信   C．数据报   D．全双工通信

（3）帧中继技术本质上是（　　）交换技术。

    A．报文　　　　　　　　B．线路　　　　　　　C．信元　　　　　　　D．分组

（4）下列交换方法中（　　）的传输延迟最小。

    A．报文交换　　　　　　B．线路交换　　　　　C．分组交换　　　　　D．上述所有的

（5）在数字通信中，使收发双方在时间基准上保持一致的技术是（　　）。

    A．交换技术　　　　　　B．同步技术　　　　　C．编码技术　　　　　D．传输技术

（6）通过改变载波信号的相位值来表示数字信号 1、0 的编码方式是（　　）

    A．ASK　　　　　　　　B．FSK　　　　　　　C．PSK　　　　　　　D．NRZ

（7）在多路复用技术中，FDM 是（　　）。

    A．频分多路复用　　　　　　　　　　　　　　B．波分多路复用

    C．时分多路复用　　　　　　　　　　　　　　D．线分多路复用

（8）载波信号的两种不同幅度来表示二进制值的两种状态的数据编码方式称为（　　）。

    A．移幅键控法　　　　　　　　　　　　　　B．移频键控法

    C．移相键控法　　　　　　　　　　　　　　D．幅度相位调制

（9）采用海明码纠正一位差错，若信息位为 7 位，则冗余位至少应为（　　）。

    A．5 位　　　　　　　　B．3 位　　　　　　　C．4 位　　　　　　　D．2 位

（10）在 CRC 码计算中，可以将一个二进制位串与一个只含有 0 或 1 两个系数的一元多项式建立对应关系。例如，与位串 101101 对应的多项式为（　　）。

    A．$x^6+x^4+x^3+1$　　　B．$x^5+x^3+x^2+1$　　　C．$x^5+x^3+x^2+x$　　　D．$x^6+x^5+x^4+1$

（11）ATM 信元长度的字节数是（　　）。

    A．53　　　　　　　　　B．5　　　　　　　　　C．50　　　　　　　　D．25

三、简答题

（1）数据和信息的区别是什么？

（2）数字通信的主要优点是什么？

（3）简述数据通信的五个阶段。

（4）简述同步传输与异步传输的区别。

（5）简述线路交换的三个阶段。

（6）分组交换与报文交换相比的优点是什么？

（7）简述差错控制的两种方法。

四、分析题

（1）已知生成多项式 $G(X)=X^4+X^3+1$，求报文 1011001 的 CRC 冗余位及相应的码字。

（2）用海明编码方法，求出 ASCII 字符 H（二进制编码是 1001000）的 11 位海明编码，简要写出编码过程。

（3）画出比特流 00110101 的差分曼彻斯特编码波形图（假设线路以低电平开始）。

PART 3

学习任务 3
网络体系结构与协议

知识引导 3.1　理解网络体系结构

网络由节点相互连接而成，目的是实现节点间的相互通信和资源共享。节点是具有通信功能的计算机系统。怎样构造计算机系统的通信功能，以实现系统之间，尤其是异种计算机系统之间的通信，是网络体系结构要解决的问题。

网络的中间节点是通信线路与设备的结合点，端节点通过通信线路与中间节点相连。两个端节点之间通信，需要在网络中经过许多复杂的过程，若网络中有多对端节点相互通信，网络中的关系和信息传输过程更复杂。

网络系统综合了计算机、通信以及众多应用领域的知识和技术，如何使这些知识和技术共存于不同的软硬件系统、不同的通信网络以及各种外设构成的系统中，是网络技术人员面临的主要难题。

要想在计算机之间进行通信，必须使它们采用相同的信息交换规则。

3.1.1　网络协议

计算机网络是由多个互连节点组成的庞大的系统，节点之间需要不断地交换数据与控制信息。为了保证通信双方能有条不紊地进行数据通信，在网络中进行通信的双方必须遵从相互接受的一组约定和规则，并且在通信内容、怎样通信以及何时通信等方面相互配合。这些规则明确地规定所交换数据的格式以及有关的同步问题。这里所说的同步，是指一定的条件下应当发生某一事件，因而有时序的含义。这些为进行网络中数据交换而制定的规则、约定和标准，称为网络协议（Network Protocol）或通信协议（Communication Protocol）。简单地说，协议是通信双方必须遵循的控制信息交换的规则的集合。

一般来说，网络协议主要由语法、语义和同步 3 要素组成。

（1）语法：规定通信双方"如何讲"，即确定协议元素的格式，如数据和控制信息的结构或格式。

（2）语义：规定通信双方"讲什么"，即确定协议元素的类型，如规定通信双方发出何种控制信息、执行何种动作以及做出何种应答等。

（3）同步（又称语序、变化规则或定时）：规定通信双方之间的"讲的顺序"，即通信过程中的应答关系和状态变化关系。同步定义了通信双方何时进行通信，先讲什么，后讲什么，讲话的速度等。

可见，协议是计算机中不可缺少的组成部分。

3.1.2　网络的分层模型

计算机网络体系结构采用分层结构，定义和描述了用于计算机及通信设备之间互连的标准和规则的集合，按照这组规则可以方便地实现计算机设备之间的数据通信。

将分层的思想或方法运用于计算机网络中，产生了计算机网络的层次模型，如图 3-1 所示。分层模型把系统所要实现的复杂功能分解为若干个层次分明的局部问题，规定每一层实现一种相对独立的功能，各个功能层次间进行有机的连接，下层为其上一层提供必要的功能服务。这种层次结构的设计称为网络层次结构模型。

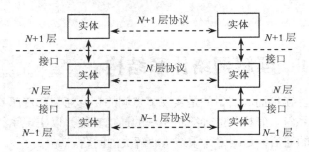

图 3-1　计算机网络分层模型的示意图

网络层次结构模型包含两个方面的内容。一是将网络功能分解到若干层次，在每一个功能层次中，通信双方共同遵守该层次的约定和规程，这些约定和规程称为同层协议。二是层次之间逐层过渡，上一层向下一层提出服务要求，下一层完成上一层提出的要求，上一层必须做好进入下一层的准备工作，这两个相邻层次之间要完成的过渡条件称为接口协议。接口协议可以通过硬件实现，也可以采用软件实现，例如，数据格式的变换、地址的映射等。

网络层次结构模型使各层实现技术的改变不影响其他层，易于实现和维护，有利于促进标准化，为计算机网络协议的设计和实现提供了很大方便。

1．实体与同等层实体

在网络分层体系结构中，每一层都由一些实体组成。实体是各层中用于实现该层功能的活动元素，这些实体抽象地表示了通信时的软件元素（如进程或子程序）或硬件元素。实体除了是一些实际存在的物体和设备外，还可以是客观存在的与某一应用有关的事物，如含有一个或多个程序、进程或作业之类的成分。

不同终端上位于同一层次且完成相同功能的实体，称为同等层（对等层）实体。例如，系统 A 的第 N 层和系统 B 的第 N 层是同等层。不同系统同等层之间存在的通信称为同等层通信，不同系统同等层上的两个正在通信的实体称为同等层实体。

2．服务与接口

在网络分层结构模型中，每一层为相邻的上一层提供的功能称为服务。在同一系统中，相邻两层实体进行交互的地方称为服务访问点 SAP。

服务访问点（SAP）是同一个节点相邻两层实体的接口（Interface），也可说 N 层 SAP 是 $N+1$ 层可访问 N 层的地方。低层向高层通过接口提供服务，相邻层通过它们之间的接口交换信息。高层不需要知道低层是如何实现的，仅需要知道该层通过层间接口提供的服务，这使得两层之间保持了功能的独立性。

为实现相邻层间交换信息，接口须有一致遵守的规则，即接口协议。从一个层过渡到相邻层所做的工作，即两层之间的接口问题。任何两相邻层间都存在接口问题。

3. 服务类型

在计算机网络协议的层次结构中，层与层之间具有服务与被服务的单向依赖关系，下层向上层提供服务，而上层调用下层的服务。任意两层中，可将下层称为服务提供者，将上层称为服务调用者。下层为上层提供的服务可分为两类：面向连接服务（Connection Oriented Service）和无连接服务（Connectionless Service）。

（1）面向连接服务。

面向连接服务的工作方式像电话系统。数据交换之前必须先建立连接，数据交换结束后终止连接，传送数据时按序传送。通信过程分为三部分：建立连接、传输数据、撤销连接。只有在建立连接时，发送的报文中才包含相应的目的地址。连接建立后，传送的报文中不再包含目的地址，仅包含比目的地址更短的连接标识，以减少报文传输的负载。

面向连接服务比较适合在一定时期内向同一目的地发送许多报文的情况。

（2）无连接服务。

无连接服务的工作方式像邮政系统。每个报文（信件）带有完整的目的地址，并且每一个报文都独立于其他报文，由系统选定传递路线发送报文。计算机随时可以向网络发送数据，在两个通信计算机间无须事先建立连接。正常情况下，当两个报文发往同一目的地时，先发的先到。但是，也有可能先发的报文在途中延误了，后发的报文反而先收到。

3.1.3 网络的体系结构

计算机网络是个非常复杂的系统。网络体系结构通常采用层次化结构，定义计算机网络系统的组成方法、系统的功能和提供的服务。

考虑一种最简单的情况，连接在网络上的两台计算机要实现相互传送文件，必须在这两台计算机之间有一条传输数据的通路。除此之外，至少还需要完成以下几方面的工作。

（1）发送方计算机必须激活数据通信的通路。所谓"激活"，就是正确发出一些控制信息，保证要传送的计算机数据能在这条通路上正确地发送和接收。

（2）要告诉网络，如何识别接收方计算机。

（3）发送方计算机必须确认接收方计算机已准备好接收数据。

（4）发送方计算机必须清楚接收方计算机的文件管理程序是否已做好接收和存储文件的准备工作。

（5）若两台计算机的文件格式不兼容，这至少有一台计算机能完成格式转换功能。

（6）当网络出现各种差错和意外事故，如数据传送错误、重复或丢失、网络中某个节点故障等，应有可靠的措施保证接收方计算机能够收到正确的文件。

可见，相互通信的两个计算机系统必须高度协调工作，而这种"协调"是相当复杂的。为简化对复杂的网络的研究、设计和分析工作，使网络中不同计算机系统、不同通信系统和不同应用能互相连接（互连）和互相操作（互操作），人们提出过多种方法。其中一种基本的方法，是针对网络执行的功能，设计一种网络体系结构模型，使网络研究、设计和分析工作摆脱繁琐的具体事物，将庞大而复杂的问题转化为若干较小的局部问题，使复杂问题得到简化。同时，为不同计算机系统之间的互连和互操作提供相应的规范和标准。

网络体系结构从体系结构的角度来研究和设计计算机网络体系，其核心是网络系统的逻辑结构和功能分配定义，即描述实现不同计算机系统之间互连和通信的方法以及结构，是层和协议的集合。通常采用结构化设计方法，将计算机网络系统划分成若干功能模块，形成层次分明的网络体系结构。

　　网络体系结构将计算机网络功能划分为若干个层次，较高层次建立在较低层次的基础上，并为其更高层次提供必要的服务功能。网络中的每一层都起到隔离作用，使得低层功能具体实现方法的变更不会影响到高一层所执行的功能。

　　网络体系结构是计算机网络的分层、各层协议、功能和层间接口的集合。不同网络有不同的体系结构，层数、各层名称和功能及各相邻层间的接口都不一样。在任何网络中，每一层是为了向其邻接上层提供服务而设置，每一层都对上层屏蔽如何实现协议的具体细节。

　　网络体系结构与具体的物理实现无关，即使连接到网络中的主机和终端型号、性能各不相同，只要共同遵守相同的协议，就可以实现互通信和互操作。

3.1.4　典型案例：理解 ISO/OSI 开放互联参考模型

1．背景分析

　　网络分层体系结构模型的概念为网络协议的设计和实现提供了很大的方便，但各个厂商都有自己产品的体系，不同体系结构又有不同的分层与协议，这给网络的互联造成困难。国际上一些团体和组织为计算机网络制定了各种参考标准，这些团体和组织有些可能是专业团体，有些可能是某个国家政府部门或国际性的大公司。为了实现不同厂家生产的计算机系统之间以及不同网络之间的数据通信，人们迫切需要一个国际范围的标准。

　　回顾历史，在制定计算机网络标准方面起着很大作用的国际组织是国际电报与电话咨询委员会（Consultative Committee on International Telegraph and Telephone，CCITT）和国际标准化组织（International Standards Organization，ISO）。CCITT 主要从通信的角度考虑一些标准的制定，而 ISO 则关心信息处理与网络体系结构。随着科学技术的发展，通信与信息处理之间的界限变得比较模糊，通信与信息处理都成为 CCITT 与 ISO 共同关心的领域。

　　国际标准化组织（ISO）于 20 世纪 70 年代成立了信息技术委员会 TC09，专门进行网络体系结构标准化的工作。在综合已有的计算机网络体系结构的基础上，经过多次讨论研究，最后公布了网络体系结构的七层参考模型 RM，即开放系统互连参考模型（Open System Interconnection，OSI），简称 OSI/RM。此后，又分别为 OSI 的各层制定了协议标准，从而使 OSI 网络体系结构更为完善。

　　OSI 提出 OSI 的目的，是使各种终端设备之间、计算机之间、网络之间、操作系统进程之间以及人们互相交换信息的过程，能够逐步实现标准化。参照这种参考模型进行网络标准化的结果，可以使得各个系统之间都是"开放"的，而不是封闭的，即任何两个遵守 OSI/RM 的系统之间都可以互相连接使用。OSI 还希望能够用这种参考模型来解决不同系统之间的信息交换问题，使不同系统之间也能交互工作，以实现分布式处理。

　　在 OSI 标准的制定过程中，采用的方法是将整个庞大而复杂的问题划分为容易处理的小问题，这就是分层的体系结构方法。OSI 描述了网络硬件和软件如何以层的方式协同工作进行网络通信。

2．OSI 参考模型的结构

　　开放系统互联参考模型（OSI）是分层体系结构的一个实例，采用分层的结构化技术，共分 7 层，从高到低为物理层、数据链路层、网络层、传输层、会话层、表示层、应用层。其中，每一层都定义了所要实现的功能，完成特定的通信任务，并且只与相邻的上层和下层进行数据的交换。

OSI 参考模型如图 3-2 所示。若考虑由中间节点构成的通信子网，OSI 的参考模型结构如图 3-3 所示。

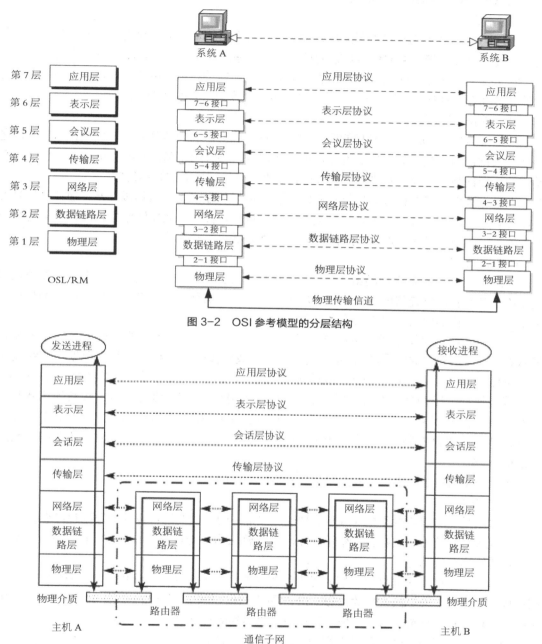

图 3-2　OSI 参考模型的分层结构

图 3-3　考虑通信子网的 OSI 参考模型结构

OSI 包括了体系结构、服务定义和协议规范三级抽象。

（1）体系结构：定义了一个七层模型，用以进行进程间的通信，并作为一个框架来协调各层标准的制定。

（2）服务定义：描述了各层所提供的服务，以及层与层之间的抽象接口和交互用的服务原语。

（3）协议规范：精确地定义了应当发送何种控制信息及何种过程来解释该控制信息。

3．OSI 参考模型各层的功能

（1）物理层。

物理层是 OSI 参考模型的最底层，建立在传输介质的基础上，利用物理传输介质为数据链路层提供物理连接，主要任务是在通信线路上传输二进制数据比特流，数据传输单元是比特（bit）。物理层提供位建立、维护和拆除物理连接所需的机械、电气和规程方面的特性，具体涉及接插件的规格、"0"、"1"信号的电平表示、收发双方的协调等内容。

（2）数据链路层。

数据链路层是 OSI 参考模型的第 2 层，在物理层提供的服务基础上，负责在通信实体之间建立数据链路连接，数据传输单元是帧。数据链路层采用差错控制与流量控制方法，使有差错的物理链路改造成无差错的数据链路，提供实体之间可靠的数据传输。

发送方数据链路层将数据封装成帧（含有目的地址、源地址、数据段以及其他控制信息），然后按顺序传输帧，并负责处理接收端发回的确认帧。接收方数据链路层检测帧传输过程中产生的任何问题。没有经过确认的帧和损坏的帧都要进行重传。

（3）网络层。

网络层是 OSI 参考模型的第 3 层，负责向传输层提供服务，为传输层的数据传输提供建立、维护和终止网络连接的手段，把上层来的数据组织成数据包在节点之间进行交换传送。网络层的数据传输单元是包（又称分组）。

网络层的主要功能是通过路由选择算法为数据包通过通信子网选择最适当的路径和转发数据包，使发送方的数据包能够正确无误地寻找到接收方的路径，并将数据包交给接收方。网络中两个节点之间数据传输的路径可能有很多，将数据从源设备传输到目的设备，在寻找最快捷、花费最低的路径时，必须考虑网络拥塞程度、服务质量、线路的花费和线路有效性等诸多因素。为避免通信子网中出现过多的数据包而造成网络阻塞，需要对流入的数据包数量进行控制。当数据包要跨越多个通信子网才能到达目的地时，还要解决网际互连的问题。

对于一个通信子网来说，最多只有到网络层为止的最低 3 层。

（4）传输层。

传输层是 OSI 参考模型的第 4 层，功能是保证不同子网的两台设备间数据包可靠、顺序、无差错地传输。传输层的数据传输单元是段。传输层负责处理端对端通信，提供建立、维护和拆除传输连接的功能。

传输层向高层用户提供端到端的可靠的透明传输服务，提供错误恢复和流量控制，为不同进程间的数据交换提供可靠的传颂手段，是网络体系结构中关键的一层。所谓透明的传输，是指在通信过程中传输层对上层屏蔽了通信传输系统的具体细节。

传输层一个很重要的工作是数据的分段和重组，即把一个上层数据分割成更小的逻辑片或物理片。发送方在传输层把上层交给它的较大的数据进行分割后，分别交给网络层进行独立传输，从而实现在传输层的流量控制，提高网络资源的利用率；接收方将收到的分段的数据重组，还原成为原先完整的数据。

传输层的另一个主要功能是将收到的乱序数据包重新排序，并验证所有的分组是否都已收到。

（5）会话层。

会话层是 OSI 参考模型的第 5 层，利用传输层提供的端到端的服务，向表示层或会话层提供会话服务。会话层的主要功能是在两个节点间建立、维护和释放面向用户的连接，并对会话进行管理和控制，保证会话数据可靠传送。

会话连接和传输连接之间有三种关系：一对一关系，即一个会话连接对应一个传输连接；一对多关系，即一个会话连接对应多个传输连接；多对一关系，即多个会话连接对应一个传输关系。

会话过程中，会话层需要决定使用全双工通信或半双工通信。若采用全双工通信，会话层在对话管理中要做的工作很少；若采用半双工通信，会话层通过一个数据令牌协调会话，保证每次只有一个用户能够传输数据。

会话层提供同步服务，通过在数据流中定义检查点（Cheek Point）把会话分割成明显的会话单元。网络故障出现时，从最后一个检查点开始重传数据。

（6）表示层。

表示层是 OSI 参考模型的第 6 层，专门负责处理有关网络中计算机信息表示方式的问题。表示层提供不同信息格式和编码之间的转换，以实现不同计算机系统间的信息交换。除了编码外，还包括数组、浮点数、记录、图像、声音等多种数据结构，表示层用抽象的方式来定义交换中使用的数据结构，并且在计算机内部表示法和网络的标准表示法之间进行转换。表示层还负责数据压缩和数据加密功能。

（7）应用层。

应用层是 OSI 参考模型的第 7 层，直接与用户和应用程序打交道，负责对软件提供接口以使程序能够使用网络。应用层不为任何其他 OSI 层提供服务，而只为 OSI 模型以外的应用程序提供服务，例如，电子表格程序和文字处理程序，包括为相互通信的应用程序或进程之间建立连接、进行同步，建立关于错误纠正和控制数据完整性过程的协商等。

应用层还包含大量的应用协议，如虚拟终端协议（Telnet）、简单邮件传输协议（SMTP）、简单网络管理协议（SNMP）、域名服务系统（DNS）和超文本传输协议（HTTP）等。

4．OSI 参考模型的数据传输

在同一台计算机的层间交互过程，与在同一层上不同计算机之间的相互通信过程是相关联的。在网络通信过程中，每一层向其协议规范中的上层提供服务；同时，每一层都与对方计算机的相同层交换信息。

（1）OSI 模型各层的数据。

为了使数据分组从源主机传送到目的主机，源主机 OSI 模型的每一层要与目标主机的对等层进行通信，如图 3-4 所示，这里用对等实体间通信（Peer-to-peer communications）表示源主机与目的主机对等层之间的通信。在这个过程中，每一层协议交换的信息称为协议数据单元（Protocol Data Unit，PDU），通常在该层的 PDU 前面增加一个单字母的前缀，表示是哪一层数据。具体来说，应用层数据称为应用层协议数据单元（Application PDU，PPDU），表示层数据称为表示层协议数据单元（Presentation PDU，PPDU），会话层数据称为会话层协议数据单元（Session PDU，SPDU），传输层数据称为段（Segment），网络层数据称为数据包（Packet），数据链路层数据称为帧（Prame），物理层数据称为比特（bit）。可见，数据处于 OSI 模型的层次不同，数据名称就不同。

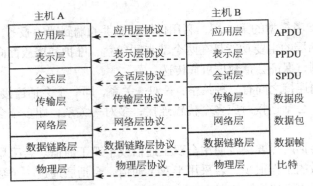

图 3-4　OSI 模型各层的数据

网络通信中，通过传输某一层的 PDU 到对方的同一层（对等层）实现通信。例如，应用层通过传送 APDU 和对方端节点应用层进行通信。从逻辑上讲，对等层之间的通信是双方端节点的同一层直接通信。而物理上，每一层都只与自己相邻的上下两层直接通信；下层通过服务接入点（SAP）为上一层提供服务。两个端节点建立对等层的通信连接，即在各个对等层间建立逻辑信道，对等层使用功能相同的协议实现对话。例如，主机 A 的第 2 层不能与对方主机的第 3 层通信。同时，同一层之间的协议不同也不能通信。例如，主机 A 的 E-mail 应用程序不能和对方主机的 Telnet 应用程序通信。

主机 A 与主机 B 在连入网络前，不需要实现从应用层到物理层功能的硬件与软件。如果它们希望接入计算机网络，就必须增加相应的硬件和软件。一般来说，物理层、数据链路层与网络层大部分可以由硬件方式实现，而高层基本上是通过软件方式实现的。

（2）数据传输过程。

两个应用 OSI 参考模型的网络设备之间进行通信的过程如图 3-5 所示。主机 A 发送的数据从应用层开始，按规定格式逐层封装数据，直至物理层，然后通过网络传输介质传送到主机 B。主机 B 的物理层获取数据后，逐层向上层传输数据并解封装，直到到达主机 B 的应用层。

所谓封装（Encapsulation），是指网络节点将要传送的数据用特定的控制报头打包，有时也可能在数据尾部加上报文。OSI 参考模型的每一层都对数据进行封装，以保证数据能够正确无误地到达目的地，并被接收端主机理解及处理。

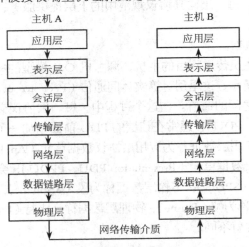

图 3-5　应用 OSI 参考模型进行通信的示意图

假设主机 A 与主机 B 交换数据，数据的传输过程如下。

① 发送方逐层进行数据封装。

- 当主机 A 的数据传送到应用层时，为数据加上应用层控制报头，组织成应用层的数据服务单元，然后传输到表示层。
- 表示层接收到应用层的数据服务单元后，加上表示层控制报头，组织成表示层的数据服务单元，然后传输到会话层。
- 会话层接收到表示层的数据服务单元后，加上会话层控制报头，组织成会话层的数据服务单元，然后传输到传输层。
- 传输层接收到会话层的数据服务单元后，加上传输层控制报头，组织成传输层的数据服务单元，称为段（Segment），然后传输到网络层。
- 网络层接收到传输层的数据服务单元后，由于网络层数据单元的长度有限制，传输层的长数据服务单元将被分成多个较短的数据字段，加上网络层的控制报头，组织成网络层的数据单元，称为数据包（Packet），然后传输到数据链路层。
- 数据链路层接收到网络层的数据包后，加上数据链路层的控制报头，组织成数据链路层的数据服务单元，称为帧（Frame），然后传输到物理层。
- 物理层将数据链路层的数据帧转化为比特流，通过传输介质传送到交换机，通过交换机将数据帧发向路由器。

② 通信子网数据封装与解封装。

路由器逐层解封装：剥去数据链路层的帧头部，依据网络层数据包头信息查找去主机 B 的路径，然后封装数据发向主机 B。

③ 接收方数据解封装。

主机 B 从物理层到应用层，依次逐层解封装，剥去各层控制报头，提取发送方主机发来的数据，完成数据的发送和接收过程。

上述数据封装与解封装过程的分析如图 3-6 所示。在主机 A 发送信息给主机 B 的过程中，主机 A 的应用层与主机 B 的应用层通信，主机 A 的应用层再与主机 A 的表示层通信，主机 A 的表示层再与主机 A 的会话层通信，依此类推，直到到达主机 A 的物理层。物理层把数据转化为比特流放到网络物理介质上送走。信息在网络物理介质上传送并被主机 B 接收后，以相反的方向向上通过主机 B 的各层（先是物理层，然后是数据链路层，依此类推），最终到达主机 B 的应用层。

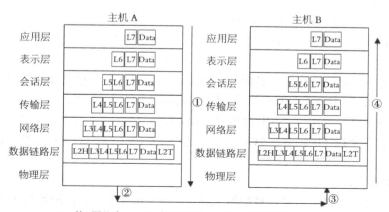

L#－第#层的头　　L#H－第#层的头　　L#T－第#层的尾

图 3-6　OSI 参考模型相邻层之间的通信

总结以上数据传输过程，可以得出以下结论。

- 每层的协议为解决对等实体对应层的通信问题而设计，每层的功能通过该层协议规定的控制报头来实现。
- 每层在把数据传送到相邻的下层时，需要在数据前加上该层的控制报头。
- 实际通过物理层传输的数据中，包含着用户数据与多层嵌套的控制报头。
- 多层嵌套的控制报头体现了网络层次结构的思想。
- 发送端应用进程的数据在 OSI 参考模型中经过复杂的处理过程，才能传送到接收端的接收进程，但对于每台主机的应用进程来说，网络中数据流的复杂处理过程是透明的。
- 发送端应用进程的数据好像是"直接"传送给接收端的应用进程，这就是开放系统在网络通信过程中的作用。

（3）不同计算机上对等层之间的通信。

由图 3-4 可见，若主机 A 与主机 B 通信，则主机 A 的应用层、表示层、会话层、传输层等各层分别与主机 B 的对等层进行通信。OSI 参考模型的分层禁止了不同主机间对等层之间的直接通信。因此，主机 A 的每一层必须依靠主机 A 相邻层提供的服务来与主机 B 的对等层通信。假定主机 A 的第 4 层与主机 B 的第 4 层通信，则主机 A 的第 4 层必须使用主机 A 第 3 层提供的服务。其中，第 4 层称为服务用户，第 3 层称为服务提供者。第 3 层通过一个服务接入点（SAP）向第 4 层提供服务。这些服务接入点使得第 4 层能要求第 3 层提供服务。

3.1.5　典型案例：理解 TCP/IP 参考模型

1．背景分析

TCP/IP 协议集是一个工业标准协议套件，由美国国防部高级研究计划局（DARPA）开发，用于互联网络系统 Internet，是发展至今最成功的通信协议。

OSI 参考模型研究的初衷，是希望为网络体系结构与协议的发展提供一种国际标准。然而，由于 OSI 标准制定的周期太长、协议实现过分复杂、OSI 的层次划分不太合理等原因，到了 20 世纪 90 年代初期，虽然整套的 OSI 标准已经制定出来，但 Internet 已在全世界飞速发展，网络体系结构得到广泛应用的不是国际标准 OSI 参考模型，而是应用在 Internet 上的非国际标准 TCP/IP（Transmission Control Protocol/Internet Protocol，传输控制协议/网际协议）参考模型。虽然 TCP/IP 不是 ISO 标准，但广泛的使用使 TCP/IP 成为一种"实际上的标准"，并形成了 TCP/IP 参考模型。实际上，ISO 制定 OSI 参考模型的过程中，也参考了 TCP/IP 协议集及其分层体系结构的思想，TCP/IP 在不断发展的过程中，也吸收了 OSI 标准中的概念与特征。

TCP/IP 是一组通信协议的代名词，这组协议使任何具有网络设备的用户能访问和共享 Internet 上的信息，其中最重要的协议是传输控制协议（TCP）和网际协议（IP）。TCP 和 IP 是两个独立且紧密结合的协议，负责管理和引导数据报文件在 Internet 上的传输。两者使用专门的报文头定义每个报文的内容。TCP 负责和远程主机的连接；IP 负责寻址，使报文被送到其该去的地方。

TCP/IP 主要有以下特点。

（1）开放的协议标准，可以免费使用，并且独立于特定的计算机硬件与操作系统。

（2）独立于特定的网络硬件，可以运行在局域网、广域网，更适用于互连网络中。

（3）统一的网络地址分配方案，所有网络设备在 Internet 中都有唯一的地址。

（4）标准化的高层协议，可以提供多种可靠的用户服务。

2．TCP/IP 参考模型的层次

TCP/IP 参考模型也采用分层的体系结构，每一层负责不同的通信功能。TCP/IP 参考模型简化了层次结构，只有 4 层，由下而上分别为网络接口层、网络层、传输层和应用层，如图 3-7 所示。TCP/IP 是 OSI 模型之前的产物，两者之间不存在严格的层对应关系。在 TCP/IP 参考模型中，不存在与 OSI 模型的物理层、数据链路层相对应的部分。TCP/IP 的主要目标是致力于异构网络的互联，与 OSI 模型的物理层与数据链路层相对应的部分没有作任何限定。

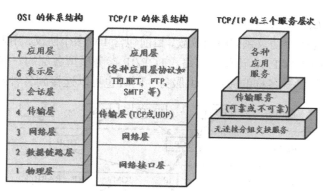

图 3-7　TCP/IP 参考模型的体系结构

3．TCP/IP 模型各层的功能

（1）网络接口层。

网络接口层又称网络访问层，是 TCP/IP 参考模型的最底层，对应 OSI 的物理层和数据链路层。网络接口层负责接收从网络层交来的 IP 数据包，并将 IP 数据包通过底层物理网络发送出去，或者从底层物理网络上接收物理帧，抽取出 IP 数据包交给网络层。TCP/IP 标准没有定义具体的网络接口协议，而是提供灵活性，以适应各种网络类型，如 LAN、MAN 和 WAN，这也说明了 TCP/IP 可以运行在任何网络之上。

（2）网络层。

网络层又称网际层，是在 TCP/IP 标准中正式定义的第一层。网络层的主要功能是处理来自传输层的分组，将分组形成数据包（IP 数据包），并为该数据包进行路径选择，最终将数据包从源主机发送到目的主机。在网络层中，最常用的协议是网际协议 IP，其他一些协议用来协助 IP 的操作。网络层在功能上非常类似于 OSI 参考模型的网络层。

（3）传输层。

传输层又称主机至主机层，与 OSI 的传输层类似，主要负责主机到主机之间的端对端通信。传输层定义了两种协议来支持两种数据的传送方法，即 TCP 和 UDP。

（4）应用层。

应用层实 TCP/IP 参考模型的最高层，与 OSI 模型中高 3 层的任务相同，用于提供网络服务，比如文件传输、远程登录、域名服务和简单网络管理等。应用层为用户提供了一组常用的应用程序，应用程序和传输层协议相配合，完成发送或接收数据。

综上所述，TCP/IP 参考模型各层的主要功能如图 3-8 所示。

TCP/IP模型分层	主 要 功 能
网络接口层	定义了Internet与各种物理网络之间的网络接口
网络层	负责相邻计算机之间（即点对点）通信，包括处理来自传输层的发送分组请求，检查并转发数据报，并处理与此相关的路径选择、流量控制及拥塞控制等问题
传输层	提供可靠的端到端的数据传输，确保源主机传送分组到达并正确到达目标主机
应用层	提供各种网络服务，如SMTP、DNS、HTTP、SNMP等

图 3-8　TCP/IP 模型各层的功能

4．TCP/IP 各层主要协议

TCP/IP 实际上是一个协议系列或协议簇，目前包含 100 多个协议，用来将各种计算机和数据通信设备组成实际的 TCP/IP 计算机网络。TCP/IP 参考模型各层的一些重要协议如图 3-9 所示。TCP/IP 可以为各式各样的应用提供服务，同时也可以连接到各种网络上。

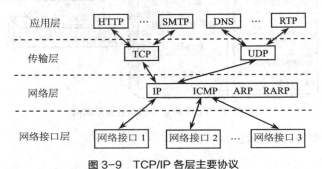

图 3-9　TCP/IP 各层主要协议

（1）网络接口层协议。

TCP/IP 的网络接口层中包括各种物理网络协议，如以太网（Ethernet）、令牌环网、帧中继网、ISDN 和分组交换网 X.25 等。当各种物理网络用于传送 IP 数据帧的通道时，可以认为属于网络接口层的内容。

（2）网络层协议。

网络层包括多个重要协议，主要协议有 4 个：IP、ICMP、ARP 和 RARP。

① IP（Internet Protocol）：网际协议，是 TCP/IP 中的核心协议，规定网络层数据分组的格式。IP 的任务是对数据包进行相应的寻址和路由，并从一个网络转发到另一个网络。IP 在每个发送的数据包前加入一个控制信息，其中包含了源主机的 IP 地址、目的主机的 IP 地址和其他一些信息。

② ICMP（Internet Control Message Protocol）：网际控制报文协议，提供网络控制和消息传递功能。例如，如果某台设备不能将一个 IP 数据包转发到另一个网络，就向发送数据包的源主机发送一个消息，并通过 ICMP 解释这个错误。

③ ARP（Address Resolution Protocol）：地址解释协议，将逻辑地址解析陈物理地址。

④ RARP（Reverse Address Resolution Protocol）：反向地址解释协议，将物理地址解析成逻辑地址。

计算机网络中各主机之间要进行通信时，必须要知道彼此的物理地址（OSI 模型中数据链路层的地址，又称 MAC 地址）。ARP 和 RARP 的作用是将源主机和目的主机的 IP 地址与它们的物理地址相匹配。

（3）传输层协议。

传输层的主要协议有 TCP 和 UDP。

① TCP（Transmission Control Protocol）：传输控制协议，是面向连接的协议。TCP 将源主机应用层的数据分成多个分段，然后将每个分段传送到网络层，网络层将数据封装为 IP 数据包，并发送到目的主机。目的主机的网络层将 IP 数据包中的分段传送给传输层，再由传输层对这些分段进行重组，还原成原始数据，传送给应用层。TCP 还要完成流量控制和差错检验的任务，以提供可靠的数据传送。

② UDP（User Datagram Protocol）：用户数据报协议，是面向无连接的不可靠的传输层协议。UDP 不进行差错检验，必须由应用层的应用程序实现可靠性机制和差错控制，以保证端到端数据传输的正确性。

与 TCP 相比，虽然 UDP 显得非常不可靠，但在一些特定的环境下还是非常有优势的。例如，需要发送的信息较短，不值得在主机之间建立一次连接。另外，面向连接的通信通常只能在两个主机之间进行，若要实现多个主机之间的一对多或多对多的数据传输，即广播或多播，就需要使用 UDP。

（4）应用层协议。

应用层包括了所有的高层协议，而且不断有新的协议加入。常见的应用协议有：文件传输协议（FTP）、超文本传输协议（HTTP）、简单邮件传输协议（SMTP）、远程终端协议（Telnet）。常见的应用支撑协议有：域名服务 DNS、简单网络管理协议 SNMP 等。

知识引导 3.2　物理层及其应用

物理层是 OSI 参考模型的最低层，是构成计算机网络的基础。物理层既不是指连接计算机的具体物理设备，也不是指负责信号传输的具体物理介质，而是建立在通信介质基础上的、实现设备之间联系的物理接口。在计算机网络组建、管理和维护工作中，需要直接与物理层打交道，例如，双绞线网络线缆的制作与测试，连接头、连接插座、转换器等组件的使用，中继器、集线器等物理层设备的使用。为此，有必要理解物理层的功能、常见传输介质以及接口规范。

3.2.1　物理层的功能

国际电报电话咨询委员会 CCITT（现改为国际电信联盟电信技术分会 ITU-U，以下称 ITU-U）对物理层的定义：利用机械的、电气的、功能的和规程的特性在 DTE 和 DCE 之间实现对物理信道的建立、维持和拆除功能。

物理层直接与物理信道相连，数据传输单位称为比特（bit）。物理层的主要功能是为物理上相互关联的通信双方提供物理连接（物理信道），并在物理连接上透明地传输比特流。计算机网络中的物理设备种类繁多，通信手段也有许多不同的方式，物理层的作用是对上一层屏蔽底层的技术细节，例如，使用何种传输介质、传输介质上如何进行数据传输等，为数据链路层提供一个物理连接，以透明地传送比特流。

提示：透明是指经实际电路传送后的比特流没有发生变化。

物理层不是物理层设备或物理媒体，它定义了建立、维护和拆除物理链路的规范和协议，同时定义了物理层接口通信的标准，包括机械的、电气的、功能的和规程的特性。物理层要实现四种特性的匹配。

一般，数据在物理连接上串行传输，即逐个比特按时间顺序传输。串行传输可采用同步传输方式或异步传输方式。物理层要保证信息按比特传输的正确性（比特同步），并向数据链路层提供一个透明的比特传输。

3.2.2　计算机网络的传输介质

传输介质是网络中信息传输的物理通道，是网络通信的物质基础之一。传输介质可根据其物理形态分为有线传输介质和无线传输介质两大类。有线传输介质将信号约束在一个物理导体内，包括双绞线、同轴电缆和光纤等。无线传输介质不能将信号约束在某个空间范围之内，又称为无界介质、非导向传输介质，包括无线电波、红外线和激光等。传输介质的性能对网络的传输速度、通信距离、可连接的网络节点数和数据传输的可靠性以及价格等均有很大影响，必须根据不同的通信要求，合理地选择数据传输介质。

1．双绞线

双绞线（Twisted　Pair，TP）是目前使用最广泛、价格最低廉的一种有线传输介质。双绞线由两根具有绝缘保护层的铜导线按一定密度相互绞缠在一起形成的线对组成。把一对或多对双绞线放在一条导管中便成了双绞线电缆。常用的双绞线电缆由 4 对双绞线按一定密度反时针互相扭绞在一起，每一对双绞线形成一条通信链路，可传输模拟／数字信号。组成双绞线的导线直径通常为 1mm（一般导线直径在 0.4～1.4mm）。两条铜线按一定密度绞合，可以抵消相邻线之间的电缆干扰和减少近端串扰，增强抗电磁干扰能力。

与其他网络介质相比，双绞线在传输距离、信道宽度和数据传输速度等方面均受到一定限制，但价格较为低廉。

2．双绞线电缆的分类

（1）按照线缆是否屏蔽分类：屏蔽双绞线和非屏蔽双绞线。

① 屏蔽双绞线（Shielded Twisted Pair，STP）。

屏蔽双绞线用铝箔套管或铜丝编织层套装（可提高抗电磁干扰能力），如图 3-10 所示。根据屏蔽方式的不同，屏蔽双绞线又分为两类，即 STP（shielded twicted-pair，STP）和 FTP（foil twisted-pair，FTP）。其中，STP 是指每条线都有各自屏蔽层的屏蔽双绞线，FTP 是采用整体屏蔽的屏蔽双绞线。

图 3-10　屏蔽双绞线

需要注意，只有在整个电缆均有屏蔽装置，并且两端正确接地的情况下，屏蔽才起作用。所以，要求整个系统全部是屏蔽器件，包括电缆、插座、水晶头和配线架等，同时建筑物需要有良好的地线系统。

屏蔽双绞线电缆的外层由铝泊包裹，以减小辐射，但不能完全消除辐射。屏蔽双绞线价格相对较高，安装比非屏蔽双绞线电缆困难。类似于同轴电缆，必须配有支持屏蔽功能的特殊连结器和相应的安装技术。但是，屏蔽双绞线有较高的传输速率，100m 内可达到 55Mbit/s。

② 非屏蔽双绞线（UTP）。

非屏蔽双绞线电缆由多对双绞线和一个塑料外皮构成，如图 3-11 所示。非屏蔽双绞线具有成本低、重量轻、易弯曲、易安装、阻燃性好、适于结构化综合布线等优点，在一般局域网中普遍采用；

图 3-11　超 5 类 4 对非屏蔽双绞线

缺点是传输时有信息辐射、容易被窃听等，在少数信息保密级别要求高场合，需采取辅助屏蔽措施。

（2）按照电气特性分类。

按照电气特性可将双绞线分为 3 类、4 类、5 类、超 5 类、6 类、7 类等类型，数字越大，技术越先进，带宽越宽，价格越高。目前在计算机网络中常用的是 5 类、超 5 类或 6 类非屏蔽双绞线。不同类别的双绞线价格相差较大甚至悬殊，应用范围也大不相同。

虽然超 5 类非屏蔽双绞线也能提供高达 1000Mbit/s 的传输带宽，但往往需要借助于价格高昂的特殊设备的支持。因此，通常只应用于 100Mbit/s 快速以太网，实现桌面交换机到计算机的连接。如果不准备以后将网络升级为千兆位以太网，不妨在水平布线中采用超 5 类非屏蔽双绞线。6 类非屏蔽双绞线的各项参数都有大幅提高，外形和结构上与 5 类或超 5 类双绞线有一定的差别。计算机网络布线目前基本上都采用超 5 类或 6 类非屏蔽双绞线。5 类非屏蔽双绞线在价格上与超 5 类非屏蔽双绞线相差无几，已经逐渐淡出布线市场。6 类非屏蔽双绞线虽然价格较高，但由于与超 5 类布线系统具有非常好的兼容性，且能够非常好地支持 1000BASE-T，正逐渐得到越来越多的应用。7 类屏蔽双绞线虽然性能优异，但价格昂贵、施工复杂且可选择的产品较少，很少在布线工程中采用。

双绞线电缆中的每一根绝缘线都用不同的颜色加以区分，这些颜色构成标准的编码，便于识别和正确端接每一根线路，如图 3-12 所示。每个线对都有两根导线，其中一根导线的颜色为线对的颜色加一个白色条纹，另一根导线的颜色是白色底色加线对颜色的条纹，即电缆中的每一对双绞线对称电缆都是互补颜色。4 对双绞线电缆的 4 对线具有不同的颜色标记，这 4 种颜色是蓝色、橙色、绿色和棕色。

3．连接器件

双绞线电缆连接硬件包括电缆配线架、信息插座和接插软线等，用于端接或直接连接电缆，使电缆和连接器件组成一个完整的信息传输通道，常用的有 RJ-45 插头（俗称水晶头，如图 3-13 所示）和信息插座（信息模块，如图 3-14 和图 3-15 所示）。

图 3-12 非屏蔽双绞线的线对颜色

图 3-13 RJ-45 水晶头

图 3-14 RJ-45 信息模块

图 3-15 屏蔽 RJ-45 信息模块

4．同轴电缆

（1）同轴电缆的结构。

同轴电缆由圆柱形金属网导体（外导体）及其包围的单根铜芯线（内导体）组成，金属网与铜导线之间由绝缘材料（如发泡 PE）隔开，金属网外是一层绝缘保护套（如 PVC 护套）。由于电缆内部共有两层导体排列在同一轴上，因而称为同轴电缆，图 3-16 所示为一种典型的同轴电缆。其中，铜导线传输电磁信号，其粗细直接决定衰减程度和传输距离；绝缘层将铜线与金属屏蔽物（网状屏蔽层环绕着导线）隔开；网状金属屏蔽层一方面可以屏蔽噪声，另一方面可以作为信号地，能够很好地隔离外来的电信号。

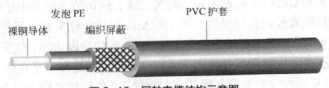

图 3-16　同轴电缆结构示意图

（2）同轴电缆的分类。

① 根据电缆中导体的直径大小不同，同轴电缆分为粗缆和细缆两类。

通常，中心导体的芯越粗，信号传输距离越远。

● 粗缆

粗缆的直径为 1.27cm，最大传输距离 500m（10Base-5）。由于直径较粗，因而弹性较差，不适合在室内狭窄的环境内架设。连接头的制作相对复杂，不能直接与计算机连接，需要通过一个转接器转成 AUI 接头后，再连接到计算机上。粗缆的强度较强，传输距离较远，适用较大型的局域网，可用来连接数个由细缆连接的网络。传输衰耗小，标准距离长，可靠性高。安装时不需切断电缆，可灵活调整接入网络位置。须安装收发器和收发器电缆，安装难度大，总体成本高。粗缆的阻抗是 75Ω。

● 细缆

细缆的直径为 0.26cm，，最大传输距离 185m（10Base-2），线材价格和连接头成本都比较便宜，而且不需要购置集线器等设备，适合架设终端设备较为集中的小型以太网络。细缆的安装较简单，造价低。安装时需要切断电缆，两头要装网络连接头（BNC），连接在 T 型连接器两端。接头多时易出现接触不良隐患，是最常见故障之一。细缆的阻抗是 50Ω。

② 同轴电缆有两种基本类型。

● 基带同轴电缆：一般仅用来传输数据，不使用 Modem，较宽带同轴电缆经济，适合距离较短、速度要求较低的局域网。外导体用铜做成网状，特性阻抗为 50Ω（型号为 RG-8、RG-58 等）。

● 宽带同轴电缆：传输速率较高，距离较远，成本较高。不仅能传输数据，还可传输图像和语音信号。特性阻抗为 75 Ω（如 RG-59 等）。

在粗缆和细缆的两端需要用 50Ω 的终端电阻防止信号的反射，如图 3-17 所示。由同轴电缆构成的计算机局域网络都是总线结构。在许多场合，同轴电缆已被非屏蔽双绞线或光纤取代。

（3）同轴电缆的连接器。

① 粗缆连接器。

粗缆通过收发器（Transceiver）与计算机连接。计算机通过一根电缆连接到收发器上，这根电缆称为连接单元接口（Attachment Unit Interface，AUI）电缆。计算机网络接口卡（网卡）和收发器件称为 AUI 连接器，如图 3-18 所示。

图 3-17　细缆终端电阻

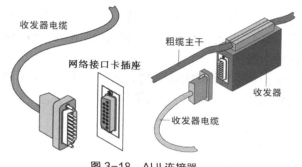

图 3-18　AUI 连接器

② 细缆连接器。

细缆通过 BNC（Bayonet Hut Connector，同轴电缆连接器）连接器连接到每段电缆的两端，用于与其他细缆或 BNC T 型接头连接。BNC 连接器由一根中心插针、一个外套和接头组成，如图 3-19 所示。BNC T 型接头有 3 个接口，用于连接细缆的 BNC 连接器或网卡，如图 3-20 所示。T 型底部的接口连接到计算机的网卡上，另两边连接细缆的 BNC 接头，用于连接细缆的 BNC 接头。

图 3-19　BNC 连接器

图 3-20　BNC T 型接头

5．光纤

光纤的全称为光导纤维，是一种能够传输光束、细而柔软的通信媒体，由石英玻璃拉成细丝，由纤芯和包层构成双层通信圆柱体。一根或多根光纤组合在一起形成光缆。光纤通信是以光波为载频，以光纤为传输介质的一种通信方式。随着对数据传输速度的要求不断提高，光纤的使用日益普及。

（1）光纤的组成与工作原理。

光线从高折射率的介质射向低折射率的介质时，折射角将大于入射角。只要射入光线的入射角大于某一临界角度，即可产生全反射。纤芯中，当光线碰到包层时，折射角大于入射角，不断重复，使光沿着光纤传输。

光纤由纤芯、包层和涂覆层 3 部分组成，如图 3-21 所示。最里面的是纤芯，用来传导光波；包层将纤芯包裹起来，使纤芯与外界隔离，以防止与其他相邻的光纤相互干扰。纤芯和包层的成分都是玻璃，纤芯的折射率高，包层的折射率低，可以把光封闭在光纤内不断反射传输，如图 3-22、图 3-23 所示。

包层的外面涂覆一层很薄的涂覆层，涂敷材料为硅酮树脂或聚氨甲酸乙酯。涂覆层可以保护光纤的机械强度，由一层或几层聚合物构成，在光纤受到外界震动时保护光纤的化学性能和物理性能，同时隔离外界水气的侵蚀。涂敷层的外面套塑（或称二次涂敷），套塑的原料大都采用尼龙、聚乙烯或聚丙烯等塑料，提供附加保护。

为保护光纤的机械强度和刚性，通常包含有一个或几个加强元件（如芳纶砂、钢丝和纤维玻璃棒等）。当光纤被牵引时，加强元件使光纤有一定的抗拉强度，同时对光纤有一定的支持和保护作用。

光缆护套是光缆的外围部件，是非金属元件，其作用是将其他的光纤部件加固在一起，保护光纤和其他光纤部件免受损害。

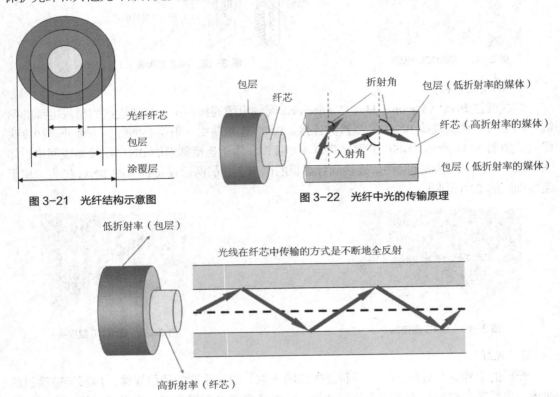

图 3-21　光纤结构示意图

图 3-22　光纤中光的传输原理

图 3-23　光纤中光的传输

光纤的优点：频带宽，传输速率高，传输距离远，抗冲击和电磁干扰性能好，数据保密性好，损耗和误码率低，体积小，重量轻等。

光纤的缺点：连接和分支困难、工艺和技术要求高、要配备光/电转换设备、单向传输等。

（2）光纤的分类。

① 按照折射率分布不同来分。

● 均匀光纤（突变型光纤）：纤芯折射率 $n1$ 和包层的折射率 $n2$ 常数，且 $n1>n2$。

● 非均匀光纤（渐变型光纤）：纤芯折射率 $n1$ 随半径增加呈抛物线型变化至 $n2$。

② 按照传输的总模数来分。

● 多模光纤：存在一定角度范围入射的光线在一条光纤中传输。传输性能较差，带宽较窄，传输容量较小，常用于建筑物内干线子系统、水平子系统或建筑物之间布线。

● 单模光纤：光纤的直径减小到只能传输一种模式的光波，光纤像一个波导，使光线一直向前传播，不会有多次反射。传输频带宽，传输容量大，适用于大容量、长距离的光纤通信，常用于建筑物之间布线。单模光纤色散、效率及传输距离等优于多模光纤。

（3）光纤通信系统。

目前局域网中的光纤通信是一种光电混合式的通信结构。通信终端的电信号与光纤传输的光信号之间要进行光—电转换，光—电转换通过光电转换器完成，如图 3-24 所示。

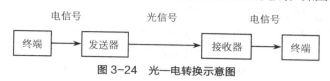

图 3-24　光—电转换示意图

在发送端，电信号通过发送器转换为光脉冲在光缆总传输。到了接收端，接收器把光脉冲还原为电信号送到通信终端。目前，由于光信号只能单方向传输，光纤通信系统通常采用两芯，一条芯用于发送信号，一条芯用于接收信号。

（4）光纤连接部件。

光纤连接部件主要有配线架、端接架、接线盒、光缆信息插座、各种适配器（如 ST、SC、FC 等）以及用于光缆与电缆转换的连接器，作用是实现光缆线路的端接、接续、交连和光缆传输系统的管理，以形成光缆传输系统通道。常用的光纤适配器如图 3-25 所示，常用的光纤连接器如图 3-26 所示。

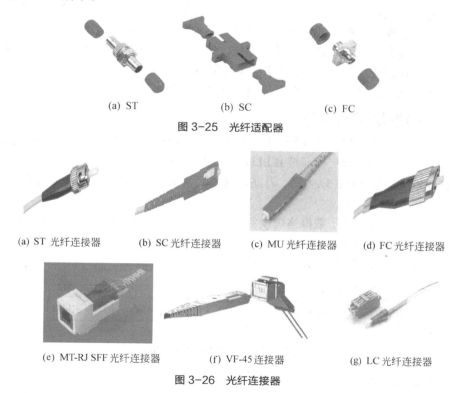

(a) ST　　　　　　　(b) SC　　　　　　　(c) FC

图 3-25　光纤适配器

(a) ST 光纤连接器　　(b) SC 光纤连接器　　(c) MU 光纤连接器　　(d) FC 光纤连接器

(e) MT-RJ SFF 光纤连接器　　(f) VF-45 连接器　　(g) LC 光纤连接器

图 3-26　光纤连接器

6．无线传输介质

利用无线传输介质可以在自由空间利用电磁波发送和接收信号进行通信。常用无线通信方法有微波、卫星、激光和红外线。

（1）微波。

网络中的无线通信主要指微波通信，常用于电缆（或光缆）铺设不便的特殊地理环境，或作为地面传输系统的备份和补充。

微波是一种频率很高的电磁波，频率范围为 300MHz～300GHz，主要使用 2～40GHz 的频率范围。微波数据通信系统有两种形式：地面系统和卫星系统。

微波一般沿直线传输，在地面传输距离有限（地面为曲面），一般 40～60km（与发射天线高度有关，天线越高越远）。远距离传输要在两个端点之间建立若干个中继站，把前一个站点的信号放大后传输到下一站，经多个中继站点"接力"进行传输。

卫星系统使用人造地球卫星作中继器转发信号。通信卫星定位在几万千米（如 36 000 千米）高空，传输距离远（几千至上万千米），地面站用小口径天线终端设备发送和接受数据。卫星通信已广泛用于远程计算机网络中。

微波通信的主要特点是有很高的带宽（1～11GHz），容量大，通信双方不受环境位置的影响，且不需要事先铺设电缆。

（2）激光。

激光通信的优点是带宽更高、方向性好、保密性能好等，缺点是传输效率受天气影响较大。激光通信多用于短距离的传输。

（3）红外线。

红外线通信不受电磁干扰和射频干扰的影响。红外线传输建立在红外线光的基础上，采用光发射二极管、激光二极管或光电二极管进行站点与站点之间的数据交换。红外线传输既可以进行点到点通信，也可以进行广播式通信，但这种传输技术要求通信节点之间必须在直线视距内，不能穿越墙。红外线传输技术数据时传输速率相对较低，在面向一个方向通信时，数据传输率为 16bit/s，如果各个方向上传输数据时，速度将不能超过 1Mbit/s。

3.2.3 物理层接口标准

由于传输距离和传输技术的不同，局域网和广域网使用的物理层接口和标准也不一样。在局域网中，最常用的物理层标准是 IEEE802.3 定义的以太网标准。IEEE802.3 标准中定义的以太网、快速以太网、千兆位以太网、万兆位以太网等以太网的物理层规范，将在学习任务 4 学习。

广域网物理层协议定义了数据终端设备（Data Terminal Equipment，DTE）和数据电路端接设备（Data Circuit Equipment，DCE）之间的接口规范和标准。图 3-27 所示为 DTE 和 DCE 接口示意图（RS-232C 为 DTE/DCE 接口）。

图 3-27　DTE 和 DCE 接口示意图

1．物理层接口标准

DTE 和 DCE 之间的连接，需要遵循共同的接口标准。物理层通过 4 个特性在 DTE 与 DCE 之间实现物理连接。

（1）机械特性。

机械特性又称物理特性，规定 DTE 和 DCE 之间的连接器形式，包括连接器的形状、几何尺寸、引线数目和排列方式、固定和锁定装置等。与 DTE 连接的 DCE 设备多种多样，因而连接器的标准有多种。

常用的机械特性标准有五种：ISO 2110（25 针）、ISO 2593（34 针）、ISO 4902（37 针）、ISO 4902（9 针）和 ISO 4903（15 针）。

（2）电气特性。

电气特性规定了 DTE 与 DCE 之间多条信号线的连接方式、发送器和接收器的电气参数及其他有关电路的特征，包括信号源的输出阻抗、负载的输入阻抗、信号"1"和"0"的电压范围、传输速率、平衡特性和距离的限制等。电气特性决定了传输速率和传输距离。

最常见的电气特性的技术标准：ITU-T 的 V.10、V.11 和 V.24，与之兼容的分别是 EIA 的 RS422-A、RS422-A 和 RS-232C。

（3）功能特性。

功能特性规定接口信号具有的特定功能，即 DTE 和 DCE 之间各信号的信号含义。通常信号线可分 4 类：数据线、控制线、同步线和地线。

（4）规程特性。

规程特性规定 DTE 和 ECE 之间各接口信号线实现数据传输的操作过程，即在物理连接的建立、维持和拆除时，DTE 和 DCE 双方在各电路上的动作顺序以及维护测试操作等。只有符合相同特性标准的设备之间才能有效地进行物理连接的建立、维持和拆除。

常见的规程特性标准有：ITU-T 的 V.24、V.25、V.54、X.20、X.21 等。

2．典型的物理层标准

（1）EIA RS-232C/V.24 接口标准。

EIA RS-232C 是 EIA 在 1969 年颁布的一种串行物理接口，其中，RS（Recommended Standard）意思是推荐标准；232 是标识号；后缀 C 是版本号，表示该推荐标准已被修改过的次数。RS-232C 与国际电报电话咨询委员会 CCITT 的 V.24 标准兼容，是一种非常实用的异步串行通信接口。

RS-232C 标准提供了一个利用公用电话网络作为传输媒体并通过调制解调器将远程设备连接起来的技术规定（见图 3-27）。

① 机械特性。

RS-232C 遵循 ISO 2110 关于插头座的标准，使用 25 根引脚的 DB-25 连接器，也可以使用其他形式的连接器，例如，在微型计算机的 RS-232C 串行接口上，大多使用 9 针连接器 DB-9。

RS-232C 规定在 DTE 一侧采用孔式结构（母插头），在 DCE 一侧采用针式结构（公插座）。要注意针式和孔式结构插头/插座引线得排列顺序是不同的。引脚分为上、下两排，分别有 13 根和 12 根引脚，当引脚指向人的方向时，从左到右其编号分别为 1～13 和 14～25。

② 电气特性。

RS-232C 与 CCITT 的 V.28 兼容，采用平衡驱动、非平衡接收的电路连接方式。电气特性规定采用负逻辑，逻辑"0"相当于对信号地线有+5V～+15V 的电压，逻辑"1"相当于对信号地线有-5V～-15V 的电压。在传输距离不大于 15m 时，最大速率为 19.2kbit/s。

③ 功能特性。

RS-232C 的功能特性定义了 25 针标准连接器中的 20 根引线，如图 3-28 所示。其中，2 根地线、4 根数据线、11 根控制线、3 根定时信号线，剩下 5 根线做备用。RS-232C 接口中最常用的引线有 10 根，即引线 1、2、3、4、5、6、7、8、20、22，其余的一些引线可以空着不用。在某些情况下，可以只用 9 根引线，引线 22（振铃指示信号线）不用，这就是微型计算机常见的 9 针 COM1 串行鼠标接口。

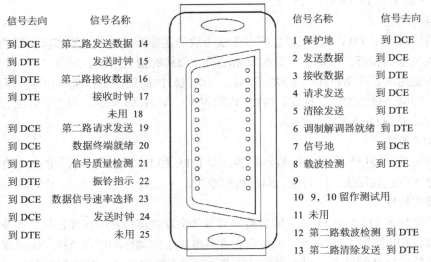

信号去向	信号名称			信号名称	信号去向
到 DCE	第二路发送数据 14		1	保护地	到 DCE
到 DTE	发送时钟 15		2	发送数据	到 DCE
到 DTE	第二路接收数据 16		3	接收数据	到 DTE
到 DTE	接收时钟 17		4	请求发送	到 DCE
	未用 18		5	清除发送	到 DTE
到 DCE	第二路请求发送 19		6	调制解调器就绪	到 DTE
到 DCE	数据终端就绪 20		7	信号地	到 DCE
到 DTE	信号质量检测 21		8	载波检测	到 DTE
到 DTE	振铃指示 22		9		
到 DCE	数据信号速率选择 23		10	9、10 留作测试用	
到 DCE	发送时钟 24		11	未用	
到 DTE	未用 25		12	第二路载波检测	到 DTE
			13	第二路清除发送	到 DTE

图 3-28　RS-232C 的引线分配

通常在使用中，25 根引线不是全部连接的，使用主要的 3～5 根即可。计算机或终端通过 RS-232C 接口与 Modem 连接时，发送数据和接收数据提供两个方向的数据传送，而请求和允许发送用来进行握手应答、控制数据和传送。即主要使用引线 2、3、4、5、7，甚至只用引线 2、3、7。

④ 规程特性。

RS-232C 的规程特性定义了 DTE 和 DCE 通过 RS-232C 接口连接时，各信号线在建立、维持和拆除物理连接及传输比特信号时的时序要求。RS-232C 的工作过程是在各条控制信号线的有序的"ON"（逻辑"0"）和"OFF"（逻辑"1"）状态的配合下进行的。假设一台计算机 DTE 通过调制解调器 DCE 及电话线路与远端的终端 DTE 建立呼叫并进行半双工通信，待数据传送完毕后，释放呼叫（过程从略）。

目前许多终端和计算机都采用 RS-232C 接口标准，只适用于短距离，一般规定终端设备的连接电线不超过 15m，即两端总长 30m 左右。

（2）RS-449 标准。

由于 RS-232C 标准的所有线路共用一个地线，是一种非平衡结构，可能在设备之间产生较多的干扰。另外，所规定的接口连线长度和数据传输速率都有限制。EIA 在 1977 年推出了 RS-499 标准，其机械、功能、规程特性由 RS-449 定义，电气特性有两个不同的标准：RS-422-A（平衡型）和 RS-423-A（半平衡型）。新标准大大提高了接口性能。

可见，RS-449 实际上由三个接口标准组成。

① RS-449：规定了接口的机械特性、功能特性和规程特性。

② RS-423-A：规定了采用非平衡传输时（所有电路共用一个公共地）的电气特性，采用单端输出和差分输入电路。传输距离为 10m 时，传输速率可达 100kbit/s；传输距离为 100m 时，数据传输速率为 10kbit/s。

③ RS-422-A：规定了采用平衡传输时（所有电路没有公共地）的电气特性，采用双端差分输出、差分输入，这时信号传输线不和地线发生关系。传输距离为 10m 时，数据传输速率可达 10Mbit/s；传输距离为 1000m 时，数据传输速率可达 100kbit/s。

3.2.4　物理层设备与组件

1．物理层组件

常见的物理层组件包括物理线缆、连接头、连接插座、转换器等。连接头和连接插座是配对使用的组件，作用是为网络线缆连接提供良好的端接。转换器用于不同接口或介质之间进行信号转换，例如 DB-25 到 DB-9 的转换器，光纤到非屏蔽双绞线的转换器等。

2．常见物理层设备

信号的远距离传输不可避免会出现信号的衰减，因而每种传输介质都存在传输距离的限制。在实际组建网络的过程中，常常遇到网络覆盖范围超越介质最大传输距离限制的情形。这时，为了解决信号远距离传输产生的衰减和变形等问题，需要一种能在信号传输过程中对信号进行放大和整形的设备，以拓展信号的传输距离，增加网络的覆盖范围。这种具备物理上拓展网络覆盖范围功能的设备称为网络互连设备。在物理层通常提供两类网络互连设备：中继器和集线器。

（1）中继器（Repeater）。

中继器具有对物理信号进行放大和再生的功能，可以将其输入接口接收的物理信号放大和整形后从输出接口输出。

① 中继器的功能。

中继器主要负责在两个节点的物理层上按位传递信息，同时负责放大或再生局域网的信号，扩展网络连接距离，扩充工作站数目。

② 中继器的使用原则。

● 用中继器连接的以太网不能形成环型网。

● 必须遵守 MAC（介质访问控制）协议的定时特性：用中继器连接电缆的段数是有限的。

对于以太网，最多只能使用 4 个中继器，因而只能连接 5 个网段，遵守以太网的 5-4-3-2-1 规则。即：最多有 5 个网段；全信道上最多可连接 4 个中继器；其中 3 个网段可连接网站；有 2 个网段只能用来扩张而不连接任何网站，以减少发生冲突的概率；由此组成一个共享局域网，总站数小于 1024，全长小于 500m（双绞线）或 2.5km（粗同轴电缆）。

（2）集线器（Hub）。

集线器是一种多端口中继器。中继器只能连接两个网段，而集线器能够提供更多的端口服务。通过集线器对工作站进行集中管理，可避免网络中出现问题的区段对整个网络正常运行的影响。

在网络中，集线器是一个共享设备，主要功能是对接收到的信号进行再放大，以扩大网络的传输距离。依据 IEEE802.3 协议，集线器的功能是随机选出某一端口的设备，并让它独占全部带宽，与集线器的上连设备（如交换机、路由器、服务器等）进行通信。

① 集线器的功能。

● 集线器在 OSI（开放系统互连）七层模型中位于物理层，实质是一个中继器，同样必须遵守 MAC（介质访问控制）协议的定时特性，主要功能是对接收到的信号进行再生放大，以扩大网络的传输距离。

● 集线器是一个多端口的信号放大设备，可将接收到的数据信号进行整形放大，使衰减的信号再生到发送时的状态，转发到其他处于工作状态的端口上（广播）。以太网的每个时间片内只允许有一个节点占用公用通信信道发送数据，所有端口共享带宽。

- 集线器只与它的上联设备（如上层集线器、交换机、路由器或服务器等）进行通信，同层的各端口之间不直接进行通信，而是通过上连设备再返回集线器将信息广播到所有端口。

② 集线器的分类。

- 按集线器端口数分类：8 口、12 口、16 口、24 口、48 口等。
- 按集线器提供带宽分类：10Mbit/s、10/100Mbit/s、100Mbit/s、10/100/1000Mbit/s HUB。
- 按集线器适用的网络类型分类：以太网集线器、令牌环网集线器、FDDI 集线器、ATM 集线器。
- 按集线器是否支持网络管理：非网管型集线器和网管型集线器。网管型集线器即智能集线器，通过增加网管模块，使用简单网络管理协议 SNMP，能够进行简单管理。
- 按集线器扩展方式分类：可堆叠集线器、不可堆叠集线器。
- 按集线器的配置分类：独立型集线器、模块化集线器和堆叠式集线器。
- 按集线器供电方式分类：无源集线器和有源集线器。

③ 集线器的端口。

集线器通常提供 3 种类型的端口，RJ-45 端口、BNC 端口、AUI 端口，以便连接不同类型电缆所构建的网络，某些高档集线器还提供光纤端口和其他类型的端口。RJ-45 端口适用于由双绞线构建的网络。通常所说的集线器端口数，是指具有多少个 RJ-45 端口。集线器一般有一个 Uplink 端口，用于与其他集线器的连接（级联）。

注意：RJ-45 端口连接不同的设备时，双绞线电缆的跳线方法有所不同。在 10/100Mbit/s 自适应集线器或 100Mbit/s 集线器上，只有 RJ-45 端口。

- BNC 端口是与细同轴电缆连接的端口，一般通过 BNC-T 型接头进行连接。
- AUI 端口与粗同轴电缆连接的端口。
- 集线器堆叠端口只有可堆叠集线器才具备。

目前，随着交换技术的成熟和交换机价格的下降，市场上的集线器已基本被交换机取代。

项目实践 3.1　双绞线网线的制作与测试

1．双绞线网线制作材料与工具

双绞线是最常用的网络传输介质。制作网线的材料与工具包括双绞线、RJ-45 接头（水晶头）、剥线钳、双绞线专用压线钳等。

（1）RJ-45 接头。

RJ-45 接头又称水晶头，外表晶莹透亮，如图 3-29 所示。双绞线的两端必须都安装 RJ-45 接头，以便插在网卡、集线器（HUB）或交换机（Switch）的 RJ-45 接口上。

（2）线钳。

制作双绞线网线时，最简单的方法只需一把压线钳即可，它可以完成剪线、剥线和压线等。图 3-30 所示为一种最常见的普通 RJ-45 压线钳。它有两个刀口，靠近把手的刀口用于剪断整根双绞线，靠近转轴的刀口用于剥掉双绞线外面的塑料护套。两个刀口中间有一个 RJ-45 的压制模子，用于把水晶头的铜片压入已经按线序插入的双绞线，使铜片和双绞线紧密接触，以保证做出的双绞线时通的。这是双绞线制作的关键步骤。图 3-31 所示为 AMP 专用压线钳。

图 3-29　RJ-45 接头

图 3-30　普通 RJ-45 压线钳

图 3-31　AMP 专用压线钳

（3）打线钳。

信息插座与信息模块是嵌套在一起的，埋在墙中的网线通过信息模块与外部网线连接。墙内网线与信息模块的连接方法：把网线的 8 条芯线按规定卡入信息模块的对应线槽中。

网线的卡入需用一种称为"打线钳"的专用卡线工具。图 3-32 所示为一款 110 型单线打线工具，用于配线架、交叉连接及模块的单线打线。图 3-33 所示为一款 110 型 4 对打线工具，多对打线工具通常用于配线架网线芯线的安装。图 3-34 所示为一款 RJ-45 信息模块，图 3-35 所示为一款屏蔽 RJ-45 信息模块。

图 3-32　110 型单线打线工

图 3-33　110 型 4 对打线工具

（4）线保护工具。

把网线的 4 对芯线卡入到信息模块的过程比较费劲，并且信息模块容易划伤手，于是有公司专门开发了一种打线保护装置，可以起到隔离手掌、保护手的作用。图 3-36 所示为西蒙公司的两款打线保护装置。

注意：图中打线保护工具上面嵌套的是信息模块，下面部分才是保护装置。

图 3-34　信息模块

图 3-35　屏蔽信息模块

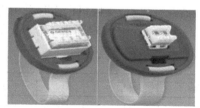

图 3-36　打线保护装置

2．双绞线制作标准与网线类型

每条双绞线中都有 8 条导线，导线的排列顺序必须遵循一定的规律，否则会导致链路的连通性故障或影响网络传输速率。

（1）T568-A 与 T568-B 标准。

目前最常用的布线标准是 EIA/TIA T586-A 和 EIA/TIA T586-B。在一个综合布线工程中，可以采用任何一种标准，但所有的布线设备和布线施工必须采用同一个标准。通常情况下，在布线工程中采用 EIA/TIA T586-B 标准。

① T586-A 标准。

水晶头的 8 针（或称插针）与线对的分配如图 3-37 所示，线序从左到右依次为：1-白绿

（W-G），2-绿（G），3-白橙（W-O），4-蓝（BL），5-白蓝（W-BL），6-橙（O），7-白棕（W-BR），8-棕（BR）。4对双绞线对称电缆中，线对2接信息插座的3、6针，线对3接信息插座的1、2针。

② T568-B 标准。

水晶头的8针（或称插针）与线对的分配如图3-38所示，线序从左到右依次为：1-白橙（W-O），2-橙（O），3-白绿（W-G），4-蓝（BL），5-白蓝（W-BL），6-绿（G），7-白棕（W-BR），8-棕（BR）。4对双绞线对称电缆中，线对2插入水晶头1、2针，线对3插入水晶头3、6针。

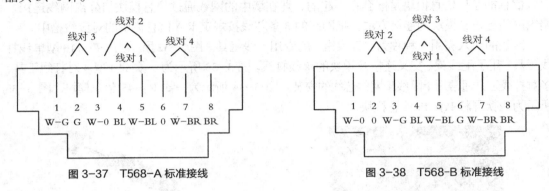

图 3-37　T568-A 标准接线　　　　图 3-38　T568-B 标准接线

（2）判断线序。

将水晶头有塑料弹簧片的一面朝下，有金属片针脚的一面向上，而且有金属片针脚的一端指向远离自己的方向，有方形孔的一端对着自己，此时，从左至右的引脚序号是1~8。

（3）线的类型。

① 通线。

直通线接法使双绞线的两端芯线一一对应。如果按照 T568-B 标准制作，则网线两端线序如表3-1所示。一般情况下，连接两个不同类型的设备时采用直通线连接，例如，计算机-集线器或计算机-交换机相连时采用直通线。

注意：4个芯线对通常不分开，即芯线对的两条芯线通常为相邻排列。

表 3-1　　　　　　　　　　　　　　直通线线序

端 1	白橙	橙	白绿	蓝	白蓝	绿	白棕	棕
端 2	白橙	橙	白绿	蓝	白蓝	绿	白棕	棕

② 叉线。

交叉线接法（又称1362接法）采用1和3线对对接，2和6线对对接。如果按照 T568-B 标准制作，则网线两端线序如表3-2所示。交叉线连接主要用于连接同种设备，例如，集线器-集线器连接、交换机-交换机连接、服务器-集线器连接、服务器-交换机连接、两台计算机的直接连接等。

表 3-2　　　　　　　　　　　　　　交叉线线序

端 1	白橙	橙	白绿	蓝	白蓝	绿	白棕	棕
端 2	白绿	绿	白橙	蓝	白蓝	橙	白棕	棕

进行设备连接时，需要正确地选择线缆。通常将设备的 RJ-45 接口分为 MDI 和 MDIX 两类。当同种类型的接口（两个接口都是 MDI 或都是 NDIX）通过双绞线互连时，使用交叉线；当不同类型的接口（一个接口是 MDI，一个接口是 MDIX）通过双绞线互连时，使用直通线。通常主机和路由器的接口属于 MDI，交换机和集线器的接口属于 MDIX。例如，交换机和主机相连采用直通线，路由器和主机相连采用交叉线。表 3-3 所示为设备间连线，其中 N/A 表示不可连接。

表 3-3 设备间连线

	主机	路由器	交换机 MDIX	交换机 MDI	集线器
主机	交叉	交叉	直通	N/A	直通
路由器	交叉	交叉	直通	N/A	直通
交换机 MDIX	直通	直通	交叉	直通	交叉
交换机 MDI	N/A	N/A	直通	交叉	直通
集线器	直通	直通	交叉	直通	交叉

提示：随着网络技术的发展，目前一些新的网络设备可以自动识别连接的网线类型，无论采用直通线或交叉线均可以正确连接设备。

3．双绞线网线的制作

制作双绞线接头是局域网组网最基础、最重要的技术之一。由于目前局域网网络传输介质大多数采用双绞线，网线接头制作不好，就不能将终端计算机顺利地连接到网络。

制作双绞线网线的操作步骤如下。

（1）准备好 5 类双绞线、RJ-45 插头（水晶头）和一把专用的压线钳。

（2）用压线钳的剥线刀口将双绞线的外保护套管划开（小心不要将里面双绞线的绝缘层划破），刀口距双绞线的端头至少 2 厘米。

（3）将划开的外保护套管剥去（旋转、向外抽），露出双绞线电缆中的 4 对双绞线。

（4）按照 EIA/TIA-568-B 标准和导线颜色将导线按规定的序号排好。

（5）将 8 根导线平坦整齐地平行排列，导线间不留空隙，准备用压线钳的剪线刀口将 8 根导线剪断。

（6）剪断电缆线。

注意：一定要剪得很整齐。剥开的导线长度不可太短。可以先留长一些。不要剥开每根导线的绝缘外层。

（7）将剪断的电缆线放入 RJ-45 插头试试长短（要插到底），电缆线的外保护层最后应能够在 RJ-45 插头内的凹陷处被压实，反复进行调整。

（8）在确认一切都正确后（特别注意不要将导线的顺序排列反了），将 RJ-45 插头放入压线钳的压头槽内，准备最后的压实。

（9）双手紧握压线钳的手柄，用力压紧。

注意：这一步骤完成后，插头的 8 个针脚接触点将穿过导线的绝缘外层，分别和 8 根导线紧紧地压接在一起。

（10）完成双绞线网线的制作，如图 3-39 所示。

4. 网线的测试

双绞线网线制作完成后，需要检测其连通性，以确定是否有连接故障。通常使用电缆测试仪进行检测。建议使用专门的测试工具（如福禄克公司的 Fluke DSP4000 等）进行测试，也可以购买普通的网线测试仪，如上海三北的"能手"网络电缆测试仪，如图 3-40 所示。

测试时，将双绞线两端的水晶头分别插入主测试仪和远程测试端的 RJ-45 端口，将开关开至"ON"（S 为慢速挡），主机指示灯从 1 至 8 逐个顺序闪亮（见图 3-40）。

图 3-39 制作好的网线

图 3-40 网线测试仪

若连接不正常，则网线测试仪按下述情况显示。

（1）若网线有一根导线断路，主测试仪和远程测试端对应线号的灯都不亮。

（2）若网线有几条导线断路，相对应的几条线都不亮；若导线少于2根线联通，灯都不亮。

（3）若两头网线乱序，与主测试仪端连通的远程测试端的线号亮。

（4）若导线有 2 根短路时，主测试器显示不变，远程测试端显示短路的两根线灯都亮。若有 3 根以上（含 3 根）线短路时，所有短路导线对应的灯都不亮。

（5）若出现红灯或黄灯，说明存在接触不良等现象，此时最好先用压线钳压制两端水晶头一次，然后再测试。如果故障依旧存在，需要检查芯线的排列顺序是否正确。如果芯线顺序错误，应重新进行制作。

提示：如果被测试的网线是直通线，测试仪上的 8 个指示灯应该依次闪烁。如果被测试的网线是交叉线，测试仪上一侧同样是依次闪烁，另一侧按 3、6、1、4、5、2、7、8 的顺序闪烁。如果线芯顺序一致，但测试仪仍显示红灯或黄灯，则表示其中肯定存在对应芯线接触不好的情况，此时需要重做网线水晶头。

知识引导 3.3 　数据链路层及其案例

数据链路层是 OSI 参考模型的第 2 层，在物理层提供服务的基础上，向网络层提供服务，在相邻节点之间建立链路，传送以帧（Frame）为单位的数据信息，并且对传输中可能出现的差错进行检错和纠错，向网络层提供无差错的透明传输，为物理链路提供可靠的数据传输。相对高层而言，数据链路层的协议都比较成熟。数据链路层的有关协议是计算机网络中基本的部分，在任何网络中都是必不可少的层次。为此，有必要理解数据链路层的功能、标准和主要协议。

3.3.1　数据链路层的基本概念

物理层通过通信介质实现实体之间链路的建立、维持和拆除，形成物理连接。物理层只是接收和发送比特流信息，不考虑信息的意义和信息的结构，不能解决真正的传输与控制问题。为了真正有效地、可靠地传输数据，需要对传输操作进行严格的控制和管理。数据链路层负责数据链路信息从源节点传输到目的节点的数据传输与控制，如连接的建立、维护和拆除、异常情况处理、差错控制与恢复、信息格式等。

网络上两个相邻节点之间的通信，特别是通信双方的同步问题，是由一些规则或约束来支配的，这些规则或约定即数据链路层协议，又称数据链路控制规程或通信控制规程。数据链路层协议是建立在物理层基础上的，通过数据链路层协议和链路控制规程，在不太可靠的物理链路上实现可靠的数据传输。

一般来说，数据链路控制规程的基本功能包括以下部分。

（1）把用户（网络层）的数据组成帧，帧的开头和结尾都要有明确的标识。

（2）提供识别和寻址一个特别发送端或接收端的手段，该发送端或接收端可能是多点连接的设备中的一个。

（3）提供检测和纠错机制，以保证报文的完整性，还必须提供流量控制手段，使得发送端发送帧的速率不大于接收端接收帧的能力。

数据链路控制规程中涉及到数据编码、同步方式、传输控制字符、报文格式、差错控制、应答方式、塔形方式和传输速率等内容，是计算机网络软件编码的基础。

数据链路层的物理地址寻址如图 3-41 所示：节点 1 的物理地址为 A，若节点 1 要给节点 4 发送数据，那么在数据帧的头部要包含节点 1 和节点 4 的物理地址，在帧的尾部还有差错控制信息（DT）。

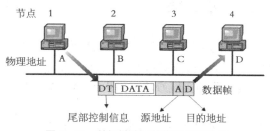

图 3-41　数据链路层的物理地址寻址

3.3.2　数据链路层的功能

数据链路层的主要功能包括帧同步、差错控制、流量控制、链路管理、寻址等。

1．帧同步

在数据链路层，数据以帧为单位传送。当传输出现差错时，只需将有错误的帧进行重传，避免了将全部数据都重传一次。为此，数据链路层将比特流组合成帧传送。每个帧除了要传送的数据外，还包括检验码，以使接收端能发现传输中的差错。帧的组织结构必须使接收端能够明确地从物理层收到的比特流中区分帧的起始与终止，这是帧同步要解决的问题。

常用的帧同步方法有以下几种。

（1）字符计数法。

在帧头部用一个字符计数字段标明帧内字符数。接收端根据这个计数值确定该帧的结束位置和下一帧的开始位置。

（2）带字符填充的首尾界符法。

在每一帧的开头使用 ASCII 字符 DLESTX，在帧末尾使用 ASCII 字符 DLEETX。但是，如果在帧的数据部分也出现了 DLESTX 或 DLEETX，则接收端会错误判断帧边界。为了不影响接收端对帧边界的正确判断，可以采用填充字符 DLE 的方法。如果发送端在帧的数据部分遇到 DLE，就在其前面再插入一个 DLE，从而使数据部分的 DLE 成对出现。若在接收端遇到两个连续的 DLE，则认为是数据部分，并删除一个 DLE。

（3）带位填充的首尾标志法。

一次只填充一个比特 0 而不是一个字符 DLE。另外，带位填充的首尾标志法用一个特殊的位模式 01111110 作为帧的开始和结束标志，而不是分别用 DLESTX 和 DLEETX 作为帧的首标志和尾标志。

（4）物理层编码违例法。

利用物理层信息编码中未用的电信号作为帧的边界。

2．差错控制功能

差错是指接收端收到的数据与发送端实际发出的数据出现不一致的现象。差错控制最常用的方法是检错重发。接收端通过对差错编码（如奇偶校验码）的检查，检测收到的帧在传输过程中是否发生差错，一旦发现差错，通知对方重新发送该帧。这要求接收端收完一帧后，向发送端反馈一个接收是否正确的信息，使发送端据此做出是否需要重新发送的决定。发送端仅当收到正确的反馈信号后，才能认为该帧已经正确发送完毕；否则需要重发，直至正确为止。

发送端在发送数据的同时启动计时器，若在限定时间间隔内未能收到接收端的反馈信息，即计时器超时，发送端认为该帧出错或丢失，需要重新发送。发送的每一个帧中包含一个序号，使接收端能够从该序号区分是新发送来的帧还是已经接收但又重发来的帧，以此确定是否将接收到的帧递交给网络层。数据链路层通过使用计时器和序号来保证每帧最终都能被正确地递交给网络层。

检错码本身不具备自动的错误纠正能力，通常采用反馈重发机制。当接收端检查出错误的帧时，首先将该帧丢弃，然后向发送端发送反馈信息，请求重发相应的帧。反馈重发又称自动请求重传（ARQ），一般有两种实现方法：停止等待方式和连续 ARQ 方式。

3．流量控制功能

流量控制的作用是控制相邻两节点之间数据链路上的信息流量，使发送端发送数据的能力不大于接收端接收数据的能力，使接收端在接收前有足够的缓冲存储空间接收每一个字符或帧。流量控制的关键是需要有一种信息反馈机制，使发送端能了解接收端是否具备足够的接收及处理能力。

滑动窗口协议是一种采用滑动窗口机制进行流量控制的方法。滑动窗口协议在提供流量控制机制的同时，还可以同时实现帧的确认和差错控制。正是滑动窗口协议这种集帧确认、差错控制、流量控制融为一体的良好特性，使得该协议被广泛地应用于数据链路层中。

4．链路管理功能

链路管理功能主要用于面向连接的服务。在链路两端的节点进行通信前，必须确认对方已处于就绪状态，并交换一些必要的信息对帧的序号初始化，然后才能建立连接。在传输过程中要维持该连接。如果出现差错，需要重新初始化，重新自动建立连接；传输完毕要释放连接。数据链路层连接的建立、维持和释放称作链路管理。

3.3.3　典型案例：高级数据链路控制协议

1．HDLC 的基本知识

数据链路层协议基本可以分为两类：面向字符型和面向比特型。最早出现的数据链路层协议是面向字符型的协议，其特点是利用已定义好的一种标准编码（如 ASCII 码、EBCDIC 码）的一个子集来执行通信控制功能。面向字符型协议规定链路上以字符为单位发送，链路上传送的控制信息也必须由若干指定的控制字符构成。缺点是通信线路利用率低、可靠性较差、不易扩展等。面向比特型协议具有更大的灵活性和更高的效率，逐渐成为数据链路层的主要协议。

HDLC 是一种面向比特型的传输控制协议。HDLC 支持全双工通信，采用位填充的成帧技术，以滑动窗口协议进行流量控制，最大特点是数据不必是规定字符集，对任何一种比特流，均可以实现透明的传输。在链路上传输信息采用连续发送方式，发送一帧信息后，不用等待对方的应答即可发送下一帧，直到接收端发出请求重发某一信息帧时，才中断原来的发送。

为满足不同应用场合的需要，HDLC 定义了 3 种类型的站、两种链路结构及 3 种数据响应模式。

（1）通信站类型。

① 主站：主要功能是发送命令帧和数据信息帧，接收响应帧，并负责控制链路的操作与运行。在多点链路中，主站负责管理与各个从站之间的链路。

② 从站：在主站的控制下进行工作，发送响应帧作为对主站命令帧的响应，配合主站参与差错恢复等链路控制。从站对链路无控制权，从站之间不能直接进行通信。

③ 复合站：同时具有主站和从站的功能，既可以发送命令帧，也可以发送响应帧。

（2）链路结构。

① 不平衡链路结构。由一个主站与一个或多个从站构成，既可用于点对点链路，也可以用于多点链路，如图 3-42 所示。主站控制从站并实现链路管理。支持半双工或全双工通信。

② 平衡链路结构：有两种组成方法。一种是主、从站间配对通信；另一种是通信的每一方均为复合站，且两组合站具有同等能力，如图 3-43 所示。只适用于点到点链路，由两个复合站组成，支持半双工或全双工通信。

无论哪种链路结构，站点之间均以帧为单位传输数据或状态变化的信息，其方式具有"行为-应答"的特点。

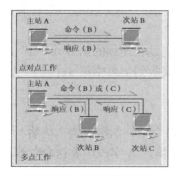

图 3-42　不平衡链路结构

图 3-43　平衡链路结构

（3）数据响应方式。

① 正常响应方式 NRM：用于不平衡链路结构。从站只有在得到主站允许后，才能向主站传送数据。

② 异步平衡方式 ABM：用于平衡链路结构。任何一个复合站不必事先得到对方许可，

即可开始传输过程。

③ 异步响应模式 ARM：用于不平衡链路结构。主站和从站可以随时相互传输数据帧。从站不需要等待主站允许即可发送数据帧。但是，主站仍然负责控制和链路管理。

2．HDLC 的帧格式

数据链路层的数据传输以帧为单位。一个帧的结构具有固定的格式，如图 3-44 所示。从网络层交下来的分组，变成数据链路层的数据，就是帧格式中的信息（Data）字段。信息字段的长度没有具体规定。数据链路层在信息字段的头尾各加上 24 位的控制信息，构成一个完整的帧。HDLC 的功能集中体现在其帧格式中。

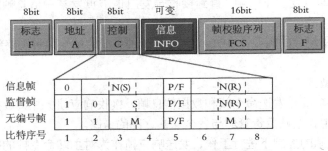

图 3-44　HDLC 帧格式及控制字段的结构

（1）标志字段 F（Flag）。

为了解决帧同步的问题。HDLC 规定在一个帧的开头和结尾各放入一个特殊的标记，作为一个帧的边界，这个标记即标志字段 F。标志字段 F 由 8 位固定编码"01111110"组成，放在帧的开头和结尾处。F 可用作帧的同步和定时信号，当连续发送数据时，帧和帧之间可连续发送 F（帧间填充）。

为保证 F 编码不在数据中出现，采用"0"比特插入和删除技术。工作过程如下。

- 发送：发送端监测两个标志之间的比特序列，发现有 5 个连续的"1"时，在第五个"1"后自动插入一个"0"，可保证除标志字段外，帧内不出现多于连续 5 个"1"的比特序列，且不会与标志字段相混。
- 接收：接收端检查比特序列，发现有连续 5 个"1"时，将其后的"0"比特删除，使之恢复原信息比特序列。

例如，信源发出二进制序列 0111111101 时，发送端自动在连续的第 5 个"1"后插入一个"0"，使发送线路上的信息变为 01111101101。接收端将收到信息中第 5 个"1"后的"0"删除，即得到原信息 0111111101。

（2）地址字段 A（Address）。

地址字段 A 由 8 位编码组成，指明从站的地址。对命令帧，指接收端（从站）地址；对响应帧，指发送该响应帧的站点地址。即主站把从站地址填入 A 字段中发送命令帧，从站把本站地址填在 A 字段中返回响应帧。

（3）控制字段 C（Control）。

控制字段 C 由 8 位编码组成，用以进行链路的监视和控制，是 HDLC 协议的关键部分。控制字段 C 有 2 位表示帧的传输类型，标志 HDLC 的三种类型：信息帧（I 帧）、监控帧（S 帧）和无编号帧（U 帧）。

① 若第 1 位为"0"，表示这是一个用于发送数据的信息帧（I 帧），用来传输用户数据。

控制字段 C 中，N(S)为发送的帧号，N(R)为希望接收的帧序号。N(R)确定已正确接收 N(R) 以前各信息帧，希望接收第 N(R)帧，具有应答含义。N(S)和 N(R)段均为 3 位，发送和接收的帧序号为 0～7。R/F 位为轮询/结束位。对主站，P="1"表示主站请求从站响应，从站可传输信息帧；对从站，F="1"表示是最后响应帧。

② 若第 1～2 位为"10"，则表示这是一个用于协调双方通信状态的监控帧（S 帧），告知发送方发送帧后接收方接收情况及待接收的帧号。N(R)、P/F 的含义与 I 帧相同。第 3～4 位可组合成四种情况，对应 4 种不同类型的监控帧。

- 00：接收准备就绪（RR），功能是确认序号为 N(R)-1 及以前的各帧均已正确接收。
- 01：未准备好接收（RNR），确认序号为 N(R)-1 及其以前各帧，暂停接收下一帧。
- 10：拒绝接收（REJ），确认序号为 N(R)-1 及其以前各帧，N(R)以后的各帧备否认。
- 11：选择拒绝（SREJ），确认序号为 N(R)-1 及其以前的各帧，只否认序号为 N(R) 的帧。

监控帧中不包含数据部分。

③ 若第 1～2 位为"11"，表示这是一个用于数据链路控制的无编号帧（U 帧），本身不带编号，即无 N(S)和 N(R)，其第 3、4、6、7、8 位用 M（Modifier）表示，M 的取值不同表示不同功能的无编号帧。无编号帧可用于建立连接和拆除连接。可以在任何需要时刻发出，不影响带序号的信息帧的交换顺序。无编号命令和响应有多种，在此从略。

（4）信息字段 I（Information）。

信息字段用来填充要传输的数据、报表等信息。HDLC 协议对其长度无限制，实际上受各方面条件（如纠错能力、误码率、接口缓冲空间大小等）限制，我国一般取 1KB～2KB。

（5）帧校验序列 FCS（Frame Check Sequence）。

采用 16 位的 CRC 校验，以进行差错控制。对每个标志字段之间的 A、C 和 I 字段内容进行校验。

3．HDLC 的数据传输过程

按照 HDLC 协议，两个站点使用交换线路的通信，可以分为五个阶段：建立连接、建立链路、数据传输、拆除链路、拆除连接。如果通信双方采用专线连接，则不需建立连接和拆除连接。

例 3-1 以正常响应模式、半双工通信并假定采用专线连接为例，说明两站的数据传输过程。

将帧的信息按以下方法标识：帧类型，N(S)，N(R)，P/F。帧类型中，I 表示信息帧，RR 表示监控帧等。例如，一个为 I，1，0，P 的帧信息表示信息帧，N(S)=1，N(R)=0，轮询位 P=1。

（1）建立链路。

确定发收关系，主站向从发送命令帧（SNRM），请求建立正常响应链路。若从站同意，发 U$_A$ 响应帧，并置接收站计数器 V(R)=0，准备接收信息；若从站不同意，不发 U$_A$ 响应帧。主站接到 U$_A$ 响应后，置发送站计数据器 V(S)=0，准备发送信息帧。

（2）数据传输。

主站发送信息帧，把发送计数器 V(S)装入信息帧的 N(S)段中，每发完一帧，V(S)增 1。

（3）拆除链路。

主站向从发拆除链命令帧（DISC），从站接收。若同意拆除，向主站发 U$_A$ 响应帧；否则无响应。主站收到从站的 U_A 后，拆除数据链路。若在规定时间内未收到 U_A 响应帧，重发 DISC 帧。当超过规定重发次数后仍未收到 U_A 响应，则开始系统恢复操作。

目前，已将 HDLC 协议的功能固化在大规模集成电路中。用户只要了解协议功能和集成电路的使用方法，构成一个通信系统后，就可方便地实现计算机间的通信。

3.3.4　典型案例：点对点协议

1．PPP 的基本知识

PPP（Point-to-Point Protocol 点到点协议）是一个工作于数据链路层的广域网协议，由 IETF（Internet Engineering Task Force）开发，目前已被广泛使用并成为国际标准，是 TCP/IP 网络中最重要的点到点数据链路层协议。

PPP 处于 TCP/IP 参考模型的第二层，是为同等单元之间传输数据包的简单链路设计的链路层协议，提供全双工操作，按照顺序传递数据包。主要用来在支持全双工的同步、异步链路上进行点到点之间的数据传输。PPP 适用于通过调制解调器、点到点专线、HDLC 比特串行线路和其他物理层的多协议帧机制，支持错误监测、选项商定、头部压缩等机制，在目前的网络中得到普遍应用。例如，利用 Modem 拨号上网就是使用 PPP 协议实现主机与网络连接的典型例子。

无论是同步电路还是异步电路，PPP 都能够建立路由器之间或者主机到网络之间的连接，是目前主流的一种国际标准 WAN 封装协议，可支持的连接类型有：同步串行连接、异步串行连接、ISDN 连接、HSSI 连接等。

PPP 具有以下特性。

（1）能够控制数据链路的建立。

（2）能够对 IP 地址进行分配和使用。

（3）允许同时采用多种网络层协议。

（4）能够配置和测试数据链路。

（5）能够进行错误检测。

（6）有协商选项，能够对网络层的地址和数据压缩等进行协商。

2．PPP 的组成

PPP 在物理上可使用各种不同的传输介质，包括双绞线、光纤及无线传输介质，在数据链路层提供一套解决链路建立、维护、拆除和上层协议协商、认证等问题的方案；帧的封装格式采用一种 HDLC 的变化形式；对网络层协议的支持包括了多种不同的主流协议，如 IP 和 IPX 等。PPP 协议的结构如图 3-45 所示。

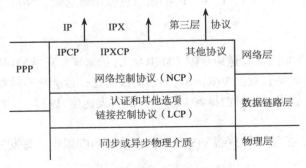

图 3-45　PPP 的协议结构

PPP 主要由两类协议组成。

（1）链路控制协议族（LCP）：主要用于数据链路连接的建立、拆除和监控。主要完成 MTU（最大传输单元）、质量协议、验证协议、协议域压缩、地址和控制域协商等参数的协商。

（2）网络程控制鞋彝族（NCP）：主要用于协商在该链路上所传输的数据包的格式与类型，建立和配置不同网络层协议。

目前，NCP 有 IPCP 和 IPXCP 两种。IPCP 用于在 LCP 上运行 IP；IPXCP 用于在 LCP 上运行 IPX 协议。IPCP 主要有以下两个功能。

①协商 IP 地址：用于 PPP 通信的双方中一端给另一端分配 IP 地址。

②协商 IP 压缩协议：是否采用 VAN Jacobson 压缩协议。

此外，PPP 协议还提供用于安全方面的验证协议族（PAP 和 CHAP）。

3．PPP 的帧格式

为了通过点对点的 PPP 链路进行通信，每个端点首先要发送 LCP 数据帧，以配置和测试 PPP 数据链路。当 PPP 链路建立起来后，每个端节点发送 NCP 数据帧，以选择和配置网络层协议。当网络层协议配置完成后，网络层的数据包就可以通过 PPP 数据帧传输。

根据 PPP 的帧中包含的信息、格式和目的，PPP 协议的帧可以分为 3 种类型：PPP 信息帧、PPP 链路控制 LCP 帧和 PPP 网络控制 NCP 帧。

PPP 信息帧的帧格式如图 3-46 所示。PPP 帧格式与 HDLC 帧格式类似，由帧头、信息字段与帧尾 3 部分组成。PPP 信息帧的数据字段长度可变，包含着要传送的数据，其开始部分可以是网络层的报头。

标志字段 （01111110） 1B	地址字段 （11111111） 1B	控制字段 （00000011） 1B	协议字段 2B	信息字段 ≤1500B	帧校验序列 （FCS） 2B	标志字段 （01111110） 1B

图 3-46　PPP 信息帧的格式

PPP 信息帧头部包括以下 4 部分。

（1）标志（flag）字段：长度为 1 字节，用于比特流的同步，采用 HDLC 表示方法，其值为二进制数 01111110。

（2）地址（address）字段：长度为 1 字节，其值始终为二进制数 11111111，表示网络中所有节点都能够接收帧。

（3）控制（control）字段：长度为 1 字节，取值为二进制数 00000011。

（4）协议（protocol）字段：长度为 2 字节，标识网络层协议数据域的类型。常用的网络层协议类型主要有：TCP/IP(0021H)，OSI(0023H)，DEC(0027H)，Novell(002BH)，Multilink(003DH)。

PPP 信息帧尾部包括以下 2 部分：

（1）帧校验字段（FCS）字段：长度为 2 个字节，用于保证数据的完整性。

（2）标志（flag）字段：长度为 1 字节，其值为二进制数 01111110。采用 HDLC 表示方法，用于表示一个帧的结束。

4．PPP 链路控制帧

计算机通过 PPP 协议连接到 Internet 需要经过 3 步。

（1）计算机通过调制解调器拨号呼叫 ISP 的路由器。

（2）路由器端的调制解调器回答呼叫后，建立物理连接。

（3）计算机向路由器发送链路控制帧，用来指定 PPP 协议的数据链路选项。

PPP 协议的数据链路选项主要包括以下几个。

（1）链路控制帧可以用来与对方进行协商，异步链路中将什么字符当作转义字符。

（2）为提高线路的利用率，链路控制帧可以用来与对方进行协商，是否可以不传输标志字段或地址字段，并且将协议字段从 2 字节缩短为 1 字节。

（3）在线路建立期间，如果收、发双方不使用链路控制协商，固定的数据字段长度为 1500B。

PPP 帧的协议字段值为 C021H 表示链路控制帧。PPP 链路控制帧的格式如图 3-47 所示。在 PPP 链路传输的数据中出现与标志字段相同的值时，也需要进行同样的转义处理。

标志字段 （01111110） 1B	地址字段 （11111111） 1B	控制字段 （00000011） 1B	协议字段 （C021H） 2B	链路控制数据 ≤1500B	帧校验序列 （FCS） 2B	标志字段 （01111110） 1B

图 3-47　PPP 链路控制帧的格式

5．PPP 网络控制帧

PPP 帧的协议字段值为 8021H，表示网络控制帧，如图 3-48 所示。网络控制帧可以用来协商是否采用报头压缩 CSLIP 协议，也可用来动态协商确定链路每端的 IP 地址。

标志字段 （01111110） 1B	地址字段 （11111111） 1B	控制字段 （00000011） 1B	协议字段 （8021H） 2B	网络控制数据 ≤1500B	帧校验序列 （FCS） 2B	标志字段 （01111110） 1B

图 3-48　PPP 网络控制帧的格式

计算机通过 TCP/IP 协议访问 Internet 需要一个 IP 地址。ISP 可以在用户登录时动态给这台计算机分配一个临时的 IP 地址。网络控制帧可以配置网络层，并获取一个临时 IP 地址。当用户要结束本次访问时，网络控制帧断开网络连接并释放 IP 地址，然后使用链路控制帧断开数据岭路连接。

小结

本学习任务介绍了计算机网络体系结构基本概念。网络体系结构说明了网络能够"做什么"，而不涉及具体的网络实现，内容比较抽象。网络体系结构涉及的基本概念包括：层次结构、实体、同等层、协议、接口、服务、功能、服务访问点、服务原语、网络协议的三要素（语法、语义和语序）等。在此基础上，理解 ISO/OSI 开放系统互连参考模型和 TCP/IP 参考模型。网络体系结构的概念是后续章节的基础，内容十分重要。

ISO/OSI 开放系统互连参考模型表示的网络体系结构为七层，分别是物理层、数据链路层、网络层、传输层、会话层、表示层和应用层。OSI 开放系统互连参考模型中数据的流动为：发送端用户数据→发送端系统应用层（往下）→表示层→会话层→传输层→网络层→数据链路层→物理层→物理介质→⋯⋯接收端系统物理层（往上）→数据链路层→网络层→传输层→会话层→表示层→应用层→接收端用户。物理层、数据链路层、网络层同等实体之间传输的数据单元分别是位（比特）、帧、分组（数据包）。

TCP/IP 是一个协议集，主要协议是 IP 和 TCP。该协议集的体系结构分 4 层：网络接口层、网络层、传输层和应用层。其中，网络接口层没有协议，而是借用了其他常用网络的物理层和数据链路层协议。网络层的主要协议是 IP，IP 向传输层提供无连接的、不可靠的、尽最大努力的数据包传输服务。网络层的协议还有 ICMP、ARP 和 RARP。传输层的主要协议有 TCP 和 UDP。TCP 向应用层提供面向连接的、可靠的数据传输，支持一些复杂的、功能强的应用层协议；UDP 协议向应用层提供面向无连接的、不可靠的、但简捷、便利的数据传输，支持一些功能简单的应用层协议。常见的应用协议有：文件传输协议（FTP）、超文本传输协议（HTTP）、简单邮件传输协议（SMTP）、远程终端协议（Telnet）等。

物理层有四个特性：机械特性、电气特性、功能特性和规程特性。它们分别说明了 DTE 和 DCE 之间的物理接口的不同特点和特征。物理层的主要功能有：物理连接的建立、维持和拆除，物理层实体之间的位同步传输和实现物理层四大特性的匹配。物理层典型协议有 RS-232C、RS-449 和 X.21。RS-232C 协议较详细地定义了 DTE 和 DCE 之间串行接口连接器的物理结构、电气特征、各连线功能等，可用于串行通信场合。RS-449 协议主要在电气特性上对 RS-232C 协议进行了改进。X.21 协议是一种信号线少、功能简单的数字接口标准，主要做 X.25 协议的物理级协议。

数据链路层的数据传输单位是帧。数据链路通常是指可传输数据的逻辑链路。数据链路层的主要功能有：数据链路的建立、维持和拆除，帧同步传输，差错控制和流量控制。差错控制是数据链路层的主要任务，使用的方法是检错重发。数据链路层的流量控制比较简单。HDLC 协议是典型的面向比特性型协议。HDLC 有固定的帧格式，包括标志、地址、控制、信息和校验字段，各字段有不同的作用。根据控制字段的不同，HDLC 协议有 3 种类型的帧：信息帧、监控帧和无编号帧，后两类帧中无信息字段。3 类帧分别用于传输信息、链路监控和数据链路的建立、拆除。PPP 是点对点协议，本章简单介绍了 PPP 协议的基本知识。

本学习任务还介绍了各种物理层传输介质，包括双绞线、同轴电缆、光纤以及无线传输介质等，以及线缆的接口规范和制作等。

习题

一、名词解释

实体，同等层实体，服务，接口，服务访问点（SAP）

二、填空题

（1）OSI 参考模型将网络七层，分别是_____、_____、_____、_____、_____、_____、_____。

（2）TCP/IP 协议只有 4 层，由下而上分别为_____、_____、_____、_____。

（3）在 TCP/IP 协议中，网络层的主要协议有_____、_____、_____和_____。

（4）在 TCP/IP 协议中，传输层的主要协议有_____和_____。

（5）在 TCP/IP 协议中，常见的应用层协议有_____、_____、_____和_____。

（6）双绞线按结构可分为_____和_____两大类，在组建企业网时最常用的是_____。

（7）常用 RJ-45 接头又称为_____，它有_____个金属接触片用于与双绞线芯线接触。在制作网线时，要把它的_____面向下，插线开口端向_____，其 1～8 脚的排列顺序是由_____到_____。

（8）直通线就是_____，交叉线就是_____交叉线主要用于_____和_____的级联，而直通线克用于_____与_____、_____等设备的连接。

（9）5类或超5类非屏蔽双绞线的单段最大长度为_____。细同轴电缆的单段最大长度为_____。

（10）按传输模式分类，光纤可分为_____和_____两类，其中，_____在长距离网络中应用比较广泛，而_____则在短距离的企业网中应用更广。

（11）双绞线水晶头的制作标准由_____和_____两种，前者的颜色顺序为_____，后者的颜色顺序为_____。

（12）数据链路层的主要功能包括_____、_____、_____、_____等。

（13）常用的帧同步方法有_____、_____、_____、_____这4种。

（14）HDLC有3种类型帧：_____、_____和_____。

三、简答题

（1）网络协议的三要素是什么？各有什么含义？

（2）面向连接和无连接服务有何区别？

（3）OSI模型包括哪七层？

（4）简述OSI模型各层的功能。

（5）简述数据发送端封装和接收端解封装的过程。

（6）简述同一台计算机之间相邻层如何通信。

（7）简述不同计算机上同等层之间如何通信。

（8）在TCP/IP协议中，各层有哪些主要协议？

（9）简述TCP/IP模型中数据封装的过程。

（10）简述物理层在OSI模型中的地位和作用。

（11）常用的传输介质有哪几类？各有何特点？

（12）物理层协议包括哪些方面的内容？为什么要做出这些规定？

（13）请比较中继器和集线器作为物理层网络户互连设备的异同。

（14）数据链路层的主要功能是什么？

（15）简述HDLC帧各字段的意义。HDLC帧可分为哪几个大类？简述各类帧的作用。

（16）什么是PPP协议？有哪些特性？支持哪些连接类型？

四、操作题

（1）制作网络交叉线和直通线各一条。

（2）交叉线和直通线用测试仪测试时，测试仪两端指示灯以什么顺序发亮。

PART 2

第二篇
交换路由基础

学习任务 4
局域网组网技术

知识引导 4.1 局域网的连接

局域网是组成 Internet 的重要组成部分，是当今计算机网络技术应用与发展非常活跃的一个领域。政府部门、企业、公司以及各种园区内的计算机都可以通过通信线路及通信设备连接起来组成局域网，以达到资源共享、信息传递和数据通信的目的。随着信息化进程的加快，网络互连需求也发生了剧增。因此，理解和掌握局域网技术就显得很重要。

"对等网"又称"工作组网"，是通过"工作组"来组建的网络。对等网不需要专门的服务器，也不需要其他的网络组件，因而结构简单，价格便宜。在对等网络中，各台计算机都有相同的功能，无主从之分，对于网上任意节点，计算机既可以作为网络服务器，为其他计算机提供资源，也可以作为工作站，分享其他计算机的资源。对等网的用户较少，用户都处于同一个区域中，网络成本低. 网络配置和维护简单，涉及的网络安全问题也较少。但对等网的网络性能较低，数据保密性差，文件管理分散。

根据规模和传输介质类型的不同，对等网实现的方式也有多种。

1．双机互连的对等网

双机互连是通过网线和网卡将两台独立的计算机连接到一起，通过简单的系统配置，可达到资源共享和信息交互的目的。如果是三台计算机组成对等网，可采用网线加双网卡方式。其中一台计算机上安装两块网卡，另外两台计算机各安装一块网卡，然后用双绞线连接起来，进行有关的系统配置即可，如图 4-1 所示。

双机互连是家庭计算机最简捷的连接方式。需要的配件：两块网卡、两个 RJ-45 头、一段非屏蔽五类或超五类双绞线。以 100 / 1000Mbit/s 自适应网卡为例，连接速率最高可达 100Mbit/s，最远传输距离 100m，完全能满足家庭网络的需求。

操作步骤如下。

（1）安装网卡。

将网卡插入计算机中适当的插槽中，并用螺丝固定。一根双绞线两端的两个 RJ-45 头分别插入两台计算机的网卡接口，使两台计算机直接连接起来。打开计算机电源后，在 Windows 等操作系统中，系统自动识别网卡并自动安装驱动程序。

（2）配置网络通信协议与 IP 地址。

添加 TCP/IP，对协议的属性进行配置。TCP/IP 的属性包括：IP 地址、网关、DNS 配置等。协议是捆绑在网卡上的，若系统中有多个网卡，配置时应分别进行，配置过程相同。

（3）配置网络标识。

用鼠标右击"我的电脑"图标，在弹出的快捷菜单中选择"属性"选项，弹出"系统属性"对话框，在"计算机名"选项卡中配置计算机名（计算机名在网络中必须唯一）以及工作组名。

使用双绞线制作的交叉线

图4-1 双机互连

（4）制作交叉双绞线，并将两台计算机连接起来。

除了用交叉双绞线直接连接两台计算机外，还可以采用 USB 线缆连接、串行口或并行口电缆连接、无线连接等多种双机互连方式。采用 USB 线缆连接方案，实质上是利用一个两端都是 USB 接口的"Host-Host"桥模拟以太网卡，实现连网功能。采用串行口或并行口电缆连接的方案不需要网卡，软件设置也很简单，只需要对线缆进行相应改造即可，两机距离可达 10m。采用无线连接的两台计算机，必须安装无线网卡，并进行相应的设置，即可实现无线互连。

2．集线器连接的对等网

多台计算机组成对等网时，可以用集线器组建星型对等网络。各计算机直接与集线器相连。图 4-2 所示为四台计算机用集线器连接后共享上网的对等网。

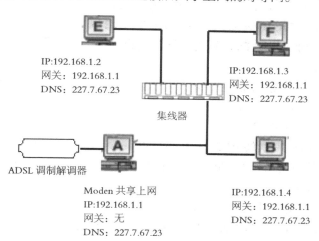

图4-2 四台计算机连接共享上网

项目实践 4.1 局域网连接的测试

安装局域网后，可以利用 Windows 操作系统内设的网络测试工具进行测试，也可以利用测试命令 Ping 或测试工具 IPconfig 进行测试。

1．测试命令 Ping

这是一个 TCP/IP 测试工具，只能运行在使用 TCP/IP 的网络中。下面通过一个实例说明网络各部分的测试方法。

假设网络中 DNS 的 IP 地址为 202.198.98.1，网关为 202.198.98.253。该网络内部有一台主机网卡 IP 地址 202.198.99.57，网络外部的一台主机 IP 地址 162.136.127.6，域名 www.hn.gzhmt.edu。用 Ping 命令检验网络状态，并根据结果进行分析。

（1）测试网卡是否正常工作。

命令：c:\>ping 202.198.99.57

如果显示：Reply from 202.198.99.57：Bytes=32 time<10ms TTL=128

表示网卡工作正常。其中，Bytes=32 表示测试中发送的数据包大小是 32 字节；time<10ms 表示与对方主机往返一次所用的时间小于 10ms；TTL=128 表示当前测试使用的 TTL（time to live）值为 128。

如果显示：request timed out

表示连接请求超时，网络连接不正常。

（2）测试能否与 DNS 正常连接。

命令：c:\>ping 202.198.98.1

如果显示：Reply from 202.198.98.1：Bytes=32 time<10ms TTL=128

说明网络线路正常。

如果显示：request timed out

表示网络连接不正常。

（3）验证 DNS 能否正确解析成 IP 地址。

命令：c:\>ping www.hn.gzhmt.edu

如果显示：

ping www.hn.gzhmt.edu[162.136.127.6]with 32bytes of data:

Reply from 162.136.127.6: Bytes=32 time=233ms TTL=253

在域名后跟有 IP 地址，说明 DNS 服务器配置正确。

如果显示：unknown host name

说明域名错误或 DNS 配置出错。

（4）验证网关是否正确。

命令：c:\>ping 202.198.98.253

如果显示：Reply from 202.198.98.253：Bytes=32 time＝30ms TTL=128

则说明一个内部网络发送的 IP 包能否被网络外部的主机接受，网关配置正确。

如果显示：request timed out

则说明网关可能有错误，可继续检查。

Ping 命令带有许多参数，在命令提示符窗口下执行命令 Ping/?，可查看参数的使用方法。

2．测试工具 IPconfig

IPconfig 可以查看本机中 TCP/IP 的有关配置，如 IP 地址、子网掩码和网关等。IPconfig 是一个很有用的工具，特别是当网络设置为动态 IP 时，IPconfig 可以很方便地了解到 IP 地址的实际配置情况。若使用 IPconfig 时不带任何参数选项，可为每个已经配置的接口显示 IP 地址、子网掩码、默认网关值。在命令提示符窗口下执行命令 IPconfig/?，可查看 IPconfig 的参数。如果是动态获取 IP 地址，客户端的计算机在命令提示符窗口下使用 c:\>ipconfig /release 来释放本机 IP 地址，c:\>ipconfig /renew 可重新从 DHCP 服务器中获得 IP 地址。

知识引导 4.2　局域网体系结构的理解

开放系统互连参考模型对计算机网络的发展起着非常重要的作用，但是，局域网只是一个通信网，在体系结构上有自己的特点。下面学习 IEEE 802 标准以及局域网的体系结构。

4.2.1　IEEE 802 标准系列

美国电子和电气工程师协会（IEEE）在 1980 年成立了 802 委员会，专门为局域网制订标准。经过多年的努力，IEEE 802 委员会制订了具体的局域网模型和标准，称为 802 标准。按照 IEEE 802 委员会定义的模型，局域网结构只包括两层，物理层和数据链路层，并就这两层作出定义和规定。

IEEE 802 标准分成几个部分。802.1 标准对这一组标准作了介绍并定义了接口原语；802.2 标准描述了数据链路层的上部，制订了 LLC（逻辑链路控制）协议；802.3、802.4、802.5 分别描述了 3 个局域网标准，CSMA/CD、令牌总线和令牌环标准。表 4-1 是 IEEE802 局域网标准的一览表。

表 4-1　　　　　　　　　　　IEEE 802 局域网标准一览表

IEEE 标准	功　　能	IEEE 标准	功　　能
802.1	定义局域网体系结构、网络管理和性能测量等	802.12	100Base-VG 高速网络访问控制方法和物理层技术规范
802.2	定义逻辑链路控制子层（LLC）协议	802.3ac	虚拟局域网 VLAN 以太帧扩展协议
802.3	CSMA/CD 访问控制方法和物理层技术规范	802.3ab	1000Base-T 媒体接入控制方式和物理层规范
802.4	令牌总线访问控制方法和物理层技术规范	802.3ae	10Gbit/s 以太网技术规范
802.5	令牌环访问控制方法和物理层技术规范	802.3u	100Base-T 访问控制方法和物理层技术规范
802.6	城域网访问控制方法和物理层技术规范	802.3z	基于光缆和短距离铜介质的 1000Base-X 访问控制方式和物理层规范
802.7	宽带局域网访问控制方法和物理层技术规范	802.1Q	虚拟桥接以太网（1998）
802.8	光纤局域网网标准，FDDI 访问控制方法和物理层技术规范	802.13	交互式电视网规范
802.9	综合语音/数据（V/D）局域网标准	802.14	线缆、调制解调器规范
802.10	局域网网络安全标准	802.15	个人局域网网络标准和规范
802.11	无线局域网访问控制方法和物理层技术规范	802.16	宽带无线局域网访问控制子层与物理层标准

4.2.2　局域网的体系结构

局域网的数据以帧寻址方式工作，传输介质共享，一般不存在中间转换问题。局域网是一种通信网，只涉及有关的通信功能，至多与 OSI 七层模型中的低三层有关。由于局域网基本上采用共享信道的技术，可以不设立单独的网络层。即不同局域网技术的区别主要在物理层和数据链路层，当这些不同的局域网需要在网络层实现互连时，可以借助其他已有的网络层协议，如 IP 等。

IEEE 802 局域网参考模型将工作重心集中于 OSI 最低两层的功能、与第三层的接口服务和网络互连有关的高层协议。局域网的拓扑结构简单，没有路由问题，一般不单独设置网络层。其中，物理层用来建立物理连接，数据链路层把数据封装成数据帧传输，实现数据帧的顺序控制、差错控制和流量控制，使不可靠的链路变成可靠的链路。若网络中涉及子网互连，要在数据链路层上设网际层。因此，局域网参考模型的体系结构只涉及 OSI 模型的物理层和数据链路层，如图 4-3 所示。

数据链路层的主要作用，是通过数据链路层协议，在不太可靠的传输信道上实现可靠的数据传输，负责帧的传输管理和控制。在局域网中，各站点共享网络公共信道，必须解决避免信道争用问题，即数据链路层必须有介质访问控制功能。局域网的拓扑结构不同，传输介质各异，相应的介质访问控制方法有多种，导致数据链路层存在与传输介质有关的和无关的两部分。在数据链路功能中，将与传输介质有关部分和无关部分分开，可以降低连接不同类型介质接口设备的费用。IEEE 802 标准把局域网的数据链路层分为两个子层：逻辑链路控制子层（logical link control，LLC）和介质访问控制子层（media access control，MAC）。

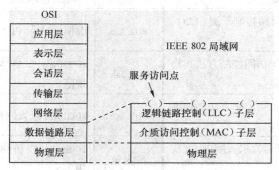

图 4-3　IEEE 802 参考模型与 OSI 参考模型的关系

1．IEEE 802 物理层的功能

物理层负责物理连接管理和在介质上传输比特流。一对物理层实体能确认两个介质访问控制（MAC）子层实体间同等层比特单元的交换，主要任务是描述传输介质接口的一些特性，如接口的机械特性、电气特性、功能特性和规程特性等。

IEEE 802 参考模型的物理层与 OSI 参考模型的物理层相同，可实现比特流的传输和数据的同步控制，规定了局域网物理层使用的拓扑结构和传输速率等规范，规定了使用的信号、介质和编码，包括对基带信号编码和宽带信道的分配。局域网的物理层采用基带信号传输，数据编码采用曼彻斯特编码，传输介质可以是双绞线、同轴电缆、光缆甚至无线传输介质，拓扑结构可以是总线型、树型、星型和环型，传输速率有 10Mbit/s、16Mbit/s、100Mbit/s、1000Mbit/s 等。

2．IEEE 802 的介质访问控制（MAC）子层

MAC 子层集中了与接入介质有关部分，负责在物理层的基础上进行无差错通信，维护数据链路功能，并为 LLC 子层提供服务，支持 CSMA/CD、Token-Bus、Token-Ring 等介质访问控制方式。发送信息时，负责把 LLC 帧组装成带有地址和差错校验段的 MAC 帧；接收数据时，对 MAC 帧进行拆卸，执行地址识别和 CRC 校验功能。

在局域网中，硬件地址又称为物理地址或 MAC 地址（这种地址用在 MAC 帧中），是局

域网上每一台计算机网卡的地址。802 标准为局域网规定了一种 48bit 的全球地址。IEEE 的注册管理委员会 RAC（Registration Authority Committee）是局域网全球地址的法定管理机构，负责分配地址字段的前 3 字节（高 24 位），作为机构的唯一标识符 OUI（Organizationally Unique Identifier）。世界上凡要生产局域网网卡的厂家，都必须获得由这 3 字节构成的一个号，又称为"厂商代码"。地址字段中的后 3 字节（低 24 位）由厂家自行分配，称为扩展标识符（Extended Identifier）。可见，用一个地址号可以生成 2^{24} 个不同的地址。生产网卡时，这种 6 字节的 MAC 地址被固化在网卡的 ROM 中。

当主机发送 MAC 帧时，主机将源站 MAC 地址和目的站 MAC 地址填入 MAC 帧的首部，与发送该 MAC 帧的主机处在同一网段上的其他主机，均试图接收这个 MAC 帧。

① 如果该 MAC 帧给出的目的 MAC 地址是一个单播地址，则与 MAC 帧所给出目的 MAC 地址相同的某个主机接受该 MAC 帧。

② 如果该 MAC 帧给出的目的 MAC 地址是一个多播地址，则具有该多播地址的多个主机接受该 MAC 帧。

③ 如果该 MAC 帧给出的目的 MAC 地址是一个广播地址，则与发送该 MAC 帧的主机处在同一网段上的所有主机都接受该 MAC 帧。

可见，主机发出的 MAC 帧包括以下三种。

● 单播（Unicast）帧：收到帧的 MAC 地址与本站硬件地址相同。

● 广播（Broadcast）帧：发送给所有站点的帧（全 1 地址）。

● 多播（Multicast）帧：发送给一部分站点的帧。

所有网卡都至少能够识别前两种帧，即能够识别单播和广播地址。有的网卡可以用编程的方法识别多播地址。操作系统启动时，网卡初始化，使网卡能够识别某些多播地址。

3．IEEE 802 的逻辑链路控制（LLC）子层

逻辑链路控制（LLC）子层集中了与介质接入无关的部分，提供 LLC 用户之间通过 MAC 子层进行数据交换的手段。将网络层的服务访问点 SAP 设在 LLC 子层与高层的交界面上。通过服务访问点 SAP，以复用的形式建立多点到多点之间的数据通信链路，具有帧发送、接收功能，以及连接管理（建立和释放连接）、差错控制、按序传输及流量控制等。不设网际层时，还包括某些网络层功能，如数据报、虚拟控制和多种复用等。

为满足特定可靠性及效率方面的需要，802.2 规定了三种不同类型的 LLC 服务。

类型Ⅰ：不确认的无连接服务。信息帧在 LLC 实体间交换，无需在对等层实体之间事先建立逻辑链路。对这类帧既不确认，也无任何流量控制或差错恢复功能。

类型Ⅱ：连接方式服务。任何信息帧交换前，在一对 LLC 实体间必须事先建立逻辑链路，信息帧依次序发送，并提供流量控制或差错恢复功能。

类型Ⅲ：确认的无连接服务。

知识引导 4.3　局域网介质访问控制方法的理解

介质访问控制方法是局域网最重要的一项基本技术，对局域网体系结构、工作过程和网络性能产生决定性影响。这里学习 3 种常用的介质访问控制方法：总线结构的带冲突检测的载波侦听多路访问（CSMA/CD）介质访问控制方法、环型结构的令牌环介质访问控制方法和令牌总线介质访问控制方法。

将传输介质的频带有效分配给网络中各节点的方法，称为介质访问控制方法。介质访问控制方法主要解决介质使用权的算法或机构问题，以及如何使网络中众多用户能够合理而方便地共享通信介质资源，实现对网络传输信道的合理分配。介质访问控制方法主要有两个方面的内容：一是要确定网络上每个节点能够将信息发送到介质上去的特定时刻；二是要解决如何对共享介质访问和利用加以控制。

4.3.1 带冲突检测的载波侦听多路访问（CSMA/CD）介质访问控制方法

总线型局域网中，所有节点对信道的访问以多路访问方式进行。任一节点都可以将数据帧发送到总线上，所有连接在信道上的节点都能检测到该帧。当目的节点检测到该数据帧的目的地址（MAC 地址）为本节点地址时，继续接收该帧中的数据，同时给源节点返回一个响应帧。当有两个或更多的节点在同一时间都发送了数据，信道上会造成帧的重叠，导致冲突发生。为避免发生这种冲突，IEEE 802.3 标准协议规定了 CSMA/CD（Carrier Sense Multiple Access with Collision Detection）介质访问控制方法和物理层技术规范，即带冲突检测的载波侦听多路访问控制方法。采用 IEEE 802.3 标准协议的典型网络是以太网（Ethernet）。CSMA/CD 是一种随机争用型的介质访问控制方法，通常用于总线型和星型拓扑结构的局域网中。CSMA/CD 基于介质共享的机理，即在基带总线上只能存在一个单向的信息流，各个站点包括工作站、服务器都要通过随机访问技术的争用方法获取通信权限。

  CSMA/CD 的工作原理可简单地概括为"先听后发"、"边听边发"、"冲突停止"、"随机延迟后重发"，其工作过程如图 4-4 所示。

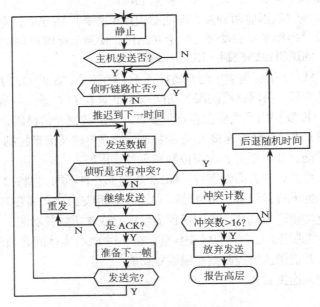

图 4-4　CSMA/CD 工作过程

1. 载波监听——查看信道中有无传输信号

采用 CSMA/CD 控制方法的网络中，各个站点都有一个"侦听器"，任意一个站点要发送信息时，首先监测总线，对介质进行侦听，以确定是否有其他站点在发送信号。如果侦听到总线空闲，没有其他工作站发送信息，立即抢占总线进行信息发送。否则，该站点要按一定的算法等待一段时间，然后再争取发送权。由于通道存在传播时延，可能第一个站点的信号还未到达目的地，另一个站点侦听到信道处于空闲状态，立即开始发送数据帧而导致冲突。当网络负载很重时，传输延迟的存在会使冲突增多，网络效率降低。另外，总线处于空闲的某个瞬间，如果总线上两个或两个以上的工作站同时都想发送信息，可能瞬间都检测到总线空闲，同时都认为可以发送信息，一齐发送信息而导致冲突。可见，即使采用载波监听的方法，总线上发生冲突也是难以避免的。

2．冲突检测

既然总线上发生冲突是不可避免的，就应当想办法检测冲突并尽量减少冲突的再次发生。冲突检测的方法：每个站点发送帧期间，同时检测冲突是否发生。站点一边发送信号，一边从共享介质上接受信号，将发出的信号与接受的信号按位比较。如果一致，则说明没有冲突；否则说明已发生冲突。一旦遇到冲突，立即停止发送，并向总线发出一连串阻塞信号，让总线所有站点都知道冲突已发生并停止传输。冲突检测可降低信道因冲突而造成的传输浪费。

在采用 CSMA/CD 协议的总线局域网中，各节点通过竞争方法枪占对信道的访问权，出现冲突后，必须延迟重发。因此，节点从准备发送数据到成功发送数据的时间不能确定，不适合传输时延要求较高的实时性数据。在每个时刻，总线上只能有一路传输信号，但可以在不同的方向上。因此，CSMA/CD 是一种半双工传输方式。

CSMA/CD 的主要优点：每个站点都处于平等地位去竞争传输介质，实现的算法简单；网络维护方便，增删节点容易；负载较少（节点少或信息发送不频繁）时，要发送信息的节点可以"立即"获得对介质的访问权，执行发送操作，效率较高。缺点：不具有某些场合要求的优先权；负载重时，容易出现冲突，使传输效率和有效带宽降低，不确定的等待时间和延迟可能在过程控制应用中产生严重问题；只能在负载不太重的局域网中使用。

4.3.2 令牌环（Token Ring）介质访问控制方法

IEEE 802.5 标准定义了令牌环网的规范，规定了令牌环访问方法和物理层技术规范，采用 IEEE 802.5 标准协议的网络称为令牌环（Token Ring）网。令牌环介质访问控制方法是通过环型网上传输令牌的方式实现对传输介质的访问控制。令牌是一种特殊帧，在环网各通信设备之间依次传递信息的发送权，只有当令牌传送到环网中某个节点时，该节点才能利用环路发送或接收信息。

1．令牌环网的构建

环网是由环接口及一段段点到点链路连接起来的闭环环路，工作站连接到环接口上。介质共享，但不是广播的。信息沿环路单向地、逐点地传输，每个节点都具有抵制识别能力，一旦发现环上传输的信息帧的目的地址与本站地址相同，立即接收该信息帧，否则，继续向下一站转发。环网的结构如图 4-5 所示。

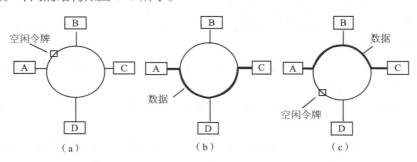

图 4-5 令牌环网的构成与工作原理

构建令牌环网时，需要 Token Ring 网卡、Token Ring 集线器和传输介质等。在 Token Ring 集线器的内部，每个端口用电缆连接在一起，当各节点与令牌环集线器连接起来后，形成了一个电气网环，使得网络成为一个物理环结构。令牌环网的介质访问控制方法是令牌环访问控制方法，因而在令牌环网中有两种 MAC 子层的帧：令牌帧和数据/命令帧。

2．令牌环网的工作原理（见图 4-5）

（1）令牌在环路中流动（T=0），A 站又信息发送，截获令牌（T=1），如图 4-5（a）所示。

（2）A 站发送数据给 C 站。数据先到达非目的站 D 站，D 站转发数据到 C 站，C 站是目的站。

（3）C 站接收数据，再转发数据到 B 站，如图 4-5（b）所示。

（4）B 站转发数据到 A（源站），A 站回收所发数据，释放令牌，如图 4-5（c）所示。

归纳起来，令牌环中主要有以下操作过程。

（1）截获令牌并且发送数据帧。如果没有节点需要发送数据，则令牌由各个节点沿固定的顺序逐个传递；如果某个节点需要发送数据，则需要等待令牌的到来。当空闲令牌传到该节点时，修改令牌帧中的标志，使其变为"忙"状态；去掉令牌的尾部，加上数据，成为数据帧，发送到下一个节点。每个站点有一个令牌控制计时器，控制令牌在站点的持有时间。

（2）接收与转发数据。数据帧每经过一个节点，该节点比较数据帧中的目的地址。如果不属于本节点，则转发出去；如果属于本节点，则将数据帧复制到本节点的计算机中，同时在帧中设置已经复制的标志，然后向下一节点转发。

（3）取消数据帧并且重发令牌。由于环网在物理上是个闭环，一个帧可能在环中不停地流动，所以必须清除。当数据帧通过闭环重新传到发送节点时，发送节点不再转发，而是检查发送是否成功。如果发现数据帧没有被复制（传输失败），重发该数据帧；如果发现传输成功，清除该数据帧，并且产生一个新的空闲令牌发送到环上。

3．环接口（转发器）

环接口（转发器）是令牌环网的一个重要部件，主要功能是收发信息、识别令牌、识别地址、进行 CRC 校验等。

环接口有两种工作方式：监听方式和发送方式。在监听方式下，环接口一方面将进入的比特流转发出去，同时检测帧中地址是否为本站地址。如果是，将帧复制到接收缓冲区。有数据要发送的站还要监听空令牌的到来。进入发送方式后，环接口连接的站点将空令牌变为忙令牌，将发送缓冲区中准备好的数据送到环上去。当发送的帧回收并产生新的令牌后，立即转变为监听方式，如图 4-6 所示。

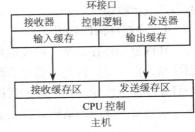

图 4-6　令牌环网的环接口

4．令牌环网的特点

（1）令牌环网在重负载条件下能高效率地运行。当各个站点依次截获令牌后发送数据时，整个环路的工作与时分复用相似。

（2）由于环网中每个站点的转发器都具有比特流整形再生作用，因此，令牌环跨越的距离可以延长。

（3）环型结构没有路由选择，不会出现拥塞和死锁，易于实现分布控制和高速通信。

（4）低负载时，由于发送数据的站点必须等待令牌，会产生附加的延迟。令牌网采用了早期令牌释放技术（数据帧发送完毕立即发送一个空令牌），以消除站点等待空闲令牌到达而出现的等待延时。

（5）令牌环网的某个站点一旦出现故障，将导致整个环路不通，这是令牌环网最致命的弱点。为此，人们提出了多种改进的令牌环结构，如星型环路、双环等。

4.3.3 令牌总线介质访问控制方法

IEEE 802.4 标准协议规定了令牌总线访问控制方法和物理层技术规范，采用 IEEE 802.4 标准协议的网络称为令牌总线网（Token Bus）。令牌总线局域网的结构如图 4-7 所示。

令牌总线结构是将总线上各站点组成一个逻辑环。从物理结构上看，是一个总线结构局域网，但在逻辑结构上构成了环型结构的局域网，即令牌总线局域网的物理连接是总线结构，各站点的逻辑关系是环型结构。网络上各工作站按一定顺序形成一个逻辑环，每个工作站在环中均有一个指定的逻辑位置，末站的后站就是首站（即首尾相连），每站都了解其先行站和后继站的地址，总线上各站的物理位置与逻辑位置无关。

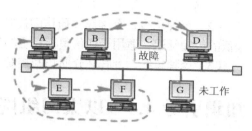

图 4-7 令牌总线结构

和令牌环一样，站点只有取得令牌，才能发送帧，而令牌在逻辑环上依次循环传递。在令牌总线网中，令牌的传递次序与环型不同。在环网上是沿物理上靠近的站点传递，在令牌总线上传递的次序与总线上物理位置无关，而是沿逻辑环上的顺序传送。

令牌总线介质访问控制方法有以下特点。

（1）令牌总线介质访问控制方式能确保在总线上不会产生冲突。只有持有令牌的站才获得对介质的临时控制权。

（2）站点具有公平的访问权，通过限定每个站发送帧的最大长度来保证逻辑环上任何一个站点持有令牌的时间是有限的。允许设置优先级，优先级高的帧可优先发送。

（3）必须配置相应的算法，如令牌传递算法、逻辑环初始化、站插入算法和站删除算法等，以完成环的初始化、加入环路、退出环路和恢复等操作。

（4）初始化及站点的增、删或故障处理。

除总线型网外，星型网、树型网也可以组成逻辑环。事实上，网络中令牌的传递按逻辑环进行，数据的传输按物理结构在两个站点之间直接进行。

令牌总线与其他介质访问控制方式的相比，具有明显的特点。在令牌总线网中，数据帧的传递有直接通路，不需要中间站点的转接，传输延时比令牌环网短。令牌总线型网无冲突，在网络负载增加的前提下，比 CSMA/CD 竞争总线方式的系统效率高。令牌总线的响应时间和访问时间都具有确定性，还可以引入优先权，实时性比 CSMA/CD 要好。但令牌总线方式算法复杂，成本较高。

4.3.4 CSMA/CD 与令牌环、令牌总线的比较

在共享介质访问控制方法中，CSMA/CD 与令牌总线、令牌环应用广泛。从网络拓扑结构看，CSMA/CD 与令牌总线都是针对总线结构的局域网设计的，而令牌环是针对环型拓扑结构的局域网设计的。

1. 与令牌环和令牌总线介质访问控制方法比较，CSMA/CD 介质访问控制方法有以下几

个特点。

（1）CSMA/CD 介质访问控制方法算法简单，易于实现。

（2）CSMA/CD 是一种用户访问总线时间不确定的随机竞争总线的控制方法，适用于对数据传输实时性要求不严格的应用环境，如办公自动化等。

（3）CSMA/CD 在网络通信负荷较低时表现出较好的吞吐率与延迟特性。

2. 与 CSMA/CD 介质访问控制方法比较，令牌总线和令牌环介质访问控制方法有以下几个特点。

（1）在令牌总线、令牌环介质访问控制方法中，网络节点两次获得令牌之间的最大时间间隔是确定的，适用于对数据传输实时性要求较高的环境，如生产过程控制领域。

（2）令牌总线、令牌环介质访问控制方法在网络通信负荷较重时表现出很好的吞吐率与较低的传输延迟，适用于通信负荷较重的环境。

（3）令牌总线、令牌环介质访问控制方法需要复杂的环维护功能，实现较困难。

知识引导 4.4　以太网组网技术

以太网（Ethernet）采用 CSMA/CD 介质访问控制方法。以太网最早是 1975 年由美国 Xerox（施乐）公司研制成功，以历史上表示传播电磁波的以太（Ether）命名。以太网最初采用总线结构，用无源介质（如同轴电缆）作为总线来传输信息，现在也采用星型结构。以太网费用低廉，便于安装，操作方便，因而得到了广泛的应用。本任务学习传统 802.3 以太网、快速以太网、高速以太网的组网技术以及组建以太网所需的设备。

4.4.1　标准以太网技术

以太网是最早的、又是最流行的一种局域网。IEEE 802.3 标准描述了所有采用 CSMA/CD（载波侦听多路访问/冲突检测）的局域网，核心思想是共享公用的传输信道，采用典型的总线型或星型拓扑结构，传输介质使用双绞线、同轴电缆或光纤。传输速率可分为 10Mbit/s，100 Mbit/s 和 1000Mbit/s。

以太网采用 802.3 帧格式，是一种基带系统，使用曼彻斯特编码，通过检测通道上的信号存在与否来实现载波检测。

IEEE802.3 标准有 4 种正式的 10 Mbit/s 以太网物理层标准。

① 10Base-5：粗同轴电缆以太网标准。

② 10Base-2：细同轴电缆以太网标准。

③ 10Base-T：双绞线以太网标准。

④ 10Base-F：光缆以太网标准。

以上标准中，10 表示信号的传输速率是 10Mbit/s，BASE 表示基带传输，5 或 2 分别表示每一段的最大长度为 500m 或 200m，T 和 F 分别表示传输介质是双绞线和光纤。图 4-8 描述了 4 种不同以太网的物理层实现。

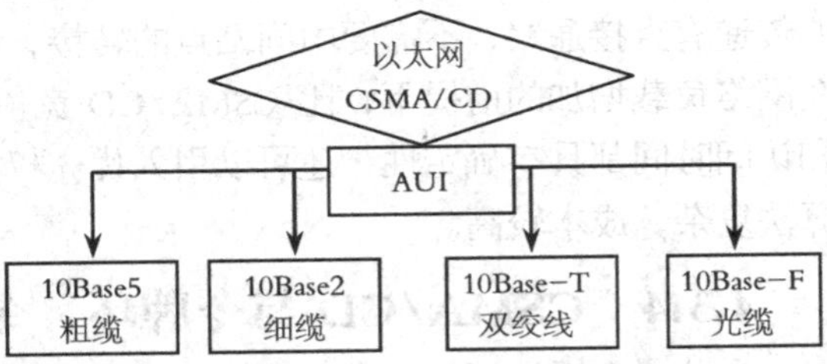

图 4-8　4 种不同以太网的物理层实现

1. 10Base-5（粗缆以太网）

粗缆以太网（10Base-5）数据传输速率为 10Mbit/s，最大主干线段长度为 500m，如图 4-9 所示。

粗缆采用 0.4 英寸（1.016cm）同轴电缆作干线，一段干线上最多可接入 100 台工作站。在电缆的终端上安装终接器（50Ω）用于匹配，以克服信号反射以及传输错误。收发器有三个端口，一端用一条收发器电缆（AUI）连接工作站，另两个端口连接粗电缆。中继器用于信号的放大和再生，以延伸传输距离。粗缆以太网（10Base-5）最多允许加入 4 个中继器连接 5 段干线。仅允许在 3 个干线段上接工作站。最大网络干线长度可达 2.5km。

用粗缆组网时，硬件设置上必须注意：若要直接与网卡相连，网卡必须带有 AUI 接口；用户采用外部收发器与网络主干线连接；外部收发器与用工作站之间用 AUI 电缆连接。

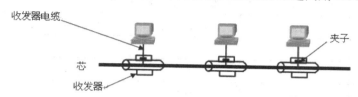

图 4-9　粗缆以太网（10Base-5）

2．10Base-2（细缆以太网）

细缆以太网（10Base-2）数据传输速率为 10Mbit/s，最大的主干线段长度为 200m（实际为 185m），如图 4-10 所示。

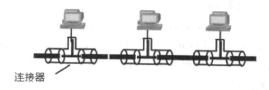

图 4-10　细缆以太网（10Base-2）

细缆采用 0.2 英寸（0.508cm）同轴电缆作干线，一个干线上最多可接纳 30 台工作站。BNC 连接器连接同轴电缆。中继器用于再生信号，延伸传输距离。细缆以太网（10Base-2）最多允许加入 4 个中继器连接 5 段干线。仅允许在 3 个干线段上接工作站。最大网络干线长度可达 1km。连网时应注意：网卡要带有 BNC 接口；用户通过 BNC T 型连接器接入网络；主干线两端必须安装 50Ω 的终端电阻，网络拓宽范围时要用中继器。

3．10Base-T（双绞线以太网）

继 10Base-5 和 10Base-2 后，20 世纪 80 年代后期出现了 10Base-T。T 代表双绞线星型网，是一种采用双绞线作为传输介质的以太网，如图 4-11 所示。双绞线以太网中，每个工作站必须安装一块能连接双绞线的网卡，网卡内置收发器，网卡与集线器之间通过 RJ-45 接口连接双绞线。10Base-T 的数据传输速率为 10Mbit/s，集线器与网卡之间、集线器之间的最长距离均为 100 m。集线器数量最多为 4 个，即任意两站点之间的距离不超过 500 m。

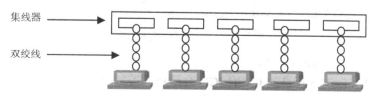

图 4-11　双绞线以太网（10Base-T）

4．10Base-F（光纤以太网）

10Base-F 使用光纤介质，通常用于远距离网络的连接。两根 62.5/125μm 多模光纤，收发各一根，光纤的一端与光收发器连接，另一端与网卡连接。10Base-F 以太网采用星型拓扑结构；光收发器内置在网卡中时，光纤通过 ST 或 SC 接头与网卡连接；光纤与其他介质可使用介质转换器进行转换，介质转换器是可连接不同介质的中继器。

IEEE 802.3 以太网的基本特性对照见表 4-2。

表 4-2　　　　　　　　　　　　IEEE 802.3 以太网的基本特性

特性	10Base-5	10Base-2	10Base-T	10Base-F
速率/Mbps	10	10	10	10
传输方法	基带	基带	基带	基带
最大网段长度/m	500	185	100	2000
站间最小距离/m	2.5	0.5		
传输介质	50Ω粗同轴电缆	50Ω细同轴电缆	UTP	多模光缆
网络拓扑	总线型	总线型	星型	点对点

4.4.2　快速以太网技术

快速以太网技术 100Base-T 由 10Base-T 标准以太网发展而来，其协议标准为 1995 年颁布的 IEEE 802.3u，可支持 100 Mbit/s 的数据传输速率，并且与 10Base-T 一样支持共享式与交换式两种使用环境，在交换式以太网环境中可以实现全双工通信。

1．快速以太网的体系结构

快速以太网的体系结构如图 4-12 所示。IEEE 802.3u 标准在 LLC 子层使用 IEEE802.2 标准，在 MAC 子层使用 CSMA/CD 介质访问控制方法，只是在物理层作了一些必要的调整，定义了新的物理层标准。介质专用接口（Media Indepandent Interface，MII）将 MAC 子层与物理层分隔，使得物理层在实现 100Mbit/s 速率时所使用的传输介质和信号编码方式的变化不会影响 MAC 子层。

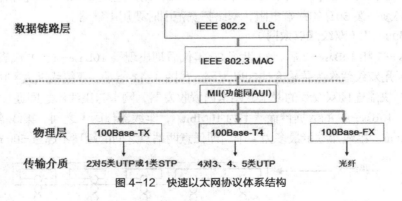

图 4-12　快速以太网协议体系结构

2．100Base-T 的主要特点

（1）采用 IEEE802.3 标准的 CSMA/CD 介质访问控制技术，通过集线器（Hub）组网构成星型拓扑结构，将网络传输的线速率提高到 100Mbit/s，提供从 10Base-T 平滑过渡到 100Mbit/s 性能的解决方案。

（2）采用 FDDI/CDDI 的标准信号设计方案，即 4B/5B 编码技术，在技术上与 CDDI 保持兼容，不使用曼彻斯特编码。

（3）100Base-T 以太网络用自适应网卡，完全兼容 10Base-T，能够自动识别 10Mbit/s 和 100Mbit/s，可在 10Mbit/s 和 100Mbit/s 环境下混合使用。

（4）支持全双工通信，若要扩展传输距离，需使用网桥或交换机级联。

3．为支持各种类型的介质，100BASE-T 规定了以下三种不同的物理层标准

（1）100BASE-TX：使用 2 对 5 类非屏蔽双绞线 UTP 或 1 类屏蔽双绞线 STP，采用 4B/5B 编码方案，支持全双工通信。

（2）100BASE-FX：使用 2 对光纤，其中一对用于发送，另一对用于接收。采用 4B/5B 编码方案。支持全双工通信。

（3）100BASE-T4：使用 4 对非屏蔽的 3 类、4 类或 5 类双绞线。采用 8B6T 编码方案。不支持全双工通信。

4．10/100Mbit/s 自动协商

自动协商适用于 10/100Mbit/s 双速以太网卡。例如，如果一个 10/100Mbit/s 网卡和一个 10BASE-T 集线器（HUB）连接，自动协商算法会自动驱动 10/100Mbit/s 网卡以 10BASE-T 模式操作，该网段以 10Mbit/s 速率通信。如果把 10BASE-T 集线器升级为 100BASE-T 集线器，10/100Mbit/s 网卡的自动协商算法自动驱动网卡和集线器以 100BASE-T 模式操作，该网段以 100Mbit/s 速率通信。在这一速率升级的过程中，无需人工或软件干预。

4.4.3 高速以太网技术

1．千兆位以太网技术

随着多媒体技术、高性能计算机和视频应用等的不断发展，用户对局域网的带宽提出了更高的要求。同时，100Mbit/s 快速以太网也对主干网、服务器的带宽提出了更高的要求。1998 年 6 月，IEEE 802 委员会正式制定了千兆位以太网的标准 IEEE 802.3Z。

（1）千兆位以太网的体系结构。

千兆位以太网标准是对以太网技术的再次扩展，其数据传输率为 1000 Mbit/s，即 1Gbit/s，又称吉比特以太网。千兆位以太网基本保留了原有以太网的帧结构，向下和以太网、快速以太网完全兼容，原有的 10 Mbit/s 以太网或快速以太网可以方便地升级到千兆位以太网。

千兆位以太网协议体系如图 4-13 所示。IEEE 802.3z 标准在 LLC 子层使用 802.2 标准，在 MAC 子层使用 CSMA/CD 介质访问控制方法（IEEE 802.3 标准），在物理层定义了千兆介质专用接口（Gigabit Media Independent Interface，GMII），该接口将 MAC 子层与物理层分开，使得物理层在实现 1000Mbit/s 数据速率时所用的传输介质和信号编码方式的变化不会影响 MAC 子层。千兆位以太网标准包括支持光纤传输的 IEEE 802.3z 和支持铜缆传输的 IEEE 802.3ab 两大部分。

（2）千兆位以太网的物理层标准。

千兆位以太网的物理层包括 1000Base—SX、1000Base-LX、1000 Base-CX 和 1000 Base-T 四个协议标准。

① 1000 Base-SX 标准：1000 Base-SX 是短波长激光器（SWL）多模光纤介质系统标准。采用芯径为 62.5 mm 和 50 mm 的多模光纤，工作波长为 800nm，传输距离为 260～550m。数据编码方法为 8B/10B，适用于大楼网络系统的主干通路。

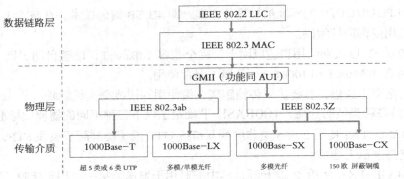

图 4-13　千兆位以太网协议体系

② 1000 Base-LX 标准：1000 Base-LX 是长波长激光器（LWL）光纤介质系统标准。采用芯径为 50 mm 和 62.5 mm 的多模光纤或芯径为 9 mm 的单模光纤，工作波长为 1300nm；在全双工模式下，多模光纤最长的传输距离为 550m，单模光纤最长的传输距离为 3000m；数据编码方法为 8B/10B，适用于校园主干或城域主干网。

③ 1000 Base-CX 标准：采用铜质屏蔽双绞线（STP），传输距离为 25 m，传输速率可达 1.25 Gbit/s，数据编码方法采用 8B/10B，适用于集群网络设备的短距离连接，例如，机房内连千兆位交换机和主服务器的短距离连接。

④ 1000 Base-T 标准：采用超 5 类非屏蔽双绞线（4 对），最大传输距离为 100m，传输速率可达 1 Gbit/s，主要用于同一层建筑的通信、大楼内的网络主干、网络设备之间的连接。

（3）千兆位以太网的主要特点。

① 千兆位以太网的帧格式延用了 10Mbit/s、100Mbit/s 以太网的帧格式，帧的大小相同，不需要再进行帧的格式转换。

② 由于数据速率很高，千兆位以太网主要使用光纤作为传输介质。使用长距离（超过40km）的光收发器与单模光纤接口，以便能够在广域网和城域网的范围工作。千兆位以太网也可使用较便宜得多模光纤，但传输距离为 65～300m。

③ 千兆位以太网的 MAC 子层除支持以往的 CSMA/CD 协议外，还引入了全双工流量控制协议。其中，CSMA/CD 协议用于解决共享信道的争用问题，即支持以集线器作为星型拓扑结构中心的共享以太网组网。全双工流量控制协议适用于交换机到交换机或交换机到节点之间的点对点连接，两个节点之间可以同时进行发送和接收，即支持用交换机作为星型拓扑结构中心的交换以太网组网。

（4）千兆位以太网的组网应用。

千兆位以太网可用作快速以太网的主干网，也可在高带宽的应用环境（如医疗图像或 CAD 的图形等）中连接工作站和服务器。千兆位以太网交换机可以直接与多个图形工作站相连，也可以与几个 100Mbit/s 以太网集线器相连，然后再和大型服务器连在一起。它可以很容易将 FDDI 主干网进行升级。

2．万兆位以太网技术

万兆位以太网的数据传输速率 10Gbit/s，不仅再次扩展了以太网的带宽和传输距离，而且将以太网从局域网领域渗透到城域网。万兆位以太网采用 IEEE802.3ae 标准，仍然保持以太网的帧格式，有利于网络升级以及互连互通。万兆位以太网只采用光纤作为传输介质，使用多模光纤传输距离为 300m 左右，使用单模光纤传输距离可超过 40km 左右。万兆位以太网只支持全双工方式，不再采用 CSMA/CD 介质访问控制协议。万兆位以太网与以太网原有技术有很大不同，主要表现在物理层实现方式、帧格式、MAC 的工作速率及适配策略等方面。

（1）万兆位以太网的主要特点。

① 帧格式与 10Mbit/s、100Mbit/s 和 1000Mbit/s 以太网的帧格式完全相同。

② 仍然保留了 IEEE 802.3 对以太网最小帧长度和最大帧长度的规定，使已有的以太网升级时仍然便于与较低速率的以太网进行通信。用户可以平滑升级到万兆位以太网解决方案，不必担心既有的程序或服务会受到影响，升级的风险非常低。

③ 传输介质不再使用铜质的双绞线，只适用光纤。使用长距离（超过 40km）的收发器与单模光纤接口，以便能够在广域网和城域网的范围内工作。同时，也可以使用较便宜的多模光纤，但传输距离限制在 65～300m。

④ 只工作在全双工方式，不存在争用问题。由于不使用 CSMA/CD 协议，使得万兆位以太网的传输距离不再受冲突检验的限制。

（2）万兆位以太网的物理层协议。

万兆位以太网的物理层使用光纤通道技术，有两种不同的物理层标准。

① 局域网物理层（LAN PHY）标准：数据传输速率是 10Gbit/s，一个 10Gbit/s 的交换机可以支持 10 个吉比特以太网（Gigabit Ethernet）端口。

② 可选的广域网物理层（WAN PHY）标准：10Gbit/s 以太网使用了光纤通道技术，其广域网物理层应该符合光纤通道技术速率体系 SONET/SDH 的 OC-192/STM-64 的标准。OC-192/STM-64 的标准速率是 9.95328Gbit/s，而不是精确到 10Gbit/s。在这种情况下，10Gbit/s 以太帧将插入到 0C-192/STM-64 帧的净载荷区域中，与光纤通道传输系统连接。

万兆位以太网局域网与广域网物理层的数据传输速率不同，局域网的数据传输速率是 10Gbit/s，而广域网的数据传输速率是 9.58464Gbit/s。但是，两种速率的物理层共用一个 MAC 子层。MAC 子层的工作速率是按 10Gbit/s 设计的。因此，万兆位以太网采用一种调整策略，通过 10G 介质专用接口（10 Gigabit Media Independent Interface，10G MII），将 MAC 子层的工作速率降低到 9.58464Gbit/s，使其能与物理层的数据传输速率匹配。

每一种物理层分别可以使用 10GBase-S（850nm 短波）、10GBase-L（1310nm 长波）和 10GBase-E（1550nm 长波）3 种规格，最大传输距离分别为 300m、10km 和 40km。在物理拓扑上，万兆位以太网既支持星型结构（或扩展星型连接），也支持点对点连接和星型与点对点连接的组合。

4.4.4　组建以太网所需的设备

1. 网卡（Network Interface Card，NIC）

网卡是局域网中组网最基本的部件之一，是连接计算机与网络传输介质的硬件设备。无论是双绞线连接、同轴电缆连接还是光纤连接，都必须借助网卡才能实现数据的通信。网卡插在计算机或服务器的插槽中，通过网线与网络连接，交换数据和共享资源。

（1）网卡的功能。

① 准备数据：发送端网卡将较高层数据放置在以太网帧内，接收端网卡从帧中取出数据并上传到较高层。

② 传送数据：以脉冲的方式将信号通过电缆传送。

③ 控制数据的流量：负责控制数据的流量。在以太网中，网卡也负责检查数据是否有冲

突，如果传送期间有冲突，则等待一段时间后再进行传送。

（2）网卡的分类。

① 按网卡的总线接口类型分类：一般可分为 ISA 接口网卡、PCI 接口网卡以及在服务器上使用的 PCI-X 总线接口类型的网卡，笔记本电脑使用的网卡是 PCMCIA 接口和 USB 总线接口网卡。

② 按传输速度分类：10Mbit/s 网卡、10／100Mbit/s 自适应网卡、千兆位（1000Mbit/s）网卡。

③ 按网卡的网络接口类型分类：主要有以太网的 RJ-45 接口、细同轴电缆的 BNC 接口和粗同轴电 AUI 接口、FDDI 接口、ATM 接口等。

日常使用的网卡一般是以太网网卡，主要是 PCI 接口、10／100Mbit/s 自适应和 1000Mbit/s 的网卡。

2．集线器

集线器（HUB）是带有多个端口的中继器（转发器），工作在 OSI 模型中的物理层。集线器一般有 4、8、16、24、32 个 RJ45 接口，通过这些接口为相应数量的计算机完成"中继"功能。

通过集线器对信号进行转发，多台计算机之间通过集线器互连互通。当某台计算机要将信息发送给另一台计算机时，发送端计算机的网卡将信息通过双绞线送到集线器上，集线器并不直接将信息传送给接受端计算，而是将信息进行"广播"。所有端口上的计算机接收到这条广播信息后，对信息进行检查。如果发现该信息是发给自己的，则接收；否则不予理睬。集线器的主要特点是共享带宽、半双工模式。

将若干个集线器用电缆通过堆叠端口连接起来，可以实现单台集线器端口数的扩充，如图 4-14 所示。

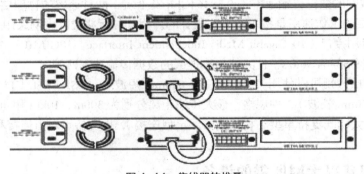

图 4-14　集线器的堆叠

3．交换机

（1）交换机的工作原理。

交换机是一种交换式集线器，通过对信息进行重新生成，并经过内部处理后转发至指定端口，具备自动寻址和交换功能。交换机具有端口带宽独享的特点，在同一时刻可以进行多个端口对之间的数据传输。交换机可以识别 MAC 地址，并把其存放在内部地址表中，通过在数据帧的始发者和目标接收者之间建立临时的交换路径，使数据帧直接由源地址到达目的地址，避免和其他端口发生冲突。

当某台计算机要将信息发送给另一台计算机时，发送端计算机的网卡将信息通过双绞线送到交换机上，交换机控制电路收到数据包后，查找内存中的地址对照表，确定目的 MAC

地址的网卡挂接在哪个端口上，通过内部交换矩阵迅速将数据包传送到目的端口。若目的MAC地址不存在，用广播模式将信息发送到所有的端口，接收端口应答后，交换机将该地址添加到内部地址表中。交换机具有MAC地址的学习和维护更新机制。

（2）交换机的分类。

① 从广义上，可分为广域网交换机和局域网交换机。

② 从应用规模上，可分为企业级交换机、部门级交换机和工作组级交换机。

③ 按传输介质和传输速度，可分为以太网交换机、快速以太网交换机、千兆位以太网交换机、万兆位以太网交换机、FDDI交换机、ATM交换机和令牌环交换机等。

④ 从交换机工作的协议层，可分为第2层交换机、第3层交换机和第4层交换机。

（3）交换机的结构。

交换机的内部结构主要由中央处理器CPU、各端口的内部接口电路和存储器组成。RAM/DRAM是交换机的主存储器，用来存储和运行配置。非易失性RAM（NVRAM）用来存储备份配置文件等。快闪存储器Flash ROM用来存储系统软件映像启动配置文件等，只读存储器ROM用来存储开机诊断程序、引导程序和操作系统软件。

（4）交换机的连接方式。

为了满足中大规模局域网对端口数量的需求，通常在交换机与交换机之间进行连接。连接的方式有级联或堆叠。

① 级联：级联扩展模式是最常规的一种连接方式，可以通过Uplink端口级联，也可以通过普通端口级联。

利用Uplink端口级联时，上一级交换机的普通端口连接到下层交换机的Uplink端口，连接采用直通线，如图4-15所示（图中下面的交换机为上一级交换机）。这种级联方式性能好且带宽较高。

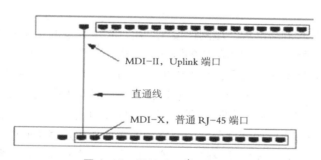

图4-15　用Uplink端口级联

如果交换机没有Uplink端口，可以用普通端口进行级联，如图4-16所示。级联网线必须用交叉线（1-3与2-6脚对调）。这种级联方式性能稍差，因为下级交换机的有效总带宽相当于上级交换机的一个端口带宽。

级联是组建大型局域网最常用的方式。选用"Uplink端口"级联可以最大限度保证下一个集线器的带宽和信号强度。为了保证网络效率，一般建议级联不要超过四层。

② 堆叠：提供"UP"和"DOWN"堆叠端口（见图4-17）的交换机之间，可以通过专用的堆叠线将多个堆叠模块从逻辑上合并为一台交换机，堆叠能扩展交换机端口的数量和背板带宽。

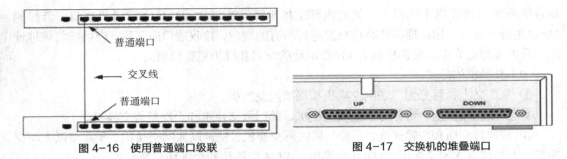

图 4-16　使用普通端口级联　　　　　图 4-17　交换机的堆叠端口

例 4-1　试比较集线器与交换机的区别。

在局域网组网中，为了提升网络性能，可用交换机取代集线器。交换机能减少局域网中的信息流量，避免拥挤，增加带宽。

从 OSI 体系结构看，集线器属于物理层设备，交换机属于数据链路层设备。这意味者集线器只是对数据的传输起到同步、放大和整形的作用，不能保证数据传输的完整性和正确性。交换机有帧过滤功能，通过对网络帧的读取进行验错和控制。

从工作方式来看，集线器采用广播方式，即集线器的某个端口工作时，其他所有端口都能收听到信息，容易产生广播风暴。而交换机工作时，只有发出请求的端口和目的端口之间相互传输数据，不会影响其他端口。因此，交换机能有效地隔离冲突域，减少信号在网络发生冲突的机会。

从带宽来看，集线器无论有多少个端口，所有端口都共享一条带宽，同一时刻只能有一组端口传输数据，其他端口只能等待。集线器只能工作在半双工模式。交换机的每一个端口都有一条独占的带宽，某一组端口通信时，不会影响其他端口的工作。交换机可以工作在半双工或全双工模式下。

4．路由器

路由器可以将各种局域网和广域网连接在一起，构成大型的交换网络。从宏观的角度出发，可以认为通信子网是由路由器组成的网络。路由器工作在网络层，可以通过复杂的路由选择算法实现不同类型（如以太网、令牌环网、ATM、FDDI）的局域网互联。路由器也可用来实现局域网与广域网、广域网与广域网互联。路由器具有很强的异种网互连能力，互连的两个网络最低两层协议可以互不相同，通过驱动软件接口使其在第三层得到统一。从应用上看，有内部路由器与边界路由器之分。内部路由的主要作用是将不同的网段连接起来，或将不同网络操作系统上运行的不同协议进行转换，以实现异构互通。边界路由器以同步或异步方式通过专线、公共网接入 Internet，或实现局域网到局域网的连接。

（1）路由器的功能。

①　地址映射。路由器在网络层实现互连。它根据 IP 数据包的目标地址转发数据包，在转发过程中实现网络地址与子网物理地址间的映射。

②　数据转换。路由器可以互连不同类型的网络。不同类型网络所传送数据帧（Frame）的格式和大小不相同，数据从一种类型的网络传输到另一种类型的网络，必须进行帧格式转换。例如，路由器把一个以太网和一个令牌环网连接在一起，这两个网络交换信息时，需要进行数据帧格式的转换。以太网上的主机发送信息时，用以太网的帧格式对 IP 数据包进行封装，发送到路由器。路由器在转发帧之前，根据端口所在的网络类型将数据封装成令牌环网的帧格式进行发送。路由器需要解决数据帧的分段和重组问题。

③ 路由选择。在路由器互连的各个网络间传输信息时，需要进行路由选择。每个路由器组织一个独立的路由表。数据包根据路由表选择最佳路径进行转发。对 IP 数据包的每一个目的网络，路由表给出应该送往的下一个路由器地址，以及到达目的主机的步数。

④ 具有更强的隔离功能。可以根据路由器地址和协议类型，或根据网络号、主机网络地址、地址掩码、数据类型来监控、拦截和过滤信息，以提高网络的安全性能。

⑤ 流量控制。路由器具有很强的流量控制能力，可以采用优化的路径算法均衡网络负载，从而有效地控制拥塞，避免拥塞造成网络性能的下降。

⑥ 有利于提高网络的安全保密性。路由器连接的网络是彼此独立的子网，独立的子网便于网络的管理，也提高了网络的安全和保密性。此外，在路由器上还可以实现防火墙技术等。

（2）路由的实现。

在 Internet 中，常将发送数据的主机称为源主机，将接收数据的主机称为目的主机，并将它们的 IP 地址分别称为源地址和目的地址。源主机发送数据前，将要传输的数据划分成若干个 IP 数据包，把自己的地址（源地址）和要到达的目的地（目的地址）、希望发送的数据一起封装在"IP 数据包"中，并指明发送数据时使用的第一个路由器。路由器为转发的数据包选择最佳路径，将数据包交换到正确的端口。路由是为数据包选择的一条合适的路径。路径选择即通常所说的网络寻址。为了完成寻址，必须事先在路由器中放置一张路由表。IP 路由表是一张相互连接的网络 IP 地址的列表。当携带目的地址的 IP 数据包到达路由器时，路由器依靠路由表确定数据包的流向。要使数据正确传送到目的地，有时要通过多个路由器的路由才能完成。一个 IP 分组到达路由器后，依据其目的地址查询路由表。若目的地在本地网络内，则直接发送至相应的主机；若在远程网络，则转发给下一个路由器。可能要经过多次转发才能到达目的地。

路由表中，每条路由主要由网络号、子网掩码、目的端口地址等内容组成。

例 4-2 简单网络中路由的实现。假设：

IP　route　202.197.95.0　　255.255.255.0　　210.43.46.9

对于网络号为 202.197.95.0 的 IP 分组，如果子网掩码为 255.255.255.0，则送到 210.43.46.9。分析在一个 C 类网络中 IP 寻址和路由的情况。网络结构如图 4-18 所示，该网络被划分成 4 个子网。表 4-3 是路由器简化的路由表示意。

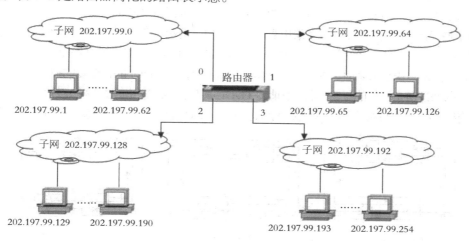

图 4-18　一个 C 类子网的寻址与路由

编　号	目的网络		转发接口
1	202.197.99.0	255.255.255.192	0
2	202.197.99.64	255.255.255.192	1
3	202.197.99.128	255.255.255.192	2
4	202.197.99.192	255.255.255.192	3

表4-3　　　　　　　　　　　　路由表示意

当目的地址是202.197.99.123的一个IP分组到达路由器时，路由器将IP分组与子网掩码255.255.255.192进行"与"操作。

目标地址　11001010 · 11000101 · 01100011 · 01111011
子网掩码　11111111 · 11111111 · 11111111 · 11000000
逻辑"与"11001010 · 11000101 · 01100011 · 01000000

逻辑"与"运算的结果是202.197.99.64，与路由表编号为2的路由"202.197.99.64"、"255.255.255.192"、"1"匹配。因此，该IP分组被分发到路由器的1号端口，发送到网络号为202.197.99.64的子网，直至到达IP地址为202.197.99.123的主机。

例4-3 分析路由器与交换机的区别。

从表面上看，路由器和交换机似乎都是对数据包进行转发和过滤。

两者最本质的区别如下。

- 交换机工作在OSI的第2层，即数据链路层。它基于站点或MAC地址，通过物理地址（MAC地址）确定是否转发数据。路由器工作在第3层，即网络层。它基于IP地址，通过IP地址确定是否转发数据。
- 传统的交换机只能分割冲突域，无法分割广播域；路由器可以分割广播域，并能对网络上数据传输的最佳路径作出智能判断。

4.4.5　知识拓展：光纤分布式数据接口FDDI

光纤分布式数据接口FDDI（Fiber Distributed Data Interface）是以光纤为传输介质、采用令牌环介质访问控制协议，数据速率为100Mbit/s的一种双环结构高速网络，能满足高频宽信息如语音、影像、多媒体的传输需求。FDDI的协议标准为IEEE 802.7。

为了增强链路的可靠性，FDDI采用双环拓扑结构，使用两个数据传输方向相反的环路，每个站点同时接入两个环路。正常情况下，只有一个方向的主环路在工作，如图4-19（a）所示。当环路或环路上的站点出现故障时，如图4-19（b）和（c）所示，FDDI的自恢复的技术启动次环隔离故障点，以保证整个网络的正常运行。因此，FDDI具有极佳的容错能力与稳定性。每一个FDDI环可以连接500台工作站，工作站间的距离可达2km。FDDI有完整的国际标准，有众多厂商的支持。

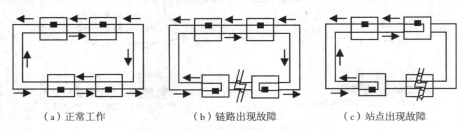

（a）正常工作　　　　　　（b）链路出现故障　　　　　（c）站点出现故障

图4-19　具有双环的FDDI的工作情况

1．根据传输介质的不同，FDDI 标准定义了 4 种类型的 PMD 标准

（1）MMF-PMD：使用多模光缆 MMF，是 ANSI 定义的第一个 PMD 标准。多模光缆使用廉价的 LED 作为光源，价格便宜，波长有 850 nm 和 1300 nm 两种，最大传输距离为 2 km。

（2）SMF-PMD：使用单模光缆 SMF，单模光缆通常使用激光作为光源，波长为 1300 nm。单模光缆传输距离较远，在无中继情况下传输距离可达 60 km，价格较 MMF 贵。

（3）LCF-PMD：使用廉价光缆的 PMD 标准，使用多模光缆为传输介质，光源为发光二极管。

（4）TP-PMD：使用双绞线电缆作为 FDDI 的传输介质。使用 5 类 UTP 的传输距离为 100 m。

2．FDDI 的主要特点

（1）双环结构冗错，提供自修复功能。

（2）用于建筑楼群间的网络互连。采用多模光纤时站点间距为 2km；采用单模光纤时，站点间距可大于 20km。

（3）允许接入 500 个站点，整个环长为 200km（多模），双环的每环长为 100km。共享网络带宽，令牌协议提供了服务保证的访问和确定的性能。

（4）网络协议复杂，安装和管理较困难。

FDDI 一度在基于 Internet 协议组建的企业网和校园网中得到了应用，现已被交换式以太网、路由交换方案取代。

知识引导 4.5　局域网交换机的连接与配置

交换式以太网从根本上解决了共享以太网带来的问题，交换式网络已成为当今局域网技术的主流技术。交换机是交换式以太网的核心设备。对于简单的交换式局域网，交换机不需要配置即可使用（实际上是使用其默认配置），而在较大规模的交换式网络中，需要对交换机进行配置和管理。掌握交换机的配置方法，是一名网络工程技术人员必备的能力。本任务通过学习交换式网络的基本概念、交换式局域网的组成、交换机的工作原理、三层交换机的基本知识，掌握交换机的基本知识与应用技能。

4.5.1　交换式网络的概念

交换式网络是指以数据链路层的帧为数据交换单位，以交换机为主要设备构成的网络。作为核心设备的交换机，为每个端口提供专用带宽。每个节点都有一条专用链路连接到交换机的一个端口，每个站点都可以独享通道和带宽。

1．共享式以太网的工作特点

共享式以太网采用 CSMA/CD 协议进行传输控制，任一时刻在网络介质上只允许一个数据帧传输，其他想发送数据的站点只能等待。随着网络中信息流量的急剧增大，这种信道中只允许一个站点的单向信息流已成为网络瓶颈。

在网络应用和组网过程中，共享式以太网存在以下的问题。

（1）覆盖的地理范围有限。

按照 CSMA/CD 的有关规定，以太网覆盖的地理范围是固定的，只要两个节点处于同一个以太网中，它们之间的最大距离就不能超过这个固定值，不管它们之间的连接跨越一个集线器还是多个集线器。

（2）网络带宽共享、带宽竞争，采用冲突检测/避免机制。

共享式以太网采用基于广播方式发送数据，集线器把数据帧发送到除源端口以外的所有端口，网络上的所有主机都可以收到这些帧。只要网络上有一台主机在发送数据帧，网络上其他的主机都只能处于接收状态，无法发送数据。任何一个时刻，所有的带宽只分配给正在传送数据的主机，其他主机只能处于等待状态。因此，每台主机平均分配的带宽是网络总带宽的平均值。若有 N 个用户，则每个用户占有的平均带宽只有总带宽的 N 分之一。

共享式以太网使一种基于"竞争"机制的网络技术，这使得冲突几乎不可避免，网络中的主机越多，冲突概率越大。共享式以太网中，虽然任一台主机在任何时刻都可以访问网络，但是在发送数据前需要侦听网络是否空闲。如果检测到网络上已有数据在传送，则需要等待一段时间；只有检测到网络空闲时，主机才能发送数据。

（3）不能支持多种速率。

共享式以太局域网中，网络设备必须保持相同的传输速率。否则，一个设备发送的信息，另一个设备不可能收到。单一的共享式以太网，不可能提供多种速率的设备支持。

2．交换式以太网的工作特点

交换式网络能为每个端口提供独立的带宽，提高了网络传输速率，并允许多对节点同时传递信息。交换式以太网的组网方案非常灵活。可以用交换机将局域网分成多个独立的网段，然后将这个网段连到交换机的端口。也可以将计算机直接连到交换机的端口上。如果将计算机直接连到交换机的端口，计算机独享该端口提供的带宽。如果计算机通过以太网连入交换机，那么该以太网上的所有计算机共享交换机端口提供的带宽。

交换式以太网允许多对节点同时通信，每个节点可以独占传输通道和带宽，从根本上解决了共享式以太网中节点冲突的问题。

交换设备有多种类型，局域网交换机、路由器等都可以作为交换设备。其中，交换机工作在 OSI 参考模型的数据链路层，用于连接较为相似的网络（如以太网和以太网的连接）；路由器工作在 OSI 参考模型的网络层，用于实现异构网络的互连（如以太网和帧中继网的连接）。

交换式局域网的主要特点如下。

（1）使用交换机可以对超载的网络进行分割，用网段分割冲突域以及均衡负荷，以解决网络带宽的不足。

（2）交换式以太网可以实现多对用户之间的点-点通信，允许同时建立多对收、发信道。提高了每个站点的平均占用带宽能力，并提供网络整体的集合带宽。

（3）交换式以太网保护了原有以太网的基础设施（如传输介质、网卡）投资，使这些设备可继续使用。

（4）交换式以太网向每个端口提供专用的带宽，可以使用全双工的通信模式，提高了网络性能。

4.5.2　交换机的工作原理

交换机是局域网中使用非常广泛的网络设备，其外表和集线器相似，工作在数据链路层，属于二层交换设备。交换机通过判断数据帧的目的 MAC 地址，将帧从合适的端口发送出去。因此，交换机的冲突域仅局限于交换机的一个端口上。

例如，一个节点向网络发送数据，集线器将向所有端口转发，而交换机通过对帧的识别，只将帧单点转发到与目的地址对应的端口，而不是向所有端口转发，从而有效提高了网络的可利用带宽。以太网交换机中，数据帧的单点转发通过 MAC 地址的学习和维护更新机制来实现。以太网交换机的主要功能包括 MAC 地址学习、数据帧的转发及过滤和避免回路等。

以太网交换机可以提供多个端口，每个端口可以单独与一个节点连接，也可以与一个共享式以太网的集线器连接。如果一个端口只连接一个节点，该节点可以独占整个带宽，这类端口通常称为专用端口；如果一个端口连接一个与端口带宽相同的以太网，该端口被接入的以太网中所有节点共享，这类端口称共享端口。例如，一个带宽为 100Mbit/s 的交换机有 10 个端口，每个端口的带宽为 100Mbit/s。由于集线器的所有端口共享带宽，同样一个带宽 100Mbit/s 的集线器，如果有 10 个端口，则每个端口的平均带宽为 10Mbit/s，如图 4-20 所示。

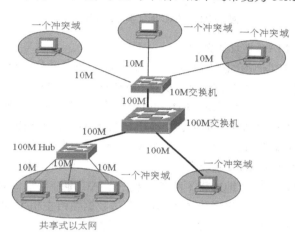

图 4-20　交换机端口独享带宽示意图

1．数据帧的转发

交换机根据数据帧的 MAC 地址（物理地址）进行数据帧的转发。交换机转发数据帧时，遵循以下规则。

（1）如果数据帧的目的 MAC 地址是广播地址或组播地址，则向交换机的所有端口转发（除数据帧进入的端口）。

（2）如果数据帧的目的地址是单播地址，但该地址不在交换机的地址表中，也向所有的端口转发（除数据帧进入的端口）。

（3）如果数据帧的目的地址在交换机的地址表中，根据地址表转发到相应的端口。

（4）如果数据帧的目的地址与数据帧的源地址在一个网段，则丢弃该数据帧，不发生交换。

2．交换机地址的管理机制

交换机的 MAC 地址表中，每一条表项主要由一个主机 MAC 地址和该地址位于的交换机端口号组成。地址表的生成采用动态自学习的方法，即交换机收到一个数据帧以后，将数据帧的源地址和输入端口记录在 MAC 地址表中。

例如，思科交换机的 MAC 地址表放置在内容可寻址存储器（Content-Addressable Memory，CAM）中，又称 CAM 表。存放 MAC 地址表项之前，交换机先应检查 MAC 地址表中是否已存在该源地址的匹配表项，仅当匹配表项不存在时，才存储该表项。每一条地址表项都有一个时间标记，用来指示该表项存储的时间周期。地址表项每次被使用或被查找时，更新表项的时间标记。如果在一定的时间范围内地址表项没有被引用，将其从地址表中移走，以保证 MAC 地址表中保存着最有效和最精确的 MAC 地址/端口信息。

假设主机 PC1 发送数据给主机 PC4，分析交换机的地址学习过程，如图 4-21 所示。

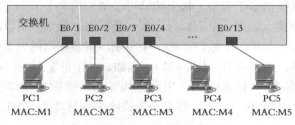

图 4-21　MAC 地址学习过程示意

（1）最初，交换机 MAC 地址表为空。

（2）主机 PC1 发送数据帧给主机 PC4 时，MAC 地址表中没有记录，交换机将向除 E0/1 以外的其他所有端口转发。转发数据帧前，交换机先检查数据帧的源 MAC 地址（M1），并记录对应的端口（E0/1），生成一条记录（M1，E0/1），加入到 MAC 地址表中。

（3）通过识别数据帧的源 MAC 地址，交换机学习到 MAC 地址和端口的对应关系。得到 MAC 地址与端口的对应关系后，交换机检查 MAC 地址表中是否已存在该对应关系。如果不存在，将该对应关系添加到 MAC 地址表中；如果已存在，更新该表项。

（4）循环第（2）步，MAC 地址表不断加入新的 MAC 地址与端口对应信息，直到 MAC 地址表记录完成为止。此时，如果主机 PC1 再次发送数据帧给主机 PC4，由于 MAC 地址表中已记录该数据帧目的地址的对应端口号，直接将数据帧转发到 E0/4 端口，不再向其他端口转发数据帧。

交换机建立 MAC 地址表后，可以对通过的信息进行过滤。交换机在地址学习的同时，检查每个数据帧，基于数据帧中的目的地址做出是否转发或转发到何处的决定。通过一段时间的地址学习，形成 MAC 地址表。

3．MAC 地址表的静态配置

交换机的 MAC 地址表也可以手工静态配置。由于 MAC 地址表中同一个 MAC 地址只能有一个记录，因此，静态配置某个目的地址和端口号的映射关系以后，交换机不能再动态学习这个主机的 MAC 地址。

4．数据交换与转发方式

（1）直接交换方式：交换机边接收边检测，一旦检测到目的地址字段，将数据帧传送到相应的端口，不检测数据帧是否出错。差错检测由节点主机完成。这种交换方式延迟时间短，但缺乏差错检测能力，不支持不同输入/输出速率端口之间的数据转发。

（2）存储转发交换方式：交换机首先完整地接收数据帧，并对数据帧进行差错检测。如果接收数据正确，则根据目的地址确定输出端口号，将数据帧转发出去。这种交换方式具有差错检测能力，支持不同输入/输出速率端口之间的数据转发，但交换延迟时间较长。

（3）改进的直接交换方式：两种数据转发方式结合。当接收到数据的前 64 字节后，判断数据的头部字段是否正确，如果正确，则转发出去。对于短数据，交换延迟与直接交换方式比较接近；对于长数据，由于只对数据前部的主要字段进行差错检测，交换延迟减少。

5．交换机的分类

交换机的分类方法有很多，常见的分类方法有以下几种。

（1）按 OSI 参考模型分类，分为第二层交换机、第三层交换机、第四层交换机等。

（2）根据传输介质和传输速度划分，交换机可以分为以太网交换机、快速以太网交换机、千兆以太网交换机、万兆以太网交换机、ATM 交换机和 FDDI 交换机等。

（3）按网络结构方式分类，分为核心层交换机、汇聚层交换机和接入层交换机。核心层交换机可用于一个园区网的核心层，通常用千兆交换机或三层交换机，可根据网络的规模和接入用户的多少来选择。处于核心层的交换机要具有 VLAN 划分和 VLAN 之间进行通信的路由功能。

（4）根据应用层次划分，交换机可以分为企业级交换机、校园网交换机、部门级交换机、工作组交换机和桌面型交换机。

（5）根据是否支持网管功能划分，交换机可以分为网管型交换机和非网管型交换机。

（6）按可堆叠性分类，分为可堆叠型交换机和不可堆叠型交换机。

（7）根据结构划分，交换机可以分为固定端口交换机和模块化交换机。

4.5.3 交换式局域网的组成

为解决共享以太网存在的问题，在交换式网络中提出了分段的方法。将大型以太网分割成两个或多个小型以太网，每个段使用 CSMA/CD 介质访问控制方法维持段内用户的通信，段与段之间通过"交换"设备沟通。交换机在一个网段接收信息，经处理后转发给另一个网段，如图 4-22 所示。

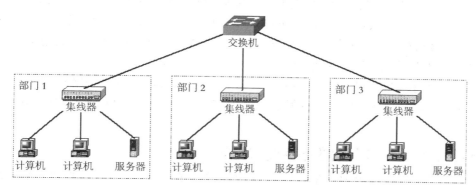

图 4-22　利用交换机组成的大型共享式以太网

交换机的端口接收到数据帧时，有三种处理模式：存储转发、直通和不分段方式。

（1）存储转发交换方式：局域网交换机将整个数据帧存储到缓冲区中，并进行循环冗余校验（CRC）。如果数据帧有差错，将被丢弃；如果数据帧没有任何差错，交换机将在 MAC 地址表中查找目的地址，确定输出端口，并将数据帧从目的端口发送出去。这种类型的交换需要存储整个数据帧，并且运行 CRC 校验，其延迟时间将随数据帧长度的不同而变化。

（2）直通交换方式：局域网交换机仅将目的地址保存到缓冲区中，然后在 MAC 地址表中查找该目的地址，确定输出端口，并将数据帧从目的端口发送出去。这种直通交换方式不进行差错校验，减少了延迟。但是，对错误帧的无效转发增加了网络开销。因此，有些交换机被设计成自适应选择交换方式，正常情况下设置在直通方式工作，当某个端口上的差错率达到用户定义的差错极限时，自动切换为存储转发模式；当差错率低于这个极限时，交换机又自动由存储转发模式切换为直通模式。

（3）不分段交换方式：直通交换方式的一种改进形式。交换机在转发前等待 64 字节的冲突窗口。如果一个数据帧有差错，差错一般会发生在前 64 字节中。不分段交换方式对前 64 字节进行差错检验，基本没有延迟。

4.5.4 知识拓展：第三层交换技术简述

简单地说，第三层交换技术即"第二层交换技术+第三层转发"。第三层交换技术的出现，解决了局域网中网段划分后网段中的子网必须依赖路由器进行管理的局面，解决了传统路由器低速、复杂所造成的网络瓶颈问题。

具有第三层交换功能的设备，是一个带有第三层路由功能的第二层交换机，但不是简单地把路由器设备的硬件及软件叠加在局域网交换机上，而是将两者有机地结合。

假设两个使用 IP 协议的站点 A、B 通过第三层交换机进行通信。发送站点是 A，目的站点是 B。发送站点 A 开始发送时，把自己的 IP 地址与目的站点 B 的 IP 地址比较，判断目的站点 B 是否与自己在同一个子网内。若目的站点 B 与发送站点 A 在同一个子网内，则进行第二层的转发。若两个站点不在同一个子网内，发送站点 A 向"缺省网关"发出 ARP 数据包，请求地址解析。处理步骤如下。

（1）如果第三层交换模块能解析（在前面的通信过程中已经知道目的站点 B 的 MAC 地址），则向发送站点 A 回复站点 BMAC 地址。

（2）如果不能解析，第三层交换模块根据路由信息向站点 B 广播一个 ARP 请求，待站点 B 回复其 MAC 地址后，再由第三层交换模块向发送站点 A 回复站点 B 的 MAC 地址。

（3）第三层交换模块将目的站点 B 的 MAC 地址回复给发送站点 A 的同时，保存该地址，并将站点 B 的 MAC 地址发送到第二层交换引擎的 MAC 地址表中。以后，站点 A 向站点 B 发送的数据包全部交给第二层交换处理，信息得以高速交换。

第三层交换技术仅在路由过程中才需要第三层处理，绝大部分数据都通过第二层交换转发。因此，第三层交换机的速度很快。使用第三层交换机比单独使用路由器的价格低很多。

项目实践 4.2　以太网交换机的配置

交换机是局域网组网中使用的最广泛的网络设备。在某些情况下，需要对交换机进行设置，以实现网络安全，提高网络传输效率和网络管理。不同品牌、不同系列的交换机配置方式不同，有的使用命令行方式，有的使用图形界面方式。配置交换机时，必须把计算机和交换机连接起来，使两者之间能够正常的通信。

以下操作以 Cisco 交换机为例。

1．交换机配置环境的建立

配置交换机时，需要用 Console 电缆把计算机直接连接到交换机的 Console 端口；也可以通过网络工作站以 Telnet 方式进行；或通过浏览器或网管软件对交换机进行配置和管理；还可以通过 FTP 服务器实现对交换机软件系统的保存、升级，以及配置文件的保存和下载等。

最基本的配置环境，是把安装 Windows 操作系统的计算机用 Console 电缆与交换机的 Console 端口连接。通过 Console 端口配置交换机的操作步骤如下。

（1）设备连接。

计算机与交换机 Console 端口连接前，需要先确认计算机能正常工作，并在操作系统中安装了"超级终端（HyperTerminal）"组件，准备一条 Console 电缆以及适配器，为交换机分配 IP 地址、域名或名称。然后将计算机的串行接口通过 Console 电缆与以太网交换机的 Console 端口连接。

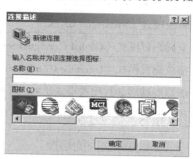

图 4-23　超级终端的连接描述窗口

（2）建立计算机与交换机的通信。

使用"超级终端"与交换机建立通信前，必须先对"超级终端"进行必要的设置。在"开始"菜单中选择"程序→附件→通讯→超级终端"选项，运行"HyperTer.exe"，弹出"超级终端"的"连接描述"对话框，如图 4-23 所示。

第一次建立交换机和超级终端的连接时，要为该连接命名。命名后，单击"确定"按钮，弹出"连接到"对话框，如图 4-24 所示。在"连接时使用"下拉列表框中选择连接交换机所使用的 COM 端口，单击"确定"按钮，弹出"COM1 属性"对话框，如图 4-25 所示。

设置终端通信参数为比特率 9600bit/s、8 位数据位、1 位停止位、无奇偶校验和无数据流控制，单击"确定"按钮。

设置完成后，打开交换机的电源，启动配置向导。交换机自检后，可在"超级终端"对话框显示交换机的初始界面，完成交换机主机名、密码和 IP 地址、交换机管理 VLAN 的配置。

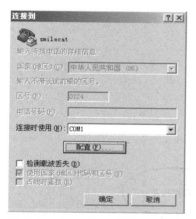

图 4-24　超级终端的连接端口选择

图 4-25　超级终端的端口初始属性配置

2．交换机的配置模式

Cisco IOS 内置 Web 浏览器和命令行解释器（CLI）。CLI 的功能强大，全部配置管理功能都可使用 CLI 实现。

（1）CLI 命令模式。

CLI 采用多种命令模式，不同命令需要在不同的命令模式下执行，目的是保护系统的安全。

命令行采用分级保护方式，防止未经授权非法侵入。所有命令被分组，每组分属不同命令模式，某个命令模式下只能执行所属的命令。有的命令也可能出现在多个模式下。各命令模式之间可以进行切换。

Cisco 交换机配置模式的种类及相应的提示符见表 4-4。在各种模式下键入"？"，可以查看该模式提供的所有命令集及其功能。

表 4-4 交换机配置模式的种类及相应的提示符

模式名称	提 示 符
用户模式（User EXEC）	Switch>
特权模式（Privileged EXEC）	Switch#
全局配置模式（Global Configuration）	Switch）config）#
接口配置模式（Interface Configuration）	Switch）config-if）#
虚拟局域网参数配置模式（VLAN database）	Switch）vale）#
线路配置模式（Line configuration）	Switch）config-line）#

（2）模式之间的切换。

① 用户模式与特权模式的转换。

```
switch>enable          //由用户模式进入特权模式
password:student       //提示输入特权用户的密码
switch#disable         //由特权模式返回到用户模式
```

② 其他模式间的转换。

```
switch>
switch>enable
switch#
switch# configure terminal
switch（config）#
switch（config）#line console 0
switch（config-line）#
switch（config-line）#exit
sswitch（config）#
switch（config）#interface f0/1
switch（config-if）#
switch（config-if）# ctrl+z
switch #
```

图 4-26 所示为模式之间转换的一个图示。

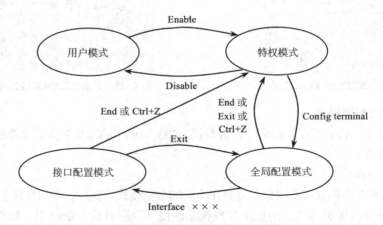

图 4-26 CLI 配置模式的转换

用 show 命令可以查看当前的交换机信息。例如：

```
show history          //查看历史命令
show flash            //查看交换机快速闪存及其内容
```

```
show running-config            //查看交换机的当前正在运行的配置信息
show startup-config            //查看交换机备份的配置信息
show vlan                      //查看 VLAN 的相关信息
```

3. CISCO 三层交换机基本配置命令

通过配置交换机的主机名、口令和端口 IP 地址等参数，可以实现交换机的基本配置。

（1）配置主机名（进入全局配置模式）。

```
Switch）config）#hostname swa        //配置交换机的名称为 swa
```

（2）配置端口 IP 地址（进入全局配置模式）。

配置端口 IP 地址，主要是方便用该端口对交换机进行管理（称为管理端口）。通常把快速以太网端口（用 f 后跟数字编号表示，如 f1 表示第 1 个快速以太网端口，0/1 表示第一个模块<0 号模块>上的第一个快速以太网口）作为管理端口。

① 进入 Interface configuration 模式。

```
switch）config）# interface  f0/1     //配置 f0/1 端口
switch）config-if）#
```

② 为该 Fast Ethernet 端口键入 IP 地址和子网掩码。

```
switch）config-if）#ip address 192.168.1.6  255.255.255.0
```

③ 启用该端口配置。

```
switch）config-if）# no shutdown
```

④ 保存交换机的配置。

```
switch）config-if）#wr
```

⑤ 返回至 Global configuration 模式。

```
switch）config-if）# exit
switch）config）#
```

（3）配置交换机 enable 口令（进入全局配置模式）。

```
Swa）config）#enable password  jake    //设置 enable password 为 jake
Swa）config）#enable secret user       //设置 enable secret 为 user
```

4. 交换机的管理

（1）管理交换机的 MAC 地址表。

```
Switch#show mac-address-table          //检查交换机所学到的 MAC 地址
Switch#clear mac-address-table         //清除交换机 MAC 地址表中的动态条目
Switch）config）#mac-address-table static 0000.f079.7ee8 vlan 1 interface fa0/4
//为属于 VLAN1 的交换机 fa0/4 端口添加静态 MAC 地址为 0000.f079.7ee8
Switch）config）#no mac-address-table static 0000.f079.7ee8 interface fa0/4 vlan vlan1
//删除属于 VLAN1 的交换机 fa0/4 端口的静态 MAC 地址 0000.f079.7ee8
```

特权模式下，可以用 show 命令查看交换机的配置情况。例如：

```
查看 MAC 地址表: switch # show mac-address-table
查看生成树系统: switch # show spanning-tree
```

（2）配置文件和系统文件的管理。

交换机有两种类型的配置文件：启动配置文件（又称备份配置文件），保存在 NVRAM 中；运行配置文件（又称活动配置文件），驻留在内存中。图 4-27 是常见的几种复制方式及其命令。

可利用下列命令对配置文件进行管理。

```
Switch#copy running-config startup-config    //将当前配置文件保存到 NVRAM 中
Switch#copy running-conifg tftp              //将当前配置文件保存到 TFTP 服务器上
Switch#copy tftp startup-config              //从 TFTP 上保存的配置文件重新下载到交换机
的 NVRAM 中
Switch#copy tftp running-config              //将配置文件重新装载到交换机 RAM 中作为当
                                              前配置文件
```

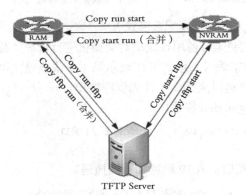

图 4-27 常见的几种复制方式及其命令

（3）用 Telnet 或 Web 访问配置交换机。

计算机除了可以通过 Console 端口直接连接交换机外，还可以与交换机的普通端口连接。通过普通端口对交换机进行配置管理时，不再使用超级终端，而是以 Telnet 或 Web 浏览器的方式实现与被管理交换机的通信。

使用 Telnet 或 Web 连接交换机之前，应确认做好了以下准备工作。

① 计算机终端安装了 TCP/IP 协议，并配置好 IP 地址。

② 交换机配置好了 IP 地址，建立了具有管理权限的用户账号。

③ 计算机与交换机相连的端口属于管理 VLAN（缺省管理 VLAN 为 VLAN1）。

④ 计算机 IP 与交换机管理 VLANIP 地址的网络号相同。

如果交换机的 IP 地址为 192.168.1.1，可用命令 telnet 192.168.1.1 完成计算机与交换机的连接。在支持 Java 的 Web 浏览器地址栏中输入 192.168.1.1，即可进入交换机管理的 Web 主界面。通过 Web 界面查看交换机的各种参数和运行状态，并可对某些参数进行修改。

知识引导 4.6 以太网交换机 VLAN 配置

随着以太网技术的广泛应用，以太网的应用已从小型的办公网络推广到大型的园区网络、企业网，网络的规模越来越大，管理越来越复杂。在采用共享介质的以太网中，所有节点位于同一个冲突域中，同时也位于同一个广播域中。一个节点向网络中某些节点的广播会被网络中所有的节点接收，造成很大的带宽资源和主机处理能力的浪费。利用交换机对网段的逻辑划分，可以解决冲突域问题，却不能解决广播域问题。在传统的以太网中，同一个物理网段中的节点也是一个逻辑工作组，不同物理网段中的节点不能相互通信。若用户由于某种原因在网络中移动，同时还需要继续保持原有的逻辑工作组，必须进行新的网络连接甚至重新布线。为了解决这些问题，虚拟局域网（Virtual LAN，VLAN）应运而生。

例如，某公司约有 50 台计算机，有生产部、财务部、人事部和网络中心等四个部门需要使用计算机网络。可以规划将网络中心、生产部、财务部、人事部划分为四个 VALN，以确保相应部门网络资源的安全性。为此，需要对网络进行规划，并对相关的交换机进行配置。本任务结合以太网交换机的 VLAN 配置，学习虚拟局域网的概念，虚拟局域网得组网方法，虚拟局域网的规划和配置方法。

4.6.1　虚拟局域网的概念

虚拟局域网（VirtualLAN）又称 VLAN，是在交换式局域网的基础上，采用网络管理软件构建的可跨越不同网段、不同网络的端到端的逻辑网络。它是由一些局域网网段构成的与物理位置无关的逻辑组，而这些网段具有某些共同的需求。

VLAN 允许处于不同地理位置的网络用户加入到一个逻辑子网中。逻辑工作组的节点组成不受物理位置的限制，同一个逻辑工作组的成员不一定要处于同一个物理网段上，它们既可以在连接在一个台交换机上，也可以跨越不同的交换机连接。VLAN 涉及多种网络技术，如虚拟网络技术、分布式路由技术、高速交换技术及网络管理技术。虚拟局域网技术被广泛应用于局域网建设。

虚拟局域网 VLAN 的最大特点是在组成逻辑网时无需考虑用户或设备在网络中的物理位置。VLAN 技术的出现，使得管理员根据实际应用需求，把同一物理局域网内的不同用户逻辑的划分成不同的广播域，每一个 VLAN 都包含一组有着相同需求的计算机工作站，与物理上形成的 LAN 有着相同的属性。由于是从逻辑上划分，不是从物理上划分，这些工作站可以属于不同的物理 LAN 网段。当某个节点从一个逻辑工作组转移到另一个逻辑工作组时，只需要用软件设定，不需要改变其网络中的物理位置。图 4-28 所示的网络中，有 9 个工作站分配在 3 个楼层中，构成了 3 个局域网 LAN1、LAN2、LAN3，即

```
LAN1: A1, B1, C1
LAN2: A2, B2, C2
LAN3: A3, B3, C3
```

如果 LAN1 中的某个站点从 1 楼移动到 3 楼，需要重新布线。若将上述网络进行 VLAN 划分，如图 4-29 所示，9 个用户划分为 3 个工作组，即划分为 3 个 VLAN。

```
VLAN1: A1, A2, A3
VLAN2: B1, B2, B3
VLAN3: C1, C2, C3
```

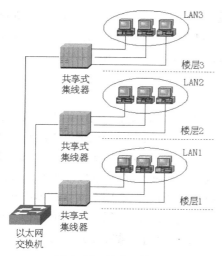

图 4-28　共享局域网

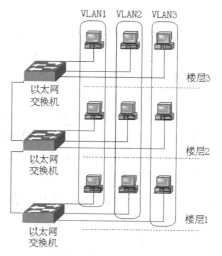

图 4-29　虚拟局域网

当某站点从 LAN1 移动到 LAN3，只要以软件方式重新进行逻辑工作组的划分与管理既可。

虚拟局域网上的每一个站，都可以收到同一个虚拟局域网上其他成员发出的广播。例如，工作站 B1、B2、B3 同属于虚拟局域网 VLAN2。当 B1 向工作组内成员发送数据时，B2 和 B3 将会收到广播的信息（尽管它们没有连在同一交换机上），但 A1 和 C1 不会收到 B1 发出的广播信息（尽管它们连在同一个交换机上）。每一个 VLAN 的帧都有一个明确的标识符，指明发送这个帧的工作站是属于哪一个 VLAN。

虚拟局域网的主要特点如下。

（1）控制广播风暴。一个 VLAN 就是一个逻辑广播域，通过对 VLAN 的创建，可以隔离 ARP、DHCP 等携带用户信息的广播消息，控制广播风暴的产生。同一个交换机上的两个相邻端口，只要不在同一 VLAN 中，相互之间不会渗透广播流量，使用户数据的安全性得到进一步提高。

（2）增加网络的安全性。采用 VLAN 提供的安全机制，可以限制特定用户的访问，控制广播组的大小和位置，甚至锁定网络成员的 MAC 地址，从而限制未经安全许可的用户和网络成员对网络的使用。

将可以相互通信的网络节点放在一个 VLAN 内，或将受限制的应用和资源放在一个安全的 VLAN 内，并提供基于应用类型、协议类型、访问权限等不同策略的访问控制表，可以有效地限制广播组或共享域的大小，从而提高交换式网络的整体性能和安全性。

（3）优化网络管理。VLAN 管理程序可对整个网络进行集中管理。对于交换式以太网，如果对某些用户重新进行网段分配，需要对网络系统的物理结构重新调整，甚至需要追加网络设备，增大网络管理的工作量。采用 VLAN 技术后，VLAN 可以在单独的交换设备或跨多个交换设备实现，大大减少在网络中增加、删除或移动用户时的管理开销。增加用户时，只要将其连接的交换机端口指定到所属的 VLAN 中即可；删除用户时，只要撤销或删除其 VLAN 配置即可；用户移动时，只要他们还能连接到任何交换机的端口，则无需重新布线。可见，VLAN 技术大大减轻了网络管理和维护工作的负担，降低了网络维护费用。

4.6.2　虚拟局域网的组网方法

虚拟局域网的 IEEE 标准有两个，一个是 IEEE 802.10，另外一个是 IEEE 802.1Q，主要规定在现有局域网物理帧的基础上添加用于 VLAN 信息传输的标志位。另外，Cisco、3Com 等公司还在自己的产品中保留了自己开发的技术协议，影响较大的有 Cisco 的 ISL 协议和 VTP 协议。VLAN 的交换方式可以分为第二层 VLAN、第三层 VLAN 和 ATM VLAN。

虚拟局域网 VLAN 的实现方法可以大致划分为五类。

1．基于端口的 VLAN

这是最常应用的一种 VLAN 划分方法，应用也最为广泛、最有效，目前绝大多数 VLAN 协议的交换机，都提供这种 VLAN 配置方法。这种划分 VLAN 的方法是根据以太网交换机的交换端口来划分的，它将 VLAN 交换机上的物理端口和 VLAN 交换机内部的 PVC（永久虚电路）端口分成若干个组，每个组构成一个虚拟网，相当于一个独立的 VLAN 交换机。这种方法的优点是配置非常方便，只要在交换机上进行相关的配置即可，适用于网络环境比较固定的情况。不足之处是不够灵活，当一台计算机需要从一个端口移动到另一个新的端口，而新端口与旧端口不属于同一个 VLAN 时，要修改端口的 VLAN 设置，或在用户计算机上重新配置网络地址，这样才能加入到新的 VLAN 中。

2．基于 MAC 地址的 VLAN

根据每个主机的 MAC 地址划分 VLAN，即配置每个 MAC 地址的主机都属于某个组，实现的机制是每一块网卡都对应唯一的 MAC 地址，VLAN 交换机跟踪属于 VLAN MAC 的地址。只要用户计算机使用的网卡不变，网络用户从一个物理位置移动到另一个物理位置时，自动保留其所属 VLAN 的成员身份。缺点是所有用户必须被明确地分配给一个 VLAN。在一个拥有大量节点的大型网络中，如果要求管理员将每个用户都一一划分到某个 VLAN，十分困难。

3．基于网络层协议的 VLAN

VLAN 按网络层协议来划分。由于网络中存在多协议，因而划分的方法也很多。最常见的是按网络层地址（TCP/IP 中的子网段地址）来划分。这种按网络层协议来组成的 VLAN，可使广播域跨越多个 VLAN 交换机。对于希望针对具体应用和服务来组织用户的网络管理员来说，这种方法非常具有吸引力。而且用户可以在网络内部自由移动，其 VLAN 成员身份仍然保留不变。

4．根据 IP 组播的 VLAN

IP 组播实际上也是一种 VLAN 的定义，即认为一个 IP 组播组就是一个 VLAN。这种划分方法将 VLAN 扩大到了广域网，具有更大的灵活性，而且容易通过路由器扩展，主要适合于不在同一地理范围的局域网用户组成一个 VLAN，不适合局域网，主要是效率不高。

5．按策略划分的 VLAN

基于策略组成的 VLAN 能实现多种分配方法，包括 VLAN 交换机端口、MAC 地址、IP地址、网络层协议等。网络管理人员可根据管理模式和需求决定选择哪种类型的 VLAN。

表 4-5 是几种划分方法特点的比较。

表 4-5　　　　　　　　　　　　　　　虚拟局域网划分方法的比较

VLAN 技术	优　　点	缺　　点
基于端口分组	（1）易于理解和管理，是最常用的方法。 （2）在一个企业中，对于连接不同交换机的用户，可以创建用户的逻辑分组。 （3）可以连接集线器等支持共享介质的多用户网络，能够将两个或多个共享介质的网络分为一组	（1）当工作站移动到新的端口时，必须对用户进行配置。 （2）每个端口不能加入多个 VLAN
基于 MAC 地址分组	由于 MAC 地址是内置的，当工作站移动时，不需要重新配置	（1）如果交换机的端口连接的几个 MAC地址属于不同的 VLAN，会导致交换机的性能下降，因为正确过滤通信数据要求交换机进行过多的处理。 （2）VLAN 成员关系与网络设备捆绑，就不能随意将一台计算机连接到网络中使之成为 VLAN 成员。 （3）所有用户必须配置在至少一个 VLAN。 （4）更换网卡后，VLAN 要重新配置

VLAN 技术	优 点	缺 点
基于网络层协议分组	（1）支持根据协议类型分组。 （2）一个端口能够加入多个 VLAN。 （3）不需要帧标记。 （4）非常适合与 IP 子网结合（能够根据 IP 子网设置 VLAN，不必对每个用户进行单独的设置）	（1）必须读取数据包中的第三地址。 （2）不支持"非路由"协议，如 NetBIOS
基于 IP 组播分组	划分方式灵活、方便，可根据时间增加或减少 VLAN 成员	交换机性能要求较高，配置也比较复杂
基于策略分组	配置最灵活，用户无需做任何改动	实现较复杂，移动一个工作站要重新配置交换机

无论以何种策略划分 VLAN，分配给同一个 VLAN 的所有主机共享一个广播域，分配给不同 VLAN 的主机将不会共享广播域。即只有位于同一个 VLAN 中的主机才能直接相互通信，位于不同 VLAN 中的主机之间不能直接相互通信。

VLAN 之间通信可通过路由器或三层交换机实现。由于路由器价格贵，配置管理方法较复杂，大多数情况下可以使用带有路由功能的三层交换机来实现 VLAN 之间的互连。第三层交换技术又称路由交换技术，将交换技术（Switching）和路由技术（Routing）相结合，很好地解决了在大型局域网中以前难以解决的一些问题。

项目实践 4.3　虚拟局域网 VLAN 的规划和配置

建立静态虚拟局域网。首先，按部门或业务特点确定如何划分虚拟局域网、定义管理域、确定管理域中各交换机的角色。然后，在管理域中充当服务器的交换机上定义虚拟局域网，利用中继协议定义交换机之间的中继链路。最后，将交换机的端口划分到已定义好的虚拟局域网中。

1. 虚拟局域网的规划

例如，某公司约有 50 台的计算机，使用网络的部门有生产部、财务部、人事部和网络中心四个部门。根据用户的需求，将网络中心、生产部、财务部、人事部划分为四个 VALN，对应的 VLAN 名为 Network、Prod、Ecom、Empl。网络中心交换机命名为 Switch1，生产部交换机命名为 Switch2，财务部和人事部的交换机命名为 Switch3。网络主干采用 1 台 Catalyst 3500 三层交换机，从 3550 的端口上分别与四个部门的 3 台交换机相连。做好网络规划后，画出网络拓扑结构图，如图 4-30 所示。规划各 VLAN 组对应的端口分布，如表 4-6 所示。

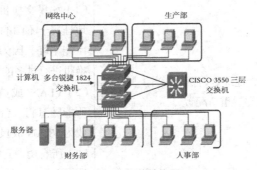

图 4-30　拓扑结构图

表 4-6　　　　　　　　　　　　各 VLAN 组对应的端口分布

VLAN 号	VLAN 名	端口号
2	Network	Switch1 2～20
3	Prod	Switch2 2～20
4	Empl	Switch3 2～20
5	Ecom	Switch3 2～20

2. 交换机的基本配置

采用按端口划分 VLAN 的配置方法，以 CISCO 三层交换机常用配置命令为例。

（1）创建 VLAN。

创建 VLAN2，命名为 Network，命令如下。

```
Switch1(config)#vlan 2
Switch1(config)#vlan 2 name Network
```

（2）指定 IP。

为 VLAN2 指定一个 IP 地址（192.168.2.1）。先进入 VLAN 接口配置子层，然后指定 IP，命令如下。

```
Switch#config t
Switch(config)#interface vlan2
Switch(config-if)#ip address 192.168.2.1 255.255.255.0
Switch(config-if)#no shutdown
```

（3）为 VLAN 划分交换机端口。

将交换机的 f0/2 端口加入到 VLAN 2 中，命令如下。

```
Switch#
Switch#config t
Switch(config)#interface fastethernet0/2        //进入 f0/2 接口配置子层
Switch(config-if)#switchport mode access
Switch(config-if)#switchport access vlan2        //将端口 f0/2 加入到 VLAN 2 中
Switch(config-if)#spanning-tree portfast
```

3. 配置 VLAN 中继协议 VTP

中继协议 VTP（VLAN Trunk Protocol）是一种基于 MAC 地址的动态 VLAN 中配置协议，是交换机到交换机或交换机到路由器之间互连的管理协议。VTP 提供了在交换网络中传播 VLAN 配置信息的功能，从而自动地在整个网络中保证 VLAN 配置的连续性和一致性。

VTP 可以在交换网络中提供跨交换机 VLAN 实现的一致性，也可降低跨交换机配置和管理 VLAN 的复杂性。在 VTP 中引入了域的概念，在交换网络环境下，多个交换机构成一个域，每个域有一个域名，具有相同域名的交换机之间才能进行 VTP 报文的交流。

在 VTP 下交换机有三种模式。

（1）Serve 模式：保存域中所有 VLAN 信息，可以添加、删除、重命名 VLAN。

（2）Client 模式：保存域中所有 VLAN 信息，不能添加、删除、重命名 VLAN。

（3）Transparent 模式：不参与 VTP 协议，只转发 VTP 报文。

VTP 配置命令如下。

```
Switch#
Switch#config t
Switch)config)#vtp domain test        //配置 VTP 的管理域 test
```

```
Switch)config)#vtp mode server    //配置VTP的工作模式为服务器server模式
Switch)config)#end
```

知识引导 4.7　无线网络技术

交换技术的发展为虚拟局域网的实现提供了技术基础。前面介绍的各类局域网技术都是基于有线传输介质实现的。但是，在某些环境中，使用有线网络存在明显的限制，而无线局域网恰恰能在这些场合解决有线局域网所存在的困难。无线局域网作为传统局域网的补充，已成为局域网应用的一个热点。20世纪80年代末以来，随着移动通信技术的飞速发展，无线局域网开始进入市场。无线局域网具有明显的优越性。在跨越面积很大的场合，无线局域网可以节省布线的投资，建网的速度较快，而且可以很方便地扩展普通局域网的覆盖范围。无线局域网的移动接入功能，给许多移动人群发送数据提供了方便。无线联网将真正的可移动性引入了计算机世界。本任务了解常用的无线网络技术，理解无线局域网的802.11标准，了解无限局域网的各种应用。

4.7.1　无线网络技术概述

无线局域网使用无线传输介质，按采用的传输技术可分为红外线局域网、扩频局域网和窄带微波局域网3类。目前，较成熟的无线局域网标准是IEEE 802.11。图4-31描述了IEEE 802.11的基本服务集和扩展服务。

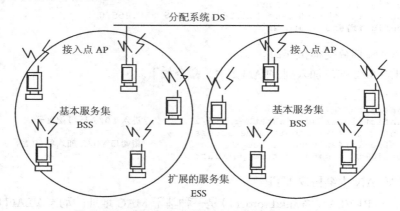

图4-31　IEEE 802.11的基本服务集和扩展服务集

无线局域网可以在普通局域网基础上通过无线Hub、无线接入站AP（网络桥接器）、无线网桥、无线Modem及无线网卡等设备实现，以无线网卡最为普遍，使用最多。无线局域网一般采用扩频微波技术，频率范围开放在902MHz～928MHz以及2.4GHz～2.484GHz。

1. 无线网络接入设备

（1）无线网卡。

无线网卡提供与有线网卡一样丰富的系统接口，有PCMCIA、PCI和USB三种类型的接口。PCMCIA网卡用于笔记本电脑，PCI和USB网卡可用于台式PC机。在有线局域网中，网卡是网络操作系统与网线之间的接口。在无线局域网中，它们是操作系统与天线之间的接口，用来创建透明的网络连接。

（2）无线接入器。

无线接入器AP又称接入点，可实现有线网络与无线网络之间的连接。无线接入器作为无线局域网的中心点，相当于有线网络中的集线器，将多个无线终端汇接在一起，在无线局域网和有线网络之间接收、缓冲存储和传输数据，以支持一组无线用户设备。一个 AP 可支持几百个用户的接入。无线接入器本身兼具有网络管理功能，可实现对无线网卡计算机的监控。在有多个接入点时，用户可以在接入点之间漫游切换。接入点的有效范围是 20m～500m。

（3）天线。

无线网卡通过天线将数字信号传到远处。传输的距离由发射功率和天线本身的增益值（dB）决定。通常每增加 8 dB 相对传输距离可增至原距离的一倍。无线局域网使用的频率为 2.4GB。天线可分为指向性和全向性两种，指向性天线适合长距离应用，全向性天线适合区域性应用。无线网卡、无线接入器一般自带全向性天线。

2．无线局域网的拓扑结构

无线局域网的拓扑结构可分为两类，无中心拓扑的对等网模式和有中心拓扑的客户-服务器模式，如图 4-32 所示。

（1）无中心拓扑（对等网模式）。

无中心拓扑的网络要求网络中的任意两点通过无线网卡进行直接通信。采用无中心拓扑结构的网络一般使用公用广播信道，采用 CSMA 类型的多址接入协议。无中心拓扑可用来在没有基础设施的地方快速而轻松地搭建无线局域网。

（2）有中心拓扑（客户-服务器模式）。

有中心拓扑的客户-服务器模式是目前最常见的一种架构，由一个充当中心站的无线站点和多个无线终端组成。中心站的接入点通过电缆连线与有线网络连接，通过无线电波与无线终端连接，可以实现无线终端之间的通信，以及无线终端与有线网络之间的通信。通过对这种模式进行复制，可以实现多个接入点相互连接的更大的无线网络。

图 4-32　无线局域网拓扑结构

3．无线局域网的隐蔽站

在无线局域网中，由于传输信号的强度随距离增长而快速衰减，或者移动站之间有传输屏障等因素，使得超出接收范围或有屏障的站点接收不到信号，导致了隐蔽站问题。

（1）站隐藏问题（Hidden Station Problem）：未能检测出媒体上已存在信号的问题。

如果无线局域网有 4 个无线工作站，如图 4-33 所示。假定无线电信号传播的范围只能达到相邻的站。当站 A 向站 B 发送数据时，由于站 C 收不到站 A 发送的信号，错误地以为网络上没有发送数据，因而向站 B 发送数据。站 B 同时收到站 A 和站 C 发来的数据，结果发生了冲突。因此，即使在发送数据前未检测到媒体上有其他信号，也不能保证发送能够成功。

图 4-33　站隐藏与站暴露问题

（2）站暴露问题（Exposed Station Problem）：因检测到媒体上有信号，导致互不影响的站点之间不能同时发信号的问题。

当站 B 向站 A 发送数据时，站 C 也想和站 D 通信。由于站 C 检测到媒体上有信号，为了避免冲突，就不向站 D 发送数据。其实站 B 向 A 发送数据并不影响站 C 向站 D 发送数据。站暴露问题降低了系统效率。

在不发生干扰的情况下，无线局域网可允许同时多个工作站进行通信。这一点与总线式局域网是有差别的。由于 CSMA 只能在信号有效传输范围内进行冲突检测，而不能解决隐蔽站之间的冲突检测问题，所以在无线局域网中不使用 CSMA / CD 技术。

4.7.2　IEEE 802.11 无线局域网标准

IEEE 802.11 无线局域网标准的制定是无线网络技术发展的一个里程碑，于 1997 年正式发布。802.11 规范了无线局域网络的媒体访问控制 MAC 层及物理层，使得各种不同厂商的无线产品得以互联。2000 年，IEEE 802.11 标准得到了进一步的完善和修订，并成为 IEEE/ANSI 组织和 ISO/IEC 组织的一个联合标准。其中，IEEE 802.11a 扩充了标准的物理层，规定该层使用 5.8GHz 的 ISM 频带；IEEE 802.11b 规定采用 2.4GHz 的 ISM 频带，调制方法采用补偿码键控（CCK）。此后，IEEE 802.11 系列还推出了多个新的标准。

1．IEEE 802.11 无线局域网标准

（1）基本服务集 BSS（Basic ServiceSet）。

BSS 是无线局域网的最小构件，类似于无线移动通信的蜂窝小区。基本服务集 BSS 的组成包括一个基站和若干个移动站，它们共享 BSS 内的无线传输媒体，使用 IEEE 802.11 的媒体接入控制（MAC）协议通信。基站又称接入点 AP（Access Point），其作用类似于网桥。在一个 BSS 内，所有站均运行 MAC 协议，并以争用方式共享无线传输媒体。

（2）扩展服务集 ESS（Extension Service Set）。

扩展服务集指由多个接入点 AP 以及连接它们的分布式系统组成的结构化网络。扩展服务集 ESS 中包含多个基本服务集 BSS，而这些基本服务集通过分布系统连接在一起。扩展服务集中所有 AP 必须共享同一个扩展服务集标识符（ESSID）。分布式系统在 802.11 标准中没有明确定义，目前大都是指以太网。

（3）站点类型。

在无线局域网中，移动站的类型有三种工作模式。

① 仅在一个 BBS 内移动：站点的移动类似于手机在一个蜂窝中移动。

② 同一个 ESS 内的不同 BSS 之间移动：站点的移动类似于手机从一个蜂窝移动到另一蜂窝。

③ 在不同的 ESS 之间移动：站点的移动类似于手机从本地移动局到外地局。

2．IEEE 802.11 的物理介质规范

无线局域网的传输介质和频段分配由物理层确定。IEEE 802.11 有三种物理层规范：红外线、直接序列扩频（DSSS）和跳频扩频（FHSS），如图 4-34 所示。其中，直接序列扩频和跳频扩频统属于扩频工作方式。

（1）红外线：数据速率为 1Mbit/s 和 2Mbit/s，波长在 850nm～950nm 的红外线。

（2）直接序列扩频：运行在 2.4GHz ISM 频带上的直接序列扩展频谱，能够使用 7 条信道，每条信道的数据速率为 1Mbit/s 或 2Mbit/s。

（3）跳频扩频：运行在 2.4GHz ISM 频带上的跳频的扩频通信，数据速率为 1Mbit/s 或 2Mbit/s。

3. IEEE 802.11 的介质访问控制规范

IEEE 802.11 采用分布式的访问控制，与以太网网类似，通过载波侦听方法控制每个访问节点。IEEE 802.11 协议的介质访问控制 MAC 子层又分为 2 个子层：分布式协调功能（DCF）子层与点协调功能（PCF）子层，如图 4-35 所示。

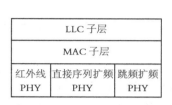

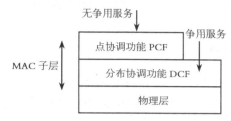

图 4-34 无线局域网的传输介质和频段分配与物理层之间的关系　　图 4-35 802.11 的 MAC 子层

（1）分布协调功能 DCF（Distributed Coordination Function）子层：负责向上提供争用服务，在每一个节点使用一种改进的 CSMA 媒体接入控制，让各站通过争用信道来获取发送权。DCF 子层使用带冲突避免的 CSMA 算法，没有冲突检测功能。如果一个节点要发送帧，需要先侦听介质。如果介质空闲，节点可以发送帧；如果介质忙，节点按照二进制指数退避算法延时，并继续监听介质，直到介质空闲，节点即可传输。

（2）点协调功能 PCF（Point Coordination Function）子层：负责提供无争用服务，使用集中控制的接入算法（一般在接入点实现集中控制）且用类似于轮询的方法将发送数据权轮流交给各个站，在 AP 实现集中控制，从而避免了冲突的产生。

4.7.3　无线局域网的应用

无线局域网作为传统局域网的扩充，应用于建筑物之间的互连和漫游访问。近年来，随着各种短距离无线电技术的发展，个人局域网（PAN，Personal Area Network）成为无线局域网的一种新的应用模式，被称为电信网的"最后 50 米"解决方案。PAN 的基本思想是用无线电或红外线代替传统的有线电缆，实现个人信息终端的智能化互联，组建个人化的信息网络。PAN 定位在家庭与小型办公室的应用场合，主要应用范围包括语音通信网关、数据通信网关、信息电器互联与信息自动交换等。PAN 的主要实现技术有 4 种：蓝牙（Bluetooth）、红外（IrDA）、Home Rf 和 UWB（Ultra-wideband）。

（1）蓝牙技术：蓝牙是一个开放性的、短距离无线通信技术标准。蓝牙技术是一种支持点到点、点到多点的语音、数据业务的短距离无线通信技术，可以在较小的范围内通过无线连接的方式实现固定设备以及移动设备之间的网络互连，可以在各种数字设备之间实现灵活、安全、低成本、小功耗的语音和数据通信。由于蓝牙技术可以方便地嵌入到单一的 CMOS 芯片中，因而特别适用于小型的移动通信设备。

（2）IrDA：一种利用红外线进行点对点通信的技术，主要优点是体积小、功率低、成本低，传输速率可达 16Mbit/s，适合于小范围设备移动的需要，相应的软件和硬件技术都已比较成熟。

（3）HomeRF：利用跳频扩频方式，使用 CSMA/CA 协议提供数据通信服务，可通过时分复用支持语音通信。HomeRF 提供与 TCP/IP 良好的集成，支持广播、多点传送和 48 位 IP

地址。

（4）UWB 超宽带：UWB 技术采用极短的脉冲信号来传送信息，通常每个脉冲持续的时间只有几十皮秒到几纳秒的时间。UWB 是一种高速而又低功耗的数据通信方式，主要在雷达等通信设备中使用，在无线通信领域也将得到广泛的应用。

无线网络使移动设备摆脱了有线的束缚，更好地发挥其灵活性和移动特性。作为有线网络的延伸，无线网络的应用会深入到各行各业中。无线网络将朝着数据速率更高、功能更强、应用更加安全可靠、价格更加低廉的方向发展。

小结

本学习任务介绍了局域网的组网技术、结构组成等相关知识。局域网参考模型定义了 ISO/OSI 参考模型中的物理层和数据链路层，对这两层的规范作了介绍。结合局域网技术介绍了 IEEE 802 标准协议簇，主要介绍了以太网、令牌环和令牌总线网，简要介绍了 FDDI 网。以太网是最成功的局域网技术，已成为局域网的事实标准。

虚拟局域网可以隔离广播流量，便于网络灵活管理以及安全控制。本章介绍了划分 VLAN 的方法，VLAN 的构建及交换机的配置。无线局域网是基于无线信道构成的局域网。与有线局域网相比，其协议更复杂一些，本学习任务介绍了无线局域网的结构、组成及应用。

本学习任务还给出了简单的组网实例，读者在学习时可以按照书中的方法去观察和构建网络。

习题

一、填空题

（1）局域网的特性由_____、_____、_____三方面的技术决定。

（2）局域网的三种模式分别是_____、_____、_____。

（3）IEEE 802.3 采用截断二进制指数后退算法。规定重发次数 i 的上限为_____，但以后 T 值不再增加，随机等待的_____最大时，隙数就被固定。

（4）. CSMA/CD 的工作原理可简单概括为四句话_____。

（5）在令牌环中，为了解决竞争，使用了一个称为_____的特殊标记，只有拥有它的节点才有权利发送数据。环接口有两种工作方式是_____、_____。

（6）CSMA 等待重试的三种策略是_____。

（7）10Base-T 的数据传输速率为_____，集线器与网卡之间距离为_____。任意两站点之间的距离不超过_____。

（8）光纤分布式数据接口是以_____为传输介质，采用_____控制协议的一种双环结构高速网络。

二、单选题

（1）无线局域网的通信标准主要采用（　　）标准。

    A．802.2　　　　　　　B．802.3　　　　　　　C．802.5　　　　　　　D．802.11

（2）无线局域网可通过（　　）连接到有线局域网。

    A．天线　　　　　　　B．无线网卡　　　　　C．无线接入器　　　　D．双绞线

（3）无线局域网的天线通常每增加（　　　），则相对传输距离可增至原距离的一倍。

    A.　1dB   B.　2dB   C.　4dB   D.　8dB

（4）虚拟局域网是基于（　　　）实现的。

    A.　集线器   B.　交换机   C.　网卡   D.　网桥

（5）下列关于局域网的主要用途的描述，错误的是（　　　）。

    A.　共享局域网中的资源，如打印机.绘图仪等

    B.　共享服务器上数据库中的数据

    C.　向用户提供电子邮件等服务

    D.　用户间的数据拷贝与存储

（6）局域网通信协议一般采用（　　　）协议。

    A.　HTTP   B.　PPP   C.　TCP/IP   D.　SLIP

（7）无线局域网通过（　　　）可连接到有线局域网。

    A.　天线   B.　无线接入器   C.　无线网卡   D.　双绞线

（8）VLAN 在现代组网技术中占重要地位。在由多个 VLAN 组成的一个局域网中，以下说法不正确的是（　　　）。

    A.　站点从一个 VLAN 转移到另一个 VLAN 时，一般不需要改变物理连接

    B.　LAN 中的一个站点可以和另一个 VLAN 中的站点直接通信

    C.　当站点在一个 VLAN 中广播时，其他 VLAN 中的站点不能收到

    D.　VLAN 可以通过 MAC 地址.交换机端口等进行定义

（9）10Base-T 以太局域网中，下列说法不正确的是（　　　）。

    A.　10 指的是传输速率为 10Mbit/s   B.　Base 指的是基带传输

    C.　T 表示传输介质是双绞线   D.　10Base-T 是以太局域网的一种配置

（10）局域网中（　　　）拓扑结构是逻辑上的，而不是物理上的。

    A.　星型   B.　环型   C.　总线型   D.　令牌总线型

（11）从哪里可以获取 MAC 地址（　　　）。

    A.　DHCP 服务器   B.　网卡的 ROM 中

    C.　在计算机网络配置中   D.　在微处理器芯片中

（12）CSMA/CD 在 CSMA 的基础上增加了冲突检测功能，网络中的某个发送站点一旦检测到冲突就立即（　　　）。

    A.　停止发送   B.　停止发送并重新竞争发送权

    C.　停止发送并发送阻塞信号   D.　继续发送数据

（13）IEEE802 网络协议只覆盖了 OSI 的（　　　）。

    A.　应用层与传输层   B.　应用层与网络层

    C.　物理层与数据链路层   D.　应用层与物理层

（14）下面的说法中，_____是正确的。

    A.　虚电路与线路交换没有实质不同

    B.　在通信的两个站点间只能建立一条虚电路

    C.　虚电路的各个节点不需要为每个分组作路径选择

    D.　虚电路在传送数据前必须建立起专用的通信线路

（15）FDDI 是（　　　）。

    A. 快速以太网   B. 千兆位以太网

    C. 光纤分布式数据接口   D. 异步传输模式

（16）路由选择是（　　）。

    A. 建立并选择一条物理链路

    B. 建立并选择一条逻辑链路

    C. 网络节点收到一个分组后，确定转发分组的路径

    D. 选择通信媒体

三、简答题

（1）局域网的特性由哪三方面的技术决定？

（2）网络分层结构设计的优点是什么？

（3）IEEE802 的物理层介质. 访问控制子层（MAC）和逻辑链路控制子层（LLC）各有什么功能？

（4）局域网有什么特点？

（5）简述 IEEE 802.5 令牌环网的工作原理，并总结其应用特点。

（6）简述 IEEE 802.4 令牌总线网的工作原理，并总结其应用特点。

（7）集线器和交换机在以太网组网中的作用有什么不同？

（8）与传统共享式以太网相比，交换式局域网为什么能改善网络的性能和服务质量？

PART 5

学习任务 5
广域网技术

知识引导 5.1　广域网技术的选择

实现两个远程局域网的互联，或局域网接入 Internet，都将涉及使用广域网技术。广域网技术包括广域网传输技术、广域网协议、拨号技术、虚拟专用网络、路由选择和远程访问服务等内容。

合理选择广域网技术，完成两个甚至多个远程局域网的互联，需要了解以下基本知识。

● 什么是广域网？广域网有什么特点？

● 广域网与局域网有什么区别？

● 广域网的连接技术、使用的协议、服务有哪些？

5.1.1　广域网概述

1. 广域网的概念

广域网（Wide Area Network，WAN）又称远程网，通常跨接很大的物理范围，覆盖的范围从几公里到几千公里，连接多个城市或国家或横跨几个洲，并能提供远距离通信。广域网的通信子网主要使用分组交换技术。广域网的通信子网可以利用公用分组交换网、卫星通信网和无线分组交换网，将分布在不同地区的局域网或计算机系统互连起来，达到资源共享的目的。

通常，广域网的数据传输速率比局域网低，信号的传播延迟比局域网要大得多。广域网的典型速率是从 56kbit/s 到 155Mbit/s，现在已有 622Mbit/s、2.4Gbit/s 甚至更高速率的广域网，传播延迟可从几毫秒到几百毫秒（使用卫星信道时）。

2. 广域网的特点

（1）主要提供面向通信的服务，支持用户使用计算机进行远距离的信息交换。

（2）覆盖范围广，通信距离可从几公里到几千公里，需要考虑的因素也增多，如介质的成本、线路的冗余、介质带宽的利用和差错处理等。

（3）广域网是一种跨地区的数据通信网络，一般使用电信运营商提供的设备作为信息传输平台，由其负责组建、管理和维护，并向全社会提供面向通信的有偿服务，由此存在服务流量统计和计费问题。

（4）广域网技术主要对应 OSI 参考模型低三层，即物理层、数据链路层和网络层。

3. 广域网与局域网的比较

广域网与局域网相比有以下一些明显的差异。

（1）节点之间的通信方式不同。局域网内节点之间通常采用多点访问（Multipoint Access）方式，即广播方式进行通信；广域网内的节点之间通常采用点到点（Point to Point）方式进行通信。

（2）采用的网络协议层次不同。局域网采用的协议对应于数据链路层，支持将由"0"、"1"组成的比特流以数据帧（Frame）形式在链路上实现无差错的传输；广域网采用的协议属于网络层与传输层，功能是将报文分组（Packet）按照所选"路由"从源节点传送到目的节点，并支持报文（Message）在两台主机间实现点到点的传输。

（3）广域网覆盖的地理范围比局域网大得多，因而广域网的拓扑结构比局域网复杂得多，广域网一般没有固定的拓扑结构。复杂的网络拓扑必然需要更为复杂的网络协议。

（4）更复杂的广域网结构要求有更复杂的路由策略。在广域网中，可选的传送路径比局域网多得多，因而理想传输路径的选择策略也更复杂。另外，当出现故障和拥塞时，广域网中的节点必须提供足够大的缓冲区。

（5）在管理问题上，局域网由单个机构或部门组织和管理。广域网则没有一个专门机构来管理和维护，广域网的运行更多依赖于使用它的机构之间的合作。

（6）广域网一般由连接现有网络发展而来，网内包含更多的不兼容性，例如，帧的大小不同、使用不同的路由策略等，因此，仅在数据链路层不能处理广域网中的不兼容性问题。

5.1.2 广域网协议的选择

1．广域网的协议

广域网是一种跨地区的数据通讯网络，使用电信运营商提供的设备作为信息传输平台。ISO 的 OSI 参考模型同样适用于广域网。对照 OSI 参考模型，广域网协议主要位于低 3 层，分别是物理层、数据链路层和网络层。图 5-1 给出一些常用广域网协议与 OSI 参考模型之间的对应关系。

OSI 参考模型			WAN 常用协议				
网络层			X.25PLP				
数据链路层	LLC MAC		LAPB	帧中继	HDLC	PPP	SDLC
物理层		SMDS	X.21bis	EIA/TIA—232、EIA/TIA—449、EIA—530、V.24、V.35、HSSI、G.703			

图 5-1 广域网常用协议同 OSI 参考模型之间的对应关系

（1）物理层协议。

广域网物理层描述了数据终端设备（DTE）和数据通信设备（DCE）之间的接口。连接到广域网的设备通常是一台路由器即 DTE，连接到另一端的设备即 DCE，为服务提供商提供接口。

广域网的连接方式分为专用或专线连接、电路交换连接、包交换连接 3 种类型。广域网之间的连接无论是交换或专线还是电路交换，都使用同步或异步串行连接。

广域网的物理层协议定义了 DTE 和 DCE 之间接口的控制规则，例如，EIA/TIA—232、EIA/TIA—449、EIA—530、V.24、V.35、HSSI、G.703、X.21 等，如图 5-1 所示。

（2）数据链路层协议。

在每个 WAN 连接上，数据通过 WAN 链路前都被封装到数据帧中。为了确保验证协议的使用，必须配置恰当的第二层封装类型。协议的选择主要取决于拓扑结构和通信设备。WAN 数据链路层定义了传输到远程站点的数据封装格式，并描述了在单一数据路径上各系统间的帧传送方式。WAN 数据链路层常见的协议包括 PPP、SLIP、SDLC、HDLC、Frame Relay 等。

- 点对点协议（PPP）：PPP 是一种标准协议，规定了同步或异步电路上的路由器对路由器、主机对网络的连接。
- 串行线路互联协议（Serial Line Internet Protocol，SLIP）。SLIP 是 PPP 的前身，用于使用 TCP/IP 的点对点串行连接。SLIP 已经基本上被 PPP 取代。
- 高级数据链路控制（High-level Data Link Control，HDLC）：HDLC 协议是私有的，是点对点、专用链路和电路交换连接上默认的封装类型。HDLC 是按位访问的同步数据链路层协议，定义了同步串行链路上使用帧标识和校验的数据封装方法。连接不同厂商的路由器时，要使用 PPP 封装（基于标准）。HDLC 同时支持点对点与点对多点连接。
- 同步数据链路控制（Synchronous Data Link Control，SDLC）：SDLC 是 20 世纪 70 年代开发的 IBM 定义的数据链路控制协议，目的是通过广域链路与系统网络体系结构 SNA 环境中的 IBM 主机系统进行通信。SDLC 基于面向位的同步操作，是 SNA 中主要的串行链路协议。
- Frame Relay：一种高性能的包交换式广域网协议，可以应用于各种类型的网络接口。Frame Relay 适用于更高可靠性的数字传输设备上。

（3）网络层协议。

广域网网络层协议有 CCITT 的 X.25 协议和 TCP/IP 中的 IP 等。

- X.25/平衡型链路访问程序（LAPB）。X.25 是帧中继的原型，指定 LAPB 为数据链路层协议。LAPB 是定义 DTE 与 DCE 之间如何连接的 ITU—T 标准，在公用数据网络上维护远程终端访问与计算机通信。LAPB 用于包交换网络，用来封装们于 X.25 中第二层的数据包。由于 X.25 在错误率很高的模拟铜线电路上实现，因而提供了扩展错误检测和滑动窗口功能。

常用的广域网数据链路层协议还包括以下几种。

- ATM：ATM（异步传输模式）是信元交换的国际标准，在定长（53B）的信元中能传送各种各样的服务类型（如语音、音频、数据）。ATM 适用于高速传输介质（如 SONET）。
- Cisco/IETF：Cisco/IETF 用来封装帧中继流量，这是 Cisco 定义的专属选项，只能在 Cisco 路由器之间使用。
- 综合业务数字网（ISDN）：ISDN 提供一组数字服务，可通过现有的电话线路传输语音和数据资料。

2．广域网协议的选择

为确保广域网使用恰当的协议，必须在路由器配置适当的第二层封装。协议的选择根据所采用的广域网技术和通信设备确定。

路由器把数据包以第二层帧格式进行封闭，然后传送到广域网链路。尽管广域网帧存在多种不同的封闭格式，但大多数格式具有相同的原理。原因是大多数的广域网封装都是从 HDLC 和 SDLC 演变而来。尽管广域网帧封装有相似的结构，但每一种数据链路协议都指定了自己特殊的帧类型，不同类型是不相容的。

- 由于 HDLC 协议允许 Cisco 路由器利用串行接口实现相互通信。因此，典型的点到点广域网连接常采用这种协议。它也是 Cisco 串行接口的默认设置，并且支持所有最通用的网络协议。

- PPP 支持 TCP/IP 和 IPX 协议，利用低级链路控制协议设定、建立、维护链接或者线路连接，而且还使用网络控制协议支持 IP 和 IPX。大多数情况下，PPP 用于路由器和其他设备之间的拨号连接。采用 Cisco 服务器拨号方式的 Microsoft 客户大多选择使用 PPP。

5.1.3　广域网连接的选择

构建广域网和构建局域网的方式有很大的不同，局域网一般都由企业或单位完成传输网络的建设，传输网络的传输速率可以很高，如吉比特以太网；但广域网的构建由于受各种因素的制约，必须借助公共传输网络实现广域网的连接。

目前，提供公共传输网络服务的机构主要是电信部门，随着电信营运市场的开放，用户可能有更多的选择余地来选择公共传输网络的服务提供者。用户对公共传输网络的内部结构和工作机制不必关心，只需了解公共传输网络提供的接口以及如何实现和公共传输网络之间的连接，并通过公共传输网络实现远程端点之间的报文交换。

因此，设计广域网的关键在于掌握各种公共传输网络的特性，公共传输网络和用户网络之间的互连技术。目前连接广域网的公共传输网络基本可以分成两大类，一类是专线连接，另一类是交换连接。交换连接包括电路交换连接方式和分组或信元交换连接方式。如图 5-2 所示。

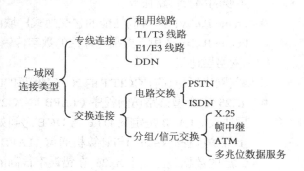

图 5-2　广域网连接类型

1．专线连接

对于要求持续、稳定的信息流传输的应用环境，如商业网站、园区间的核心连接或主干网络连接等，专用线路不失为一种好的选择。$N \times 64\text{kbit/s}(1 \leqslant N \leqslant 32)$ 带宽的专用线路（DDN）目前仍然是许多机构用于实现 WAN 连接的手段，尤其在对速度、安全和控制要求较高的应用环境更是如此。专用线路为远程端点之间提供点对点固定带宽的数字传输通道，其通信费用由专用线路的带宽和两端之间距离决定。对于突发性信息流传输，专用线路往往会处于过载状态，或者带宽利用率低下。由于专用线路只能提供点对点连接，若要实现多个端点之间互连，将是极其昂贵的。

专线连接时，每个连接都需要使用路由器的一个同步串行连接端口，以及来自服务提供商的 CSU/DSU 和实际电路。CSU/DSU 提供的可用带宽可达 1.544 Mbit/s（T1 美国标准）或2.048Mbit/s（E1 欧洲标准），最高能提供高达 44.736 Mbit/s（T3 美国标准）和 34.064 Mbit/s（E3 欧洲标准）的带宽。数据链路层的各种封装方法保证了使用者数据流量的弹性及可靠性。信道服务单元（CSU）/数据服务单元（DSU）类似数据终端设备 DTE 到数据通信设备 DCE 的复用器，可以提供的功能包括：信号再生、线路调节、误码纠正、信号管理、同步和电路测试等。图 5-3 所示为 CSU/DSU 在跨越广域网的点对点链路中的位置。

点对点链路提供的是一条预先建立的，从客户端经过运营商网络到达远端目标网络的广域网通信路径。一条点对点链路是一条租用的专线，可以在数据收发双方之间建立起永久性的固定连接。网络运营商负责点对点链路的维护和管理。因此，专线线路一般是指租用线路。

EIA/TIA—232、EIA/TIA—449、EIA—530、
V.24、V.35、HSSI、G.703、X.21

图 5-3　跨越广域网的点对点链路中 CSU/DSU 的位置

数字数据网（DDN）是电信部门向用户提供的一种高速通信业务，利用数字通道提供半永久性的连接电路，这是一种具有中高速的、高质量的点到点以及点到多点的数字专用电路。DDN 是面向用户的数字传输技术，采用时分多路复用技术将支持数字信息高速传输的光纤通道划分为一系列的子信道（例如，2.048Mbit/s 的光纤信道划分为 32 路 64kbit/s 的子信道，可以分配给 32 个用户使用）。DDN 仅是一条支持用户数据点到点高速传输的通道，用户可以向电信部门定时租用独占的子信道。DDN 的基本速率为 64kbit/s，用户租用的信道速率应为 64kbit/s 的整数倍。DDN 本身不提供任何通信协议的支持，在 DDN 信道上使用何种通信协议由用户自行决定。DDN 的特点是速率高，物理时延小，支持数据、图像、声音等多种业务，网络运行管理简便，没有任何检错、纠错功能。DDN 适用于大数据量的传输业务。

DDN 存在两个缺点：首先，由于是固定信道方式，不能进行动态复用，在数据量不大的情况下利用率较低；其次，由于是点到点的通信，若要与多个节点通信便需要多个 DDN 端口，使入网的端口数增多。

2．交换连接

如图 5-2 所示，交换连接包括电路交换和分组或信元交换二类。

（1）电路交换方式。

电路交换是广域网常用的一种交换方式。交换网络中，远程端点之间通过呼叫建立连接，在连接建立期间，电路由呼叫方和被呼叫方专用。经呼叫方建立的连接属于物理层链路，只提供物理层承载服务，在两个端点之间传输二进制比特流，其操作过程与普通的电话拨号过程非常相似，如图 5-4 所示。

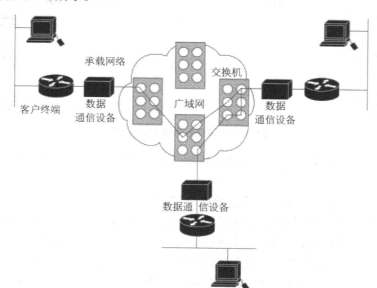

图 5-4　电路交换技术连接示图

电路交换方式不必对用户数据进行任何修正或解释，传输时延小。但是，电路交换方式中用户所占带宽固定，线路利用率低下。

电路交换技术的通信网络典型应用是公共交换电话网（PSTN）和综合业务数字网（ISDN）。

- PSTN：提供的模拟拨号服务是基于标准电话线路的电路交换服务，是一种最普遍的传输服务，往往用来作为连接远程端点的连接方法。PSTN 的典型应用有远程端点和本地 LAN 之间互连，远程用户拨号上网和用作专用线路的备份线路。

由于模拟电话线路是针对语音频率（300Hz ~ 3400Hz）优化设计的，使得通过模拟线路传输的速率被限制在 56kbit/s 以内，而且模拟电话线路的通信质量无法得到保证，线路噪声的存在也将直接影响数据传输速率。

- ISDN 是典型的同步拨号线路，有需要时才提供广域网接入，而不是提供永久电路。
  与异步拨号线路相比，ISDN 提供相对多的带宽，同时利用一根数字电话线来传输数据、语音及其他的负载流量。ISDN 通常作为备份链路和负载分担等提供远程接入。

ISDN 提供二种类型的服务：基本速率接口（BRI）和基群速率接口（PRI）。BRI 有 2 个 B 信道和 1 个 D 信道，2 个 B 信道都用于传输数据，最大速率可达 128kbit/s，D 信道用来发送呼叫建立和中断信号。PRI 用于北美和日本的 T1 有 23 个 B 信道，用于欧洲和其他地方的 E1 有 30 个 B 信道。PRI 也只有 1 个 D 信道，同样也用于传输呼叫和中断信号。

（2）分组交换方式。

分组交换方式也是广域网上经常使用的交换技术。在分组交换方式中，用户可以通过运营商网络共享一条点对点链路，在设备之间进行数据分组的传递。分组交换主要采用统计复用技术在多台设备之间实现电路共享。由于采用复用技术，分组交换方式线路利用率高，但实时性较差，如图 5-5 所示。

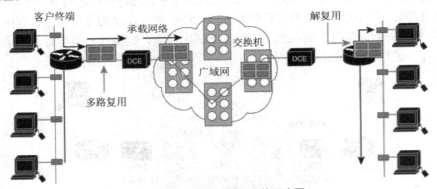

图 5-5　广域网上分组交换示意图

X.25、帧中继、ATM 及交换式多兆比特数据服务（SMDS）等都是采用分组交换技术的广域网。

- X.25：使用最早的分组交换协议标准，多年来一直作为用户网和分组交换网络之间的接口标准。分组交换网络动态地对用户传输的信息流分配带宽，有效地解决了突发性、大信息流的传输问题。分组交换网络同时可以对传输的信息进行加密和有效的差错控制。虽然各种差错检测和相互之间的确认应答浪费了一些带宽，增加了报文传输延迟，但对早期可靠性较差的物理传输线路来说，X.25 仍然是一种提高报文传输可靠性的有效手段。随着光纤越来越普遍地作为传输介质，传输出错的概率越来越小，重复地在链路层和网络层实施差错控制，不但显得冗余，而且也浪费带宽，增加报文传输延迟。由于 X.25 分组交换网络是在早期低速、高出错率的物理链路基础上发展起来的，其特性已不适应目前高速远程连接的要求。目前，X.25 一般只在传输费用要求少、远程传输速率要求不高的广域网环境使用。

- 帧中继：由分组交换技术发展而来的一种技术，比 X.25 协议提供的功能少。由于在节点实现的功能少，故可以达到较高的吞吐量。按照帧中继方案，纠错所需的用户数据帧重传仅以端到端的方式在用户终端之间进行，帧中继系统仅执行基于 CRC 的差错检查，弃出错的帧而不再继续传送。帧中继系统没有帧流量控制和分组级的复用功能。采用帧中继技术，可以为用户传送变吞吐量、低时延的数据。由于传输介质采用光纤，使广域网的传输质量得到很大的提高，使得简化分组交换技术成为可能。帧中继传输协议只包括物理层和数据链路层，不包括网络层，采用统计复用技术，对突发数据有很好的响应，可以简化网络拓扑，降低硬件成本。帧中继的用户速率可以达到 2Mbit/s，未来可以达到 DS3（45Mbit/s）。由于中国电信历史的原因，帧中继只在少数地区有一定的实验网，资费政策也不确定，只能在帧中继发展起来后使用。

- ATM：一种基于信元中继的技术，用于组建大型高容量广域网络的干线。ATM 将先进的 QoS 机制融入其规范，通过虚拟通道十分可靠地支持可管理的数据流。当应用程序要求更高的带宽时，ATM 能够调节其他形式的数据，以便允许带宽要求更高的数据能够畅通无阻地通过网络进行传输。ATM 除了具有越来越高的带宽，最直接的优点就是在同一个平台上把语音和基于局域网的通信融为一体。因此，对于使用语音和视频的网络服务来说是最佳选择。

- 交换式多兆位数据服务（Switched Multimegabit Data Service，SMDS）：被设计用来连接多个局域网，由 Bellcore 在 20 世纪 80 年代开发，90 年代早期开始在一些地区实施。与 ATM 密切相关，最大带宽可达 44.736Mbit/s，典型的传输介质包括双绞线对称电缆和光纤，应用不太广，费用相对较高。

3．拨号、电缆、无线连接

- 拨号调制解调器连接：速度有限，应用相对普遍，通常工作在现有的电话线上，最大带宽仅为 56kbit/s，费用相对较低。典型传输介质是双绞电话线。

- 电缆调制解调器连接：将数据信号和有线电视信号集中放在同一条电缆上，实现一根线路结合多种信号的功能。在已经布有大量有线电视同轴电缆的地区越来越流行，最大带宽能达到 10Mbit/s。带宽随网段上用户的增加而减少，与共享式局域网相类似。费用相对较低，典型传输介质为同轴电缆。

- 无线连接：无需使用有线介质，存在多种无线的广域网链路。地面无线的带宽通常为 11 Mbit/s，费用较低，使用程度适中。人造卫星连接可以为处于蜂窝电话网络中的用户和位置偏远、距离任何线缆都很远的用户提供服务，使用将越来越广泛，但速率较低，费用偏高。

5.1.4　广域网服务的选择

广域网分组交换网络提供了面向连接的虚电路和无连接的数据报两种服务。

1．虚电路服务

对于采用虚电路服务的广域网，源节点与目的节点通信前，必须先建立一条从源节点到目的节点的虚电路（即逻辑通路），然后通过该虚电路进行数据传送，数据传输结束时，释放该虚电路，如图 5-6 所示。在虚电路方式中，每个交换机都维持一个虚电路表，用于记录经过该交换机的所有虚电路的情况，每条虚电路占据其中的一项。数据报文在其报头中除序号、校验和以及其他字段外，还必须包含一个虚电路号。

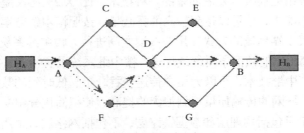

图 5-6 虚电路服务

在虚电路服务中，当某台机器试图与另一台机器建立一条虚电路时，首先选择本机还未使用的虚电路号作为该虚电路的标识，同时在该机器的虚电路表中填入一项。由于每台机器（包括交换机）独立选择虚电路号，虚电路号仅仅具有局部意义，即报文在通过虚电路传送的过程中，报文头中的虚电路号会发生变化。

一旦源节点与目的节点建立了一条虚电路，意味着在所有交换机的虚电路表上都登记有该条虚电路的信息。两台建立了虚电路的机器相互通信时，可以根据数据报文中的虚电路号，通过查找交换机的虚电路表而得到其输出线路，进而将数据传送到目的端。数据传输结束时，必须释放所占用的虚电路表空间，具体做法是由任一方发送一个撤除虚电路的报文，清除沿途交换机虚电路表中的相关项。

虚电路服务的主要特点是，在数据传送以前必须在源端和目的端之间建立一条虚电路。

值得注意的是，虚电路的概念不同于电路交换技术中电路的概念。后者对应着一条实实在在的物理线路，该线路的带宽是预先分配好的，是通信双方的物理连接。虚电路的概念是指在通信双方建立了一条逻辑连接，该连接的物理含义是指明收发双方的数据通信应按虚电路指示的路径进行。虚电路的建立不表明通信双方拥有一条专用通路，即不能独占信道带宽，传送的数据报文在每个交换机上仍需要缓存，并在线路上进行输出排队。

2. 数据报服务

数据报服务方式中，交换机不必登记每条打开的虚电路，它们只需要用一张表来指明到达所有可能的目的端交换机的输出线路。由于数据报服务中每个报文都要单独寻址，因此，要求每个数据报包含完整的目的地址，如图 5-7 所示。

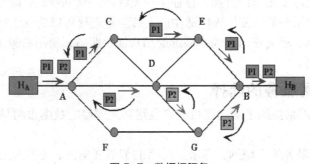

图 5-7 数据报服务

虚电路服务与数据报服务的最大差别：虚电路服务为每一对节点之间的通信预先建立一条虚电路，后续的数据通信沿着建立好的虚电路进行，交换机不必为每个报文进行路由选择；在数据报服务中，每一个交换机为每一个进入的报文进行一次路由选择，也就是说，每个报文的路由选择独立于其他报文。

3. 虚电路服务与数据报服务选择

广域网是选择虚电路服务还是数据报服务，涉及的因素比较多。下面主要从两个方面来比较这两种结构。一方面是从广域网内部来考察，另一方面是从用户的角度即用户需要广域网提供什么服务来分析。

（1）交换机内存空间与线路带宽的比较。虚电路服务允许数据报只含位数较少的虚电路号，不需要完整的目的地址，从而节省交换机输入输出线路的带宽。但是，虚电路服务在交换机中占用内存空间用于存放虚电路表。同时，交换机仍然要保存路由表。

（2）虚电路建立时间和路由选择时间的比较。虚电路的建立需要一定的时间，主要用于各个交换机寻找输出线路和填写虚电路表。在数据传输过程中，报文的路由选择比较简单，仅仅查找虚电路表即可。数据报服务不需要连接建立过程，每一个报文的路由选择单独进行。

（3）虚电路方式可以实现拥塞避免，原因是建立虚电路时已经对资源进行了预先分配（如缓冲区）。数据报方式要实现拥塞控制就比较困难，原因是数据报方式中的交换机不存储广域网状态。

（4）广域网内部使用虚电路服务还是数据报服务，对应于广域网提供给用户的服务。虚电路服务提供的是面向连接的服务，数据报服务提供的是无连接的服务。

（5）在虚电路服务中，交换机保存了所有虚电路的信息，在一定程度上可以进行拥塞控制。如果交换机由于故障丢失了所有路由信息，将导致经过该交换机的所有虚电路停止工作。与此相比，数据报方式中交换机不存储网络路由信息，交换机的故障只会影响到目前在该交换机排队等待传输的报文。从这点来说，数据报方式比虚电路方式更强壮些。

总之，在性能、健壮性以及实现的简单性方面，数据报方式都优于虚电路方式。基于数据报方式的广域网将得到更大的发展。

5.1.5 广域网线路的选择

选择广域网线路时，需要考虑诸多因素：线路的实用性、带宽、费用、可管理性、服务质量（QoS）等。表 5-1 给出了常用的广域网多种线路特征及应用情况，供读者根据实际应用进行选择。

表 5-1　　　　　　　　　　　广域网线路特征及应用情况

广域网连接线路	最大带宽	特 征
X.25	2Mbit/s	使用最早的分组交换技术，具有较高可靠性，一般只在传输费用要求少、远程传输速率要求不高的广域网环境使用
帧中继	44.736Mbit/s	通过报文交换共享网络进行报文交换。利用本地电话线路进行远程连接，网络性能高，费用低。永久虚电路（PVC）为用户提供连续的专用连接，而用户不必为此付费。帧中继只在少数地区有一定的实验网

广域网连接线路	最大带宽	特　征
ATM	622Mbit/s	ATM 是一种基于信元中继的技术。用于组建大型高容量广域网络的干线。ATM 除了具有越来越高的带宽，最直接的优点就是在同一个平台上把语音和基于局域网的通信融为一体
SMDS	1.544Mbit/s 和 44.736Mbit/s	用来连接多个局域网。与 ATM 密切相关，最大带宽可达 44.736Mbit/s，典型的传输介质包括双绞线对称电缆和光纤，应用不很广，费用相对较高
ISDN	128kbit/s	ISDN BRI 在二个 B 信道同时用于传输数据时，速率最大。通常适用于终端节点和小的分支机构，也可作为其他广域网连接的备份。可同时传输数据和语音
T1、T3	1.544Mbit/s 和 44.736 Mbit/s	广泛应用于电信行业
xDSL	384kbit/s	非对称线路电信技术，采用复杂的算法从已有的终端电话基础设施中挤出更多的带宽。其中 ADSL（非对称 DSL）上传速率约64kbit/s，下传速率可达 6Mbit/s 的全双工线路。DSL 固有的不对称性十分适合互联网环境
SONET	9952Mbit/s	高速光纤传输，常用于主干网铺设
Cable Modem	10Mbit/s	将数据信号和有线电视信号集中放在同一条电缆上，实现一根线路结合多种信号的功能。但是带宽会随网段上用户的增加而减少，与共享式局域网相类似，费用相对较低，典型传输介质为同轴电缆
异步拨号	56kbit/s	使用普通电话线来提供有限的带宽，具有高可用性，适合家庭用户和移动用户
地面无线	11Mbit/s	无需使用有线介质，存在多种无线的广域网链路，费用较低，通常要求视距范围内，使用程度适中
人造卫星无线	2Mbit/s	人造卫星连接可以为处于蜂窝电话网络中的用户和位置偏远、距离任何线缆都很远的用户提供服务，使用将越来越广泛，但速率较低，费用偏高

知识引导 5.2　广域网组网技术的选择

　　如果要实现双向实时的信息交换，要求广域网线路必须是固定的数据传输通道。我国目前可以考虑使用的广域网组网技术有哪些？合理选择广域网组网技术来完成远距离的双向实时信息交换，必须对各种广域网组网技术（PSTN、X.25、DDN、FRN、ISDN）的组成、结构、特点、应用等有较深层次的理解，必须对各种组网技术从传输速率、是否面向连接、是否支持组播、是否支持 PVC 等加以比较，从而结合实际情况选择合适的广域网组网技术。

5.2.1　公共交换电话网（PSTN）

1．PSTN 概述

公共电话交换网（ Public Switched Telephone Network，PSTN）是以电路交换技术为基础

的、用于传输模拟语音的网络。目前，全世界的电话数目早已达几亿部，并且还在不断增长。

要将如此之多的电话连在一起并能很好地工作，唯一可行的办法就是采用分级交换方式。概括起来，电话网主要由三个部分组成：本地回路、干线和交换机。其中，干线和交换机一般采用数字传输和交换技术，本地回路（又称用户环路）基本上采用模拟线路。由于 PSTN 的本地回路是模拟的，当两台计算机想通过 PSTN 传输数据时，中间必须经双方 Modem 实现计算机数字信号与模拟信号的相互转换，如图 5-8 所示。

图 5-8　跨越广域网的调制解调器之间的连接

PSTN 是一种电路交换的网络，可看作是物理层的一个延伸，在 PSTN 内部没有上层协议进行差错控制。通信双方建立连接后，电路交换方式独占一条信道，即使通信双方无信息交互时，该信道也不能被其他用户所利用。

用户可以使用普通拨号电话线，或租用一条电话专线进行数据传输，使用 PSTN 实现计算机之间的数据通信是最廉价的。由于 PSTN 线路的传输质量较差，带宽有限，再加上 PSTN 交换机没有存储功能，只能用于对通信质量要求不高的场合。目前，通过 PSTN 进行数据通信的最高速率不超过 56kbit/s。

2．PSTN 通信协议

PSTN 主要适用于两种情况。

- 将成千上万的各种局域网连接起来，每个局域网含有多众多主机和一些联网设备以及连接至外部的路由器，通过点到点的租用线路和远地路由器相连。
- 成千上万用户在家里通过调制解调器和拨号电话线连接到 Internet，这也是 PSTN 的最主要应用。

无论是路由器对路由器的租线连接，还是拨号的主机到路由器的连接，都需要制定点到点的数据链路协议，用以组成帧、进行差错控制和其他的数据链路层功能。其中，SLIP 和 PPP 协议得到广泛应用。

（1）串行 IP 协议（SLIP）。

SLIP 于 1984 年制定，协议文本描述为 RFC1055。

SLIP 工作过程：当发送方发送 IP 分组时，在数据帧的末尾带上一个专门的标志字节（OXCO）。如果在 IP 分组中含有同样的标志字节，则帧的末尾添加两个填充字节（OXDB、OXDC）；如果 IP 分组中含有 OXDB，则添加同样的填充字节。

SLIP 在应用中存在的问题如下。

- 协议无任何检错和纠错功能。
- 只支持 IP 分组。
- 每一方需要知道另一方面的 IP 地址，且在设置时不能动态赋给 IP 地址。
- 不提供任何的身份验证。
- 未被接受为 Internet 标准。

（2）点对点协议（PPP）。

PPP 是一个工作于数据链路层的、由 Internet IETF 制定的广域网协议，描述于 RFC1661。

主要功能：成帧的方法可清楚地区分帧的结束和下一帧起始，帧格式可处理差错检测；链路控制协议 LCP 用于启动线路、测试、任选功能的协商以及关闭连接；网络层任选功能的协商方法独立于使用的网络层协议，因此可适用于不同的网络控制协议 NCP。

工作过程如下。

① 发送方通过 Modem 呼叫 ISP 路由器，然后路由器一边的 Modem 响应电话呼叫，建立一个物理连接。

② 接着发送方对路由器发送一系列的 LCP 分组，用这些分组以及其响应来选择所用的 PPP 参数。

③ 当双方协商一致后，发送方发送一系列的 NCP 分组以配置网络层获取动态 IP 地址，发送方就成为一个 Internet 主机，可以发送和接收 IP 分组。

④ 当发送方用户完成发送、接收功能后不需要再联网时 NCP 用来断开网络层连接，并且释放 IP 地址，然后 LCP 断开链路层连接。

⑤ 最后发送方通知 Modem 断开电话，释放物理层连接。

5.2.2　公用数据分组交换网（X.25）

1．X.25 概述

X.25 协议（又称 Recommendation X.25）最早的 WAN 协议之一，采用是 20 世纪 60 年代和 70 年代开发的分组交换技术。1976 年，X.25 协议被国际电话与电报顾问委员会（Consultative Committee on International Telegraph and Telephone，CCITT，现在是 ITU-T）采纳，用于国际公用电话数据网（PDN）中。X.25 协议主要定义了数据是如何从 DTE 发送到分组交换机或访问设备等 DCE 中的。X.25 协议提供了点对点的面向连接的通信，不是一点到多点的无连接通信。

X.25 服务刚刚引入商业领域时，传输速度限制在 64kbit/s 内。1992 年，ITU-T 更新 X.25 标准，传输速度可高达 2.048Mbit/s。目前，X.25 服务在欧洲的应用比美国还要广泛，有些欧洲的网络可支持的速度高达 9.6Mbit/s。X.25 协议不是高速的 WAN 协议。

2．X.25 和 OSI 模型

尽管 X.25 协议出现在 OSI 模型之前，但是 ITU-T 规范定义了在 DTE 和 DCE 之间的分层的通信，与 OSI 模型的底三层相对应，如图 5-9 所示。

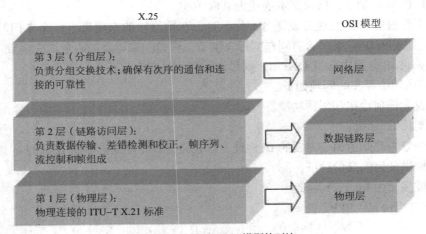

图 5-9　X.25 和 OSI 模型的对比

（1）物理层。

物理层由 ITU-T 的 X.21 标准定义，该层控制着 DTE 和 DCE 之间建立物理连接和维持物理连接所必须的机械、电气、功能和规程特性。如图 5-10 所示。物理层使用同步通信来传输数据帧，在物理层中包含着电压级别、数据位表示和定时及控制信号。X.25 物理接口与 PC 串行通信端口的 EIA-232C/D 标准很相似。

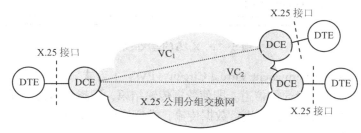

图 5-10　X.25 规定 DTE 与 DCE 间的接口标准

（2）链路访问层。

X.25 的第 2 层等价于 OSI 模型的数据链路层的 MAC 子层，处理数据传输、编址、错误检测和校正、流控制和 X.25 帧组成等。其中包含均衡式链路访问过程（Link Access Procedure-Balanced，LAPB）协议，用来建立或断开 WAN 上的虚拟连接。虚拟连接是通信介质中两点之间的逻辑连接。在一个物理连接或通信电缆中，可以有多个虚拟的 X.25 连接。LAPB 还可以确保帧按发送的顺序接收，接收时未受任何损害。

（3）分组层。

第 3 层分组层类似于 OSI 的网络层。该层处理信息顺序的交换，并确保虚拟连接的可靠性。该层可在一个虚连接上同时转接多达 4095 个虚拟连接。

第 3 层提供以下基本服务。

● 在主机等 DTE 和 X.25 适配器等 DCE 之间创建两个逻辑通道，一个信道用于发送端，一个用于接收端。

● 在逻辑通道机器相连的网络设备接口之外创建虚拟电路。

● 当有多个 X.25 用户时，可以进行多路转接器（交换机）通信会话。

3. X.25 的层次关系

● 用户数据在 X.25 的分组层（相当于网络层）加上 X.25 的首部控制信息后，组装成为 X.25 分组。

● 在数据链路层使用 HDLC 的一个子集——平衡型链路接入规程 LAPB。

● 在分组层 DTE 与 DCE 之间可建立多条逻辑信道（0～4095 号），使一个 DTE 同时和网上其他多个 DTE 建立虚电路并进行通信。

● X.25 还规定了在经常需要通信的两个 DTE 之间可以建立永久虚电路。这些虚电路号以及分组序号等控制信息都写在 X.25 分组的首部中，如图 5-11 所示。

4. X.25 的数据传输方式

X.25 网络可以用三种方式传输数据。

（1）交换型虚电路（Switched Virtual Circuit，SVC）方式。

通过 X.25 交换机建立节点到节点的双向信道。这种电路是逻辑的连接，只在数据传输期间存在。一旦传输结束就拆除虚电路，使其他节点可以使用这个信道。

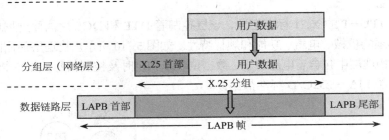

图 5-11　X.25 的层次关系

（2）永久型虚电路（Permanent Virtual Circuit，PVC ）方式。

一种永久保持着的逻辑通信信道。即使数据传输结束，逻辑信道仍然保持。用户之间需要通信时，无需建立连接即可直接进行数据传输，类似使用专线一样。

（3）数据报方式。

各个分组数据都编址到给定的目标地址，根据选择的路径不同，到达的时间可能不同。数据报不用在全球网络上，但也包含在 Internet 的 ITU－T 规范中。X.25 Internet 数据报在 X.25 分组中封装了 IP 层，X.25 设备意识不到 IP 组件的存在。IP 网络地址只是简单地映射到 X.25 的目标地址上。

5．X.25 的组成

（1）DTE：DTE 可以是终端，也可以是各种类型的主机。

（2）DCE：DCE 可以是诸如 X.25 适配器、访问服务器或分组交换机等的网络设备，用来将 DTE 连接到 X.25 网络上。

（3）分组拆装器（Packet Assenbler /Disassembler，PAD）：一种将分组封装为 X.25 格式并添加 X.25 地址信息的设备。分组到达目标 LAN 时，可以删除 X.25 的格式信息。PAD 中的软件可以将数据格式化并提供广泛的差错检验功能。

每个 DTE 都是通过 PAD 来连接在 DCE 上的。PAD 具有多个端口，可以给每一个连接于其上的计算机系统建立不同的虚拟电路。DTE 向 PAD 发送数据，PAD 按 X.25 格式将数据格式化并编址，然后通过 DCE 管理的分组交换电路将其发送出去。DCE 连接在分组交换机（Packet-Switching Exchange，PSE）上，PSE 是 X.25 WAN 网络中位于厂商站点的一种交换机。客户 DCE 通过高速的电信线路（如 T1 或 E1 线路）连接在厂商 PSE 上，PSE 将 X.25 格式的分组路由到 X.25 广域网的另一个交换机或分组的目标网络上。

6．X.25 的应用

X.25 网络可以在 LAN 之间提供全世界范围的连接，而且可以在节点不通信时释放不使用的带宽，因而 X.25 网络非常盛行。从 20 世纪 70 年代到现在，X.25 一直在广域网连接领域中发挥着重要的作用，如今，正被更快速的技术如帧中继、SMDS 和 SONET 取代。

5.2.3　数字数据网（DDN）

1．DDN 的概述

数字数据网（Digital Data Network，DDN）是一种利用数字信道提供数据通信的传输网，主要提供点到点及点到多点的数字专线或专网。

DDN 的传输介质主要有光纤、数字微波、卫星信道等。DDN 采用计算机管理的数字交叉连接（Data CrossConnection，DXC）技术，为用户提供半永久性连接电路，即 DDN 提供的信道是非交换、用户独占的永久虚电路（PVC）。一旦用户提出申请，网络管理员即可通过软件命令改变用户专线的路由或专网结构，无需经过物理线路的改造扩建工程，因此，DDN极易根据用户的需要，在约定的时间内接通所需带宽的线路。

DDN 提供点对点及一点对多点的大容量信息传送通道，实质是将数万、数十万条以光缆为主体的数字电路，通过数字电路管理设备构成一个传输速率高、质量好，网络时延小、全透明、高流量的数据传输基础网络。1994 年，中国正式开通公用数字数据网，至今有十多年的时间，DDN 已涉及气象、公安、铁路、医院、证券业、银行、金卡工程等实时性较强的数据交换行业。

2．DDN 网络结构

DDN 网络由数字通道、DDN 节点、网管中心 NMC 和用户环路组成，如图 5-12 所示。

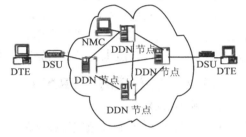

图 5-12　DDN 网络结构

（1）DTE：数据终端设备，用于接入 DDN 网，可以通过路由器连到整个局域网，也可以是一般的异步终端或图像设备，以及传真机、电传机、电话机等。DTE 和 DTE 之间是全透明传输。

（2）DSU：数据业务单元，通常指调制解调器或基带传输设备，以及时分复用、语音/数字复用等设备。

（3）NMC：网管中心，可以方便地进行网络结构和业务的配置，实时监视网络运行情况，进行网络信息、网络节点告警、线路利用情况等收集、统计报告。

3．DDN 系统的组成

DDN 对应 OSI 参考模型的物理层、数据链路层和网络层，主要由四大部分组成：　本地传输系统、交叉连接和复用系统、局间传输及同步时钟系统、网路管理系统。

（1）本地传输系统：从终端用户至数字数据网的本地用户设备和用户环路，一般采用普通的市话用户线，也可使用电话线上复用的数据设备（DOV）。

（2）交叉连接和复用系统：指 DDN 节点。复用是将低于 64 kbit/s 的多个用户的数据流按时分复用的原理复合成 64 kbit/s 的集合数据信号，再将多个集合信号按数字通信系统的体系结构进一步复用成 2.048 Mbit/s 或更高速率的信号。交叉连接是由网管中心操作员将一个复用器的输出与另一复用器的输入交叉连接起来，实现半永久性的固定连接。

（3）局间传输及同步时钟系统：局间传输是节点间的数字通道以及各节点与数字通道的连接方式组成的网络拓扑，大部分局间传输均采用已有的数字信道来实现。同步时钟是为保证全 DDN 设备同步工作采用的数字通信网的全网同步时钟系统。同步时钟通常采用全球定位系统（GPS）来实施。

（4）网路管理系统：通过 DDN 的网管中心实现对网上资源、路由、用户接入、网络状态监测、网络故障诊断、维护与处理等的集中管理，对网络运行的各种数据的收集与统计、计费信息的收集与报告等。

4．DDN 网络业务功能及应用

DDN 是一个全透明网络，能提供多种业务来满足各类用户的需求。

（1）为分组交换网、公用计算机互联网等提供中继电路，应用于数据、图像、语音传输。

（2）租用专线业务，可提供点对点、一点对多点的业务，应用于金融证券公司的股市行情广播及交易、银行联网、科研教育系统、政府部门租用 DDN 专线组建自己的专用网等。

（3）提供帧中继业务，扩大 DDN 的业务范围。用户通过一条物理电路可同时配置多条虚连接。

（4）提供语音、G3 传真、图像、智能用户电报等通信。

（5）提供虚拟专用网业务。大的集团用户可以租用多个方向、较多数量的电路，通过自己的网络管理工作站进行管理，分配电路带宽资源，组成虚拟专用网。

此外，DDN 网特别适用于业务量大、实时性强的数据通信用户使用。例如火车票联网售票系统：利用 DDN 专线和分组交换网传输质量高、取送数据快速、灵活、安全、准确的特点，开发火车联网售票系统，实现火车票代售点联网售票，全部数据取自火车站的中心机房，旅客在宾馆等代售点就可以买到车票，这一做法既大大方便了旅客，又提高了铁路部门的服务质量。此外，代售点也可以吸引旅客，提高服务质量，增加收入。

5.2.4　帧中继网（FRN）

1．帧中继概述

1984 年，ITU 开始分组交换技术的"改造工程"，在 X.25 已有基础上，摒弃 X.25 管理繁琐的差错检测和纠错过程，改造原有的帧格式，提出一种新的分组交换技术——帧中继（Frame Relay，FR）技术，对应的标准为 ITU Q922。帧中继的用户接入速率通常在 64kbit/s～2Mbit/s 之间，局间中继传输速率一般为 2Mbit/s、34Mbit/s，甚至可达到 155Mbit/s。

帧中继技术淡化了交换设备上的层次概念，将数据链路层和网络层进行了融合。融合的目的，一方面减少了层次之间的接口处理，另一方面可以通过对融合的功能进行分析，发现冗余项并进行简化。"优化"交换设备性能的另一方面是简化流量控制的功能。上述的优化使帧中继成为一种极为精简的协议，仅仅需要提供组帧、路由选择和调整传输功能，从而可以获得较高的性能和有效性。

帧中继保留了 X.25 链路层的 HDLC 帧格式，但不采用 HDLC 的平衡链路接入规程 LAPB（Link Access Procedure Balanced），而是采用 D 通道链路接入规程 LAPD（Link Access Procedure on the D-Channel）。LAPD 规程能在链路层实现链路的复用和转接，而 X.25 只能在网络层实现该功能。由于帧中继可以不用网络层而只使用链路层来实现复用和转接，因而帧中继的层次结构中只有物理层和链路层。

与 X.25 相比，帧中继在操作处理上作了大量的简化。帧中继不考虑传输差错问题，其中间节点只做帧的转发操作，不需要执行接收确认和请求重发等操作，差错控制和流量控制均交由高层端系统完成，大大缩短了节点的时延，提高了网内数据的传输速率。

2．帧中继网络的特点

（1）对应 OSI 低二层，即物理层和链路层服务，并提供部分的网络层功能。

（2）传输介质采用光纤，传输误码率低。

（3）由端系统实现分组重发、流量控制、纠正错误、防止拥塞（正向拥塞通知、反向拥塞通知、丢失指示等）等处理过程；节点处理过程得到简化，处理时间缩短，网络时延降低。

（4）具有灵活可靠的组网方式，可采用永久虚电路（或交换虚电路）的方式，一条物理连接能够提供多条逻辑连接，用户所需的入网端口数减少。

（5）按需分配带宽，用户支付一定的费用购买"承诺信息速率"，当突发性数据发生时，在网络允许的范围内，可以使用更高的速率。

（6）只需对现有数据网上的硬件设备稍加修改，进行软件升级即可实现，操作简单、方便、用户接入费用相应减少。

3．帧中继网络组成

典型的帧中继网络由用户设备与网络交换设备两部分组成，如图 5-13 所示。

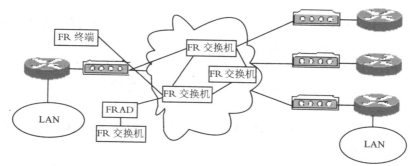

图 5-13　帧中继网络

帧中继网络的核心设备是 FR 交换机，功能与以太网交换机类似，也是在数据链路层完成对 FR 帧的传送。帧中继网络中的用户设备负责把数据帧送到帧中继网络。通常，用户设备包含帧中继终端和非帧中继终端两类，非帧中继终端必须通过帧中继拆装设备 FRAD 才能接入帧中继网络。LAN 的接入通过路由器和同步 Modem 接入帧中继网络。

4．帧中继的帧格式

帧中继的帧格式如图 5-14 所示，与 HDLC 的帧格式相比较，少了控制字段。

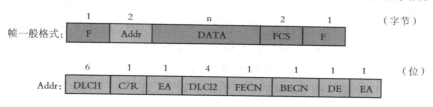

图 5-14　帧中继的帧格式

- 标志字段 F 和帧校验序列 FCS 的作用与 HDLC 类似。F 字段标志帧的起始和结束，比特模式为 01111110，可采用 0 比特插入法实现数据的透明传输。FCS 字段用于帧的检错，若传输中出错，由接收端丢弃并通知发送端重发。
- 地址字段的主要作用是路由寻址，兼管拥塞控制。地址字段一般由 2 个字节组成，需要时可扩展到 3 或 4 个字节，如图 5-14 所示。
- 数据链路连接标识符 DLCI 分两部分共 10 比特组成，用于唯一标识一个虚连接。
- 命令/响应位 C/R 与高层应用有关，帧中继本身并不使用。
- 扩展地址位 EA 为"0"表示下一字节仍为地址，为"1"表示地址结束，用于对地址字段进行扩展。对于 2 字节地址，高位 EA 为"0"，低位 EA 为"1"。
- 发送方将前向显示拥塞通知位 FECN 置"1"，用于通知接收方网络出现拥塞；接收方将反向显示通知位 BECN 置"1"，用于通知发送方网络出现拥塞。
- 可丢弃位 DE 由用户设置，若置"1"，表示当网络发生拥塞时，该帧可被优先丢弃。

5．帧中继的应用

帧中继应用领域十分广泛，可作为公用网络的接口进行 LAN 互连，也可作为专用网络的接口用于组建虚拟专用网络进行图像传送。专用网络接口的典型实现方式：为所有的数据设备安装带有帧中继网络接口的 T1 多路选择器，而其他如语音传输、电话会议等应用则是仅需安装非帧中继的接口。

帧中继的主要应用场合如下。

（1）LAN 的互连。

帧中继具有支持不同数据速率的能力，非常适于处理 LAN-LAN 的突发数据流量。传统的局域网互连每增加一条端-端线路，就要在路由器上增加一个端口。基于帧中继的 LAN 互连，只要 LAN 内每个用户至网络间有一条带宽足够的线路，既不用增加物理线路，也不占用物理端口，即可增加端-端线路，不会对用户网络性能产生影响。

（2）语音传输。

帧中继不仅适用于对时延不敏感的 LAN 应用，还适用于时延要求较高的低档语音（质量优于长途电话）的应用。

（3）文件传输。

帧中继既可保证用户所需带宽，又有较满意的传输时延，非常适合大流量文件的传输。

5.2.5 综合业务数字网（ISDN）

1．ISDN 概述

综合业务数字网（Integrated Services Digital Network，ISDN）产生于 20 世纪 80 年代，是基于单一通信网络的，能提供包括语音、文字、数据、图像等综合业务的数字网，又称"一线通"，即可在一条线路上同时传输语音和数据信号，用户打电话和上网均可同时进行。ISDN 的目标是提供经济有效的端到端的数字连接，以支持广泛的服务，包括语音和非语音的服务。用户只需通过有限的网络连接及接口，即可在很大的区域范围、甚至全球范围内存取网络的信息。ISDN 可分为窄带 ISDN（N-ISDN）和宽带 ISDN（B-ISDN）两种技术。我国自 1995 年起开始在一些主要城市实现 N-ISDN 的商业应用。

1984 年 10 月，ITU 推荐的 ISDN 标准中给出了如下的定义："ISDN 是由综合数字电话网（IDN）演变发展而来的一种网络，它提供端到端的数字连接以支持广泛的业务，包括语音和非语音的业务，它为用户入网提供了一组少量的多用途网络接口。"

从 ISDN 的定义可以归纳三个基本特性：端到端的数字连接，综合的业务和标准的入网接口。

（1）端到端的数字连接。

ISDN 是一个数字网，网上所有的信息均以数字形式进行传输和交换。无论是语音、文字、数据还是图像，事先都在终端设备中被转换成数字信号，经 ISDN 网的数字信道传输到接收方的终端设备后，再还原成原来的语音、文字、数据和图像。

（2）综合业务。

从理论上说，任何形式的原始数据，只要能转换成数字信号，都可以通过 ISDN 进行传输和交换。典型业务有语音电话、电路交换数据、分组交换数据、信息检索、电子信箱、电子邮件、智能电报、可视图文、可视电话、可视会议、传真、监视等。数据速率不超过 $N\times$ 64kbit/s（N 为 $1\sim30$）的业务，可以采用窄带 ISDN（N-ISDN）；需要更高数据传输速率的业务，应采用宽带 ISDN（B-ISDN）。

（3）标准的入网接口。

ISDN 向用户提供一组标准的、对各类业务都是通用的多用途网络接口，即用户的不同终端均可以通过同一个接口接入网络。

2．ISDN 的组成

如图 5-15 所示，ISDN 由众多的终端、终端适配器（TA）、网络终端设备（NT）、线路终端设备和交换终端设备等组成。ISDN 用户终端分为两类：标准的 ISDN 终端（连接 S 参考点）和非标准的 ISDN 终端（通过终端适配器 TA 连接的诸如普通电话机、传真机、PC 等）。网络终端也可分为网络终端 NT1 和网络终端 NT2 两类。

ITU 定义了 R、S、T 和 U 四个参考点，如图 5-15 所示，U 参考点连接 ISDN 交换机和 NT1，可采用双绞线或光纤；T 参考点是 NT1 上提供给用户的连接器；S 参考点是 ISDN 的 CBX 与 ISDN 标准终端的接口；R 参考点利用多个不同的接口连接终端适配器 TA 和非标准的 ISDN 终端。

图 5-15　ISDN 的基本组成

- 标准 ISDN 终端：通常指符合 ISDN 接口标准的用户设备，如电话机、传真机、可视电话终端等，一般都接入 ISDN 的 S/T 参考点处。
- 非标准的 ISDN 终端：指不符合 ISDN 接口标准的用户设备，如图 5-15 中普通话机、普通传真机、X.25 个人电脑等，接入 ISDN 的 R 参考点之前必须先经过终端适配器 TA 的转换才能完成。
- 网络终端 NT1：设置在用户处的物理和电器终端装置，属于网络服务运营商提供的设备，是网络的边界。NT1 不但起连接器的作用，还包括网络管理、测试、维护和性能监视等功能。从 OSI 参考模型看，NT1 是一个物理层设备，接入时通过 U 参考点接入网络，可采用双绞线，最远可达 1000m 的距离。
- 网络终端 NT2：又称智能网络终端，与 ISDN 交换机类似，如数字 PBX、集中器等，可以完成交换和集中的功能。通常，NT2 通过 T 参考点与 NT1 连接，对各种电话、终端以及其他设备提供真正的接口，T 参考点采用 4 线电缆。NT2 常用用于大型企业单位、带有 PBX 的 ISDN 系统。如果 ISDN 没有 NT2，只能用于普通家庭，此时 S 和 T 参考点可以合在一起成为 S/T 参考点。

3．ISDN 的接口结构

用户–网络接口是用户设备和 ISDN 交换系统之间通过比特流的"管道"，无论数字位是来自数字电话、数字终端、数字传真机还是任何其他设备，都能通过接口双向传输。

用户–网络接口采用比特的时分复用技术，支持多个独立的通道。在接口规范中定义了比特流的确切格式以及比特流的复用。ITU 定义了两种用户–网络接口标准，即，基本速率接口

BRI（Basic Rate ISDN）和基群速率接口 PRI（Primary Rate ISDN）。

（1）基本速率接口 BRI。

BRI 是将现有电话网的普通用户线作为 ISDN 用户线而规定的接口，是最常用的 ISDN 用户–网络接口。BRI 接口提供了两路 64kbit/s 的 B（载荷）信道和一路 16kbit/s 的 D（信令）信道，即 2B+D 结构，如图 5-16 所示。用户能利用的最高传输速率为 64*2+16=144kbit/s。B 信道用于传输语音和数据，可以与任何电话线一样连接。D 信道用于发送 B 信道使用的控制信息（即信令）或用于低速的分组数据传输。BRI 一般用于较低速率的系统中。

（2）基群速率接口 PRI。

有两种接口：一种 PRI 接口提供 30 路 64kbit/s 的 B 信道和一路 64kbit/s 的 D 信道，即 30B+D，传输速率与 2.048Mbit/s 的脉码调制（PCM）的基群对应；另一种 PRI 接口提供 23 路 64kbit/s 的 B 信道和一路 64kbit/s 的 D 信道，即 23B+D，美国、日本和其他一些国家都用其作为主要速率接口的标准，传输速率与 1.544Mbit/s（T1）的 PCM 基群对应，如图 5-17 所示。同样，B 信道用于传输语音和数据，D 信道用于传输语音和数据，D 信道用于发送 B 信道使用的控制信号或用于用户分组数据传输，PRI 一般用于需要更高速率的系统中。当用户需求的通信容量较大时，类似大企业或大公司的专用通信网络，一个基群速率接口不够使用，可以多装几个基群速率接口，从而增加信道数量。存在多个基群速率接口时，可以将多个接口合用一个 D 信道，不必为每个基群速率接口分别设置单独的 D 信道。

图 5-16　2B+D

图 5-17　23B+D

4．ISDN 协议参考模型

ISDN 参考模型是 ITU—T 制定的一组跨越 OSI 模型的物理层、数据链路层和网络层的标准，与 OSI 参考模型的最大区别在于多信道访问接口结构以及公共信道信令，它包括了多种通信模式和能力：在公共信道信令控制下的线路交换连接，在 B 信道和 D 信道上的分组交换通信，用户和网络设备之间的信令、用户之间的端到端的信令，在公共信令控制下同时实现多种模式的通信。

（1）用于线路交换的 ISDN 网络结构及协议。

包括 B 信道和 D 信道。B 信道透明地传送用户信息，用户可用任何协议实现端到端通信；D 信道在用户和网络间交换控制信息，用于呼叫建立、拆除和访问网络设备。D 信道上用户与 ISDN 间的接口由三层模型组成，即物理层、数据链路层 LAPD 和公共信令系统 CCSSNO.7。

（2）用于低速分组交换的 ISDN 网络结构及协议。

使用 D 通道，本地用户接口只需要执行物理层功能，作用如同 X.25 的 DCE。

5．ISDN 的应用

ISDN 为用户提供承载、用户终端和补充三大综合业务。这些业务涉及的应用范围十分广泛，主要的应用领域有局域网、电视会议、家庭（居家办公、上网、电子购物、自动读表）、视频领域（桌面系统、远程教学、远程医疗等）、商业销售点（POS）系统、证券交易等。

（1）ISDN 在局域网的应用。

ISDN 依据 PRI 和 BRI 的接口能力，为用户实现灵活的端到端的数字连接，即局域网的扩展和互连以及提供远程局域网访问。

（2）ISDN 在电视会议和远程教学、医疗及家庭的应用。

① 在电视会议中的应用。

ISDN 电视会议系统能为两个以上的异地用户建立语音桥路和数据桥路，用户既可以进行面对面的信息交流，又可以利用数据会议的通信功能共同阅览、编辑同一个文件，共享图形、报表、文字处理文档主数据信息。实现数据会议功能时，只需在每个会议成员的终端上预先装入 ISDN 会议软件即可。由于 ISDN 具有标准的接口和灵活接入的特点，组织电视会议时只需用拨号方式即可灵活、方便地将世界各地的用户连接起来。

② ISDN 在桌面系统、远程教学、医疗的应用。

ISDN 可应用于计算机桌面系统，使两个以上的用户通过端到端的数字连接进行可视文件、图像和数据图表的信息交换。可进行交互式的通信，使得信息交换如同面对面的通信，特别适用于办公地点分散的公司和企业。将声频和视频技术加入教学过程，通过能够实时交互作用的 ISDN 技术将不同地理位置的学生与老师联系在一起。通过 ISDN 在医院之间建立高速的数字通信连接，确保医院间快速传送医疗文件诊病救人。所有远端的医生可以连到医疗技术中心，随时可就任何一个医疗项目请教专家或共享医疗信息资源，通过 ISDN 也可传送病人的 X 光片和病历等，帮助专家从远端对病情作出诊断。

③ ISDN 在家庭的应用。

ISDN 应用于居家办公除可提供 128kbit/s 的高速数据外，还能提供灵活的远程局域网的访问。一对 ISDN 线可同时提供 8 个终端使用，在一对 ISDN 线上除了连接 ISDN 数字话机外，还可通过 ISDN 终端适配器连接几台计算机终端、模拟话机、传真机和 Modem。此外，利用 ISDN 的主叫号码识别功能，在计算机终端上进行一定的编程，可对呼入的电话实现有选择的接入，确保计算机终端间的通信安全、可靠、实效。

（3）利用 ISDN 实现视像信息服务。

利用 ISDN 的图像处理功能，通过建立图像信息库，可实现视频信息咨询服务。

（4）ISDN 商业零售点（POS）的应用。

ISDN 可以提高商业零售连锁店经营效率，即 POS（Pointof Sales Service），主要用 ISDN 网路传送各种销售数据、库存和发货情况，分析市场动态，检查商业广告效果等。POS 应用也可以提供各类卡（信用卡等）的服务。POS 业务可以使远地终端通过 ISDN 连接访问中央计算机，实现信用卡核实、供贷卡核查、医疗保险的索赔处理、银行自动取款系统、自动售票和电子转账单位。

（5）接入 Internet。

用户可以通过 64kbit/s 的数字连接接入 Internet。这种方式速率快、效率高，目前成为 ISDN 的应用热点之一。

（6）数字专线。

ISDN 可以提供数字专线业务。国外 ISDN 大多用作大用户数字专线的备份电路。

5.2.6　广域网技术的比较

- PSTN 是采用电路交换技术的模拟电话网；当 PSTN 用于计算机之间的数据通信时，其最高速率不会超过 56 kbit/s。
- X.25 是一种较老的面向连接的网络技术，它允许用户以 64 kbit/s 的速率发送可变长的短报文分组。

- DDN 是一种采用数字交叉连接的全透明传输网，它不具备交换功能。
- 帧中继是一种可提供 2Mbit/s 数据传输率的虚拟专线网络。
- SMDS 是一个交换式数据报技术，它的数据传输率为 45Mbit/s。
- 设计 ATM 的目的是代替整个采用电路交换技术的电话系统，它采用信元交换技术。

表 5-2 给出了它们之间的比较。

表 5-2　　　　　　　　　　　　**各种广域网的比较**

网络技术 项　目	PSTN	X .25	DDN	FR	SMDS	ATM
面向连接	是	是	否	是	否	是
采用交换技术	否	是	否	否	是	是
分组长度固定	否	否	否	否	否	否
是否支持 PVC	否	是	否	是	否	是
是否支持组播	否	否	否	否	是	是
数据字段的长度（字节）	—	128	—	1600	9188	可变
数据传输率	56kbit/s	64kbit/s	2Mbit/s	2Mbit/s	45Mbit/s	155Mbit/s

知识引导 5.3　　了解虚拟广域网技术

近年来，随着虚拟专用网（Virtual Private Network，VPN）技术的快速发展，虚拟广域网技术也得到迅猛发展。虚拟广域网技术的产生和发展与企业信息化建设密不可分，但其应用范围却不局限于企业信息化建设，而是遍及政府部门、公司企业以及各种单位团体，虚拟广域网技术开拓了一种全新的 Internet 应用方式。

5.3.1　虚拟广域网的概念

1．虚拟广域网概述

虚拟广域网是从组织的角度出发，利用传统广域网资源，将组织上存在逻辑相关的分散在不同地理范围中的多个局域网连接成面向本组织的网络，组织成员在网络中可进行安全可靠的通信联系。实际上，就是把原来局限于单位的局域网在广域网上实现。

虚拟广域网刚起步时，主要利用广域网资源实现远程工作站和本部服务器之间的通信，使得对远程工作站的操作如同本部局域网中的普通工作站一样。虚拟广域网的实现，主要是通过某种点对点的隧道协议（如 PPTP 等），在远程工作站和本地机之间建立可相互传递信息的隧道。在此基础上，随着 Internet 的快速发展和用户需求的激增，分布在远程各地的用户越来越多、应用范围越来越广、变动越来越频繁，于是加入了对组成成员的管理、对网络资源的管理以及对成员间信息传递的安全保证等机制，逐渐形成一门新兴的综合性网络技术，VPN 就是其中的典型代表。

2．虚拟广域网特点

作为一门新兴的综合性网络技术，虚拟广域网应具备如下特点。

（1）成员之间存在一定的逻辑关系，通常是同一工作单位、部门、工作组或是某一次合作中的工作伙伴。

（2）各成员分布范围广，一般的局域网难以实现通信，只能借助广域网的资源进行通信。

（3）由于远距离通信，信息的安全、保密及可靠性显得更加重要，以保证信息在各成员间互通而不至于传送到虚拟广域网之外的节点。

（4）仍然保留原有局域网中的网络地址，不必转换成广域网地址。

5.3.2 虚拟专网技术 VPN

1．VPN 的概述

虚拟专用网 VPN（Virtual Private Network）不是真正的的专用网络，却能实现专用网络的功能。虚拟专用网是指依靠 ISP（Internet 服务提供商）或其他 NSP（网络服务提供商），在公共网络中建立专用的数据通信网络的技术。在虚拟专用网中，任意两个节点之间的连接没有传统专网所需的端到端的物理链路，而是使用公共数据网络的长途数据线路而形成的专用通道（隧道）。VPN 的网络结构如图 5-18 所示。

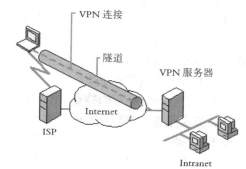

图 5-18　VPN 网络结构

虚拟专用网（VPN）被定义为通过一个公用网络（通常是因特网）建立的临时、安全的连接，是一条穿过混乱的公用网络的安全、稳定的隧道。由于 VPN 是在 Internet 上临时建立的安全专用虚拟网络，用户节省了租用专线的费用，在运行的资金支出上，除购买 VPN 设备外，企业付出的仅仅是向本地 ISP 支付的上网费用，节省了长途电话费。

虚拟专用网实际是对企业内部网的扩展。虚拟专用网可以帮助远程用户、公司分支机构、商业伙伴及供应商同公司的内部网建立可信的安全连接，并保证数据的安全传输，虚拟专用网可用于不断增长的移动用户的全球因特网接入，以实现安全连接，可用于实现企业网站之间安全通信的虚拟专用线路，用于经济有效地连接到商业伙伴和用户的安全外联网。

2．VPN 的分类

VPN 根据连接方式的不同可以分成拔号 VPN 和专线 VPN 二大类。

（1）拔号 VPN。

拔号 VPN 简称 VDPN（Virtual Dial-up Private Network），是一种通过电话拔号方式的专用网组建方式。拔号 VPN 可分为客户发起的（Client-Initiated）VDPN 和 NAS 发起的 VDPN。二者均是利用已遍布全国的拔号公网（如 PSTN 或 ISDN）来组建专用网络，接入地点不限，上网可节省长途拔号的费用。

（2）专线 VPN。

与 VDPN 通过拔号的方法接入公网不同，这类 VPN 的用户通过专线接入供应商网络并得到 VPN 服务。

3．VPN 的应用领域

VPN 有四个主要应用领域：企业内部网 Itranet、远程访问、企业外部网 Extranet 和企业内 VPN。另外，在很多涉及公司重要信息的传输以及对数据完整性、安全性要求比较高的场合，也大多选择 VPN 技术。

4．VPN 的发展趋势

Internet 已成为全社会的信息基础设施，企业端应用也大都基于 IP，在 Internet 上构筑应用系统已成为企业信息化建设的首选。因此，基于 IP 的 VPN 业务获得了极大的增长空间。

近年来，随着宽带技术的普及，很多企业纷纷从昂贵的 DDN 专线转移到多条 ADSL 或是光纤接入。多 WAN 路由器的普及，就是由于企业要求更有弹性的宽带接入需求而产生。多 WAN 路由器结合企业宽带是不可缺少的要素，VPN 为企业建立经济方便的互联网提供了一个更好的通讯平台。VPN 经过加密的技术，确保信息在公开的互联网安全传输，即使被拦截也无法解读。因此，多 WAN 路由器配合 VPN 的应用渐渐为 VPN 的规划者重视，在新的网络配置拓扑上纷纷采用基于多 WAN 路由器的 VPN 网络技术。

多 WAN 路由器的 VPN 网络的主要应用场合如下。

（1）预留带宽扩展空间。

很多 VPN 的客户开始时只用 VPN 支持单一应用，例如 EPR 接入。随着网络应用的发展，后续可能持续增加 VPN 的应用，如远端档共用、分支办公室间的 VoIP（可节省通讯话费），甚至影像会议，都需要扩展带宽。若是采用单一线路，未来势必要进行线路的升级。若采用多 WAN 路由器，开始先以 AD 线路作为 VPN 应用，待后续增加应用时，再升级增加 AD 线路或增加光纤线路。这样，可以使初始建设的成本较低，未来升级的空间较大，不会产生投资的浪费或设备的淘汰。

（2）解决跨网带宽瓶颈。

有些企业由于经营的特点，在国内不同区域或国外都有分支办机构，需要经由 VPN 交流信息。但企业总公司与分支机构使用不同的运营商线路组建 VPN，常常会发生网络带宽不稳定或 VPN 掉线情况。采用多 WAN 路由器，总部可同时连接不同运营商线路，配合策略路由，指定不同运营商的分支机构，各自用对应的线路建立 VPN 通道，可解决使用不同运营商线路带来的网络瓶颈。

（3）上网及 VPN 带宽分开管理方便。

对于上网人数较多又需要采用 VPN 的企业，网管希望能将 VPN 带宽和一般上网带宽分开，以免互相受到影响。多 WAN 路由器可支持多条线路，网管可将上网及 VPN 带宽分开，使 VPN 应用不致受到上网用户（如 BT 下载）的影响。VPN 应用需要带宽时，也不会限制一般用户的上网。

（4）保留线路给特定应用，提高通讯质量。

由于多 WAN 路由器可支持多个线路，加上 VPN 可确保安全及传输不受运营商的控管，受到企业的欢迎。例如，企业分支机之间的 VoIP 如果流出，就会让企业的信息外流。有些企业有时需进行较大文档的传输，例如设计图的交换、影像会议等。这时，网管可配置特定的线路给这些应用，以保证稳定的通讯质量，不致因为带宽不稳定而中断。

总之，基于多 WAN 路由器的 VPN 技术已成为当前广域网建设解决方案之一，它不仅大大节省广域网的建设和运行维护费用，而且增强了网络的可靠性和安全性。同时，多 WAN 路由器的 VPN 将加快企业网的建设步伐，使集团公司不仅仅只是建设内部局域网，而且能够很快地把全国各地分公司的局域网连起来，从而真正发挥整个网络的作用。

小结

广域网通常跨接很大的物理范围，能连接多个城市或国家，并能提供远距离通信。广域网内的交换机一般采用点到点之间的专用线路连接起来。广域网的组网方式有虚电路方式和数据报方式两种，分别对应面向连接和无连接两种网络服务模式。

PSTN 是采用电路交换技术的模拟电话网。当 PSTN 用于计算机之间的数据通信时，在计算机两端要引入 Modem。X.25 分组交换网是最早用于数据传输的广域网，它的特点是对通信线路要求不高，缺点是数据传输率较低。DDN 是一种采用数字交叉连接的全透明传输网，它不具备交换功能。帧中继网是从 X.25 网络上改进而来，它简化的 X.25 协议，提高了数据传输率。SMDS 提供无连接的报文传输服务，它的设计目标是用于 LAN 与 LAN 之间的高速通信。

虚拟广域网是利用传统广域网资源，将组织上存在逻辑相关的各个分散在广阔的不同地理范围中的多个局域网连接成专门面向本组织的网络，组织成员在该网络中可进行安全可靠的通信联系。虚拟专用网（VPN）被定义为通过一个公用网络（通常是因特网）建立一个临时的、安全的连接，是一条穿过混乱的公用网络的安全、稳定的隧道。VPN 有四个主要应用领域：企业内部网 Itranet、远程访问、企业外部网 Extranet 和企业内 VPN。

习题

一、填空题

（1）广域网技术主要对应于 OSI 参考模型底三层，即_____、_____、_____。

（2）广域网的物理层描述了连接方式，主要有_____、_____、_____三种类型。

（3）ISDN 提供二种类型的服务：基本速率接口（BRI）和基群速率接口（PRI）。BRI 有 2 个_____和 1 个_____，用于传输数据是_____，最大速率可达 128kbit/s；用来发送呼叫建立和中断信号的是_____。

（4）虚拟广域网是指从_____的角度出发，利用传统_____资源，将组织上存在_____相关的各个分散在广阔的不同地理范围中的多个_____连接成专门面向本组织的网络，组织成员在此网络中可进行安全可靠的通信联系。

二、问答题

（1）什么是广域网？广域网与局域网比较有哪些区别？

（2）广域网工作于 OSI 哪几层模型？每层有哪些常用协议？如何合理选择广域网协议？

（3）广域网有哪些连接类型？主要应用于哪些领域？

（4）选择虚电路服务还是数据报服务需要考虑哪些因素？

（5）试列表比较广域网线路 X.25、帧中继、ATM 和 ISDN 的特征。

（6）X.25 有哪几种数据传输方式？

（7）简要说明点对点协议（PPP）的工作过程。

（8）DDN 系统由哪几部分组成？

（9）什么是帧中继？帧中继网络具有哪些特点？

（10）试分别说明 ISDN 的基本组成中 R、S、T 和 U 四个参考点的含义。

（11）什么是 VPN？VPN 有哪些技术特点？

学习任务 6
网络互连技术

采用集线器和交换机，可以把局域网内部的服务器进行互联并提供服务。如果局域网内部的用户需要访问广域网，或者局域网需要对外提供服务，需要把局域网接入到广域网。网络之间的通信通常有两种连接方法：面向连接的通信方法和面向非连接的通信方法。

本任务主要学习三方面的内容：网络互连的基本原理，网络互连的类型和设备，网络互连解决方案的选择。

知识引导 6.1 网络互连解决方案

6.1.1 网络互连的基本原理

1．网络互连的基本概念

网络互连的几个概念如下。

（1）互连（Interconnection）：网络之间的互连，通常是指网络在物理上的连接。两个网络之间要进行通信，首先要保证网络之间互连，还需要在两个网络上安装互相兼容的网络通信协议，如 TCP/IP 或 IPX/SPX 协议，才能保证两个网络之间能互相通信。

（2）互连（internetworking）：网络在物理和逻辑上实现连接，尤其是逻辑上的连接。

（3）互通（intercommunication）：两个网络之间可以交换数据。例如，在 Internet 中，TCP/IP 屏蔽了物理网络的差异性，能保证在互连的不同网络中的计算机之间交换数据。互通涉及两台计算机之间端到端连接与数据交换，为不同计算机系统之间的互操作提供了条件。

（4）互操作（interoperability）：互操作性由高层软件实现，是指网络中不同计算机系统之间具有透明地访问对方资源的能力。例如，Internet 的两个互连网络中各有一台 DEll 工作站与一台 IBM 小型机，它们之间可以通过 TCP/IP 实现互通。但是，如果不解决两个操作系统的差异性问题，它们无法透明地互相访问对方资源。要解决这个问题，需要使用应用网关。

2．网络互连的目的

网络互连是将分布在不同地理位置的同构或异构网络通过互连设备连接起来，以构成更大规模的网络。通过网络互连，不仅可以实现网络之间的通信，而且还可以实现高级的用户服务，像电子邮箱、数据库、资源共享、数据处理、协同工作等服务。例如，使用支持不同接口的路由器，可以将各个学校的校园网互连，最终构成中国教育科研网，接入该网络的学校可以使用各个学校提供的包含 Web 站点、BBS 站点在内的资源。

在互连网络中，每个网络中的资源都应成为互连网中的资源。互连网络资源的共享服务与物理网络结构是分离的，互连网络结构对于网络用户是透明的，互连网络屏蔽了各子网在网络协议、服务类型与网络管理等方面的差异。

对不同的网络进行互连时，需要注意以下几个事项。

（1）两个网络之间要进行通信，首先需要一条物理和链路控制的链路。在两个网络之间建立的物理通信链路，是网络之间通信的基础。为了将容易出错的数据电路构建成相对无差错的数据链路，实现数据的可靠传输，需要提供链路控制。数据链路控制包含的功能有：帧控制、帧同步、差错控制、流量控制、链路管理、透明传输、寻址、异常状态传输等。

（2）网络之间的互连，需要提供不同网络节点的路由选择和数据传送。同一个子网之间的通信在数据链路层进行，各主机直接广播 ARP 包，并通过 MAC 地址进行通信。不同子网之间的通信需要借助网络层实现。提供丰富接口的路由器可以把异构或同构的网络互连，并根据网络状况，采用对应的路由协议，为不同网络之间的通信提供路由。常用的路由协议有 RIP、OSPF 等。两个网络之间借助 IP 数据包可以实现网络之间的通信。

（3）提供网络记账服务，记录网络资源使用情况，提供各用户使用网络的记录及有关状态信息。为保证网络的安全运行，需要对网络资源的使用情况进行统计，分析网络用户的行为，对网络使用者进行收费，并对以后网络的建设提供参照。

（4）网络互连时，应尽量避免由于互连而降低网络的通信性能。网连互连不能影响原有网络的正常使用。

（5）网络之间的互连，应保证对网络的原有的网络结构不造成影响。

3. 网络互连的层次

由于网络协议是分层的，网络互连也存在互连的层次问题。对照 OSI 层次模型，网络互连的层次可以分为以下 4 个层次。

（1）物理层。

用于不同地理范围的网段互连。物理层虽然处于 OSI 的最底层，却是整个开放系统的基础。物理层为设备之间的数据通信提供传输媒体和互连设备，为数据传输提供可靠的环境。物理层互连的设备是中继器、集线器。物理层的主要功能是为数据端设备提供传送数据的通路，数据通路可以是一个物理媒体，也可以是多个物理媒体连接而成。一次完整的数据传输，包括激活物理连接、传送数据、终止物理连接。所谓激活，就是无论有多少物理媒体参与，都要在通信的两个数据终端设备间连接起来，形成一条通路。

（2）数据链路层。

用于互连两个或多个同类型的局域网。数据链路层互连的设备是网桥、交换机。网桥可用于局域网之间的连接，也能支持局域网的远程连接，在网络互连中起到数据接收、地址过滤与数据转发的作用。用网桥实现数据链路层互连时，互连网络的数据链路层与物理层协议可以相同，也可以不同。

在物理媒体上传输的数据，难免受到各种不可靠因素的影响而产生差错，为弥补物理层的不足，为上层提供无差错的数据传输，需要对数据进行检错和纠错。数据链路的建立、拆除，对数据的检错、纠错，是数据链路层的基本任务。

数据链路层的主要功能包括链路连接的建立、拆除、分离，帧定界和帧同步，顺序控制，差错检测和恢复，链路标识，流量控制等。

（3）网络层。

主要用于广域网的互连中。工作在网络层的网间设备是路由器、第三层交换机。网络层互连主要是解决路由选择、拥塞控制、差错处理与分段技术等问题。路由器提供了各种速率的链路或子网接口，参与管理网络。用路由器实现网络层互联时，允许互连网络的网络层及以下各层的协议相同，也可以不同。

（4）高层。

高层指的是传输层及以上各层，负责高层之间不同协议的转换。高层互连的设备是网关（Gateway）。传输层及以上各层协议不同的网络之间互连，属于高层互连。高层互连使用的网关大多是应用层网关，简称应用网关（Application Gateway）。应用网关实现高层互连时，允许两个网络的应用层及以下各层网络协议不同。

6.1.2　网络互连的类型和设备

1．网络互连的类型

根据传输距离，计算机网络可以分为局域网、城域网和广域网三种类型。相应地，网络互连的类型主要有局域网（LAN）–局域网（LAN）、局域网（LAN）–广域网（WAN）、局域网（LAN）–广域网（WAN）–局域网（LAN）、广域网（WAN）–广域网（WAN）四种。

图 6-1 用虚线示意四种类型的连接。每一种连接类型中，必须在两个网络的连接处插入一个网关（或网桥），以便分组从一个网络传到另一个网络时作必要的转换。

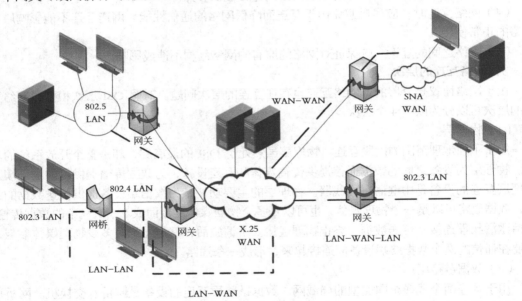

图 6-1　常见的网络互连类型

（1）局域网（LAN）–局域网（LAN）。

最常用的一种类型，可以分为两类：同构局域网的互连、异构局域网的互连。

① 同构局域网的互连：使用相同协议的局域网互连。例如，两个 Ethernet 的互连或者两个 Token Ring 网络的互连。这类互连比较简单，一般使用网桥、交换机、中继器或集线器等设备即可将分散在不同地理位置上的局域网互连起来。

② 异构局域网的互连：两种不同协议的共享介质的局域网互连。例如，ATM 局域网与传统共享介质局域网的互连，一个 Ethernet 与一个 Token Ring 网络的互连，都属于异构局域网的互连。异构局域网之间可以用网桥或交换机进行互连。

（2）局域网（LAN）–广域网（WAN）。

由于局域网的数量非常多，处于不同位置、相隔甚远的局域网之间要实现通信，需要借助广域网实现互连。实现互连的主要设备有路由器或网关（又称网间协议变换器）。

（3）局域网（LAN）–广域网（WAN）–局域网（LAN）。

将一个局域网通过一个广域网与另一个连接到该广域网上的局域网进行通信，两端的局域网均通过路由器或网关与广域网相连。

（4）广域网（WAN）–广域网（WAN）。

目前常见的网络互连方法之一，通过路由器或网关互连，可以使分别连入各个广域网的主机资源能够相互共享。

2. 网络互连的设备

网络互连时，常用的互连设备有集线器、交换机、路由器等。其中，集线器和交换机主要用于组成局域网，通过路由器可以把局域网接入到广域网。

（1）集线器。

集线器的主要功能是对接收到的信号进行再生整形放大，以扩大网络的传输距离，同时把所有节点集中在以它为中心的节点上。集线器工作于 OSI 参考模型的第二层，即"数据链路层"，采用 CSMA/CD 访问控制方式。

集线器属于纯硬件网络底层设备，基本上不具有类似于交换机的"智能记忆"能力和"学习"能力，也不具备交换机所具有的 MAC 地址表，采用广播方式发送数据。

（2）交换机。

以太网交换机实际是一个基于网桥技术的多端口第二层网络设备，为数据帧从一个端口到另一个端口的转发提供了低时延、低开销的通路。为了实现交换，交换机内部核心设置有一个交换矩阵，为任意两端口间的通信提供通路，或是一个快速交换总线，以便任意端口接收的数据帧从其他端口送出。在实际设备中，交换矩阵的功能往往由专门的芯片（ASIC）完成。

以太网交换机在设计思想上有一个重要的假设，即交换核心的速度非常快，以致通常的大流量数据不会使其产生拥塞，换句话说，交换的能力相对于所传信息量而言无穷大。与此相反，ATM 交换机在设计上的思路是认为交换的能力相对所传信息量而言有限。

（3）路由器。

路由器工作在 OSI 七层网络模型中的第三层，即网络层。路由技术由两项最基本的活动组成：决定最优路径和传输数据包。其中，数据包的传输相对简单和直接，路由的确定则复杂一些。路由算法在路由表中写入各种信息，路由器根据数据包要到达的目的地，选择最佳路径把数据包发送到可以到达该目的地的下一台路由器处。下一台路由器接收到该数据包时，也会查看其目标地址，并选择合适路径继续传送给后面的路由器。依次类推，直到数据包到达最终目的地。

路由器之间可以进行相互通信，可以通过传送不同类型的信息维护各自的路由表。路由更新信息一般由部分或全部路由表组成。通过分析其他路由器发出的路由更新信息，路由器可以掌握整个网络的拓扑结构。链路状态广播是另外一种在路由器之间传递的信息，可以把信息发送方的链路状态及时通知给其他路由器。

（4）二层交换机、三层交换机、路由器三种设备的对比。

① 二层交换机：主要应用在小型局域网（由 20~30 台以下计算机组成）中。在这种环境中，广播包影响不大。二层交换机的快速交换功能、多个接入端口和低廉价格为小型网络

用户提供了完善的解决方案，没有必要引入路由功能而增加管理的难度和费用，也没有必要使用三层交换机。

② 三层交换机：支持 IP，接口类型简单，拥有很强的二层包处理能力，适用于大型局域网。为减小广播风暴的危害，必须把大型局域网按功能或地域等划分为多个小的局域网，即多个小网段，这必然导致不同网段之间存在大量的互访。单纯使用二层交换机没有办法实现网络之间的互访；单纯使用路由器，由于端口数量有限，路由速度较慢，也会限制网络的规模和访问速度。在这种环境下，由二层交换技术和路由技术有机结合而成的三层交换机最适合。

③ 路由器：端口类型多，支持的三层协议较多，路由能力较强，适用于大型网络之间的互连。虽然不少三层交换机甚至二层交换机都有异构网络的互连端口，但一般大型网络的互连端口不多，互连设备的主要功能不是在端口之间进行快速交换，而是要选择最佳路径，进行负载分担、链路备份和最重要的路由信息交换，这些都需要具有路由功能。这种场合不可能使用二层交换机，是否使用三层交换机则视具体情况而定，影响的因素主要有网络流量、响应速度要求和投资预算等。使用三层交换机的最重要目的，是加快大型局域网内部的数据交换，所添加的路由功能也是为此目的服务的，因而路由功能没有同档次的专业路由器强。在网络流量很大的场合，如果三层交换机既做局域网内的交换，又做局域网之间的路由，必然会加重负担，影响其响应速度。在网络流量很大，又要求响应速度很高的情况下，由三层交换机负责局域网内的交换，由路由器负责局域网之间的路由，可以充分发挥不同设备的优势，是一个很好的组合。如果受到投资预算的限制，由三层交换机兼做网间互连，也是个不错的选择。

6.1.3 网络互连解决方案的选择

网络互连是指网络在物理和逻辑上实现互连，尤其是逻辑上的连接。要实现网络之间的逻辑互连，涉及两种通信协议：面向连接协议（Connection-Oriented Protocols）和面向无连接的协议（Connectionless Protocols）。选择的依据，取决于信息发送方需要与接收方联系并维持一个对话（面向连接的），或不需要任何预先联系即发送消息（面向无连接的），且希望接收方能顺序接收所有信息。两种解决方案揭示了网络上实现通信的两种途径。

● 在面向连接中，网络通信时顺序发送报文分组，并且以一种可靠的方法检测数据丢失和冲突，这种方法被"可靠的"传输服务使用。

● 在面向无连接中，网络通信时只需将报文分组发送到接收点，差错控制与流量控制由发送方和接收方处理，这种方法被"最佳工作（best-effort）"或"无应答（unacknowledged）"的传输协议使用。

假定某用户想给另一个城市的朋友发送一系列的信件，这些信件类似通过计算机网络发送的数据分组。信件的发送有两种方法：一种是把信件交给一位可信任的朋友专人传送，之后再证实已经发送。在信件的传送过程中，两端都保持着联系，这位朋友提供面向连接的服务。另一种是在信封上注明地址并将信件投进邮局，此时并没有得到每封信都会达到目的地的保证，如果信件到达了，它们可能在不同的时间到达并且不是连续的，这个过程类似面向无连接的服务。

1. 面向连接的通信（Connection-Oriented Communication）

两个端点之间先建立一条数据通信信道，这条信道提供一条在网络上顺序发送报文分组的预定义路径，这个连接类似于语音电话（先接通，后通话，通话后断开连接）。发送方与接收方保持联系以协调会话，接收报文分组或失败的信号。但是，这并不意味着面向连接的信道比面向无连接的信道使用了更多的带宽，两种服务都只在报文分组传输时才使用带宽。

为面向连接会话建立的通信信道是逻辑的，称为虚电路（Virtual Circuit）。与在网络上寻求一条实际的物理路径相比较，这条信道更关心保持两个端点的联系。在有多条到达目的地路径的网络中，物理路径在会话期间随着数据模式的改变而改变，但端点和中间节点一直保持对路径的跟踪，一台计算机上的应用程序启动与另一台计算机的面向连接的会话，通过访问基本的通信协议请求实现对话。在 TCP/IP 中，TCP 提供面向连接的服务，而较低层的 IP 提供传输服务。在 NetWare SPX/IPX 协议中，SPX 提供面向连接的服务。

由于报文分组通过虚电路传输，因而不需要使用全分组地址，原因是网络已经知道了发送方与接收方的地址。网络路径上的每个节点都保持跟踪虚电路和需要交换分组的端口，顺序编号用来保证分组的顺序流动。虚电路需要一个建立过程，电路一旦建立，即可为长时间的处理提供一条有效的路径，例如，由管理程序对网络站点的连续监控和许多大文件的传送。与此相比，面向无连接用于突发的、暂时的通信，这种类型的通信如果采用虚电路建立则不是很有效。

面向连接的会话建立过程如下。

（1）源应用程序请求一个面向连接的通信会话。

（2）建立会话。建立会话的过程需要一段时间，这也是在某些应用下选择面向无连接协议的一个原因。

（3）在逻辑连接上开始数据传输。

（4）传输结束时，信道解除连接。

在分组交换远程通信网络中，有些信道永不中断。两点之间建立的一条永久信道称为永久虚电路（Permanent virtual circuits，PVC）。PVC 类似于专用电话线。

面向连接的协议大部分位于传输层协议中。通用的面向连接的协议包括 Internet 和 UNIX 环境下的 TCP、Novell 的顺序分组交换 SPX、IBM/Microsoft 的 NetBIOS、OSI 参考模型的网络协议 CMNP。

面向连接协议最典型的例子是异步传输模式（Asynchronous Transfer Mode，ATM）。当 ATM 网络的用户要传输数据给目的端主机时，首先在节点间建立端到端的连接。当报文（又称信元）到达每个 ATM 交换机时，该交换机立即知道如何将这些报文转发给下一个 ATM 交换机，其中没有路由选择表的查找过程。IP 路由器的路由选择表中包含了整个网络中"跳"到"跳"的所有信息，并在该信息基础上进行路由选择，到达 IP 路由器的报文没有目的地的概率和路由器能够正确转发报文的概率一样大。在 ATM 网络中，如果端到端的路由不存在，数据帧将不能从源主机发送出去。

2. 面向无连接通信（Connectionless Communication）

通信前不必与对方先建立连接，无论对方状态如何，直接发送分组。这与手机发送短信非常相似：手机发送短信时，只需要输入对方手机号，即可直接发送短信。

在面向无连接通信中，网络除了把分组传送到目的地以外，不需要做任何事情。如果分组丢失，接收方必须检测出错误并请求重发；如果分组因采用不同的路由而没有按序到达，接收方必须将它们重新排序。面向无连接的协议有 TCP/IP 协议中的 UDP，NetWare 的 SPX/IPX 协议中的 IPX 协议，OSI 参考模型的面向无连接网络协议 CLNP。这些协议在网络层中。

在面向无连接的通信中，每个数据分组是一个在网络上传输的独立单元，称为数据报。发送方和接收方之间没有初始协商，发送方仅仅向网络上发送数据报，每个数据报含有源地址和目的地址。

面向无连接的通信中，没有对接收方发来的分组接收或未接收的应答，也没有流量控制，因此，分组可能不按次序到达，接收方必须对它们重新排序。如果接收到有错误的分组，则将其删除。重新整理分组时，将会发现被删掉的分组并请求重发。

使用面向无连接的协议有许多好处。性能上，面向无连接的策略通常更好，因为大多数网络上只有相对少的错误，被破坏或丢失的分组很少，端点不需要占用很多时间重发。

3. 两种服务的比较

面向连接服务适合于在一定期间内要向同一目的地发送许多报文的情况。通信前，必须先建立数据链路（又称虚电路），然后进行数据传输，传输完毕后，释放连接。数据传输时，好像一直占用着这条电路。面向连接服务传输数据安全，不容易丢失和失序，但虚电路的建立、维护和释放要耗费一定的资源和时间。

如果一种服务具有下列特征，可认为是面向连接的。

（1）建立一条虚电路（比如3次握手）。

（2）使用排序。

（3）使用确认。

（4）使用流量控制，流量控制的类型有：缓冲、窗口机制和拥堵避免。

面向连接的服务更适于需要传输大量而稳定数据流的应用。Novell NetWare 平台下的远程监控程序，就是使用面向连接的协议 SPX。面向连接的服务可靠性比较高，并能更有效地从故障中恢复。

面向无连接的服务过程中，不需要先建立虚电路，链路资源在数据传输过程中动态进行分配，灵活方便，比较迅速，但不能防止报文的丢失、重复或失序。适用于传送少量零星的报文。

面向无连接的服务中，每个分组需要更多的额外开销；面向连接的服务在端点上需要更多处理建立和保持连接。

知识引导 6.2　TCP/IP 网络层及其应用

无论广域网还是局域网，两台计算机之间的通信最终要依靠 MAC 地址进行。在广域网中，通过 IP 地址可以识别一台计算机，实现由 IP 地址到 MAC 地址转换的协议是 ARP。同样，要由 MAC 地址获得对应的 IP 地址，需要借助 RARP。

6.2.1　ARP

网络上两台主机之间的通信，如局域网中两台计算机之间的互访和共享，最终要依靠数据链路层的 MAC 地址（Media Access Control，介质访问控制，即网卡的物理地址）进行。同样，在广域网用域名访问一个站点时，本地 DNS 服务器将域名解析为 IP 地址，然后通过 IP 地址访问远程网站。因此，广域网中两台计算机之间在数据链路层的通信，仍然需要借助 MAC 地址，实现 IP 地址到 MAC 地址的转换过程需要 ARP。

1. ARP 的功能

ARP（Address Resolution Protocol，地址解析协议）工作在数据链路层，在本层和硬件接口联系，同时对上层提供服务。IP 数据包通过以太网发送，以太网设备不识别 32 位 IP 地址，它们依靠 48 位 MAC 地址传输以太网数据帧。因此，必须把 IP 形式的目的地址转换为 MAC 地址形式的目的地址。在以太网中，一台主机与另一台主机直接通信，需要通过地址解析协议获得目标主机的 MAC 地址。所谓地址解析，是将网络中的 IP 地址解析为 MAC 地址的过程。地址解析包括从 IP 地址到物理地址的映射、从物理地址到 IP 地址的映射。用于将 IP 地址解析为物理地址的协议称为地址解析协议（ARP）。ARP 是动态协议，解析过程是自动完成的。ARP 只能用于具有广播能力的网络。

2．ARP 的工作原理

（1）每台主机都在自己的 ARP 缓冲区建立一个 ARP 列表，存放最近取得的 IP 地址和 MAC 地址的对应关系。如果两台主机之间已经有过通信，主机的 ARP 缓冲区内就可以查询到相应的 IP 地址和 MAC 地址记录，如图 6-2 所示。

图 6-2　用 ARP 查询缓冲区

（2）源主机需要将一个数据包要发送到目的主机时，先检查自己 ARP 列表中是否存在该 IP 地址对应的 MAC 地址。如果有，直接将数据包发送到这个 MAC 地址；如果没有，向本地网段发起一个 ARP 请求的广播包，查询该目的主机对应的 MAC 地址。ARP 请求数据包中包括源主机的 IP 地址、硬件地址、目的主机的 IP 地址。

（3）网络中所有的主机收到这个 ARP 请求后，检查数据包中的目的 IP 地址是否和自己的 IP 地址相同。如果不相同，则忽略该数据包；如果相同，该目的主机先将发送端的 MAC 地址和 IP 地址添加到自己的 ARP 列表中，如果 ARP 表中已经存在该 IP 信息，则将其覆盖，然后向源主机发送一个 ARP 响应数据包，告诉对方自己是需要查找的 MAC 地址。

（4）源主机收到这个 ARP 响应数据包后，将得到的目的主机 IP 地址和 MAC 地址添加到自己的 ARP 列表中，并利用该信息开始数据传输。如果源主机一直没有收到 ARP 响应数据包，表示 ARP 查询失败。

以主机 A（IP 地址为 10.10.70.5）向主机 B（IP 地址为 10.10.70.1）发送数据为例，ARP 的工作过程：发送数据时，主机 A 在自己的 ARP 缓存表中寻找是否有目标 IP 地址。如果找到，直接把目标 MAC 地址写入数据帧并发送；如果在 ARP 缓存表中没有找到对应的 IP 地址，主机 A 在网络上发送一个广播，目标 MAC 地址是"FF.FF.FF.FF.FF.FF"，表示向同一网段内的所有主机发出询问："10.10.70.1 的 MAC 地址是什么？"。接收到这个广播帧时，网络上其他主机不响应 ARP 询问，只有主机 B 向主机 A 做出回应："10.10.70.1 的 MAC 地址是 00-1a-a9-0d-9b-dd"。主机 A 知道主机 B 的 MAC 地址后，向主机 B 发送信息；同时更新自己的 ARP 缓存表，下次再向主机 B 发送信息时，将直接从 ARP 缓存表查找。

ARP 缓存表采用老化机制，一段时间内如果表中的某一行没有使用，将被删除。这将大大减少 ARP 缓存表的长度，加快查询速度。

3．ARP 报头结构

图 6-3 所示为 ARP 的报头结构，每个字段的含义如下。

（1）硬件类型字段：指明发送方想知道的硬件接口类型，以太网的值为 1。

（2）协议类型字段：指明发送方提供的高层协议类型，IP 的值为 0800（十六进制）。

硬件类型		协议类型	
硬件地址长度	协议长度	操作类型	
源物理地址（0~3字节）			
源物理地址（4~5字节）		源 IP 地址（0~1字节）	
源 IP 地址（2~3字节）		目标硬件地址（0~1字节）	
目标硬件地址（2~5字节）			
目标 IP 地址（0~3字节）			

图 6-3　ARP 报头结构

（3）硬件地址长度和协议长度：指明硬件地址和高层协议地址的长度，使 ARP 报文可以在任意硬件和任意协议的网络中使用。

（4）操作类型：表示报文的类型，ARP 请求为 1，ARP 响应为 2，RARP 请求为 3，RARP 响应为 4。

（5）源物理地址（0~3字节）：发送方硬件地址的前 3 字节。

（6）源物理地址（4~5字节）：发送方硬件地址的后 3 字节。

（7）发送方 IP（0~1字节）：源主机硬件地址的前 2 字节。

（8）发送方 IP（2~3字节）：源主机硬件地址的后 2 字节。

（9）目的硬件地址（0~1字节）：目的主机硬件地址的前 2 字节。

（10）目的硬件地址（2~5字节）：目的主机硬件地址的后 4 字节。

（11）目的 IP（0~3字节）：目的主机的 IP 地址。

4．ARP 数据包分析

采用 sniffer 工具捕获一个 ARP 数据包，结合 ARP 数据包的格式进行分析。

假设通信的两台计算机位于同一个子网：一台计算机的 IP 地址 192.168.1.101，MAC 地址为 00-11-25-32-88-06；另一台计算机的 IP 地址 192.168.1.102，MAC 地址 00-03-0D-9D-BD-A3。

要捕获两台计算机之间的 ARP 数据包，在 sniffer 工具中设置如下。

（1）在菜单栏选择"capture→define filter"选项，弹出"define filter- capture"对话框；选择"address"选项卡，在"Address"下拉列表框中选择"hardware"，在"station1"和"station2"中分别输入两台计算机的 MAC 地址。

注意：输入 MAC 地址时，需要把其中的"–"符号去掉，如图 6-4 所示。

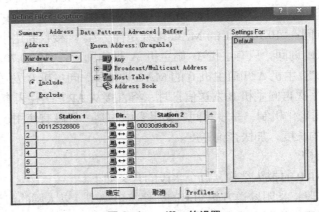

图 6-4　sniffer 的设置

（2）切换到"Advanced选项卡，选择ip arp，使之有效。

（3）开启抓包动作，并在其中一台计算机上进行 ping 操作。例如，在计算机 192.168.1.101 的命令行窗口执行 ping 192.168.1.102 –t 命令，当有数据包被抓到之后，单击"stop and display"按钮，在"decode"窗口可以看到对应的 ARP 数据包，如图 6-5 所示。

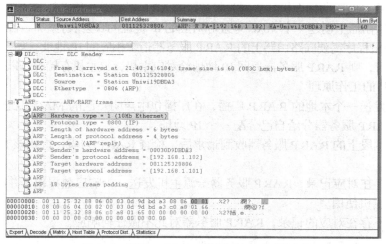

图 6-5　采用 sniffer 工具捕获的 ARP 数据包

各个字段的含义如下。

● 硬件类型：1，表示硬件接口类型为以太网类型。
● 协议类型：0x0800，表示发送方提供的高层协议类型是 IP。
● 硬件地址长度：表示硬件地址长度为 6 字节，即 48 位。
● 协议地址长度：表示 IP 地址长度为 4 字节，即 32 位。
● 操作类型：2，表示 ARP 响应包。
● 源物理地址：00–03–0D–9D–BD–A3。
● 源 IP 地址：192.168.1.102。
● 目标物理地址：00–11–25–32–88–06。
● 目标 IP 地址：192.168.1.101。

5．管理 ARP 缓存表

通过 ARP 命令可以对 ARP 缓存表查看、添加和修改。

方法：在命令行提示符下，输入命令"ARP –a"，可以查看 ARP 缓存表中的内容；输入命令"ARP –d"，可以删除 ARP 表中某一行的内容；输入命令"ARP –s"，可以把 IP 地址和 MAC 地址绑定，如图 6-6 所示。

图 6-6　用 ARP 绑定 IP 地址

6.2.2 RARP

1．RARP 的功能

RARP（Reverse Address Resolution Protocol，反向地址解析协议）通过 MAC 地址寻找自己的 IP 地址，主要应用在无盘网络技术和 DHCP 的工作过程中。

RARP 允许局域网的物理机器从网关服务器的 ARP 表或缓存请求其 IP 地址。网络管理员在局域网网关路由器上创建一个 MAC 地址和对应的 IP 地址的映射表,添加一台新的计算机时,其 RARP 客户机程序需要向路由器上的 RARP 服务器请求相应的 IP 地址。如果在路由表中已经存在一个记录，则 RARP 服务器返回 IP 地址给对应主机，该主机存储起来以便日后使用。

2．RARP 的工作原理

（1）主机发送一个本地的 RARP 广播，在广播包中声明自己的 MAC 地址，请求任何收到该请求的 RARP 服务器分给自己分配一个 IP 地址。

（2）本地网段上的 RARP 服务器收到请求后，检查 RARP 列表，查找该 MAC 地址对应的 IP 地址。

（3）如果存在对应记录，RARP 服务器给源主机发送一个响应数据包，并将相应的 IP 地址提供给对方主机使用。

（4）如果不存在对应的记录，RARP 服务器对此不做任何响应。

（5）源主机收到来自 RARP 服务器的响应信息，利用得到的 IP 地址进行通信。如果一直没有收到 RARP 服务器的响应信息，表示初始化失败。

3．RARP 的报头结构

图 6-7 是 RARP 的报头结构，各字段的含义如下。

硬件类型		协议类型	
硬件地址长度	协议长度	操作类型	
源物理地址（0~3 字节）			
源物理地址（4~5 字节）		源 IP 地址（0~1 字节）	
源 IP 地址（2~3 字节）		目标硬件地址（0~1 字节）	
目标硬件地址（2~5 字节）			
目标 IP 地址（0~3 字节）			

图 6-7　RARP 报头结构

- 硬件类型字段：指明发送方想知道的硬件接口类型，以太网的值为 1。
- 协议类型字段：指明发送方提供的高层协议类型，IP 为 0800（十六进制）。
- 硬件地址长度和协议长度：指明硬件地址和高层协议地址的长度，使得 ARP 报文可以在任意硬件和任意协议的网络中使用。
- 操作类型：表示报文的类型，ARP 请求为 1，ARP 响应为 2，RARP 请求为 3，RARP 响应为 4。
- 源物理地址（0~3 字节）：发送方硬件地址的前 3 字节。
- 源物理地址（4~5 字节）：发送方硬件地址的后 3 字节。
- 源 IP 地址（0~1 字节）：发送方主机硬件地址的前 2 字节。
- 源 IP 地址（2~3 字节）：发送方主机硬件地址的后 2 字节。
- 目的硬件地址（0~1 字节）：目的主机硬件地址的前 2 字节。
- 目的硬件地址（2~5 字节）：目的主机硬件地址的后 4 字节。
- 目的 IP 地址（0~3 字节）：目的主机的 IP 地址。

6.2.3 IPv4

IPv4 是 IP（Internet Protocol，互联网协议）的第四版，是互联网的一个基础协议。1981 年 Jon Postel 在 RFC791 中定义了 IP。

IP 工作在网络层。网络层接收由低层（网络接口层）发来的数据包，并把该数据包发送到高层（传输层的 TCP 或 UDP）；相反，网络层也把从传输层（TCP 或 UDP）接收的数据包传送到低层。IP 数据包是不可靠的，因为 IP 并没有做任何事情来确认数据包是否按顺序发送或是否被破坏。IP 数据包中含有发送它的主机地址（源地址）和接收它的主机的地址（目的地址）。

将一台计算机连入网络或连入 Internet 时，将被分配一个唯一的 IP 地址。如果连入到 Internet 中，则 IP 地址由相应的 ISP（网络服务提供商）提供；如果连入到一个局域网中，则 IP 地址可以由 DHCP 服务器自动分配，也可以按局域网的要求手动设置。

1. IP 地址格式

在 Internet 中，IP 地址是唯一的，且具有固定的格式。每个 IP 地址包含 32 位二进制数字，该数字被分为 4 段，每段 8 位，即 1 字节，段与段之间用句点分隔。为了便于表达和识别，IP 地址以十进制数形式表示，每段所能表示的十进制数最大不超过 255，这种表示方式被称作点分十进制。如果一个 IP 地址用 32 位二进制数表示为 11010011.01000010.01000001.01111110，用点分十进制则表示为 211.66.65.126。

IP 地址由两部分组成，即网络号（Network ID）和主机号（Host ID）。网络号标识的是 Internet 上的一个子网，主机号指的是该子网中的某台主机。

IP 地址由 NIC（Network Information Center）进行全球统一管理和分配，所有连入 Internet 的网络必须向 NIC 申请 IP 地址，NIC 根据申请的需要分配地址。在国内向中国电信、中国教育科研网或某些被授权的 ISP 申请 IP 地址。例如，广州航海高等专科学校属于高等院校，需要接入中国教育科研网，则向中国教育科研网申请属于教育网的域名 gzhmt.edu.cn 和相应的 IP 地址段。

（有关 IP 地址的具体规定及应用详见"知识引导 7.1　IPv4 地址与子网划分"。）

2. IP 数据包格式

IP 数据包由 IP 头和数据组成，IP 头的结构如图 6-8 所示（括号中是位数）。

版本（4）	首部长度（4）	服务类型（8）	总长度（16）	
标识（16）			标志（3）	段偏移量（13）
生存期（8）		协议（8）	头校验和（16）	
源 IP 地址（32）				
目的 IP 地址（32）				
IP 选项（如果有，0 或 32）				
数据				

图 6-8　IP 头结构

IPv4 的首部一般是 20 字节长。在以太网数据帧中，IPv4 包的首部紧跟以太网数据帧的首部。同时，以太网数据帧首部中的协议类型值设置为 0800H。IPv4 包的首部可以采用每次增加 4 字节的方式扩展，最长可扩展到 60 字节。

IP 数据包中的字段如下。

（1）版本：4 位，指定 IP 的版本号。

（2）首部长度（IHL）：4 位，IP 包头的长度，指明 IPv4 协议包头长度的字节数包含多少个 32 位。由于 IPv4 的包头可能包含可变数量的可选项，这个字段可以用来确定 IPv4 数据报中数据部分的偏移位置。IPv4 包头的最小长度是 20 字节，IHL 这个字段的最小值用十进制表示就是 5 （5×4 = 20 字节），即表示包头的总字节数是 4 字节的倍数。

（3）服务类型：定义 IP 包的处理方法，包含以下子字段。

① 过程字段：3 位，设置数据包的重要性，取值越大数据越重要，取值范围为 0（正常）～7（网络控制）。

② 延迟字段：1 位，取值为 0（正常）或 1（期待低的延迟）。

③ 流量字段：1 位，取值为 0（正常）或 1（期待高的流量）。

④ 可靠性字段：1 位，取值为 0（正常）或 1（期待高的可靠性）。

⑤ 成本字段：1 位，取值为 0（正常）或 1（期待最小成本）。

⑥ 未使用：1 位。

（4）总长度：报头和数据的总长度。

（5）标识：唯一的 IP 数据包值，可理解为 IP 报文的序列号，用于识别潜在的重复报文等。

（6）标志：一个 3 位的控制字段，包含以下字段。

① 保留位：1 位。

② 不分段位：1 位，取值为 0（允许数据报分段）或 1（数据报不能分段）。

③ 更多段位：1 位，取值为 0（数据包后面没有包，该包为最后的包）或 1（数据包后面有更多的包）。

（7）段偏移量：数据分组时，和更多段位（MF，More fragments）进行连接，帮助目的主机将分段的包组合。

（8）TTL：表示数据包在网络上生存多久，每通过一个路由器该值减一，为 0 时将被路由器丢弃。

（9）协议：8 位，定义 IP 数据报数据部分使用的协议类型。常用的协议及其十进制数值包括 ICMP（1）、TCP（6）、UDP（17）。

（10）头校验和：16 位，IPv4 数据报包头的校验和。

（11）源 IP 地址：源主机 IP 地址。

（12）目的 IP 地址：目的主机 IP 地址。

（13）IP 选项：用来实现网络测试、调试、安全等功能的选项。

（14）数据：需要被传输的数据。

图 6-9 是用 sniffer 工具捕获的一个 IP 数据包，参照 IP 数据包的格式理解其中的数据。

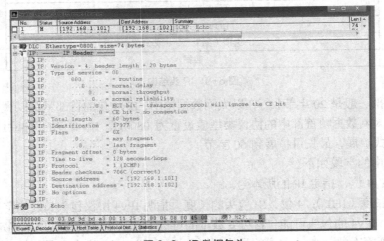

图 6-9　IP 数据包头

6.2.4 ICMP

1. ICMP 的功能

ICMP（Internet Control Message Protocol，Internet 控制报文协议）工作在 OSI 参考模型的网络层，主要用于主机与路由器之间传递控制信息，包括报告错误、交换受限控制和状态信息等。ICMP 提供的是面向无连接的服务，不存在网络连接的建立和维护过程，也不包括流量控制和差错控制功能。当遇到 IP 数据无法访问目标、IP 路由器无法按当前的传输速率转发数据包等情况时，自动发送 ICMP 消息。常用于检查网络是否连通的 ping 命令，其工作过程就是 ICMP 的工作过程。ping 命令发送 ICMP 回应请求消息并记录收到 ICMP 回应回复消息，通过这些消息对网络或主机的故障提供参考依据。另外，跟踪路由的 Tracert 命令也是基于 ICMP 工作的。

ICMP 报文主要有两大类：查询报文和差错报告报文。查询报文指 ICMP 响应请求、响应回答、路由器公告、地址屏蔽等。绝大部分 ICMP 消息是差错报告报文，例如，目的主机不可到达、源地址消亡、时间超时等。

在网络传输过程中，可能会发生许多突发事件并导致数据传输失败。网络层的 IP 不会处理传输中的故障，而位于网络层的 ICMP 恰好弥补了 IP 的缺陷，它使用 IP 进行信息传递，向数据包中的源端节点提供发生在网络层的错误信息反馈。

一般来说，ICMP 报文提供针对网络层的错误诊断、拥塞控制、路径控制和查询服务四项功能。例如，当一个分组无法到达目的站点或 TTL 超时，路由器丢弃该分组，并向源站点返回一个目的站点不可到达的 ICMP 报文。例如，用 ping 命令查看 IP 地址为 119.129.236.21 的主机是否连通，路由器给用户一个 ICMP 应答，告诉用户目标主机不可到达或者从 119.129.236.21 有回应。图 6-10 中所示表示主机 119.129.236.21 在线工作，图 6-11 中所示表示主机不在线工作。

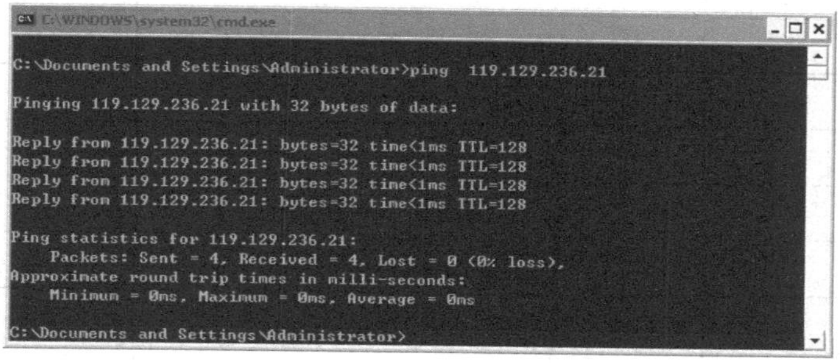

图 6-10　主机在线工作的状态

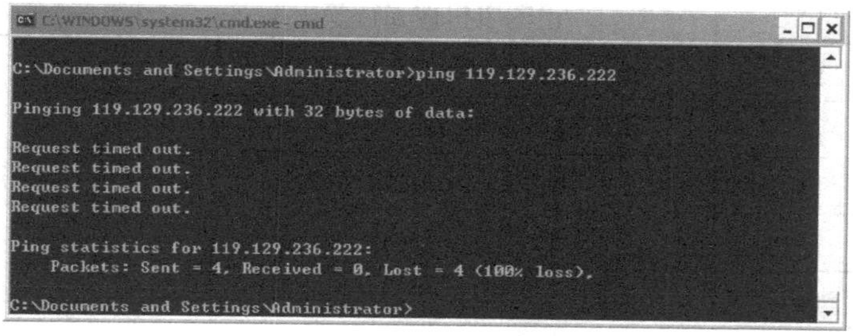

图 6-11　主机不在线工作的状态

2. ICMP 结构

ICMP 报文的类型很多，且各有不同的代码，因此，ICMP 报文没有统一的格式，不同的

ICMP 报文分别有不同的报文字段。ICMP 报文头可以有 8 字节，前 4 字节有统一的格式，如图 6-12 所示。

类型（0或8）	代码（8）	检验和（16）
未使用（32）		
数据		

图 6-12　ICMP 报头结构

各个字段的含义如下。

● 类型：ICMP 报文的类型，是 ICMP 报文中的第一个字段。
● 代码：进一步区分某种类型的几种不同情况，可用来查找产生错误的原因。
● 校验和：存储 ICMP 使用的校验和值，检验整个 ICMP 报文。
● 未使用：保留字段，供将来使用，其值设为 0（内容与 ICMP 类型有关）。
● 数据：包含所有接收到的数据报的 IP 报头，还包含 IP 数据报中前 8 字节的数据。

表 6-1 列出 ICMP 消息中所有可能的类型和代码组合。

表 6-1　　　　　　　　　　　ICMP 消息中类型和代码的含义

类　型	代　码	描　述	查　询	差　错
0	0	回显应答	√	–
3	–	目的不可达	–	√
3	0	网络不可达	–	√
3	1	主机不可达	–	√
3	2	协议不可达	–	√
3	3	端口不可达	–	√
3	4	需要进行分片	–	√
3	5	源站选路失败	–	√
3	6	目的网络不可识	–	√
3	7	目的主机不可识	–	√
3	8	源主机被隔离	–	√
3	9	目的网络被强行禁止	–	√
3	10	目的主机被强行禁止	–	√
3	11	由于服务类型 TOS，网络不可打	–	√
3	12	由于服务类型 TOS，主机不可达	–	√
3	13	由于过滤，通信被禁止	–	√
3	14	主机越权	–	√
3	15	优先权终止生效	–	√
4	0	源端被关闭	–	√
5	–	重定向	–	√
5	0	网络重定向	–	√

类　型	代　码	描　述	查　询	差　错
5	1	主机重定向	－	√
5	2	对服务类型和网络重定向	－	√
5	3	对服务类型和主机重定向	－	√
8	0	请求回显	√	－
9	0	路由器通告	√	
10	0	路由器请求	√	
11	－	超时	－	√
11	0	传输期间生存时间为 0	－	√
11	1	在数据组装期间生存时间为 0	－	√
12	－	选项问题		√
12	0	坏的 IP 问题	－	√
12	1	缺少必须选项	－	√
13	0	时间戳请求	√	－
14	0	时间戳应答	√	－
15	0	信息请求	√	－
16	0	信息应答	√	－
17	0	地址掩码请求	√	－
18	0	地址掩码回答	√	－

用 sniffer 工具捕获数据包，得到 ICMP 回显报文的信息如图 6-13 所示。

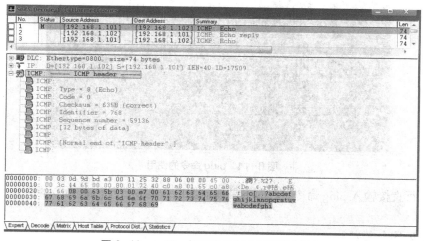

图 6-13　sniffer 抓取的 ICMP 回显请求报文

图中 ICMP 数据包的解码信息如下。

● 类型：8，表示是一个 ICMP 回显请求报文；该值为 0 时，表示应答报文。

● 代码：类型为 8，代码为 0 时，这个组合共同组成一个请求报文。

- 校验和：表示 ICMP 的校验码是 0x425A，使用 IP 校验和的算法。
- 标识：0x768。
- 序列号：0x2050，每一个 ICMP 回显报文都有一个序列号且是递增的。
- 数据：表示是一个 32 字节的数据。

说明：Echo（回显）和 Echo Reply（回显应答）消息主要用来测试网络连接情况，通过简单的回显，可以测试网络路径是否有异常。Echo Replay 是对 Echo 的回复，每一个 Echo 都应该有一个 Echo Reply 消息与其对应。标识符和序列码用来帮助匹配 Echo 与 Echo reply 的响应。

3．ICMP 的重要性

ICMP 对于网络安全具有极其重要的意义。ICMP 本身的特点决定了它非常容易被用于攻击网络上的路由器和主机，例如，可以利用操作系统关于 ICMP 数据包最大尺寸不超过 64KB 的规定，向主机发起"ping of Death"（死亡之 ping）攻击。

"ping of Death"攻击的原理：如果 ICMP 数据包的尺寸超过 64KB 上限，主机会出现内存分配错误，导致 TCP/IP 堆栈崩溃，致使主机死机。

此外，向目标主机长时间、连续、大量地发送 ICMP 数据包，也会最终使系统瘫痪，大量的 ICMP 数据包会形成"ICMP 风暴"，使得目标主机耗费大量的 CPU 资源处理，疲于奔命。

项目实践 6.1　ping 命令和 tracert 命令的使用

1．ping 命令

ping 命令是 Windows、Linux 操作系统，以及交换机和路由器等网络设备自带的一个命令，该命令能发送 ICMP 包验证与另一台采用 TCP/IP 的计算机之间的连接状态，以判断网络故障。

基本格式：ping + 对方计算机的 IP 地址。

例如，访问广州航海高等专科学校的门户网站之前，先通过 ping 命令检查能否 ping 通该服务器，如果能够 ping 通，才可能正常访问该站点。图 6-14 所示为能够正常 ping 通该网站的结果。同时，可以看到该网站的 IP 地址是 211.66.64.17。

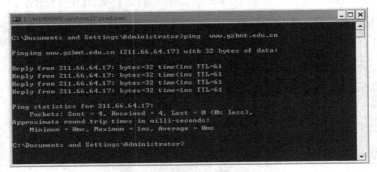

图 6-14　ping 命令的使用

在命令行直接输入 ping 命令，后面不带任何选项，能够看到 ping 命令的选项，如图 6-15 所示。

这些选项的含义如下。

（1）选项 t：表示连续 ping 一台计算机，直到采用"Ctrl + C"组合键中止该操作。当两台计算机之间无法通信时，可以采用这种方式，然后检查网卡、网线的连接是否有松动情况。默认情况下，ping 一台计算机时发送 4 个 ICMP 数据包，如果在 ping 操作时增加选项 t，则发送无数的 ICMP 数据包。图 6-16 所示为采用选项 t 的 ping 命令对网站 163.com 进行操作，整个过程一共发送了 16 个 ICMP 数据包。这个 ping 操作最终靠输入组合键“Ctrl + C”中止。

```
C:\WINDOWS\system32\cmd.exe

C:\Documents and Settings\Administrator>ping

Usage: ping [-t] [-a] [-n count] [-l size] [-f] [-i TTL] [-v TOS]
            [-r count] [-s count] [[-j host-list] | [-k host-list]]
            [-w timeout] target_name

Options:
    -t             Ping the specified host until stopped.
                   To see statistics and continue - type Control-Break;
                   To stop - type Control-C.
    -a             Resolve addresses to hostnames.
    -n count       Number of echo requests to send.
    -l size        Send buffer size.
    -f             Set Don't Fragment flag in packet.
    -i TTL         Time To Live.
    -v TOS         Type Of Service.
    -r count       Record route for count hops.
    -s count       Timestamp for count hops.
    -j host-list   Loose source route along host-list.
    -k host-list   Strict source route along host-list.
    -w timeout     Timeout in milliseconds to wait for each reply.

C:\Documents and Settings\Administrator>
```

图 6-15　ping 命令支持的选项

```
C:\WINDOWS\system32\cmd.exe
C:\Documents and Settings\Administrator>ping  -t   www.163.com

Pinging www.cache.gslb.netease.com [60.191.80.34] with 32 bytes of data:

Reply from 60.191.80.34: bytes=32 time=49ms TTL=56
Reply from 60.191.80.34: bytes=32 time=42ms TTL=56
Reply from 60.191.80.34: bytes=32 time=36ms TTL=56
Reply from 60.191.80.34: bytes=32 time=42ms TTL=56
Reply from 60.191.80.34: bytes=32 time=40ms TTL=56
Reply from 60.191.80.34: bytes=32 time=49ms TTL=56
Reply from 60.191.80.34: bytes=32 time=32ms TTL=56
Reply from 60.191.80.34: bytes=32 time=39ms TTL=56
Reply from 60.191.80.34: bytes=32 time=37ms TTL=56
Reply from 60.191.80.34: bytes=32 time=46ms TTL=56
Reply from 60.191.80.34: bytes=32 time=43ms TTL=56
Reply from 60.191.80.34: bytes=32 time=74ms TTL=56
Reply from 60.191.80.34: bytes=32 time=39ms TTL=56
Reply from 60.191.80.34: bytes=32 time=54ms TTL=56
Reply from 60.191.80.34: bytes=32 time=87ms TTL=56
Reply from 60.191.80.34: bytes=32 time=69ms TTL=56

Ping statistics for 60.191.80.34:
    Packets: Sent = 16, Received = 16, Lost = 0 (0% loss),
Approximate round trip times in milli-seconds:
    Minimum = 32ms, Maximum = 87ms, Average = 48ms
Control-C
^C
C:\Documents and Settings\Administrator>^X_
```

图 6-16　ping 命令 t 选项的使用

（2）选项 a：可以将 IP 地址解析为计算机名。在字符界面下输入命令：ping –a 10.10.70.12，能够解析该主机的名字为 yinliu。

```
C:\WINDOWS\system32\cmd.exe

C:\Documents and Settings\Administrator>ping  -a  10.10.70.12

Pinging yinliu [10.10.70.12] with 32 bytes of data:

Reply from 10.10.70.12: bytes=32 time<1ms TTL=128
Reply from 10.10.70.12: bytes=32 time<1ms TTL=128
Reply from 10.10.70.12: bytes=32 time<1ms TTL=128
Reply from 10.10.70.12: bytes=32 time<1ms TTL=128

Ping statistics for 10.10.70.12:
    Packets: Sent = 4, Received = 4, Lost = 0 (0% loss),
Approximate round trip times in milli-seconds:
    Minimum = 0ms, Maximum = 0ms, Average = 0ms

C:\Documents and Settings\Administrator>
```

图 6-17　ping 命令下 a 选项的使用

（3）选项 n count：指定发送 count 数量的 echo 数据包，该数值默认为 4。

（4）选项 l size：指定发送包含由 size 指定数据量的 echo 数据包，默认 32 字节，最大值 65500 字节。

（5）选项 f：在数据包中发送"不要分段"标志，则数据包不会被路由上的网关分段。

（6）选项 i ttl：将"生存时间"字段设置为 ttl 指定的值。

（7）选项 v tos：将"服务类型"字段设置为 tos 指定的值。

（8）选项 r count：在"记录路由"字段中记录传出和返回数据包的路由，count 可以指定最少 1 台，最多 9 台计算机。

（9）选项 s count：指定 IP 标题中的"Internet 时间戳"选项用于记录每个跃点的回响请求消息和相应回响应答消息的到达时间。count 的最小值必须为 1，最大值为 4。

（10）选项 j computer-list：利用 computer-list 指定的计算机列表路由数据包，连续计算机可以被中间网关分隔（路由稀疏源）IP 允许的最大数量为 9。

（11）选项 k computer-list：利用 computer-list 指定的计算机列表路由数据包，连续计算机不能被中间网关分隔（路由严格源）IP 允许的最大数量为 9。

（12）选项 w timeout：指定超时间隔，单位为毫秒。

（13）选项 destination-list：指定要 ping 的远程计算机。

网络的连通问题由许多原因引起，如本地配置错误、远程主机协议失效等，还可能包括设备等造成的故障。用 ping 命令检查网络的连通性，可以从以下 5 个步骤进行分析。

（1）用 ipconfig /all 观察本地网络设置是否正确。

（2）ping 127.0.0.1，127.0.0.1 代表本机，ping127.0.0.1 是检查本地的 TCP/IP 协议有没有设置好。

（3）ping 本机 IP 地址，检查本机的 IP 地址是否设置有误。

（4）ping 本地网关 IP 地址，检查硬件设备是否有问题，或检查本机与本地网络连接是否正常。

（5）ping 远程 IP 地址，检查本网或本机与外部的连接是否正常。

2．tracert 命令

tracert 命令显示数据包到达目标主机经过的路径，并显示到达每个节点的时间，该命令适用于大型网络。

（1）traceroute 程序的工作原理。

traceroute 程序的设计利用了 ICMP 及 IP 头的 TTL（Time To Live）字段（Field）。

① traceroute 送出一个 TTL 是 1 的 IP 数据包（Datagram）到目的地。实际上，每次送出 3 个 40 字节的数据包，包括源地址、目的地址和数据包发出的时间标签。路径上第一个路由器收到该数据包时，TTL 减 1。此时，TTL 变为 0，该路由器将这个数据包丢弃，送回一个 ICMP 超时（Time Exceeded）消息（包括发送 IP 包的源地址，IP 包的所有内容及路由器的 IP 地址）。traceroute 收到这个消息后，即可知道这个路由器在这个路径上。

② traceroute 再送出另一个 TTL 是 2 的数据包，发现第 2 个路由器。

③ 重复上述过程，traceroute 每次将送出的数据包的 TTL 加 1，以发现另一个路由器。这个重复动作一直持续到某个数据包抵达目的地。

④ 数据包到达目的地后，目的主机不会送回 ICMP 超时（Time Exceeded）消息，因为它已经是目的地了。

（2）traceroute 程序工作的特点。

① traceroute 送出 UDP 数据包到目的地时，所选择送达的端口号（Port Number）是一个一般应用程序都不会用的号码（30000 以上）。UDP 数据包到达目的地后，该主机送回一个 ICMP 不可用（Port Unreachable）消息。traceroute 收到这个消息时，即可知道目的地已经到达。

② traceroute 提取发送 ICMP TTL 到期消息的设备的 IP 地址，并进行域名解析。每次 traceroute 都打印一系列数据，包括经过的路由设备的域名及 IP 地址，三个数据包每次来回所花时间。

③ traceroute 有一个固定的时间等待响应。如果这个时间过了，将打印一系列的*号，表明在这个路径上，该设备不能在给定时间内发出 ICMP TTL 到期消息的响应。然后，traceroute 给 TTL 记数器加 1，继续进行。

（3）tracert 命令的基本格式。

```
tracert [-d] [-h maximum_hops] [-j computer-list] [-w timeout] target_name
```

命令的基本选项如下。

① 选项 d：指定不对计算机名解析地址。

② 选项 h maximum_hops：指定查找目标的跳转的最大数目。

③ 选项 jcomputer-list：指定在 computer-list 中松散源路由。

④ 选项 w timeout：等待由 timeout 对每个应答指定的毫秒数。

⑤ 选项 target_name：表示目标计算机的名称。

例如，在广州用 tracert 命令检测位于北京的 www.sohu.com 网站，查看数据包经过的路由，如图 6-18 所示。

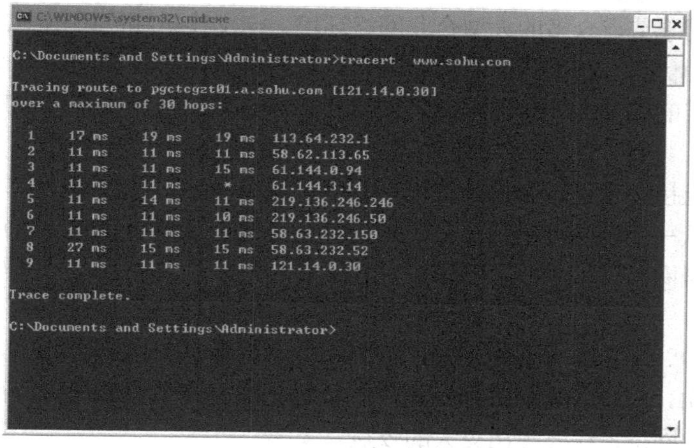

图 6-18　tracert 命令的使用

知识引导 6.3　路由器的配置

在 IP 互联网络中，路由选择是指选择一条发送 IP 数据分组的过程，而进行这种路由选择的网络设备就是路由器。局域网之间通信需要使用路由器。

6.3.1　路由器概述

路由器是互联网的主要节点设备，通过路由算法决定数据的转发。路由器是一种具有多个输入端口和多个输出端口的专用计算机，任务是转发数据分组，即将路由器某个输入端口收到的分组，按照分组要去的目的地（即目的网络），将该分组从某个合适的输出端口转发给下一跳路由器，直到分组到达目的地为止。作为不同网络之间互相连接的枢纽，路由器系统构成了基于 TCP/IP 的 Internet 的主体脉络，路由器的处理速度是网络通信的主要瓶颈之一，它的可靠性直接影响着网络互连的质量。因此，在园区网、地区网乃至整个 Internet 领域中，路由器技术始终处于核心地位。

1．路由器的主要功能

（1）网络互连。路由器支持各种局域网和广域网接口，主要用于互联局域网和广域网，实现不同网络之间互相通信。

（2）数据处理。路由器提供包括分组过滤、分组转发、优先级、复用、加密、压缩和防火墙等功能。

（3）网络管理。路由器提供包括配置管理、性能管理、容错管理和流量控制等功能。

2．路由器在网络互连中的作用

所谓路由，是指通过相互连接的网络把信息从源地点移动到目标地点的活动，简单地说，就是互连网络之间数据包的寻址方式。在路由过程中，信息至少经过一个或多个中间节点，而且作用于不同的网段之间。

路由器处于网络层。一方面屏蔽了下层网络的技术细节，能够跨越不同的物理网络类型（DDN、FDDI 和以太网等），使各类网络都统一于 IP，这种一致性使全球网络用户之间的通信成为可能；另一方面将整个互联网络分割成逻辑上独立的网络单位，使网络具有一定的逻辑结构。同时，路由器还负责对 IP 数据包进行灵活的路由选择，把数据逐段向目的地转发，使全球范围用户之间的通信成为现实。

路由器通常用于节点众多的大型企业网络环境，与交换机和网桥相比，在实现骨干网的互联方面有明显的优势。路由器的高度智能化，对各种路由协议、网络协议和网络接口的广泛支持，以及独具的安全性和访问控制等功能和特点，是网桥和交换机等其他互连设备不具备的。

路由器用于连接多个逻辑上分开的网络。所谓逻辑网络，是代表一个单独的网络或者一个子网。当数据从一个子网传输到另一个子网时，可通过路由器完成。实际上，企业路由器主要连接企业局域网与广域网。一般来说，企业异种网络互连、多个子网互联都应当采用企业路由器来完成。

在网络互联中，路由器可连通不同的网络，并选择信息传送的路径。为信息传输选择一条通畅快捷的路由，可以大大提高通信速度，减轻企业网络系统的通信负荷，节约网络系统资源，从而让企业网络系统发挥出更大的效益。

3．路由器的分类

（1）按性能分类：可分为线速路由器和非线速路由器。

线速路由器完全可以按传输介质带宽进行传输，基本上没有间断和延时。通常高端路由器是线速路由器，具有非常高的端口带宽和数据转发能力，能以媒体速率转发数据包；中低端路由器是非线速路由器。但一些新的宽带接入路由器也有线速转发能力。

此外，按照性能的分类标准，也可把路由器分为高、中、低档路由器。通常将吞吐量大于 40 Gbit/s 的路由器称为高档路由器，吞吐量在 25 Gbit/s ~ 40 Gbit/s 之间的路由器称为中档路由器，吞吐量低于 25 Gbit/s 的路由器称为低档路由器。当然，这只是一种宏观上的划分标准，各个厂家的划分标准不完全一致。以市场占有率最大的 Cisco 公司为例，12000 系列为高端路由器，7500 以下系列路由器为中低端路由器。

（2）按结构分类：可分为模块化路由器和非模块化路由器。

模块化结构可以灵活地配置路由器，以适应企业不断增加的业务需求。非模块化结构只能提供固定的端口。通常中高端路由器为模块化结构，低端路由器为非模块化结构。

（3）按功能分类：可分为太比特路由器、骨干级路由器、企业级路由器和接入级路由器。

① 太比特路由器：光纤和 DWDM（Dense Wavelength Division Multiplexing，高密度多工分波器）是核心互联网将要使用的新技术，需要高性能的骨干交换/路由器（太比特路由器）。太比特路由器技术现在还主要处于开发实验阶段。

② 骨干级路由器。

企业级网络的互联一般采用骨干级路由器实现。由于地位的重要性，要求骨干级路由器具备高速度和高可靠性，而价格则处于次要地位。为提高可靠性，可采用热备份、双电源、双数据通路等传统冗余技术。骨干 IP 路由器的主要性能瓶颈是在转发表中查找某个路由所耗的时间。收到一个包时，输入端口在转发表中查找该包的目的地址以确定其目的端口，包越短或者包要发往多个目的端口时，势必增加路由查找的代价。因此，将一些经常访问的目的端口放到缓存中能够提高路由查找的效率。无论是输入缓冲还是输出缓冲路由器，通常都存在路由查找的瓶颈问题。

③ 企业级路由器。

企业级路由器连接多个终端系统，连接对象较多，但系统相对简单，且数据流量较小。这类路由器要求以尽量简单的方法实现尽可能多的端点互联，同时要求能支持不同的服务质量。

④ 接入级路由器。

接入级路由器主要用于连接家庭或 ISP 内的小型企业客户群体，不仅提供 SLIP 或 PPP 连接，还支持 PPTP 和 IPSec 等虚拟私有网络协议，这些协议能在每个端口上运行。ADSL 等技术将提高家庭用户的可用带宽，并将进一步增加接入路由器的负担。因此，接入路由器将支持许多异构和高速端口，并要求能在各个端口上运行多种协议，同时还要避开电话交换网。

（4）按所处网络位置分类：可分为边界路由器和中间节点路由器。

边界路由器处于网络边缘，用于连接不同的网络。中间节点路由器处于网络的中间，用于连接不同的网络，起到数据转发的桥梁作用。由于各自所处网络位置不同，主要性能也有相应的侧重。中间节点路由器要面对各种各样的网络，需要记忆网络中各节点路由器的 MAC 地址，因而需要选择具有较大缓存、MAC 地址记忆能力较强的路由器。边界路由器可能要同时接收来自多个不同网络路由器发来的数据，带宽要足够宽。

6.3.2 路由器的结构

路由器实际上是一台计算机，硬件和普通的计算机类似。路由器通常包括处理器、不同类型的内存（存储信息）、各种端口（连接外围设备或与其他计算机通信）和操作系统。

1. 处理器

处理器即 CPU，是路由器的核心部件。路由器的处理器随着路由器型号的不同而不同，一般越高端的路由器，其处理器的处理能力越强。在中低端路由器中，CPU 负责交换路由信息、路由表查找以及转发数据包。此时，CPU 的能力直接影响路由器的吞吐量（路由表查找时间）和路由计算能力（影响网络路由收敛时间）。在高端路由器中，通常包转发和查表由

ASIC 芯片完成，CPU 只负责实现路由协议、计算路由以及分发路由表。随着技术的发展，路由器中的许多工作都可以由硬件（专用芯片）实现，CPU 性能并不完全反映路由器性能，路由器性能将通过路由器吞吐量、时延和路由计算能力等指标综合体现。

2．接口

（1）通信接口。

路由器提供丰富的接口类型，如以太网、快速以太网、千兆以太网、串行、异步/同步、ATM、ISDN 等接口。

对于不同的路由器系列，通常有三种接口的编号。

① 固定配置或最低端的路由器，接口编号采用单个数字，例如，Cisco 2500 路由器上的接口编号可以是 ethernet 0（以太网接口 0）、serial 1（串行接口 1）、bri 0（ISDN BRI 接口 0）等。

② 中、低端的模块化路由器，接口编号采用两个数字，中间用"/"隔开，斜杠前面是模块号，后面是模块上的接口编号。例如，Cisco 2600 路由器上的接口编号 ethernet 0/1、serial 1/1、bri 0/0 等。

③ 高端的模块化路由器，接口编号除采用两个数字外，有时采用三个数字，中间用"/"隔开。其中，第 1 个数字是模块号，第 2 个数字是该模块上的子卡号，第 3 个数字是该子卡上的接口编号。例如，Cisco 7500 路由器上的接口编号可以是 fastethernet 1/0/0、vg-anylan 1/0/2 等。

（2）控制台端口。

几乎所有路由器都在背后安装了一个控制台端口。控制台端口提供一个 EIA/TIA-232（又称 RS-232C）异步串行接口。一般较小的路由器采用 RJ-45 控制台连接器，较大的路由器采用 DB-25 控制台连接器。通过控制台端口，可以用控制线把一台计算机和路由器连接起来，通过计算机上的超级终端对路由器进行初始化配置。

（3）辅助端口。

大多数 Cisco 路由器都配备了一个辅助端口（Auxiliary Port）。该端口和控制台端口类似，提供一个 EIA/TIA-232 异步串行连接，使计算机能够与路由器通信。辅助端口通常用来连接 Modem，以实现对路由器的远程管理。远程通信链路不用来传输平时的路由数据包，主要作用是在网络路径或回路失效后访问路由器。

3．内存

路由器中，内存用来存储配置、路由器操作系统、路由协议软件等内容。在中低端路由器中，路由表可能存储在内存中。通常，路由器内存越大越好。与 CPU 的评价相似，内存不直接反映路由器的性能与能力，高效的算法与优秀的软件可能大大节约内存。

路由器中通常包含四种主要的存储器，分别是 ROM、RAM、Flash 和 NVRAM。

（1）ROM：只读存储器，存储 IOS（网际操作系统）软件，加电时引导路由器启动。

（2）RAM：随机存取存储器，存储路由器的运行配置，也是 IOS 软件活动的场所。路由器断电后，RAM 中包括运行配置在内的所有内容都将被清除。RAM 与 CPU 配合完成各种路由器的操作处理。

（3）Flash：又称 Flash Memory，像 Flash 卡一样，可以存放文件，断电后仍可以保存。在路由器中，主要存储 IOS 映像文件。

（4）NVRAM：非易失随机存储器，用于存储启动配置文件。

6.3.3 典型案例：路由器中的路由选择过程

例 6-1 如图 6-19 所示，主机 A 与主机 B 分别在两个不同的网段上，中间通过路由器连接。用户在主机 A 上通过 ping 命令测试主机 A 与 B 的连通性，分析命令执行时的路由选择过程。

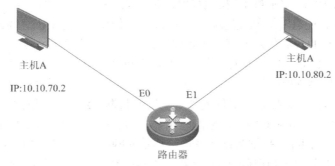

图 6-19 IP 路由选择过程

[相关知识]

IP 地址是 TCP/IP 网络中数据传输的依据，标识了网络中的一个连接。一台主机可以有多个 IP 地址。分组中的 IP 地址在网络传输中是保持不变的。根据 TCP/IP 约定，IP 地址由 32 位二进制数组成（IPv4），且在 Internet 范围内是唯一的。例如，某台连接在 Internet 上的计算机，IP 地址为 11010011 01000010 01000111 00001000。但是，这种方式表示的 IP 地址很难记住。为方便记忆，通常采用点分十进制的方式来表示，上述二进制表数示的 IP 地址可以表示为 211.66.71.8。

若两台计算机的 IP 地址位于同一个子网内，则计算机之间的通信在 TCP/IP 的低二层即可完成。通信时，发起通信的计算机 A 先发送 ARP 广播包，其中包含准备与其通信的计算机 B 的 IP 地址信息。计算机 B 收到这个 ARP 包，发现计算机 A 要与自己建立通信连接；计算机 B 向计算机 A 发送一个响应的 ARP 包，其中包含计算机 B 的 MAC 地址。然后，计算机 A 和 B 之间可以通过 MAC 地址在数据链路层之下进行数据通信。当计算机 A 和计算机 B 位于不同的子网时，两台计算机之间的通信需要经过路由器。通常采用路由器或具有三层交换的交换机实现不同子网之间的路由功能。在一个企业的大型局域网内互联，一般采用三层交换机来实现；在不同企业之间互联，则采用路由器来实现。相比三层交换机，路由器具有更丰富的路由协议和接口。

当数据从一台主机传向另一台主机时，数据包本身没有变化，源 IP 地址和目的地址也没有变化，路由器通过识别数据包中的 IP 地址来确定数据包的路由。MAC 地址在每经过一台路由器时都发生变化。

在大型网络中，主机之间的通信可能要通过好多台路由器，数据帧从哪台路由器的哪个接口发出，源 MAC 地址就是那台路由器的相应接口的 MAC 地址；目的 MAC 地址是路径中下一台路由器与之相连的接口的 MAC 地址，直到到达目的网段。可见，数据传输归根结底靠的是 MAC 地址。

[操作步骤]

（1）用户在主机 A 上输入命令：ping 10.10.80.2，主机 A 中 ICMP（Internet Control Message Protocol，因特网控制报文协议）创建一个回应请求数据包，其数据域中只包含字母。

（2）ICMP 将这个有效负荷（刚创建的数据包）交给 IP 协议。IP 协议也创建一个数据包，内容包括源主机 A 的 IP 地址，目的主机 B 的 IP 地址，以及值为 01h 的协议字段。数据包到达主机 B 时，这些内容将告诉对方，应该将这个有效负荷交给 ICMP 协议处理。

（3）IP 判断目的 IP 地址属于本地网络还是远程网络。本案例中，主机 A 与主机 B 属于不同的网络。此时，IP 协议创建的数据包被发送到默认网关中。在主机 A 的网络属性配置中，除自身的 IP 地址外，还有默认网关地址。网关地址是不同网络的主机之间通信的一扇门。只有通过网关，主机 A 的数据包才能够发送到位于另一个网络的主机 B 中。

（4）确认路由器相应接口的 MAC 地址。假设主机 A（IP 地址 10.10.70.2）的默认网关配置为 10.10.70.1。主机 A 的数据包要发送到这个默认网关，必须知道对应路由器接口的物理地址，即 MAC 地址。这样，数据包才能传递到下一层的数据链路层，并根据一定的规则生成帧，然后把数据包发送给 10.10.80.0 网络连接的路由器接口。本地局域网中，主机之间只能通过硬件地址通信。因此，当主机 A 把数据包发送给特定的网关时，必须知道该网关对应的 MAC 地址。为此，主机 A 先检查自己的 ARP 缓存，查看一个默认网关的 IP 地址是否已经解析为对应接口的硬件地址，如果在 ARP 缓存表中已有对应的记录，表示已经被成功解析。此时，数据包被释放，传递到数据链路层并生成帧，其中，目的方的硬件地址也与数据包一起下传到数据链路层。通常，在主机 A 可以通过 ARP 命令查看主机当前的 IP 地址与 MAC 地址的对应表，如图 6-20 所示。

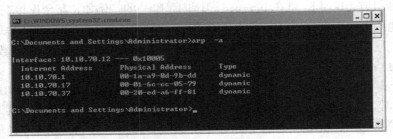

图 6-20　使用 arp-a 命令查看 IP 地址与 MAC 地址对应表

（5）生成帧。当这个数据包和目的方的硬件地址传递给数据链路层后，用一些控制信息封装这个数据包并生成数据帧。这个数据帧主要包括目的 MAC 地址（对应路由器接口的 MAC 地址）、源 MAC 地址（主机 A 的 MAC 地址）、以太网类型字段、数据包、帧校验序列五部分内容。其中，以太网类型字段描述将这个数据包交付到数据链路层的网络层协议；帧校验序列字段位于帧的末尾，是装载循环冗余校验计算值的区域。

注意：这里的目的地址不是主机 B 的地址，而是距离主机 A 最近的默认网关地址。第一次通信时，主机 A 不知道主机 B 的 MAC 地址。完成数据帧的封装后，传送到物理层。如果企业网络的传输介质是双绞线，以逐位传输的方式传送到物理媒体。

以上 5 个步骤主要在主机 A 完成。执行完毕后，IP 路由选择过程的前期工作完成。接下来是路由器的处理过程。

（6）主机 A 所在的冲突域中，每台网络设备都将接收到主机 A 发送的信息，并重新合并成数据帧。接收完毕，运行 CRC 程序，核对数据帧的校验序列字段。如果这两个值不匹配，丢弃这个数据帧。如果两个值相同，接收这个数据帧，并核查目的方的硬件地址，检查是否匹配。如果目的主机的硬件地址匹配，路由器查看这个帧的以太网类型字段，了解在网络层上采用什么协议，然后抽出数据帧中的数据包（其余内容丢弃），传送给以太网类型字段中指出的上层协议，如 IP 等。

（7）判断路由表项目。IP 协议接收这个数据包，检查目的 IP 地址。若数据包中的目的地址与接收路由器配置的任何地址都不匹配，路由器在自己的路由表中查看目的网络的 IP 地址。由于路由器同时连接 IP 地址为 10.10.80.0 网络，因而路由表中有相关记录。若没有记录，该数据包被直接丢弃，路由器同时发送一个"目标地址不可达"的出错信息给主机 A。

（8）路由器转发数据包。如果路由器在路由表中找到相应网络的记录，数据包将被转发到输出接口（本例是主机 B 连接的接口），路由器将这个数据包交换到对应接口的缓冲区内。

（9）缓冲区中数据的处理。路由器对应接口的缓冲区需要了解目的主机的硬件地址。由于该数据包中已经有目的主机的 IP 地址，路由器先检查 ARP 缓存表。如果主机 B 的硬件地址已经被解析并保存在路由器的 ARP 缓冲中，该数据包和硬件地址将被传递到数据链路层，以便重新生成数据帧。通常，若路由器曾与主机 B 通信，这个 IP 地址与 MAC 地址的对应记录将在路由器 ARP 缓冲表中保存 4 个小时。若连续 4 个小时没有通信，这个对应记录被删除。如果在路由器的 ARP 缓冲表中没有相关记录，路由器接口将在所连接的网络内部发送一个ARP 请求。这个 ARP 请求像一个广播，询问 IP 地址为 172.12.80.8 的 MAC 地址。此时，若其他网络设备发现自己不是这个 IP 地址，则抛弃这个包。主机 B 发现有人在询问自己的 MAC 地址，则响应，告诉路由器自己就是这个 IP 地址，以及自己的 MAC 地址。路由器知道目的主机 B 的 MAC 地址后，把数据包连同目的主机的 MAC 地址传递到下一层的数据链路。

（10）路由器重复以上第 5 步操作，生成数据帧，传送到物理层，以逐位传送的方式再发送到物理媒体，在网络中进行传输。

至此，路由器上的工作已经完成。可见，路由器的作用主要是进行数据交换。路由器将收到的数据包根据一定的规则转发到另一个可达的接口上。

（11）主机 B 接收数据帧并运行 CRC 程序。如果运算结果与帧校验序列字段的内容相同，数据帧中目的主机的 MAC 地址被读取。主机 B 判断这个 MAC 地址是否与自己的 MAC 地址相同，若相同，抽取其中的数据包，根据以太网字段类型中指定的协议，把数据包传递给相应的协议处理。本案例中，数据包是一个回应请求，主机 B 把这个数据包交给 ICMP 处理。ICMP 应答这个请求，同时丢弃该数据包并迅速生成一个新的有效负荷作为回应应答。然后，主机 B 用同样的方法把数据包以及目的 MAC 地址（路由器对应接口的物理地址）传递到下一层，封装生成数据帧。该数据帧中包含目的 MAC 地址、源 MAC 地址、数据包、以太网字段类型、帧校验序列字段等内容，发送到下一层，再逐位传送到物理媒体。

（12）路由器重复第 6 步到第 10 步过程，把数据包从一个接口交换传递到另一个接口，主机 A 收到回应信息，表示到主机 B 的道路是通的。

上述 12 个步骤是 IP 路由选择的全部过程。对于更复杂的网络，可能在路由的过程中间多了几个节点，路由过程将是上述步骤的重复。

[知识拓展]

在计算机的字符界面执行 route　print 命令，可以查看本机的路由表，如图 6-21 所示。

在该路由表中，destination 和 netmask 组合表示目的网段，interface 表示到达该目的地的本路由器的出口 IP，gateway 表示下一跳路由器入口的 IP 地址。路由器通过 interface 和 gateway定义一条到下一个路由器的链路。通常，interface 和 gateway 是同一网段的。Metric 项表示跳数，该数值表示路由记录的质量，一般情况下，如果有多条到达相同目的地的路由记录，路由器采用 metric 值小的那条路由。

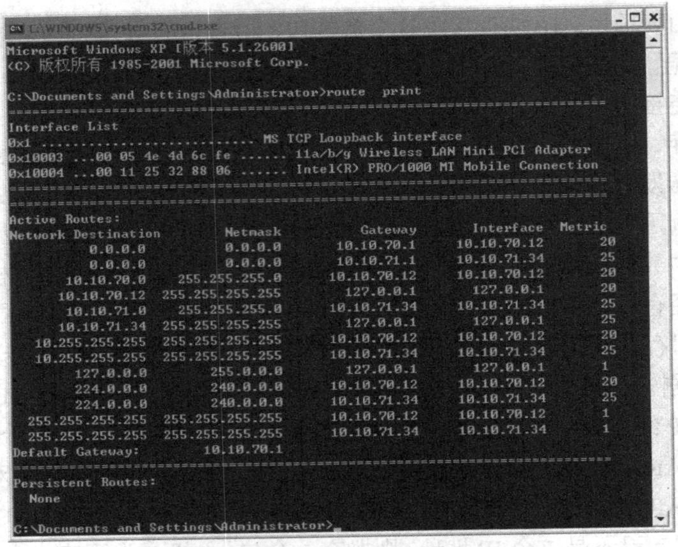

图 6-21 采用 route 命令查看本机路由表

6.3.4 路由协议

1．路由选择协议

网络层用于动态生成路由表信息的协议称为路由选择协议。路由选择协议使网络中的路由设备能够相互交换网络状态信息，从而在内部生成关于网络连通性的映像，并由此计算出到达不同目标网络的最佳路径或确定相应的转发端口，从而能够进行路由选择和交换。

路由器使用路由选择协议来交换路由选择信息，通过路由表实现路径选择功能。路由选择协议提供共享路由选择信息的方法，允许路由器与其他路由器进行通信，更新和维护路由表。常见的路由协议有路由信息协议（RIP）、内部网关路由协议（IGRP）、增强内部网关路由协议（EIGRP）以及开放式最短路径优先（OSPF）等。

路由表中保存着子网的标志信息、网络中路由器的个数和下一个路由器的名字等内容。路由表可以由系统管理员静态设置，也可以由系统动态修改；可以由路由器自动调整，也可以由主机控制。

路由选择协议又称主动路由协议，这是相对于规定网络层分组格式的网络层协议（如 IP）而言。IP 的作用是规定了包括逻辑寻址在内的 IP 数据报格式，使网络上的主机有一个唯一的逻辑标识，为从源方到目标方的数据转发提供必需的目标网络地址信息。路由选择协议为数据包到达目标网络提供了路径选择服务，而 IP 则提供关于目标网络的逻辑标识，并且是路由选择协议进行路径选择服务的对象。在此意义上，又将 IP 这类规定网络层分组格式的网络层协议称为被动路由协议。

2．路由表

路由选择协议通过建立和维护路由选择表来容纳路由信息。路由表中保存着重要的信息，具体包括以下内容。

（1）信息类型：创建路由表条目的路由协议类型。

（2）目的地／下一跳：特定目的地是直接连接在路由器上或通过另一个路由器达到，这个位于到达最终目的地途中的路由器称为下一跳。当路由器接收到一个进入的数据分组时，查找目的地的地址，并试图将这个地址与路由表条目匹配。

（3）路由选择度量标准：不同路由选择协议使用不同的路由选择度量标准。路由选择度量标准用可以判别路由的好坏。例如，RIP 协议用跳数作为度量标准值，IGRP 协议用带宽、负载、延迟、可靠性来创建合成的度量标准值。

（4）出站接口：数据必须从这个接口发送出去，以达到最终目的地。

一个路由器与另一个路由器通信时，通过传送路由更新信息来维护各自路由选择表。根据特定的路由选择协议，更新信息可以周期性地发送，或者仅当网络拓扑中有变化时才发送。路由选择协议决定在路由更新的时候是仅发送有变化的路由或发送整个路由表。通过分析来自邻近路由器的路由选择更新，路由器能够建立和维护自己的路由选择表。

3．静态路由和动态路由

（1）静态路由：管理员在路由器中手工设置的固定路由信息。静态路由不能对网络的改变做出反映，一般用于规模不大、拓扑结构固定的网络中。优点是设置简单、高效。在所有路由中，静态路由优先级最高，当动态路由与静态路由发生冲突时，以静态路由为准。

（2）动态路由：网络中的路由器之间互相通信，传递路由信息，利用收到的路由信息更新路由表的过程，能实时适应网络结构的变化。主要用于规模大、拓扑结构复杂的网络。

动态路由根据运行区域范围可以分为两大类。

- IGP（内部网关协议）：用于自治系统内部交换路由信息。RIP、IGRP、EIGRP、OSPF 都属于 IGP。
- EGP（外部网关协议）：用于不同自治系统之间交换路由信息。BGP（边界网关协议）属于 EGP。

多个动态路由选择协议和静态路由选择协议可以同时使用。如果到达同一个网络有多个路由协议的学习路由信息，用管理距离评价每条路由信息的可信度。管理距离可以区分、比较到达同一个网络的由不同路由选择协议学习到的路由信息。如果到达同一个网络有多条路径（路由），并且运行了不同的协议，则比较它们的管理距离，管理距离越小，优先级越高，被视为最佳路径（路由）放入路由表中。表 6-2 列出各种路由选择协议的默认管理距离。

表 6-2　　　　　　　　各种路由选择协议的默认管理距离

路由选择协议名称	默认管理距离
直连接口	0
静态路由	1
EIGRP	90
IGRP	100
OSPF	110
RIP	120
未知的/不可信的网络	255

4．常用的路由选择协议

（1）RIP。

RIP（Routing Information Protocols，路由信息协议）是一种简单的内部路由协议，已经存在很久，由施乐（Xerox）公司在 70 年代开发。例如，UNIX 下的 routed 就使用 RIP。RIP 使用距离向量算法，其路由选择只是基于两点间的"跳（hop）"数，穿过一个路由器认为是一跳。主机和网关都可以运行 RIP，但主机只是接收信息而不发送。路由信息可以从指定网关请求，通常每隔 30 秒广播一次（更新信息），以保持正确性。RIP 使用 UDP，通过端口 520 在主机和网关之间通信。网关之间传送的信息用于建立路由表，由 RIP 协议选定的路由总是距离目的节点跳数最少。RIP v1 版在简单、较小的网络中工作得不错，但在较大的网络中会出现问题，有些问题在 RIP v2 版中已得到纠正，但有些是由于设计产生的限制。

RIP 没有链接质量的概念，认为所有链路都是相同的。RIP 以最小的跳数来选择路由。例如两个路由，第一个是 100Mbit/s 的光纤链路连接路由器，第二个是 10Mbit/s 的以太网、9600bit/s 的串行链路，RIP 将选择后者。RIP 也没有链路流量等级的概念，例如两条以太网链路，其中一条链路很繁忙，另一条链路根本没有数据流，RIP 可能选择繁忙的那条链路。

RIP 是一个简单的路由协议，有一些限制，尤其在版本 1 中。即便如此，RIP 协议常常是某些操作系统的唯一选择。

RIP 存在的主要缺陷如下。

① 过于简单，以跳数为依据计算度量值，经常选择出非最优路由。

② 度量值以 15 为限，不适合大的网络。

③ 安全性差，接受来自任何设备的路由更新。

④ 不支持无类 IP 地址和 VLSM（Variable Length Subnet Mask，变长子网掩码）。

⑤ 收敛缓慢，时间经常大于 5 分钟。

⑥ 消耗带宽很大。

（2）IGRP。

IGRP（Interior Gateway Routing Protocol，内部网关路由协议）是 Cisco 公司于 20 世纪 80 年代开发的路由选择协议，可以弥补 RIP 的不足。20 世纪 90 年代，思科推出了增强的 IGRP，进一步提高了 IGRP 的操作效率。

IGRP 是一种基于距离向量的内部网关协议（IGP），采用数学上的距离标准计算路径大小，该标准就是距离向量。IGRP 要求每个路由器以规则的时间间隔向相邻的路由器发送路由表的全部或部分。随着路由信息在网络上扩散，路由器可以计算得到所有节点的距离。

为提供更大的灵活性，IGRP 支持多路径路由选择服务。在循环方式下，两条同等带宽线路能运行单通信流，如果其中一条线路传输失败，系统会自动切换到另一条线路上。多路径可以是具有不同标准但仍然奏效的多路径线路。例如，一条线路比另一条线路优先 3 倍，意味着这条路径可以使用 3 次。只有符合某特定最佳路径范围或在差量范围之内的路径，才可以用作多路径。差量（Variance）是网络管理员可以设定的一个值。

（3）EIGRP。

EIGRP（Enhance Interio Gateway Routing Protocol，增强型内部网关路由协议）是 Cisco 公司开发的一个平衡混合型私有路由选择协议，融合了距离向量和链路状态两种路由选择协议的优点。EIGRP 既有传统的距离矢量协议的特点，如路由信息依靠邻居路由器通告，遵守路由水平分割和反向毒化规则，路由自动归纳，配置简单；又有传统的链路状态路由协议的特点，如没有路由跳数的限制，路由信息发生变化时，采用增量更新的方式，保留对所有可能路由的了解，支持变长子网掩码，路由手动归纳；还具有自己独特的特点，如支持非等成本路由上的负载均衡，采用差分更新算法（DUAL）。在确保无路由环路的前提下，收敛迅速，适用于中大型网络。

（4）OSPF。

OSPF（Open Shortest Path First，开放最短路径优先）协议是 IETF 标准组织制定的一种基于链路状态的内部网关协议。最短路径优先（Shortest Path First，SPF）算法是 OSPF 路由选择协议的基础，该算法由 Dijkstra 发明，因而 SPF 算法又称 Dijkstra 算法。

在同一个自治系统内，运行 OSPF 协议的路由器彼此交换并保存整个网络的链路信息，从而掌握全网的拓扑结构，独立地计算出到达任意目的地的最佳路由。所谓自治系统（Autonomous System，AS），是指一组通过统一的路由选择协议互相交换路由信息的网络。在同一个 AS 中，所有 OSPF 路由器都维护一个相同的描述 AS 结构的数据库，该数据库中存放路由域中相应链路的状态信息，OSPF 路由器能够通过该数据库计算出 OSPF 路由表。OSPF 路由选择表只在需要时才进行修改，而不是每隔固定间隔更新一次，这种方式极大地减少了通信量，节省了网络带宽。

更新路由表时，RIP 和 IGRP 等使用距离向量算法的路由选择协议把路由表的全部或部分发送给相邻的路由器，属于链路状态的 OSPF 路由协议使用触发的路由更新，具有支持大型网络、路由收敛快、占用网络资源少等优点，在目前应用的路由协议中占有相当重要的地位。

（5）边界网关协议。

边界网关协议（Border Gateway Protocol，BGP）是为 TCP/IP 网络设计的外部网关协议，用于多个自治系统之间。它既不是基于纯粹的链路状态算法，也不是基于纯粹的距离向量算法，主要功能是与其他自治系统的 BGP 交换网络可达信息，各个自治系统可以运行不同的内部网关协议。BGP 更新信息包括网络号/自治系统路径的成对信息。自治系统路径包括到达某个特定网络必须经过的自治系统串，这些更新信息通过 TCP 协议传送出去，以保证传输的可靠性。

BGP 系统作为高层协议运行在一个特定的路由器上。系统初启时，BGP 路由器通过发送整个 BGP 路由表与对等实体交换路由信息，之后只交换更新消息（Update Message）。系统在运行过程中通过接收和发送 keep-alive 消息检测相互之间的连接是否正常。

项目实践 6.2　路由器的配置

1．配置模式

Cisco 路由器最基本的配置模式有两种：用户（user）模式和特权（privileged）模式。在用户模式下，只能显示路由器的状态，在特权模式下才可以更改路由器的配置。

特权模式下可以进入安装（setup）模式、全局配置（global config）模式、局部配置（sub config）模式。

（1）安装模式：提供菜单提示，引导用户进行路由器的基本配置。路由器第一次启动时，自动进入安装模式。

（2）全局配置模式：可以改变路由器的全局参数，如主机名、密码等。

（3）局部配置模式：改变路由器的局部参数，例如某一个网络接口的配置、某一种路由协议的配置等。

2．配置方法

几种常见的路由器配置方法如下。

（1）采用超级终端工具进行配置。把计算机的串口与路由器的控制口相连，使用超级终端工具进行配置。

（2）采用辅助口进行配置。将调制解调器连结至路由器的辅助口（Auxiliary Port），远程拨号登录控制台。

（3）采用虚拟终端进行配置。通过 telnet 命令连接路由器的 IP 地址，通过虚拟终端方式配置路由器。该种方法的前提是在路由器上已经配置有 IP 地址。

（4）编辑配置文件，并通过 TFTP 上传至路由器。

（5）通过网络管理软件远程设置路由器参数。

3．采用静态路由配置路由器

配置静态路由可以指定访问某一个网络时经过的路径。在网络结构比较简单，且到达某一个网络经过的路径唯一时，可配置静态路由。

（1）配置静态路由的基本命令。

```
ip route prefix mask {address | interface} [distance] [tag tag] [permanent]
```

参数的含义如下。

prefix：要到达的目的网络。

mask：子网掩码。

address：下一个跳的 IP 地址，即相邻路由器的端口地址。

interface：本地网络接口。

distance：管理距离（可选）。

tag tag：tag 值（可选）。

permanent：指定该路由即使端口关掉也不被移走。

（2）网络架构：如图 6-22 所示。

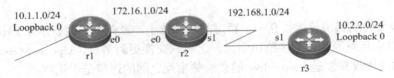

10.1.1.0/24
Loopback 0

172.16.1.0/24

192.168.1.0/24

10.2.2.0/24
Loopback 0

e0   e0   s1   s1

r1   r2   r3

图 6-22　采用静态路由实现网络互连

（3）路由器 r1、r2、r3 的配置。

① 路由器 r1 的主要配置如下。

```
r1（config）int loopback 0
r1（config）ip add 10.1.1.0 255.255.255.0
r1（config）int e0
r1（config）ip add 172.16.1.1 255.255.255.0
r1（config）ip route 192.168.1.0 255.255.255.0 172.16.1.2
r1（config）ip route 10.2.2.0 255.255.255.0 172.16.1.2
```

② 路由器 r2 上的主要配置如下。

```
r2（config）int e0
r2（config）ip add 172.16.1.2 255.255.255.0
r2（config）int s1
r2（config）ip add 192.168.1.1 255.255.255.0
r2（config）clock rate 64000
r2（config）ip route 10.1.1.0 255.255.255.0 172.16.1.1
r2（config）ip route 10.2.2.0 255.255.255.0 192.168.1.2
```

③ 路由器 r3 的主要配置如下。

```
r3（config）int s1
r3（config）ip add 192.168.1.2 255.255.255.0
r3（config）int loopback 0
r3（config）ip add 10.2.2.2 255.255.255.0
r3（config）ip route 172.16.1.0 255.255.255.0 s1
```

```
r3（config）ip route 10.1.1.0 255.255.255.0 s1
```

4．采用 RIP 路由协议配置网络

（1）配置 RIP 路由协议的基本命令如下。

```
router rip；指定使用 RIP
version {1|2}；指定 RIP 版本
network network；指定与该路由器相连的网络
```

（2）网络结构：如图 6-23 所示。

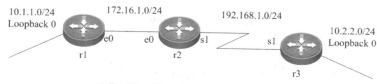

图 6-23　采用 RIP 路由实现网络互连

（3）路由器 r1，r2，r3 配置。

① 路由器 r1 上的主要配置如下。

```
r1（config）router rip
r1（config）version 2
r1（config）network 10.0.0.0
r1（config）network 172.16.0.0
```

② 路由器 r2 上的主要配置如下。

```
r1（config）router rip
r1（config）version 2
r1（config）network 172.16.0.0
r1（config）network 192.168.1.0
```

③ 路由器 r3 上的主要配置如下。

```
r1（config）router rip
r1（config）version 2
r1（config）network 192.168.1.0
r1（config）network 10.0.0.0
```

知识引导 6.4　TCP/IP 的传输层

传输层是 TCP/IP 网络体系结构中至关重要的一层，主要作用是保证端到端数据传输的可靠性。TCP 和 UDP 是 TCP/IP 参考模型传输层最重要的两个协议。TCP 提供面向连接的通信方式，通信可靠，适合传输大量的数据，但传输速度慢；UDP 提供无连接的通信方式，通信不可靠，适合传递少量的数据，但传输速度快。传输层通过端口来识别不同的应用程序，实现在一个 IP 地址上可以实现运行多个应用。本任务学习传输层的协议、端口和套接字、TCP 和 UDP，在此基础上，掌握常用 TCP/IP 使用程序的使用。

6.4.1　传输层的协议、端口和套接字

1．传输层功能

在 OSI 参考模型中，物理层、数据链路层和网络层位于七层模型的低三层，提供面向网络的通信服务；会话层、表示层和应用层位于七层模型的高三层，提供面向信息处理的服务；传输层位于网络层之上、会话层之下，是低三层和高三层之间的中间层，提供端到端的通信

服务。在 TCP/IP 参考模型中，传输层位于网络层之上、应用层之下。传输层是整个网络的关键部分，实现两个用户进程之间端到端的可靠通信。传输层是向下提供通信服务的最高层，可弥补通信子网的差异和不足，向上是用户功能的最低层。传输层与数据链路层有相似之处，前者是提供端到端的通信，后者是提供点到点的通信。传输层协议比数据链路层复杂得多。

图 6-24 是两台主机通信的示意图。假设主机 A 和主机 B 通过互连的广域网进行通信。IP 只能将源主机发出的分组按照首部中的目的地址发送到目的主机，但不能交付给目的主机的应用进程，要实现这个功能，需要使用传输层的功能。

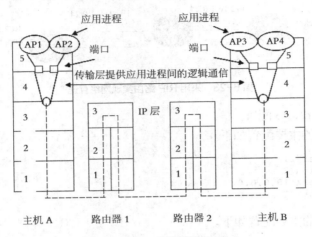

图 6-24 传输层的作用

在网络中，IP 地址能够标识一台主机，不能标识主机中的应用进程。两个主机进行通信，实际上是两个主机中的应用进程互相通信，IP 协议能把分组送到目的主机，但是这个分组还停留在目的主机的网络层而没有交付给应用进程。在网络通信过程中，一台主机中经常有多个应用进程同时和另一台主机中的多个应用进程通信。例如，某用户在发送电子邮件时，该主机的应用层运行电子邮件的客户进程；与此同时，该用户还利用 FTP 服务对托管的主机进行管理，该主机还运行着 FTP 管理软件的客户进程。同一台主机上要运行并识别多个并发的应用进程，需要传输层提供相应的服务。

在图 6-24 中，主机 A 的应用进程 AP1 和主机 B 的应用进程 AP3 通信，同时，应用进程 AP2 也和对方的应用进程 AP4 通信。传输层的一个重要的功能是"复用"和"分用"，应用层将不同进程的报文通过不同的端口向下交到传输层，再往下共用网络层提供的服务。当这些报文沿着图中的虚线到达目的主机后，目的主机的传输层使用"分用"功能，通过不同的端口将报文分别交付给相应的应用进程。

传输层向高层用户屏蔽了通信子网的细节（如网络拓扑、采用的协议等），使应用进程就像在两个传输层实体之间端到端的逻辑信道中通信。但是，这条逻辑信道对高层的表现因传输层的不同协议而有很大差别。当传输层采用面向连接的 TCP 时，尽管下面的网络是不可靠的，只提供尽最大努力的服务，但这种逻辑信道相当于一条全双工的可靠信道。当传输层采用无连接的 UDP 时，这种逻辑信道是一条不可靠的信道。

传输层与网络层的区别如下。

（1）传输层为应用进程之间提供逻辑通信；网络层为主机之间提供逻辑通信。

（2）传输层要对收到的报文进行差错检测；在网络层中，IP 数据报首部的检验和字段只检验首部是否出现差错，而不检查数据部分。

（3）根据应用的不同，传输层提供有两种不同的传输协议，即面向连接的 TCP 和面向无连接的 UDP；网络层无法同时实现这两种协议。

2．传输层的协议

TCP 和 UDP 是传输层协议中的两个典型代表，其中，TCP 是面向连接的协议，UDP 是面向无连接的协议。

（1）UDP。

UDP（User Data Protocol，用户数据报协议）是面向无连接的协议，通信前不需要与对方建立连接，直接把数据包发送过去。目的主机的传输层收到 UDP 报文后，不需要给出任何确认。由于 UDP 协议没有建立连接的过程，因而通信效果高，但可靠性不如 TCP。例如，腾讯公司的 QQ 软件采用 UDP 发送消息，有时会出现收不到消息的情况。

UDP 不提供可靠交付，但在某些情况下，UDP 是一种最有效的工作方式，如 DNS 和 NFS 服务的实现，都是采用 UDP 协议的传输方式。UDP 适用于一次只传送少量数据、对可靠性要求不高的应用环境。例如，常用于测试两台主机之间通信是否正常的 ping 命令，其工作原理是向对方主机发送 UDP 数据包，然后对方主机确认收到数据包。如果对方主机确认的消息及时反馈回来，则网络是连通的。默认状态下，一次 ping 操作发送 4 个数据包，收到的也是 4 个数据包，原因是对方主机收到后也发回一个确认收到的数据包。这充分说明 UDP 协议是面向非连接的协议，没有建立连接的过程。

（2）TCP。

TCP（Transmission Control Protocol，传输控制协议）是一种面向连接的、可靠的、基于字节流的传输层通信协议。其中，"面向连接"指的是在通信前需要建立连接，通信后要拆除连接，不提供广播或多播服务。"可靠"指的是这种通信方式会对后续的数据包状态进行跟踪，并且采用以字节为最小单位的流服务方式。

TCP 能为应用程序提供可靠的通信连接，使一台计算机发出的字节流无差错地发往网络上的其他计算机，对可靠性要求高的数据通信系统往往使用 TCP 传输数据。

由于 TCP 要提供可靠的、面向连接的传输服务，不可避免地增加了许多开销，如确认、流量控制、计时器以及连接管理等，这不仅使协议数据单元的首部增大很多，还要占用许多处理机资源。

需要注意两点。

① 传输层的 UDP 用户数据报与网际层的 IP 数据报有很大的区别。IP 数据报要经过互联网中许多路由器的存储转发，而 UDP 用户数据报在传输层端到端抽象的逻辑信道中传送，这个逻辑信道虽然也是尽最大努力交付，但传输层的这个逻辑信道不经过路由器（传输层看不见路由器，路由器只执行低三层协议）。IP 数据报虽然经过路由器进行转发，但用户数据报只是 IP 数据报中的数据，路由器看不见有用户数据报经过它。

② TCP 连接与网络层中的虚电路（如 X.25）完全不同。TCP 报文段在传输层的端到端抽象的逻辑信道中传送，但 TCP 连接是可靠的全双工信道，不涉及互联网中的路由器。这些路由器根本不知道上面的传输层建立了多少个 TCP 连接。而 X.25 建立的虚电路经过的交换节点中，都要保存 X.25 虚电路的状态信息。

TCP 和 UDP 各有所长，各有所短，适用于不同要求的通信环境。TCP 和 UDP 之间的差别见表 6-3。

表 6-3	TCP 和 UDP 的差别	
	TCP	UDP
是否连接	面向连接	面向非连接
传输可靠性	可靠的	不可靠的
应用场合	传输大量的数据	传输少量的数据
速度	慢	快

3. 传输层的端口

（1）端口的作用。

UDP 和 TCP 都通过与应用层接口处的端口与上层应用进程通信。由于应用层的各种进程通过相应端口与传输实体进行交互，端口是非常重要的概念。传输层收到网络层交上来的数据（即 TCP 报文数据段或 UDP 用户数据报）时，根据首部的端口号决定应当通过哪个端口上交给应当接收该数据的应用进程。

数据段或者数据报的报头包含一个源端口和目的端口。源端口号是与本地主机应用程序相关联的通信端口号，目的端口号是与目的主机中目的应用程序相关联的通信端口号。根据消息性质的不同，可以采用不同的方法分配端口号。服务器进程的端口号静态分配，客户端为每个会话动态选择端口号。

客户端应用程序向服务器应用程序发送请求时，包含在报头中的目的端口号即分配给目的主机运行的服务守护程序端口号，客户端软件必须知道与目的主机该服务器进程相关联的端口号。该目的端口号通过手动或默认方式配置。例如，Web 浏览器程序向 Web 服务器发出请求时，除非另行指定，否则浏览器程序都将使用 TCP 端口号 80，该端口号是 Web 应用程序默认的端口号。很多应用程序都有其默认的端口号。

客户端请求信息时，数据段或数据报的报头包含随机生成的源端口号，只要不与系统中正在使用的其他端口冲突，客户端可以选择任意端口号。对于请求数据的应用程序，该端口号就像一个返回地址，传输层将跟踪该端口和发出该请求的应用程序。返回响应时，传输层可以将其转发到正确的应用程序。从服务器返回响应信息时，请求应用程序的端口号用作目的端口号。

例 6-2 2 台客户机（主机 A 和主机 B）访问 IP 地址为 211.66.68.1 的 Web 站点，如图 6-25 所示。

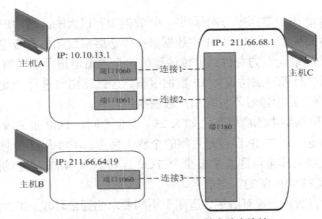

图 6-25 与主机 C 的 Web 站点建立连接

工作过程如下。

① 主机 A（IP 地址为 10.10.13.1）使用超文本传输协议 HTTP 与主机 B（IP 地址为 211.66.68.1）通信，HTTP 需要使用面向连接的 TCP。为找到目的主机中的 Web 站点，主机 A 与主机 C 建立的连接需要使用目的主机中的默认端口，端口号为 80。此外，主机 A 也要给自己的进程分配一个端口号，假设分配的源端口号为 1060，这就是主机 A 和主机 C 建立的第一个连接。图中将连接画成虚线，表示这种连接不是物理连接而只是虚连接，即逻辑连接。

② 主机 A 中的另一个进程也要和主机 C 中的 Web 站点建立连接，目的端口号仍为 80，但源端口号不能与上一个连接重复，假设主机 A 分配的这个源端口号为 1501。这是主机 A 和主机 C 建立的第二个连接。

③ 主机 B（IP 地址为 211.66.64.19）也需要访问主机 C 提供的 Web 服务，则主机 B 也要和主机 C 的 Web 站点建立连接，目的端口号还是 80，主机 B 选择源端口号为 1060。这是和主机 C 建立的第三个连接。这里的源端口号与第一个连接的源端口号相同，纯属巧合，各主机都独立地分配自己的端口号。

（2）套接字。

由例 6-2 可见，应用层通过传输层进行数据通信时，TCP 或 UDP 可能被要求同时为多个应用程序进程提供并发服务。为区别不同应用程序进程和连接，许多操作系统为应用程序与 TCP / IP 交互提供称为套接字（Socket）的接口，以区分不同应用程序进程之间的网络通信和连接。采用套接字可以唯一识别两台主机之间的会话。

套接字主要有 3 个选项：通信的目的 IP 地址、传输层协议和端口号。在图 6-25 中，主机 A 和 B 都使用了相同的源端口号 1060，把 IP 地址和端口号结合起来，即可确定使用同一个源端口的不同的主机连接。

要通过 Internet 通信，至少需要一对套接字。一个运行于客户机端，称为 ClientSocket；另一个运行于服务器端，称为 ServerSocket。根据连接启动的方式以及本地套接字要连接的目标，套接字之间的连接过程可以分 3 个步骤：服务器监听，客户端请求，连接确认。

① 服务器监听：服务器端套接字时刻处于等待连接的状态，实时监控网络状态。

② 客户端请求：由客户端的套接字提出连接请求，连接的目标是服务器端的套接字。为此，客户端的套接字必须指出服务器端套接字的地址和端口号，然后才能向服务器端套接字提出连接请求。

③ 连接确认：当服务器端套接字监听到或者接收到客户端套接字的连接请求，响应客户端套接字的请求，建立一个新的线程，把服务器端套接字的描述发给客户端。一旦客户端确认该描述，即可建立连接。服务器端套接字继续处于监听状态，继续接收其他客户端套接字的连接请求。

在整个 Internet 中，传输层通信的一对套接字必须是唯一的。以图 6-25 为例。

- 连接 1 的一对套接字是（10.10.13.1，1060）和（211.66.68.1，80）。意思是：IP 地址为 10.10.13.1 的主机用端口 1060 和 IP 地址为 211.66.68.1 的主机端口 80 建立连接 1。
- 连接 2 的一对套接字是（10.10.13.1，1061）和（211.66.68.1，80）。意思是：IP 地址为 10.10.13.1 的主机用端口 1061 和 IP 地址为 211.66.68.1 的主机端口 80 建立连接 2。

例 6-2 使用面向连接的 TCP。若使用无连接的 UDP，虽然在相互通信的两个进程之间没有一条虚连接，但发送端一定有一个发送端口，接收端也一定有一个接收端口，因而同样可使用套接字。这样才能区分多个主机中同时通信的多个进程。

（3）端口的分类。

可以按端口号和协议进行分类。

① 按端口号划分，可以分为公认端口和动态端口。

● 公认端口。公认端口即众所周知的端口号，范围为 0～1023，这些端口号一般固定分配给一些服务，比如 21 端口分配给 FTP 服务，25 端口分配给 SMTP 服务，80 端口分配给 HTTP 服务，135 端口分配给 RPC（远程过程调用）服务等。

● 动态端口。动态端口的范围从 1024 到 65535，这些端口号一般不固定分配给某个服务，也就是说许多服务都可以使用这些端口。只要运行的程序向系统提出访问网络的申请，那么系统就可以从这些端口号中分配一个供该程序使用，比如 1024 端口就是分配给第一个向系统发出申请的程序。在关闭程序进程后，将释放占用的端口号。

需要注意，动态端口常常被病毒木马程序所利用，如冰河默认连接端口是 7626，WAY 2.4 的端口号是 8011，Netspy 3.0 的端口号是 7306，YAI 病毒的端口号是 1024 等。

② 按协议类型划分，可以分为 TCP、UDP、IP 和 ICMP 等端口。

● TCP 端口：传输控制协议端口。如果采用 TCP 进行通信，需要在客户端和服务器之间建立连接，以提供可靠的数据传输。常见的 TCP 端口包括 FTP 服务的 21 端口，Telnet 服务的 23 端口，SMTP 服务的 25 端口，以及 HTTP 服务的 80 端口等。

● UDP 端口：用户数据报协议端口。如果采用 UDP 进行通信，无需在客户端和服务器之间建立连接，安全性得不到保障。常见的 UDP 端口有 DNS 服务的 53 端口，SNMP 服务的 161 端口，QQ 使用的 8000 和 4000 端口等。

4．端口的管理

（1）端口的查看。

在 Windows 平台下查看端口，可以用 Netstat 命令。在命令提示符窗口运行"netstat –an"命令，即可看到以数字形式显示的 TCP 和 UDP 连接的端口号及其状态，如图 6-26 所示。

图 6-26　Netstat 命令的使用

netstat 命令的格式：Netstat –a–e–n–o–s

各个选项的含义如下。

–a：显示所有活动的 TCP 连接，以及计算机监听的 TCP 和 UDP 端口。

–e：显示以太网发送和接收的字节数、数据包数等。

–n：以数字形式显示所有活动的 TCP 连接的地址和端口号。

–o：显示活动的 TCP 连接，包括每个连接的进程 ID。

–s：按协议显示各种连接的统计信息，包括端口号。

（2）端口的开启与关闭。

在默认 Windows 平台下，有很多不安全或用户不使用的端口是开启的，这些端口增加了系统的安全风险，应该把这些端口关闭。

例 6-3 在 Windows 2003 下关闭 SMTP 服务的 25 端口，如何操作？

打开"控制面板"，双击"管理工具"图标，再双击"服务"图标，在打开的服务窗口中打开"Simple Mail Transfer Protocol（SMTP）"服务。单击"停止服务"按钮，停止该服务。

在"启动类型"中选择"禁用"，单击"确定"按钮，关闭 SMTP 服务，相当于关闭对应的端口，如图 6-27 和图 6-28 所示。

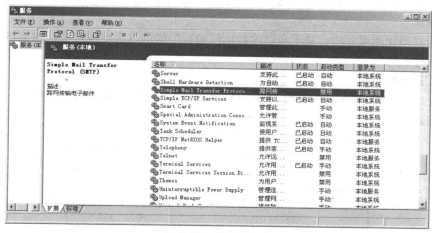

图 6-27 服务的停止

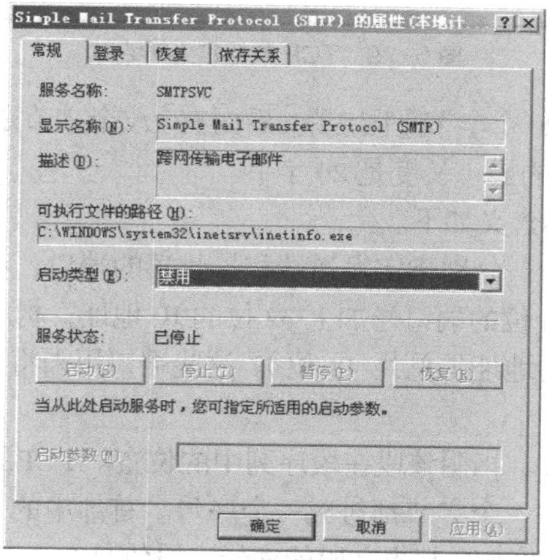

图 6-28 服务启动类型的设置

如果要开启该端口，需要先在"启动类型"中选择"自动"，然后单击"确定"按钮，打开该服务，在"服务状态"中单击"启动"按钮，即可启用该端口。最后，单击"确定"按钮。

6.4.2 传输控制协议

1．传输控制协议

传输控制协议（Transmission Control Protocol，TCP）提供可靠的、面向连接的网络数据传递服务。传送数据之前必须先建立连接，数据传送结束后释放连接，即不提供广播或多播服务。由于 TCP 要提供可靠的、面向连接的传输服务，不可避免增加了许多开销，如确认、流量控制、计时器以及连接管理等，这不仅使协议数据单元的首部增大很多，还要占用许多处理机资源。

传输控制协议主要包含以下功能。

（1）确保 IP 数据报的成功传递。

（2）对程序发送的大块数据进行分段和重组。

（3）确保正确排序及按顺序传递分段的数据。

（4）通过计算校验和，进行传输数据的完整性检查。

（5）根据数据是否接收成功发送肯定消息。通过使用选择性确认，也对没有收到的数据发送否定确认。

（6）为必须使用可靠的、基于会话的数据传输程序提供首选传输方法，如 C/S 数据库和电子邮件程序。

2．TCP 包的结构

一个 TCP 报文段分为首部和数据两部分，TCP 的全部功能都体现在其首都各个字段，结构如图 6-29 所示。

源端口（16）		目的端口（16）
序列号（32）		
确认号（32）		
TCP 偏移量（4）　保留（6）　标志（6）		窗口（16）
校验和（16）		紧急（16）
选项（0 或 32）		
数据（可变）		

图 6-29　TCP 数据包头部结构

TCP 报文段首部的前 20 个字节是固定的，后面有 $4N$ 个字节是可根据需要增加的选项（N 是整数）。因此，TCP 首部的最小长度是 20 字节。

首部固定部分各字段的含义如下。

（1）源端口和目的端口：分别指定发送端和接收端的端口，各占两个字节。端口是传输层与应用层的服务接口。16 位的端口号加上 32 位的 IP 地址，构成套接字（Socket），相当于传输层服务访问点 TSAP 的地址（总共 48 位）。这些端口用来将若干高层协议向下复用，或将传输层协议向上分用。

（2）序列号：占 4 字节。指明该段在段序列中的位置。TCP 面向数据流，传送的报文可看成连续的数据流，其中每一个字节都对应一个序号。首部中的"序号"是指报文段所发送数据中第一个字节的序号。例如，某报文段的序号字段值是 301，携带的数据共 100 字节，则报文段数据第一个字节的序号是 301，最后一个字节的序号是 400。这样，下一个报文段的数据序号应当从 401 开始，下一个报文段的序号字段值是 401。

（3）确认号：占 4 字节，是期望收到对方下一个报文段第一个字节的序号，即期望收到的下一个报文段首部字号字段的值。例如，正确收到一个报文段，其序号字段的值是 501，数据长度是 200 字节，表明序号在 501~700 之间的数据均已正确收到。因此，在响应报文段中应将确认序号置为 701。

注意：确认序号既不是 501，也不是 700。

由于序号字段有 32 位，可对 4GB 字节的数据编号，可保证当序号重复使用时，旧序号的数据早已在网络中消失。

（4）TCP 偏移量：指定段头的长度，取决于段头选项字段中设置的选项。TCP 偏移量占 4 位，指出数据开始的地方离 TCP 报文段的起始处有多远，实际上是 TCP 报文段首都的长度。由于首部长度不固定，因而设置 TCP 偏移量是必要的。

注息："TCP 偏移量"的单位不是字节，而是 32 位（即 4 字节）。由于 4 位能表示的最大十进制数是 15，因此，数据偏移的最大值是 60 字节。这也是 TCP 首部的最大长度。

（5）保留：占 6 位，保留为今后使用，目前应置为 0。

（6）标志：主要包含 6 个比特，各比特的含义如下。

① URG 比特：表示紧急指针。

URG＝1 时，表明紧急指针字段有效。它告诉系统，该报文段中有紧急数据，应尽快传送，不要按原来的排队顺序传送。例如，已经发送了很长的一个程序，要在远程主机上运行，但后来发现一些问题，需要取消该程序的运行。此时，用户从键盘发出中断命令（Control＋C），如果不使用紧急数据，这两个字符将存储在接收 TCP 缓存的末尾，只有在所有的数据被处理完毕后，这两个字符才被交付到接收应用进程，浪费了许多时间。

使用紧急比特并将 URG 置 1 时，发送应用进程告诉发送 TCP，这两个字符是紧急数据。发送 TCP 将这两个字符插入到报文段数据的最前面，其余的数据都是普通数据。这时要与首部中第五个 32 位字中的一半"紧急指针"（Urgent Pointer）字段配合使用。紧急指针指出在本报文段中紧急数据的最后一个字节的序号，使接收方知道紧急数据共有多少个字节。紧急数据到达接收端后，当所有紧急数据都被处理完毕，TCP 告诉应用程序恢复正常操作。

注意：即使窗口为零，也可发送紧急数据。

② 确认比特 ACK：只有 ACK＝1 时，确认序号字段才有效。ACK＝0 时，确认序号无效。

③ 推送比特 PSH：两个应用进程交互通信时，有时在一端的应用进程希望键入一个命令后立即能收到对方的响应。这时，TCP 可以使用推送（push）操作。发送端 TCP 将推送比特 PSH 置 1，并立即创建一个报文段发送出去。接收端收到 TCP 推送比特被置 1 的报文段，尽快（即"推送"向前）交付给接收应用进程，不再等到整个缓存都填满了后再向上交付。PSH 比特又称为急迫比特。

④ 复位比特 RST：RST＝1 时，表明 TCP 连接中出现严重差错，如主机崩溃或其他原因等，此时必须释放连接，然后再重新建立传输连接。复位比特还用来拒绝一个非法的报文段，或拒绝打开一个连接。复位比特又称重建比特或重置比特。

⑤ 同步比特 SYN：连接建立时，用来同步序号。当 SYN＝1 且 ACK＝0 时，表明是一个连接请求报文段。对方若同意建立连接，应在响应的报文段中使 SYN＝1 和 ACK＝1。因此，同步比特 SYN 置为 1 表示一个连接请求或连接接收报文。

⑥ 终止比特 FIN：释放一个连接。FIN=1 时，表明报文段的发送端数据已发送完毕，并要求释放传输连接。

（7）窗口：指定关于发送端能传输的下一段大小的指令，占 2 字节。

窗口字段用来控制对方发送的数据量，单位为字节。计算机网络常用接收端的接收能力控制发送端的数据发送量，TCP 也是这样。TCP 连接的一端根据缓存的空间大小确定自己的接收窗口大小，然后通知对方，确定对方的发送窗口。假定 TCP 连接的两端是 A 和 B。若 A 确定自己的接收窗口为 WIN，则将窗口 WIN 的数值写在 A 发送给 B 的 TCP 报文段的窗口字段中，告诉 B 的 TCP，"你（B）在未收到我（A）的确认时所能够发送的数据量就是从本首部中的确认序号开始的 WIN 个字节。"因此，A 确定的 WINA 是 A 的接收窗口，同时也是 B 的发送窗口。例如，A 发送的报文段首部中的窗口 WIN=500，确认序号为 201，表明 B 可以在未收到确认的情况下，向 A 发送序号从 201～700 的数据。B 收到该报文段后，以这个窗口数值 WIN 作为 B 的发送窗口。

注意：B 所发送的报文段中的窗口字段，是根据 B 的接收能力来确定 A 的发送窗口。

（8）校验和：包含 TCP 段头和数据部分，校验段头和数据部分的可靠性，占 2 字节。

与 UDP 用户数据报一样，计算检验和时，要在 TCP 报文段的前面加上 12 字节的伪首部。接收端收到该报文段后，仍要加上这个伪首部来计算检验和。

（9）紧急：指明段中包含紧急信息，只有当 URG 标志置 1 时紧急指针才有效。

（10）选项：选项的长度可变。TCP 只规定了一种选项，即最大报文段长度 MSS（Maximum Segment Size）。MSS 告诉对方 TCP："我的缓存所能接收的报文段的数据字段的最大长度是 MSS。"

MSS 的选择并不简单。若选择较小的 MSS 长度，网络的利用率就降低。设想在极端的情况下，当 TCP 报文段只含有 1 字节的数据时，在网络层传输数据报的开销至少有 40 字节（包括 TCP 报文段的首部和 IP 数据报的首部）。这样，对网络的利用率就不会超过 1/41，到数据链路层还要加上一些开销。反过来，若 TCP 报文段非常长，在网络层传输时就有可能要分解成多个短数据报片，在目的站要将收到的各个短数据报片装配成原来的 TCP 报文段；当传输出错时，还要进行重传。这些都会使开销增大。一般认为，MSS 应尽可能大些，只要在网络层传输时不需要再分片即可。

在连接建立的过程中，双方都将自己能够支持的 MSS 写入该字段。在以后的数据传送阶段，MSS 取双方提出的较小的那个数值。若主机未填写这一项，MSS 的默认值是 536 字节。因此，所有要上 Internet 的主机都能接受的报文段长度是 536+20＝556 字节。

3．TCP 工作原理

TCP 的连接建立过程又称 TCP 三次握手。首先，发送方主机向接收方主机发起一个建立连接的同步（SYN）请求；接收方主机在收到这个请求后，向发送方主机回复一个同步/确认（SYN/ACK）应答；发送方主机收到这个包后，再向接收方主机发送一个确认（ACK），TCP 连接成功建立。如图 6-30 所示。

三次握手完成后，在发送和接收主机之间按顺序发送和确认段。关闭连接前，TCP 使用类似的握手过程验证两个主机是否都完成发送和接收全部数据。TCP 工作过程比较复杂，包括的内容如下。

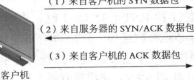

（1）来自客户机的 SYN 数据包

（2）来自服务器的 SYN/ACK 数据包

（3）来自客户机的 ACK 数据包

客户机　　　　服务器

图 6-30　TCP 建立连接

（1）TCP 连接关闭：发送方主机和目的主机建立 TCP 连接并完成数据传输后，发送一个将结束标记置 1 的数据包，以关闭这个 TCP 连接，同时释放该连接占用的缓冲区空间。

（2）TCP 重置：TCP 允许在传输的过程中突然中断连接。

（3）TCP 数据排序和确认：在传输的过程中使用序列号和确认号来跟踪数据的接收情况。

（4）TCP 重传：在 TCP 的传输过程中，如果在重传超时时间内没有收到接收方主机对某数据包的确认回复，发送方主机认为该数据包丢失，并再次发送这个数据包给接收方。

（5）TCP 延迟确认：TCP 不总是在接收到数据后立即确认，它允许主机在接收数据的同时发送自己的确认信息给对方。

（6）TCP 数据保护（校验和）：TCP 是可靠传输的协议，提供校验和计算实现数据在传输过程中的完整性。

4．TCP 数据包分析

TCP 提供两台主机之间的点对点通信。两台主机交换数据前，必须先建立会话。TCP 会话通过"三次握手"完成初始化。图 6-31 捕获的是 TCP 建立会话的三次握手的过程，结合 TCP 的结构，可以对该图进行分析。

安装有 sniffer 工具的计算机的 IP 地址为 192.168.1.101，该计算机通过浏览器访问站点 http://www.gzhmt.edu.cn，本机提供的源端口是 2380，对方在 80 端口提供 Web 服务。本报文段发送的数据中，第一个字节的序号是 168431719，期望收到对方的字节序号是 168431720。Data offset 是 TCP 报文段首部的长度，这里是 28 个字节。下面有 6 个位的标志位，该 6 位的数值依次是 000010。第一位的 0 表示不使用紧急指针，第二位的 0 表示请求，第三位的 0 表示不用以最快的速度传输数据，第四位的 0 表示不需要进行连线复位，第五位的 1 表示开始进行请求连接，第六位的 0 表示结束连线请求。

由图 6-31 可见，对方网站的 IP 地址是 211.66.64.17，客户机访问对方站点以 HTTP 进行。

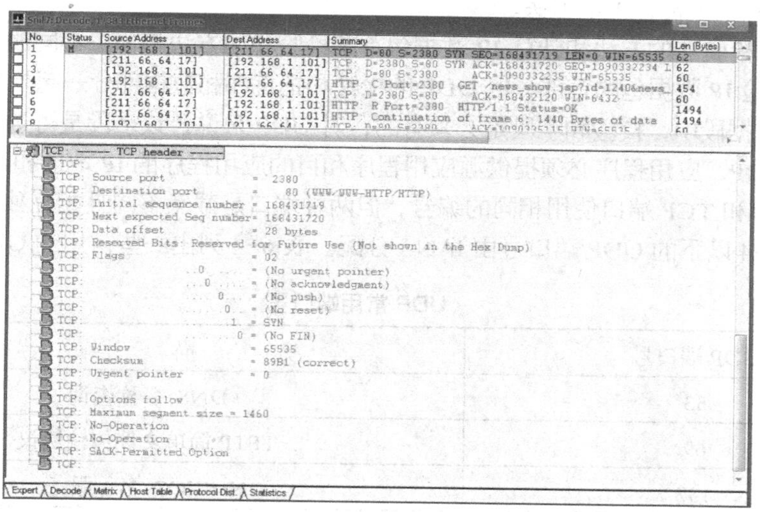

图 6-31　TCP 数据包头解码分析

6.4.3　用户数据包协议

1．用户数据包协议

用户数据包协议（User Datagram Protocol，UDP）提供无连接的网络服务，该服务对消息中传输的数据提供不可靠的、最大努力传送，这意味着不保证数据包的到达，也不保证所传送数据包的顺序是否正确。

UDP 具有以下特点。

（1）UDP 是无连接的，即发送数据之前不需要建立连接，发送数据结束时也没有连接可释放，减少了开销和发送数据之前的时延。

（2）UDP 尽最大努力交付，即不保证可靠交付，也不使用拥塞控制，主机不需要维持具有许多选项的、复杂的连接状态表。

（3）UDP 没有拥塞控制，网络出现的拥塞不会使源主机的发送速率降低，这对某些实时应用是很重要的。

（4）UDP 是面向报文的。

（5）UDP 支持一对一、一对多、多对一和多对多的交互通信。

（6）用户数据包只有 8 个字节的首部开销，比 TCP 的 20 个字节的首部要短。

TCP 与 UDP 最大的区别是 TCP 是面向连接的，而 UDP 是无连接的。

2．用户数据包的格式

UDP 首部字段有 8 个字节，由 4 个字段组成，每个字段都是两个字节。UDP 数据包的头部结构如图 6-32 所示。

（1）源、目的端口：与 TCP 数据段中的端口号字段的作用相同，标识源端口和目的端口的应用进程。

（2）用户数据包的长度：标明 UDP 头部和 UDP数据的总长度字节。

源端口	目的端口
用户数据包的长度	校验和
数据	

图 6-32　UDP 数据包头部结构

（3）校验和：对 UDP 头部和 UDP 数据进行校验。

UDP 用户数据包首部中检验和的计算方法有些特殊。计算检验和时，要在 UDP 用户数据包前增加 12 个字节的伪首部。伪首部不是 UDP 真正的首部，仅仅是为了计算检验和而设置的。伪首部既不上传，也不下送。

UDP 计算检验和的方法和计算 IP 数据包首部检验和的方法相似。不同的是，IP 数据包的检验和只检验 IP 数据包的首部，但 UDP 的检验和把首部和数据部分一起检验。

在 TCP 数据段中，校验和字段是必须有的；对 UDP 来说，该字段是可选项。

若使用 UDP，应用程序必须提供源应用程序和目的应用程序的 IP 地址和 UDP 端口号。某些 UDP 端口和 TCP 端口使用相同的编号，但两种端口是截然不同且相互独立的。与 TCP 端口一样，1024 以下的 UDP 端口号由 IANA 分配。表 6-4 列出一些常用的 UDP 端口。

表 6-4　　　　　　　　　　　　　　　　　UDP 常用端口号

UDP 端口号	描　　述
53	DNS 名称查询
69	TFTP 简单文件传输协议
137	NetBIOS 名称服务
138	NetBIOS 数据报服务
161	简单网络管理协议（SNMP）
520	路由信息协议（RIP）

3．UDP 数据包分析

图 6-33 是用 sniffer 工具捕获的访问 chengjiao.gzhmt.edu.cn 站点时域名解析的过程，该站点的 IP 地址为 211.66.64.13。域名解析的过程采用 UDP 方式进行。分析 UDP 的头结构，可

以看到源端口是 59679，目标端口为 53，UDP 的头和数据包的总长度为 42 个字节，0X0667
是整个数据包的校验和。

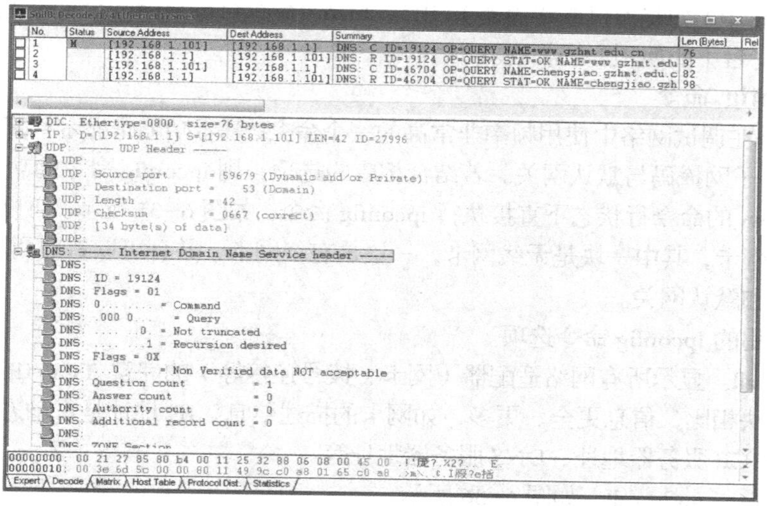

图 6-33　UDP 数据包解码分析

4．UDP 的应用

尽管 UDP 是一种不可靠的网络协议，但是 UDP 具有 TCP 望尘莫及的速度优势。TCP
中植入了各种安全保障功能，在实际执行的过程中会占用大量的系统开销，这无疑使速度受
到严重的影响。反观 UDP 由于排除了信息可靠传递机制，将安全和排序等功能移交给上层应
用来完成，极大地降低了执行时间，使速度得到了保证。

UDP 提供的服务是不可靠的、无连接的服务，适用于无需应答并且通常一次只传送少量
数据的情况。由于 UDP 协议在数据传输过程中无需建立逻辑连接，对数据报也不进行检查，
因此 UDP 具有较好的实时性和高效率。在有些情况下，包括视频电话会议系统在内的众多客
户/服务器模式的网络应用都使用 UDP。

项目实践 6.3　常用 TCP/IP 实用程序的使用

1．hostname 命令

hostname 命令用来设置或显示计算机及网络设备的名称，通过名称能够更容易地识别设
备。在 Windows 平台下，通过 hostname 命令可以查看主机名，如图 6-34 所示。

图 6-34　hostname 命令的使用

在 Linux 平台的 shell 终端直接输入 hostname 命令，可以显示出当前的主机名。

例如：#hostname

    #yinliu　　　　　//计算机的名字为 yinliu。

若需要修改计算机的名字，可以用以下方法进行。

例如：#hostname yujinxiang //直接把计算机的名字修改为 yujinxiang。

在网络设备中（如交换机或路由器），用 hostname 命令可以显示或设置设备的名称，操作方法与 Linux 平台下的使用方法相同。

2．ipconfig 命令

Ipconfig 是在调试网络中使用频率非常高的一个命令，基本功能是显示计算机中网络适配器的 IP 地址、子网掩码与默认网关。若结合相应的选项，则 ipconfig 命令的功能更强大。

在 Windows 的命令行状态下直接执行 ipconfig 命令，如图 6-35 所示。可以看到，当前主机安装有两块网卡，其中一块是无线网卡，一块是有线网卡，并且可以看到两块网卡的 IP 地址、子网掩码和默认网关。

以下是常用的 Ipconfig 命令选项。

（1）选项 all。显示所有网络适配器（网卡、拨号连接等）的完整 TCP/IP 配置信息。与不带选项的用法相比，信息更全、更多，如网卡的描述信息、IP 地址是否动态分配、网卡的物理地址、DHCP 服务器地址、DNS 服务器地址等。

使用方法：ipconfig /all，如图 6-36 所示。

图 6-35 使用 ipconfig 查看 IP 地址配置情况

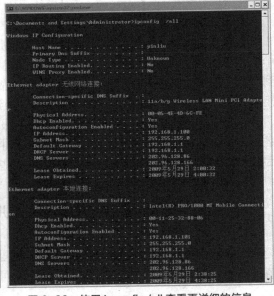

图 6-36 使用 ipconfig /all 查看更详细的信息

（2）renew 选项。

使用方法：ipconfig renew EL*

功能：为名字以 EL 开始的适配器重新分配 IP 地址。

通过网上邻居的属性可以查看不同网卡的名字，如本机有一块网卡的名字为 bendi。要更新这块网卡的 IP 地址，需要执行命令 ipconfig /renew be*，如图 6-37 所示。

（3）release 选项。

使用方法：release *con*

功能：释放所有名字与该字符串匹配的网卡的动态 IP 地址，对于网卡的名称同样支持模糊匹配方式。例如，有一块网卡的名称为 bendi，采用 ipconfig /release *en*命令可以释放该网卡的 IP 地址，如图 6-38 所示。

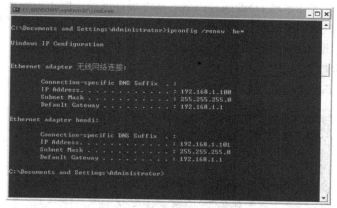

```
C:\WINDOWS\system32\cmd.exe
C:\Documents and Settings\Administrator>ipconfig /renew  be*

Windows IP Configuration


Ethernet adapter 无线网络连接:

        Connection-specific DNS Suffix  . :
        IP Address. . . . . . . . . . . . : 192.168.1.100
        Subnet Mask . . . . . . . . . . . : 255.255.255.0
        Default Gateway . . . . . . . . . : 192.168.1.1

Ethernet adapter bendi:

        Connection-specific DNS Suffix  . :
        IP Address. . . . . . . . . . . . : 192.168.1.101
        Subnet Mask . . . . . . . . . . . : 255.255.255.0
        Default Gateway . . . . . . . . . : 192.168.1.1

C:\Documents and Settings\Administrator>
```

图 6-37　使网卡重新获得 IP 地址

```
C:\WINDOWS\system32\cmd.exe
C:\Documents and Settings\Administrator>ipconfig  /release  *en*

Windows IP Configuration


Ethernet adapter 无线网络连接:

        Connection-specific DNS Suffix  . :
        IP Address. . . . . . . . . . . . : 10.10.71.34
        Subnet Mask . . . . . . . . . . . : 255.255.255.0
        Default Gateway . . . . . . . . . : 10.10.71.1

Ethernet adapter bendi:

        Connection-specific DNS Suffix  . :
        IP Address. . . . . . . . . . . . : 0.0.0.0
        Subnet Mask . . . . . . . . . . . : 0.0.0.0
        Default Gateway . . . . . . . . . :

C:\Documents and Settings\Administrator>_
```

图 6-38　释放 IP 地址

（4）ipconfig /displaydns。

显示本地 DNS 内容。当主机没有访问网络前，执行命令 ipconfig /displaydns，如图 6-39 所示。这里主要显示本机 IP 地址的正向和反向的解析。通过浏览器分别登录 www.edu.cn 和 www.gzhmt.edu.cn 两个网站，再执行命令 ipconfig /displaydns，如图 6-40 所示，可以看到这两个域名和 IP 地址的对用表已经被缓存到本机，再次访问对应的两个站点时则无需到 DNS 服务器上进行解析，提高了访问速度。

```
C:\WINDOWS\system32\cmd.exe
C:\Documents and Settings\Administrator>ipconfig  /displaydns

Windows IP Configuration

         1.0.0.127.in-addr.arpa
         ----------------------------------------
         Record Name . . . . . : 1.0.0.127.in-addr.arpa.
         Record Type . . . . . : 12
         Time To Live  . . . . : 568061
         Data Length . . . . . : 4
         Section . . . . . . . : Answer
         PTR Record  . . . . . : localhost


         localhost
         ----------------------------------------
         Record Name . . . . . : localhost
         Record Type . . . . . : 1
         Time To Live  . . . . : 568061
         Data Length . . . . . : 4
         Section . . . . . . . : Answer
         A (Host) Record . . . : 127.0.0.1
```

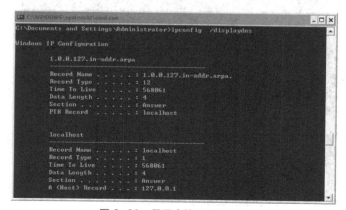

图 6-39　显示本地 DNS 缓存

（5）ipconfig /flushdns。

该组合命令用来清除本地 DNS 缓存内容。本地缓存提高了解析的速度，但是，某些情况下需要及时清除本机的 DNS 缓存。例如，一台计算机的域名 A 记录进行了修改，此时域名已经对应到新的 IP 地址，而计算机缓存中仍然存储有旧的 IP 地址，将无法正常访问站点，此时，可以用该命令对 DNS 缓存进行清除。

执行 ipconfig /flushdns 后，查看 DNS 缓存，可以看到图 6-41 所示的结果。

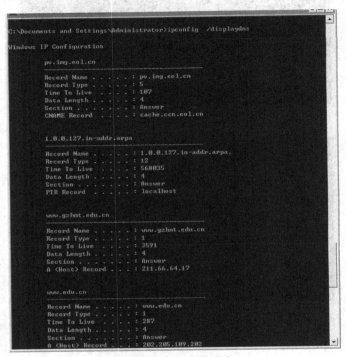

图 6-40　显示缓存内容

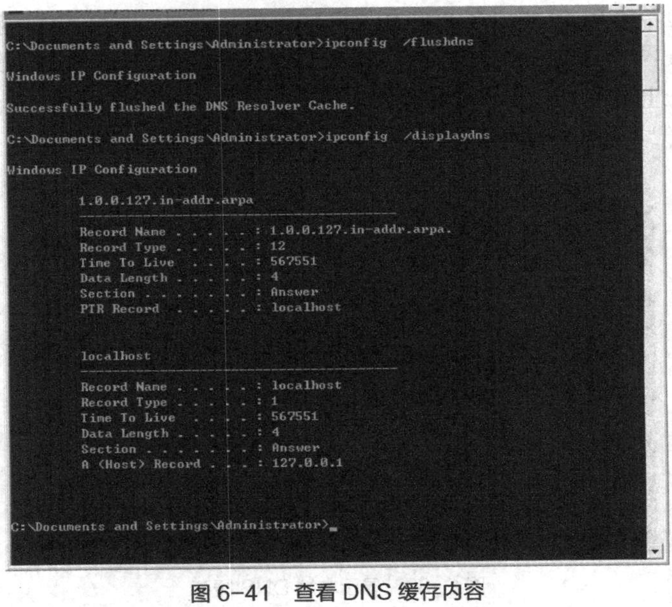

图 6-41　查看 DNS 缓存内容

3. netstat 命令

netstat 命令是一个监控 TCP/IP 网络的非常有用的命令，可以显示路由表、实际的网络连接以及每一个网络接口设备的状态信息。

在字符界面输入"netstat / ？"，可以看到该命令支持的相关选项。

```
NETSTAT [-a] [-b] [-e] [-n] [-o] [-p proto] [-r] [-s] [-v] [interval]
```

选项的用法如下。

（1）a 选项。显示所有的有效连接信息列表，包括已建立的连接（ESTABLISHED）、监听连接请求（LISTENING）的连接、断开连接（CLOSE_WAIT）或者处于联机等待状态的（TIME_WAIT）连接等，如图 6-42 所示。a 选项也常用于获得本地系统开放的端口，可以检查当前系统是否被安装木马。

分析其中一行。

```
ProtoLocal Address      Foreign Address           State
TCP yinliu:1055      211.100.26.121:http    ESTABLISHED
```

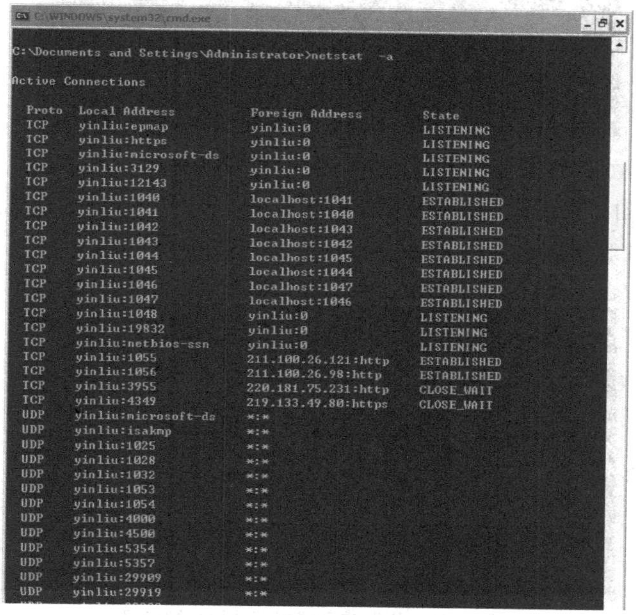

图 6-42　显示有效连接

其中，协议是 TCP（传输层通讯协议），本地计算机名（Local Address）是 yinliu，本地打开并用于连接的端口是 1055。远程计算机的 IP 地址是 211.100.26.121，提供的 Web 服务采用默认的 80 端口，当前连接状态是 ESTABLISHED。

常见的状态有几种：LISTEN 表示在监听状态中，ESTABLISHED 是已建立联机的情况，TIME_WAIT 是该联机在目前已经是等待的状态。

（2）b 选项。可以显示某个端口与哪个已知的应用程序相关联，或者是哪个已知的应用程序打开这个端口。如图 6-43 所示，可执行组件名在底部的[]中，顶部是其调用的组件。

（3）e 选项。显示以太网统计信息，列出的项目包括传送数据报的总字节数、错误数、删除数、数据报的数量和广播的数量，统计数据包含发送的数据报数量和接收的数据报数量，如图 6-44 所示。该选项可以与 s 选项组合使用。

图 6-43　显示每个连接或监听端口的可执行组件

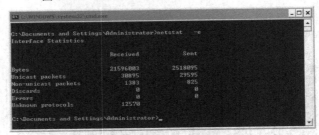

图 6-44　显示以太网统计信息

（4）n 选项。a 和 n 是最常用的两个选项，n 以数字形式显示地址和端口号，用 IP 地址来标示主机，而不是计算机名，如图 6-45 所示。

图 6-45　以数字形式显示地址和端口号

（5）o 选项。显示与每个连接相关的进程 ID，如图 6-46 所示。

图 6-46　显示进程 ID

（6）p proto 选项。显示 proto 指定的协议的连接。proto 可以是 TCP、UDP、TCPv6 或 UDPv6 协议之一，如图 6-47 所示。如果与 -s 选项一起使用以显示按协议统计信息，proto 可以是 IP、IPv6、ICMP、ICMPv6、TCP、TCPv6、UDP 或 UDPv6 协议之一。

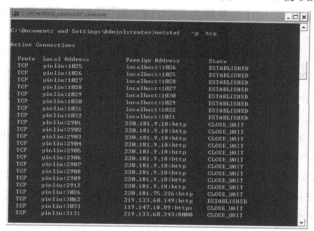

图 6-47　显示指定协议的连接

（7）r 选项。可以显示路由表的信息，如图 6-48 所示。

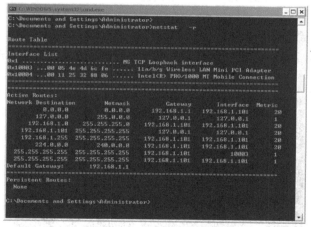

图 6-48　显示路由表的信息

（8）s 选项。能够按照各个协议分别显示其统计数据。默认显示 IP、IPv6、ICMP、ICMPv6、TCP、TCPv6、UDP 和 UDPv6 的统计信息；如果当前主机的应用程序（如 Web 浏览器）运行速度比较慢，或者不能显示 Web 页之类的数据，可以用本选项查看所显示的信息。通过仔细查看统计数据的各行，找到出错的关键字，进而确定问题所在。

（9）v 选项。显示正在进行的工作。

（10）interval 选项。重新显示选定统计信息，每次显示之间暂停时间间隔为 interval 秒，按 Ctrl+C 组合键停止重新显示统计信息。如果省略，netstat 显示当前配置信息（只显示一次）。

4．nbtstat 命令

用于显示本地计算机和远程计算机基于 TCP/IP（NetBT）协议的 NetBIOS 统计资料、NetBIOS 名称表和 NetBIOS 名称缓存。nbtstat 可以刷新 NetBIOS 名称缓存和注册的 Windows Internet 名称服务（WINS）。

命令格式：nbtstat [−a remotename] [−A IPaddress] [−c] [−n] [−r] [−R] [−RR] [−s] [−S] [Interval]
相关选项如下。

−a remotename：显示远程计算机的 NetBIOS 名称表，其中，remote name 是远程计算机的 NetBIOS 计算机名称。NetBIOS 名称表是运行在该计算机上的应用程序使用的 NetBIOS 名称列表。

−A IPaddress：显示远程计算机的 NetBIOS 名称表，名称由远程计算机的 IP 地址指定。

−c：显示 NetBIOS 名称缓存内容、NetBIOS 名称表及其解析的各个地址。

−n：显示本地计算机的 NetBIOS 名称表。Registered 中的状态表明该名称是通过广播或 WINS 服务器注册的。

−r：显示 NetBIOS 名称解析统计资料。在配置为使用 WINS 的 Windows 计算机上，该选项将返回已通过广播和 WINS 解析和注册的名称号码。

−R：清除 NetBIOS 名称缓存的内容并从 Lmhosts 文件中重新加载带有#PRE 标记的项目。

−RR：重新释放并刷新通过 WINS 注册的本地计算机的 NetBIOS 名称。

−s：显示 NetBIOS 客户和服务器会话，并试图将目标 IP 地址转化为名称。

−S：显示 NetBIOS 客户和服务器会话，只通过 IP 地址列出远程计算机。

Interval：重新显示选择的统计资料，可以中断每个显示之间的时间为 Interval 指定的秒数。按 Ctrl+C 停止重新显示统计信息。如果省略该选项，nbtstat 将只显示一次当前的配置信息。

[实践与练习]

（1）查看 nbtstat 命令的所有选项。

直接运行 nbtstat 命令，不带任何选项，可以看到该命令支持的所有选项和使用帮助，如图 6-49 所示。

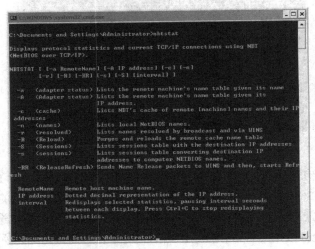

图 6-49　显示 nbtstat 支持的选项

（2）结合参数 a 显示 NetBIOS 计算机名为 yinliu 的远程计算机的 NetBIOS 名称表，如图 6-50 所示。

（3）结合参数 a 显示 IP 地址为 192.168.1.101 的远程计算机的 NetBIOS 名称表，如图 6-51 所示。

（4）结合参数 n 显示本地计算机的 NetBIOS 名称表，如图 6-52 所示。

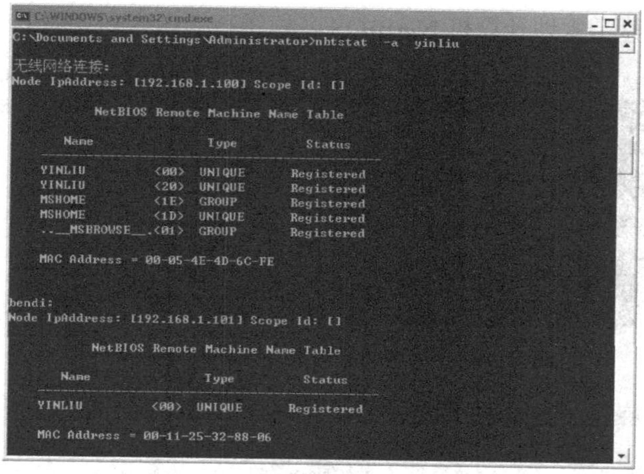

图 6-50 显示远程计算机的名字

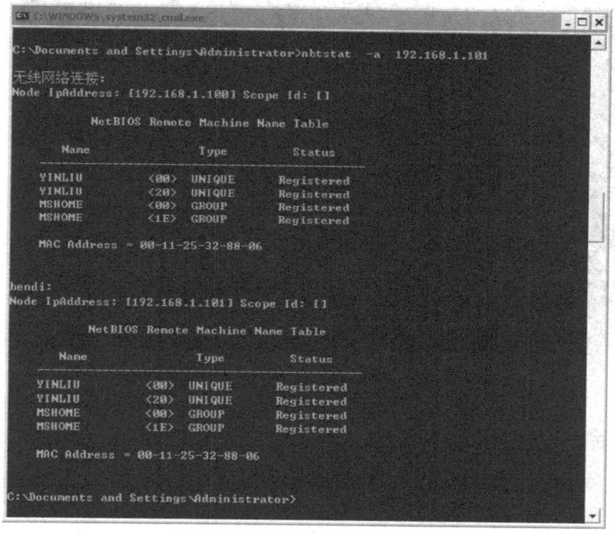

图 6-51 显示远程计算机的 netbios 名

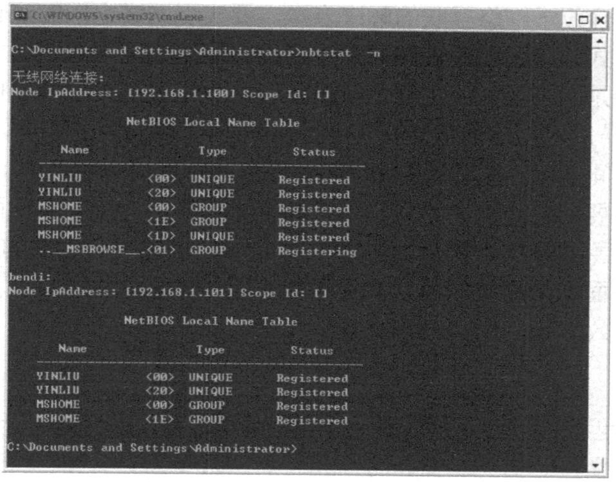

图 6-52 显示本地计算机的 NetBIOS 名称

（5）结合参数 c 显示本地计算机 NetBIOS 名称缓存的内容，如图 6-53 所示。

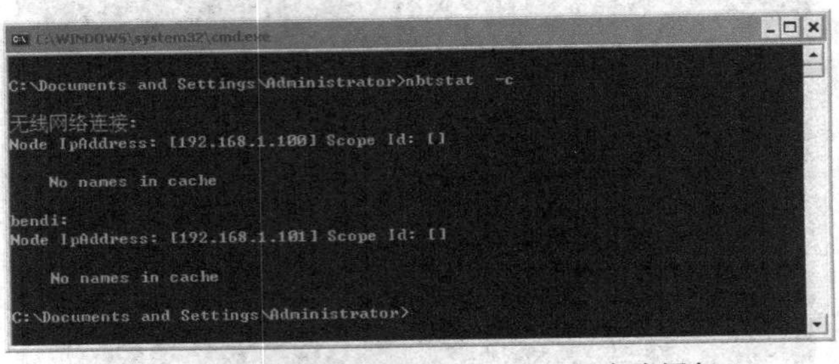

图 6-53　显示本地计算机 NetBIOS 名称缓存

（6）结合参数 S 每隔 5 秒以 IP 地址的形式显示 NetBIOS 会话统计资料，如图 6-54 所示。

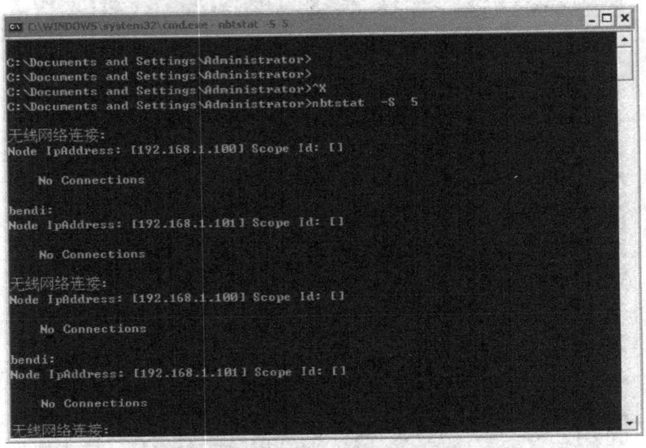

图 6-54　显示 NetBIOS 会话统计资料

注意：以上执行命令的主机上安装有无线网卡和有线网卡。

小结

本学习任务主要介绍了网络互联的解决方案。要实现网络之间的逻辑互联，通常涉及两种截然不同的通信方式，即面向连接和面向无连接。网络之间的互联，主要用到的网络层设备是路由器。路由器是网络互联的主要节点设备，具有丰富的接口和路由协议，通过路由表决定数据转发，实现子网之间的通信。在同一个子网内，主机之间的通信依靠 MAC 地址进行；跨子网的两台主机之间通信，需要借助 IP 地址完成。ARP 协议实现由 IP 地址到 MAC 地址的转换。传输层的主要功能是提供建立、维护和拆除传输层连接，实现两个用户进程间端到端的可靠通信。传输层的两个主要协议是 TCP 和 UDP，前者提供可靠的、面向连接的网络数据传递服务，后者是面向无连接的协议，在通信前不与对方建立连接，而是直接把数据包发送过去，特点是传输效率高。

习题

一、简答题

（1）网络互联的目的是什么，在网络互联时如何来选择合适的解决方案？

（2）组建一个局域网并把该局域网与广域网互连时，需要使用哪些网络设备？

（3）路由器的主要功能是什么？熟悉常用的路由协议的用法及特点。

（4）认识路由器的接口，掌握路由器的基本配置方法。

（5）简述路由的基本过程。

（6）ARP 协议的工作原理是什么？熟悉 ARP 协议格式并使用 sniffer 工具对包进行分析。

（7）熟悉 IP 结构、TCP 结构、UDP 结构，采用 sniffer 工具分析 TCP 建立过程中的三次握手过程及 dns、http、ping 等的工作过程。

（8）TCP 和 UDP 作用是什么，各自有什么特点？

（9）在传输层引入端口的目的是什么，端口和套接字有什么关系？

（10）掌握网络中经常用命令：ping, ipconfig, netstat,nbtstat。

二、操作题

（1）使用 ping 命令解决下列问题。

① 结合 ping 命令的 t 参数判断两台计算机之间无法通信的原因。

② 结合 ping 命令和 telnet 命令判断一台计算机是否在工作并提供有相应的服务。

提示：ping + 域名，判断计算机是否在工作；telnet + 域名 + 端口，判断是否提供相应的服务。

③ 用 sniffer 工具分析 ping 命令的工作过程。

（2）利用 tracert 命令列出从你所在局域网到 www.edu.cn 所经过的网关地址，根据中间数据包的路由过程，结合中国网络运行商（中国电信、中国网通、中国铁通、中国教育科研网）的现状，分析从中国电信访问教育网内资源速度慢的原因以及解决的办法。

（3）利用 netstat 等命令观察当前主机上活跃的各个端口，分析当前主机上正在运行的各个应用程序。

（4）结合数据包的格式，利用 sniffer 工具详细分析常用的通信方式及应用的工作过程，比如 TCP 建立链接时的三次握手过程，通信终止的四次挥手过程，DNS、HTTP、FTP、PING 等的工作过程。

（5）到学校网络中心进行参观，认识以下常见的网络设备，注意观察网络设备的接口和连接方法，理解网络设备的工作原理，掌握网络设备的配置、管理和使用。

常见的网络设备有：交换机（接入交换机、会聚交换机、核心交换机），路由器，防火墙，IPS（入侵防御设备），IDS（入侵检测设备），服务器（塔式服务器、机架服务器、刀片服务器），无线接入设备，反垃圾邮件网关，病毒防火墙，行为审计设备，流量控制设备等。

（6）观察一台路由器的接口和端口，理解常用的路由协议，并采用静态路由协议、RIP 协议、OSPF 协议等常见路由协议来配置路由器。

（7）分析一个校园网的拓扑图，指出校园网的建设思路。

（8）分析高校网络中心提供的基本服务，搭建对应的服务平台，并分析这些服务的特点。常见的有以下服务。

① DHCP 服务、DNS 服务、WEB 服务、Email 服务、FTP 服务。

② OA 服务、数字化教学平台、教务管理系统。

③ 网络版杀毒软件、网络管理系统、网络计费平台、网络安全管理平台等。

学习任务 7
IP 地址技术

知识引导 7.1　IPv4 地址与子网划分

为了使 Internet 上的主机在通信时能够相互识别，Internet 的每一台主机都分配有一个唯一的 IP 地址，又称网络地址。为了解决 IP 地址资源短缺的问题，同时也为了提高 IP 地址资源的利用率，引入了子网划分技术。本任务学习 IP 地址的组成、分类和表示方法，掌握子网划分技术的应用。

1. 什么是 Internet

Internet 是由各种不同类型和规模的主机或网络组成的一个特大型网络。这些网络通过统一的协议和网络设备（TCP/IP 协议和路由器等）互相连接，构成跨越国界的、世界范围的大型计算机互联网络。简单地说，Internet 指主要通过 TCP/IP 协议将世界各地的网络连接起来实现资源共享，提供各种应用服务的全球性计算机网络，一般称为因特网或互联网。

Internet 汇集了成千上万的资源，这些资源分布在世界各地的计算机上，信息涉及政治、经济、文化、科学、娱乐等各个方面。将这些信息按特定方式组织起来，存储在 Internet 上的计算机中，人们可用各种搜索工具检索这些信息。从 Internet 的结构组成来看，Internet 是一个使用 TCP/IP 协议把各个国家、部门、机构的内部网络连接起来的超级数据通信网。其中有具有高速运算能力及巨大信息吞吐能力的大型计算机，有提供数据服务的大型数据库服务器。从提供的服务来看，Internet 是一个集各个部门、领域内各种信息资源为一体的超级资源网。凡是加入 Internet 的用户，都可以通过各种工具访问所有信息资源，查询各种信息库、数据库，获取自己所需的各种信息资料。

Internet 在全球范围内提供电子邮件、WWW 信息浏览与查询、文件传输、电子新闻、多媒体通信等服务功能。Internet 能快速地传递文字、声音、图像等；Internet 上的电子书库、电子图书馆、电子期刊和杂志可方便地查阅各种资料，人们通过 BBS 可以交流学习经验，解答疑难问题；Internet 上的电影、音乐、游戏、世界各地的风景名胜给人们提供了各种娱乐和休闲；人们可以通过 Internet 进行各种电子商务活动。可以说，Internet 改变了人们的生活方式，加快了社会向信息化发展的步伐。

2. Internet 的组成

（1）通信线路：将 Internet 中的路由器、计算机等连接起来，是 Internet 的基础设施。

（2）路由器：Internet 中最为重要的设备，可实现 Internet 中各种异构网络间的互连，并提供最佳路径选择、负载平衡和拥塞控制等功能。

（3）终端设备：接入 Internet 的设备，可以是普通的微机或笔记本电脑，也可以是巨型机等其他设备，是 Internet 不可缺少的设备。

（4）计算机网络：分布在各地，通过 Internet 互连起来。这些网络可以是采用不同的局域网或广域网技术实现的异构网络，在 Internet 上借助统一的 IP 协议互连在一起，实现资源共享。

7.1.1　IP 地址

1．物理地址和逻辑地址

网络中的每一个网络设备都有其物理地址。以太网物理地址采用 48 位二进制编码，可以用 12 个十六进制数表示一个物理地址，如 00-12-4b-45-cc-88。其中高 24 位是由 IEEE 分配的厂商地址，低 24 位是由生产厂商自己管理的地址（序列号）。物理地址又称 MAC 地址，是数据链路层地址（第二层地址）。以太网利用 MAC 地址标识网络中一个节点，两个以太网节点的通信需要知道对方的 MAC 地址。物理地址通常由网络设备的生产厂家直接固化在网络接口卡的 EPROM 中，这个物理地址一般是全球唯一的。在物理传输过程中，通过物理地址标识网络设备。

物理地址只能将数据传输到与发送数据的网络设备直接连接的接收设备上。对于跨越 Internet 的数据传输，物理地址不能提供逻辑的地址标识。在 Internet 中传输信息，必须实现网络节点的统一标识。Internet 对各种物理网络地址的统一在网络层完成。IP 协议提供了一种 Internet 通用的地址格式，目前的版本是 IPv4，由 32 位二进制数表示，可以屏蔽各种物理网络的地址差异。IP 协议规定的地址称为 IP 地址。IP 地址由 IP 地址管理机构进行统一管理和分配，以保证 Internet 上运行的设备（如路由器、主机等）不会产生地址冲突。

在 Internet 上，IP 地址指定计算机到一个网络的连接，具有多个网络连接的 Internet 设备（如路由器）应具有多个 IP 地址。IP 地址是网络层地址（第三层地址），有时又称网络地址，该地址随着设备所处网络位置的不同而变化。设备移动到另一个网络时，其 IP 地址会相应地发生改变。因此，IP 地址是一种结构化的地址，可以提供主机所处的网络位置信息。

在网络中传输数据时，逻辑地址放在 IP 数据报的报头，物理地址放在数据帧的头部。因此，物理地址是数据链路层和物理层使用的地址，逻辑地址是网络层及以上各层使用的地址。

2．IP 地址的组成

如前所述，Internet 中每一台主机都有一个地址，用来标识 Internet 中的每一台主机。地址由两部分组成：网络号和主机号。网络号标识一个逻辑网络，主机号标识网络中一台主机，如图 7-1 所示。

在 Internet 中，一台主机至少有一个 IP 地址，而且这个 IP 地址是全网唯一的。IP 地址中的网络号确定了计算机从属的物

图 7-1　IP 地址结构

理网络，主机号确定了网络上的一台计算机。互联网中的每一个物理网络分配一个唯一的值作为网络号。同一物理网络中的每台计算机分配一个唯一的主机号。两个网络不能分配相同的网络号，同一个网络内的两台计算机不能分配相同的主机号。但是，一个主机号可以在多个不同的网络上使用。例如，一个互联网包含三个网络，可以分配网络号为 1、2、3。从属于网络 1 的三台计算机命名主机号为 2、3、4，从属于网络 2 的三台计算机也可以分配主机号 2、3、4。

IP 地址的层次性保证了两个重要性质：每台计算机分配一个唯一地址；网络号分配必须全球一致，主机号可以本地分配，不需要全球统一。

IP 地址是一个 32 位长度的二进制地址，采用 x.x.x.x 的格式表示，每个 x 为 8 个二进制。

两个 x 之间用点 "." 分隔。即：第 1 个 8 位组·第 2 个 8 位组·第 3 个 8 位组·第 4 个 8 位组。每一个 8 位组可用 0～255 范围内的十进制数字表示。这种格式的地址又称点分十进制地址。点分十进制更便于用户阅读和理解 IP 地址。

例如，二进制地址：11001010.01110001.00011101.01110111

点分十进制地址：　202.113.29.119

从理论上计算，全部 32 位都可用来表示 IP 地址，可以有 2^{32} 个（超过 40 亿）地址。虽然这个地址十分庞大，但随着 Internet 的发展，地址很快会被用完。在将来的 IPv6 中，IP 地址由 16 个 8 位组（共 128 位二进制数）组成。将提供更多的 IP 地址。

3．IP 地址的分类

（1）基本 IP 地址。

IP 地址分为网络号和主机号两部分。网络号需要足够的位数，以保证每一个物理网络都能分配到一个唯一的网络号；主机号也需要有足够的地址，为同一个网络中的每一台计算机分配一个主机号。网络号增加一位，主机号相应就减少一位，意味着网络中能容纳的主机数量将减少。可见，网络号位数多，可以容纳较大的网络，但限制了每个网络能容纳的主机总数。反过来，主机号位数多，每个物理网络能容纳更多的主机，但限制了网络的总数。为了能满足 Internet 中各种网络的不同需要，将 IP 地址空间划分为 5 类，每类有不同长度的网络号和主机号。32 位 IP 地址中，前 5 位用于标识 IP 地址的类别，其中，A 类地址的第一位为 "0"，B 类地址的前两位为 "10"，C 类地址的前三位为 "110"，D 类地址的前四位为 "1110"，E 类地址的前五位为 "11110"，如图 7-2 所示。以 8 位一组为单位，将地址划分为网络号和主机号。A 类、B 类与 C 类地址为 IP 的基本类。

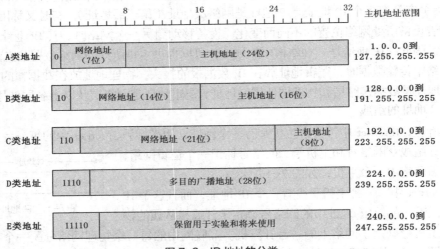

图 7-2　IP 地址的分类

① A 类地址。

主要分配给特大型组织和国家级网络。A 类地址左边的 "0" 位称为前导位，后面的 7 位定义网络号，A 类地址的网络数为 27（128）个，每个网络包含的主机数为 2^{24}（16777216）个，A 类地址的范围是 0.0.0.0～127.255.255.255。

由于网络号全为 0 和全为 1 保留用于特殊目的，A 类地址有效的网络数为 126 个，网络号的范围是 1～126。另外，主机号全为 0 和全为 1 也有特殊作用，因而每个网络号包含的主

机数应该是 $2^{24}-2$（16777214）个。因此，一台主机能使用的 A 类地址的有效范围是 1.0.0.1～126.255.255.254。

② B 类地址。

主要分配给国际性大公司和政府机构的中型到大型网络。B 类地址的前导位为"10"，后面的 14 位定义网络号。网络数为 2^{14} 个（实际有效的网络数是 $2^{14}-2$），每个网络号所包含的主机数为 2^{16} 个（实际有效的主机数是 $2^{16}-2$）。B 类地址的范围为 128.0.0.0～191.255.255.255，与 A 类地址类似，网络号和主机号全 0 和全 1 有特殊作用，一台主机能使用的 B 类地址的有效范围是 128.1.0.1～191.254.255.254。

③ C 类地址。

C 类地址用于小型本地网络。C 类地址的前导位为"110"，后面的 21 位定义网络号，网络数为 2^{21}（实际有效的为 $2^{21}-2$）个，余下的 8 位定义每个网络号所包含的主机数为 256（实际有效的为 254）个。C 类地址的范围为 192.0.0.0～223.255.255.255，同样，一台主机能使用的 C 类地址的有效范围是 192.0.1.1～223.255.254.254。

④ D 类地址

用于多播。多播是同时把数据发送给一组主机，只有那些已经登记可以接收多播地址的主机，才能接收多播数据包。D 类地址的范围是 224.0.0.0～239.255.255.255。

⑤ E 类地址。

为将来预留，也可以用于实验目的。它们不能被分配给主机。

（2）保留 IP 地址。

IP 地址还定义了一组特殊的地址格式，称为保留地址，如表 7-1 所示。特殊地址不可以分给主机使用。

表 7-1　　　　　　　　　　　　　　特殊 IP 地址

地址类型	用　　途
网络地址全 0	解释成"本网络或本段"
网络地址全 1	解释成"所有网络"
127.0.0.1	用于回送测试
主机地址全 0	解释成"本主机"
主机地址全 1	解释成"在指定网络上的所有主机"
整个 IP 地址全 0	有的路由器用来指定缺省路由
整个 IP 地址全 1	向当前网络上的所有主机广播

① 主机号全 0 的地址，用来标识一个网络。例如，地址 203.156.8.0 表示分配了一个 C 类网络号 203.156.8 的网络。

② 主机号全 1 表示广播地址，向指定网络上的所有主机发送数据包。例如，202.119.224.255 是向 202.119.224 网上的所有主机转发数据包。

③ 127 被用在一个称为回送地址 127.0.0.1 上，将信息通过自身的接口发送后返回，可用来测试端口状态，常用于程序调试。回环测试使得无需使用两台计算机，也无需通过网络发送包即可测试程序。

④ 全 0 的 IP 地址用来定义一条默认的路由。为了使计算机启动时能自动获取它的 IP 地

址，必须运行 TCP/IP 中的启动协议。启动协议也是使用 IP 来通信。使用启动协议时，计算机还不可能支持一个正确的 IP 源地址，只能使用默认路由。

⑤ 全1的 IP 地址作为广播地址，向当前网络上的所有主机进行广播发送。

特殊地址是被保留的，不能分配给计算机使用，而且每个特殊地址只能限于某种用途。

（3）私有 IP 地址。

网络管理员在给本单位的网络分配网络号时，一般都采用私有地址。这些特定的地址不在 Internet 上使用，而被保留作为私有网络地址，这样可以避免私有网络地址与合法的 Internet 地址发生冲突。IETF 已经分配了具体的 A 类、B 类和 C 类地址供单位内部网使用，根据规定，私有地址的路由信息不会在因特网上传递。私有地址的范围如下。

A 类：10.0.0.0 ~ 10.255.255.255

B 类：172.16.0.0 ~ 172.31.255.255

C 类：192.168.0.0 ~ 192.168.255.255

4．基本 IP 地址的特征

表 7-2 总结了三种基本 IP 地址的特征。

表 7-2   三种基本 IP 地址的特征

类 别	A 类	B 类	C 类
网络号可变位数	7	14	21
最大网络数	128	16384	2097152
主机号位数	24	16	8
每个网络的最大主机数	16777216	65535	256
第一个字节的前四位	0×× ×	10×× ×	110××
有效主机的起始 IP 地址	1.0.0.1	128.0.0.1	192.0.0.1
有效主机的结束 IP 地址	126.255.255.254	191.255.255.254	223.255.255.254

Internet 连接了全世界成千上万的网络以及网络上的设备。在整个 Internet 中，网络的网络号必须是唯一的。IP 地址由 Internet 信息中心 NIC 来管理，该组织又按地域划分了若干分支机构，各国也都有分支结构。例如我国的中国教育科研网 CERNET，所有连接到 CERNET 的网络都必须向 CERNET NIC 申请 IP 地址。

7.1.2 子网划分

1．子网

为了充分利用网络资源和合理地规划网络结构，一个网络通常会被分成若干个子网。例如某大学向 CERNET NIC 申请到一个 B 类 IP 地址。而一个 B 类地址可以有 65534 个主机地址可供分配，如果该大学只有 20000 台主机，那么有 40000 多个主机号就被浪费掉了，因为其他单位是无法使用这些主机号的。另外还有一个网络结构设计的问题，一所大学包含若干个学院和各行政部门，如果都连在一个网络上，当网络出现故障时也不太容易隔离和管理。一般希望每个单位的网络能进一步分成若干个子网，子网之间既相互独立又相互连通。

为了满足上述需求，在 IP 地址中增加了"子网号"字段，子网段地址采取借用主机地址的若干位来实现，使 IP 地址的使用更加灵活，为获得 IP 地址的单位进行二次分配提供了方便。这种利用网络技术在网络内部分出来的若干网络，称为子网。子网是网络内部的再分配，而对外该网络仍维持一个独立的网络形式。例如某大学的一个 B 类地址，借用主机号字段的前 6 位作为子网号，后 10 位作为主机号，该大学最多可以划分 62 个子网，每个子网有 1022 个主机地址可供分配。在网络中划分子网的好处：充分利用 IP 地址；划分管理职责；提高网络性能。

2. 子网掩码与子网划分

在 Internet 中，为了快速确定 IP 地址中的网络号和主机号，以及判断两个 IP 地址是否属于同一网络，产生了子网掩码的概念。子网掩码由 32 位二进制数组成，也像 IP 地址一样分为 4 段，每段由句点分开的 8 个二进制位表示。其中，1 代表网络号部分，0 代表 IP 主机号部分。通过子网掩码可以确定 IP 地址的网络号和主机号。

（1）默认子网掩码。

对于 A、B、C 三类基本 IP 地址，默认的子网掩码如下。

A 类地址的默认子网：11111111.00000000.00000000.00000000（255.0.0.0）

B 类地址的默认子网：11111111.11111111.00000000.00000000（255.255.0.0）

C 类地址的默认子网：11111111.11111111.11111111.00000000（255.255.255.0）

一个 IP 地址的子网掩码如果是默认值，说明该网络没有划分子网；如果一个 IP 地址的子网掩码不是默认值，说明该网络划分了子网。例如，一个 A 类 IP 地址 66.0.0.0，掩码 255.0.0.0，说明该网络没有子网。一个 A 类 IP 地址 124.0.0.0，掩码 255.255.0.0，说明该网络已划分子网。

一个网络进行子网分割后，将会改变子网的默认子网掩码。此外，划分子网后，IP 地址的地址格式也发生了变化。

划分子网前的 IP 地址格式：	网络号	主机号	
划分子网后的 IP 地址格式：	网络号	子网号	主机号

（2）子网划分和子网掩码的确定。

将网络划分成几个子网后，增加了网络的层次，形成一个三层的结构，即网络号、子网号和主机号。其中，子网号是从 IP 地址的主机位中借用部分二进制位作为子网地址，借用位数的多少由子网数目决定。划分的子网用子网掩码描述。

划分子网及确定子网掩码的方法如下。

① 确定要划分的网络中有多少个子网，将要划分的子网数目转换为 2 的 m 次方。

② 根据确定的子网数目，从主机位高位借用 m 个位作为子网位。

③ 将子网位的代码置"1"，即可得到子网掩码。

例如：要从某个网络中划分 8 个子网，$8=2^3$ 即 m＝3。从主机位高位开始，借用 3 个二进制位，即 11100000，转换为十进制是 224。如果该网络是 A 类网络，应借用第 2 个 8 位组作为子网号，子网掩码为 255.224.0.0。如果该网络是 B 类网络，应借用第 3 个 8 位组作为子网号，子网掩码为 255.255.224.0 。如果该网络是 C 类网络，应借用第 3 个 8 位组作为子网号，子网掩码为 255.255.255.224。

（3）子网中主机台数的确定。

例 7-1 要将一个 C 类 IP 地址 193.88.200.0 划分为 4 个子网，借用主机位的 2 位，即设置 IP 地址最后一个字节为 11000000，用十进制数表示为 192，即子网掩码为 255.255.255.192。

其中，子网掩码 11000000 的前两位有 4 种组合，见表 7-3。

表 7-3   **子网掩码 11000000 前两位的 4 种组合**

子 网 号	掩码组合	十进制表示	对应子网地址
0	00000000	0	193.88.200.0
1	01000000	64	193.88.200.64
2	10000000	128	193.88.200.128
3	11000000	192	193.88.200.192

4 个子网的主机地址段如下。

第一个网段：

11000001.10110000.11001000.00000001 ~ 10011001.10110000.11001000.00111110

十进制表示为 193.88.200.1 ~ 193.88.200.62

第二个网段：

11000001.10110000.11001000.01000001 ~ 10011001.10110000.11001000.01111110

十进制表示为 193.88.200.65 ~ 193.88.200.126

第三个网段：

11000001.10110000.11001000.10000001 ~ 10011001.10110000.11001000.10111110

十进制表示为 193.88.200.129 ~ 193.88.200.190

第四个网段：

11000001.10110000.11001000.11000001 ~ 10011001.10110000.11001000.11111110

十进制表示为 193.88.200.193 ~ 193.88.200.254

以上 IP 地址的前 3 个字节表示网络号，最后一个字节的前 2 位表示子网号，后 6 位表示主机号。除去主机号 "全 0" 和主机号 "全 1" 部分后，每个子网段中最多拥有的主机数量为 62 台，共计 248 台。子网号全为 "0" 时，表示本子网网络；子网号全为 "1" 的地址用于向子网广播。

结论：子网划分是将单个网络的主机号分为两个部分，一部分用于子网号编址，另一部分用于主机号编址。子网号的位数取决于需要。子网号所占的比特越多，可分配给主机的位数越少，即一个子网中包含的主机越少。子网多借用一位主机地址，每个子网中的主机数减少一半。以 B 类地址为例，B 类地址在不划分子网时主机号是 16 位，主机数量为 65534，子网号每占用一位，主机数量减少一半，如表 7-4 所示。

表 7-4   **B 类地址不同掩码位时的主机数**

子网位数	0	1	2	3	4	5	6	7	8
主机位数	16	15	14	13	12	11	10	9	8
主机数量	65534	32766	16382	8190	4094	2046	1022	510	254

（4）子网划分带来的问题：如何区分某个 IP 地址是否划分了子网，如何辨认哪些 IP 地址是属于同一个网络。即必须辨别一个 IP 地址中哪些位代表网络号，哪些位代表主机号。这个问题要通过子网掩码来解决。对于采用 TCP/IP 协议的网络，必须明确一台主机在那个子网及该子网与其他子网的关系，才能使网络正常工作。

以两个 B 类 IP 地址 172.25.16.51 为例，说明上述问题。

	网络号		主机号	
	172 · 25 ·		16 ·	51

未划分子网的 B 类地址

	网络号		子网号	主机号
	172 · 25 ·		16 ·	51

划分了子网的 B 类地址

为了识别上述两个实际上不同的 IP 地址，必须得到这两个 IP 地址的网络号。

方法：用子网掩码与 IP 地址进行"逻辑与"运算，过滤主机号，筛选出网络号。

```
10101100   00011001   00010000   00110011      IP 地址
11111111   11111111   0000000000000000          未划分子网的掩码
10101100   00011001   0000000000000000          逻辑与运算得网络号（172.25.0.0）
```

```
10101100   00011001   00010000   00110011      IP 地址
11111111   11111111   1111111100000000          划分子网后的掩码
10101100   00011001   00010000   00000000      逻辑与运算得网络号（172.25.16.0）
```

从以上运算得到的网络号可见，上述 IP 地址分别属于两个不同的网络。

如果要得到上述两个 IP 地址的主机号，只要将子网掩码取反，再与 IP 地址进行"逻辑与"运算，即可过滤网络号得到主机号。

```
10101100   00011001   00010000   00110011      IP 地址
00000000   00000000   11111111   11111111      未划分子网的掩码取反
00000000 00000000 00010000 00110011    逻辑与运算得主机号（0.0.16.51）
```

```
10101100   00011001   00010000   00110011      IP 地址
00000000   00000000   00000000   11111111      划分子网后的掩码取反
00000000   00000000   00000000   00110011      逻辑与运算得主机号（0.0.0.51）
```

结论如下。

① 从一个 IP 地址提取网络号的方法：用子网掩码与 IP 地址进行"逻辑与"运算。

② 从一个 IP 地址提取主机号的方法：子网掩码取反再与 IP 地址进行"逻辑与"运算。

子网掩码有时也用前缀长度表示法。例如，136.95.16.0/24 表示一个 B 类网络 136.95.16.0 使用 24 位子网掩码进行子网划分。

例 7-2 假设一个网络地址为 172.25.0.0，要在网络中划分 8 个子网，确定子网的掩码、子网地址范围、子网内的主机地址范围。

（1）确定子网的掩码。

该网络地址是一个 B 类地址，地址的前 16 位代表网络号，后 16 位代表主机号。要在网络中划分 8 个子网（$2^3=8$），需要在主机位的高位中拿出 3 位作为子网位，因此，子网掩码的二进制表示为 11111111.11111111.11100000.00000000，点分十进制表示是 255.255.224.0。

（2）确定子网地址范围。

子网借用了第 3 个 8 位组的前 3 位作为子网号，共可以产生 8 个子网号，见表 7-5。

表 7-5   8 个子网号的分布

第 3 个 8 位组	子 网 值	子网 IP 点分十进制表示
00000000	0	175.25.0.0

第 3 个 8 位组	子 网 值	子网 IP 点分十进制表示
00100000	32	175.25.32.0
01000000	64	175.25.64.0
01100000	96	175.25.96.0
10000000	128	175.25.128.0
10100000	160	175.25.160.0
11000000	192	175.25.192.0
11100000	224	175.25.224.0

由于"全 0"和"全 1"网络号留作特殊用途，实际可用的只有 6 个子网。

主机地址位数是第 3 个 8 位组的后 5 位加第 4 个 8 位组的 8 位，一共 13 位。每个子网的间隔值为 32，除去主机位"全 0"和"全 1"不用，各子网有效主机地址如图 7-3 所示。

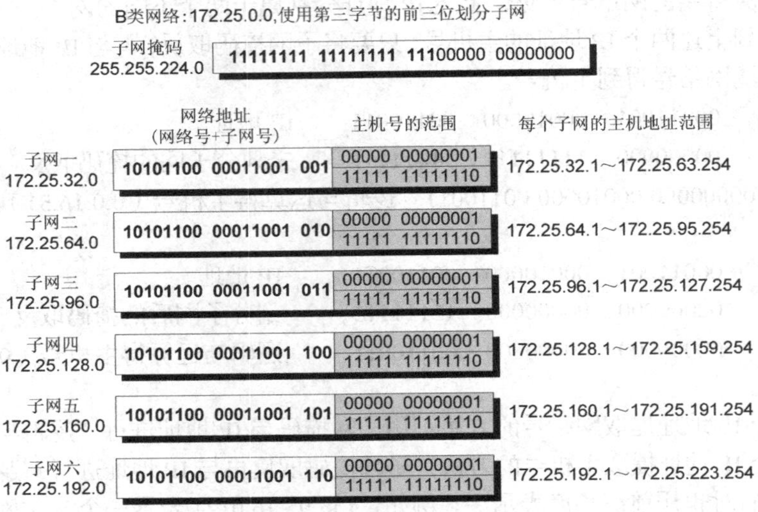

图 7-3　子网有效地址范围

3．划分子网的步骤

（1）确定需要多少个子网号来唯一标识网络上的每一个子网，定义一个符合网络要求的子网掩码。

方法：确定要划分的网络中需要有多少个子网，将要划分的子网数目转换为 2 的 m 次方，根据确定的子网数目从主机位高位借用 m 个位作为子网位，将子网位置"1"，即可得到子网掩码。

（2）确定有效的子网数目，标识每一个子网的网络地址。

一个子网掩码能产生出的子网数 $= 2^x$，X 是子网号占用的二进制位数。在例 7-2 中，子网地址占用 3 个二进制位，$2^3 = 8$，所以有 8 个子网。

有效的子网数 $= 2^x - 2$，X 是子网号占用的二进制位数，减 2 是除去"全 1"和"全 0"的网络号。例 7-2 中，$2^3 - 2 = 6$，所以有 6 个有效子网。

（3）确定每一个子网上所使用的有效主机地址的范围。

每个子网的主机数 $= 2^Y$，Y 是主机号占用的二进制位数。在例 7-2 中，主机号占用的位数是 13，2^{13}＝8192，所以每个子网有 8192 个主机。

分配 IP 地址时，需要注意以下几点。

● 连接到同一个网络上所有主机的 IP 地址的网络号相同。

● **路**由器可以连接多个物理网络，每个连接都应该拥有自己的 IP 地址，而且该 IP 地址的网络号应与分配给该网络的网络号相同。每个连接要具有不同的网络号。

● 无论选择何种地址分配方法，不允许任何两个接口拥有相同的 IP 地址，否则将导致冲突，使得两台主机都不能正常运行。

● 某些类型的设备需要维护静态的 IP 地址。如 Web 服务器、DNS 服务器、FTP 服务器、电子邮件服务器、网络打印机和路由器等，都需要固定的 IP 地址。

例 7-3 图 7-4（a）所示为一个 C 类网络，网络地址 192.168.1.0，子网掩码 255.255.255.0。拟将该网络划分为两个子网，如图 7-4（b）所示。如何进行子网划分？

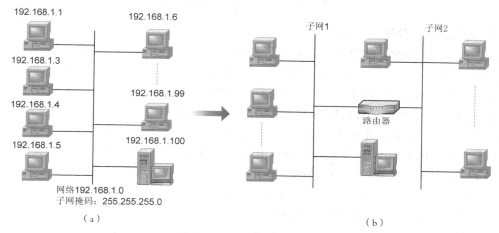

图 7-4 C 类网络的子网划分

（1）划分为两个子，需要从主机号中取 2 位作为子网号，子网掩码如下：

11111111.11111111.11111111.11000000 （255.255.255.192）

（2）共产生 4 个子网号：

192.168.1.00000000

192.168.1.01000000（192.168.1.64） 有效子网

192.168.1.10000000（192.168.1.128） 有效子网

192.168.1.11000000

（3）两个有效子网的 IP 地址如图 7-5 所示。

① 子网 192.168.1.64 的地址范围：

192.168.1.0100001～192.168.1.01111110（192.168.1.65～192.168.1.126）

② 子网 192.168.1.128 的地址范围：

192.168.1.10000001～192.168.1.10111110（192.168.1.129 ～192.168.1.190）

可见，子网的划分可使单个网络地址横跨几个物理网络，不仅 IP 地址得到了充分的利用，也通过子网划分了管理职责，提高了网络性能。子网之间通过路由器连接起来。同一个子网内的主机可以直接互访，子网 1 与子网 2 之间的互访需要通过路由器。

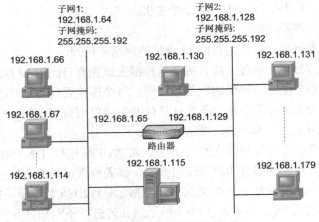

图7-5 划分子网后的网络地址

4．可变长子网掩码（VLSM）

前面介绍的子网划分使用相同长度的子网掩码，称为定长子网掩码（Fixed-Length Subnet Mask-FLSM）。某些情况下，为了最大限度地节省地址，需要在不同网络中使用不同的掩码长度。例如，某企业按部门划分子网，较大的部门有 50 台主机，需要保留 6 位作主机位，子网掩码长度为 26 位；较小的部门只有 6 台主机，只需要保留 3 位作主机位，设置子网掩码 29 位刚好可容纳两台主机。根据不同网段中主机台数采用不同长度的子网掩码，这种设计方式称为变长子网掩码（Variable-Length Subnet Mask-VLSM）设计。若需要把网络分成多个不同大小的子网，可以使用可变长子网掩码，每个子网可以使用不同长度的子网掩码。

使用有类别路由协议时，必须连续寻址且要求同一个主网络只能使用一个子网掩码。对于大小不同的子网，只能按最大子网的要求设置子网掩码，这将造成 IP 地址的浪费。极端情况如网络连接路由器时，两个串行口连接只需要两个 IP 地址即可，而分配的地址和最大的子网一样。若使用可变长子网掩码，允许对同一个主网络使用不同的子网掩码，或改变同一个主网络的子网掩码长度。

使用无类别路由协议时，如 OSPF、RIPv2、EIGRP 等路由协议，也可以使用可变长子网掩码。使用可变长子网掩码允许位于不同端口的同一个网络号采用不同的子网掩码，既能节省大量的地址空间，而且允许非连续寻址，使得网络的规划更加灵活。

5．无类别域间路由（CIDR）

网络中路由器的增多将使路由表增大，这将导致路由查找时间增加，而且加大了数据处理和转发的过程。无类别域间路由 CIDR（Classless Inter-Domain Routing）采用通配掩码代替地址类别来判定地址的网络部分，使得路由器能够聚合或归纳路由信息，由此可以缩小路由表的大小。只用一个地址和掩码的组合，即可表示多个网络的路由。在地址连续的情况下，路由器可以根据 IP 地址的前几位决定将数据发向目的地址，从而加快路由转发的处理过程。

CIDR 常采用诸如 176.16.32.0/20 的表示方法，即在 IP 地址后面加上一个斜线"/"，然后写上网络前缀所占用的比特数，并隐含地指出 IP 地址 172.16.32.0 的掩码是 255.255.240.0。CIDR 将网络前缀都相同的连续的 IP 地址组成"CIDR 地址块"，即一个 CIDR 地址块可以表示很多地址，这种地址的聚合常称为路由聚合，即常说的"超网"。

实际上，超网和路由聚合是同一个过程的不同名称。若被聚合的网络在共同管理控制之下，常常采用超网的说法。超网是将多个网络聚合起来，构成一个单一的、具有共同地址前缓的网络，即把一块连续的 C 类地址空间模拟成一个单一的更大的地址空间（模拟 B 类地址）。可见，超网和路由聚合是子网划分的反面。

超网的合并过程如下。

（1）先获得一块连续的 C 类地址空间。

（2）从默认子网掩码（255.255.255.0）中删除位：从最右边的位开始，逐位向左边处理，直到与网络 ID 一致为止。

例如，假设某企业已经获得 16 个 C 类网络地址。

```
202.66.16.0
202.66.17.0
……
202.66.31.0
```

16 个 C 类网地址分别是独立的 C 类网络，默认掩码 255.255.255.0。通过从右向左删除位，可得它们相同的网络号为 202.66.16.0，子网掩码为 255.255.240.0，合并过程下。

```
202.66.16.0   11000010 01000010 00010000 00000000
202.66.17.0   11000010 01000010 00010001 00000000
202.66.18.0   11000010 01000010 00010010 00000000
……
202.66.31.0   11000010 01000010 00011111 00000000
```

网络号：1100001001000010 0001xxxx xxxxxxxx，即 211.81.16.0。

知识引导 7.2 IPv6 地址

随着互联网络的蓬勃发展，截至 2011 年 12 月，全球上网人数已达 19.7 亿，而根据我国国家统计局 2013 年 2 月发布的公报称，我国 2012 年上网人数达 5.64 亿！目前采用的 IPv4 协议仅能提供约 2.5 亿个 IP 地址。虽然目前的网络地址转换及无类别域间路由等技术可延缓网络地址匮乏的现象，但为求解决根本问题，从 1990 年开始，互联网工程任务小组开始规划 IPv4 的下一代协议，除要解决即将遇到的 IP 地址短缺问题外，还要发展更多的扩展，为此 IETF 小组创建 IPng，以让后续工作顺利进行。1994 年，各 IPng 领域的代表们于多伦多举办的 IETF 会议中正式提议 IPv6 发展计划，该提议直到同年的 11 月 17 日才被认可，并于 1998 年 8 月 10 日成为 IETF 的草案标准，最终 IPv6 在 1998 年 12 月被互联网工程研究团队通过公布互联网标准规范（RFC 2460）的方式定义出台。

IPv6 的计划是创建未来互联网扩充的基础，其目标是取代 IPv4。虽然 IPv6 在 1994 年就已被 IETF 指定作为 IPv4 的下一代标准，但由于早期的路由器、防火墙、企业的企业资源计划系统及相关应用程序皆需改写，所以在世界范围内使用 IPv6 部署的公众网与 IPv4 相比还非常少，技术上仍以双架构并存居多。预计在 2025 年以前 IPv4 仍会被支持，以便给新协议的修正留下足够的时间。

IPv6 能解决的核心问题与互联网目前所面临的关键问题之间出现了明显的偏差，难以给互联网的发展带来革命性的影响。与 IPv4 的各种地址复用解决方案相比，IPv6 能够降低复杂性和成本。目前只有制造商较能够感受到这个优势，用户和运营商无法直接感受到，导致产业链缺乏推动 IPv6 的动力。

7.2.1 IPv6 介绍

IPv6 具有比 IPv4 大得多的编码地址空间。这是由于 IPv6 采用了 128 位的地址，而 IPv4

使用的是 32 位，新增的地址空间支持 2^{128}（约 3.4×10^{38}）个地址，这样大的地址空间相当于为地球表面每平方米的面积上提供了 665 570 793 348 866 943 898 599 个地址，以地球人口 70 亿人计算，每人平均可得约 4.86×10^{28} 个 IPv6 地址。

1．IPv6 的特点

（1）扩大了地址空间。IPv6 的 128 位地址长度形成了一个巨大的地址空间，几乎可以不受限制地为所有网络设备提供一个全球唯一的 IP 地址。

（2）全新的地址配置方式。IPv6 支持手工地址配置、有状态自动地址配置和无状态自动地址配置。所谓有状态自动地址配置，是利用专用的地址分配置服务器动态分配 IPv6 地址。而在无状态自动地址配置中，网络中的主机能自动给自己配置 IPv6 地址，即在以上链路中，所有主机不用人工干预就可以进行通信。

（3）提高了网络的整体吞吐量。

（4）服务质量得到很大改善。

（5）安全性有了更好的保证。IPv6 协议内置安全机制，且已经标准化，支持对企业网的无缝远程访问。

（6）全新的邻居发现协议。邻居发现协议是 IPv6 中的一个新的机制，是用来管理相邻节点之间交互的，邻居发现协议使用更加有效的单播和组播报文，取代了 IPv4 中的地址解析协议 ARP、ICMP 路由器发现和 ICMP 路由器重定向。它在无状态自动地址配置中起到了重要的作用。

（7）支持即插即用和移动性。基于移动 IPv6 协议集成的 IP 层移动功能具有很重要的优点。尽管 IPv4 中也存在一个类似的移动协议，但面对数量庞大的移动终端，IPv4 没有足够的地址空间可以为每个移动终端分配地址。移动 IPv6 提供了足够的地址空间。可以为在公共互联网上运行的每个移动终端分配一个 IPv6 地址，在全球范围内解决了有关网络和访问技术之间的移动性问题。

（8）更好地实现了多播功能。

2．IPv6 的应用

IPv6 的一个重要应用是网络实名制下的互联网身份证 VIeID（电子身份标识）。基于 IPv4 的网络之所以难以实现网络实名制，一个重要原因是 IP 资源的共用，由于 IP 资源不够，不同的人在不同时间段共用一个 IP，IP 和上网用户无法实现一一对应。

在 IPv4 下，根据 IP 查找也比较麻烦，电信局要保留一段时间的上网日志才行，通常由于数据量很大，运营商一般只保留三个月左右的上网日志。例如，查前年某个 IP 发帖子的用户就不能实现。

IPv6 的出现可以从技术上一劳永逸地解决实名制这个问题，由于 IP 资源不再紧张，运营商有足够多的 IP 资源，运营商受理入网申请时，可以直接给该用户分配一个固定 IP 地址，实际上实现了实名制，即一个真实用户和一个 IP 地址的一一对应。

当一个上网用户的 IP 固定后，任何时间做的任何事情都和一个唯一 IP 绑定，用户在网络上做的任何事情在任何时间段内都有据可查，并且无法否认。

在多种 IPv6 应用中，物联网应用覆盖了智慧农业、智能环保、智能建筑、智能交通等广泛领域，提供"无所不在的连接和在线服务"，包括在线监测、定位追溯、报警联动、指挥调度、远程维保等服务。

3．IPv6 的优势

与 IPV4 相比，IPV6 具有以下几个优势。

（1）IPv6 具有更大的地址空间。IPv4 采用 32 位地址长度，约有 43 亿地址，而 IPv6 采用 128 位地址长度可以忽略不计无限制的地址，有足够的地址资源。地址的丰富将完全解决了 IPv4 互联网应用上的很多限制，如 IP 地址，每一个电话，每一个带电的东西可以有一个 IP 地址，与真正形成一个数字家庭的家庭。IPv6 的技术优势，目前在一定程度上解决 IPv4 互联网存在的问题，这使得 IPv4 向 IPv6 演进的重要动力之一。

（2）IPv6 使用更小的路由表。IPv6 的地址分配一开始就遵循聚类（Aggregation）的原则，这使得路由器能在路由表中用一条记录（Entry）表示一片子网，大大减小了路由器中路由表的长度，提高了路由器转发数据包的速度。

（3）IPv6 增加了增强的组播（Multicast）支持以及对流的控制（Flow Control），这使得网络上的多媒体应用有了长足发展的机会，为服务质量（Quality of Service，QoS）控制提供了良好的网络平台。

（4）IPv6 加入了对自动配置（Auto Configuration）的支持。这是对 DHCP 协议的改进和扩展，使得网络（尤其是局域网）的管理更加方便和快捷。

（5）IPv6 具有更高的安全性。在使用 IPv6 网络中用户可以对网络层的数据进行加密并对 IP 报文进行校验，在 IPv6 中的加密与鉴别选项提供了分组的保密性与完整性，极大地增强了网络的安全性。

（6）允许扩充。如果新的技术或应用需要时，IPV6 允许协议进行扩充。

（7）更好的头部格式。IPv6 使用新的头部格式，其选项与基本头部分开，如果需要，可将选项插入到基本头部与上层数据之间。这就简化和加速了路由选择过程，因为大多数的选项不需要由路由选择。

（8）新的选项。IPv6 有一些新的选项来实现附加的功能。

4．IPv6 关键技术

（1）IPv6DNS 技术。DNS，是 IPv6 网络与 IPv4DNS 的体系结构，是统一树状型结构的域名空间的共同拥有者。在从 IPv4 到 IPv6 的演进阶段，正在访问的域名可以对应于多个 IPv4 和 IPv6 地址，随着 IPv6 网络的普及，IPv6 地址将逐渐取代 IPv4 地址。

（2）IPv6 路由技术。IPv6 路由查找与 IPv4 的原理一样，是最长的地址匹配原则，选择最优路由还允许地址过滤、聚合、注射操作。原来的 IPv4IGP 和 BGP 的路由技术，如 ISIS、OSPFv2 和 BGP-4 动态路由协议一直延续 IPv6 网络中，使用新的 IPv6 协议，新的版本分别是 ISISv6、OSPFv3，BGP4+。

（3）IPv6 安全技术。相比 IPv4，IPv6 没新的安全技术，但更多的 IPv6 协议通过 128 字节的、IPsec 报文头包的、ICMP 地址解析和其他安全机制来提高网络的安全性。IPv6 和 IPv4 的互联网体系改革，重点是修正 IPv4 的缺点。在不同数据流的 IPv4 大规模的更新浪潮的咨询服务，IPv6 将进一步改善互联网的结构和性能，满足现代社会的需要。

7.2.2　IPv6 协议基础与 IPv6 地址技术

1．IPv6 的分组结构

IPv6 包由 IPv6 基本包头（40 字节固定长度）、扩展包头和上层协议数据单元三部分组成。

（1）IPv6 的基本包头。

IPv6 包头长度固定为 40 字节，去掉了 IPv4 中一切可选项，只包括 8 个必要的字段。因此，尽管 IPv6 地址长度为 IPv4 的四倍，IPv6 包头长度仅为 IPv4 包头长度的两倍。基本头部的格式如图 7-6 所示。

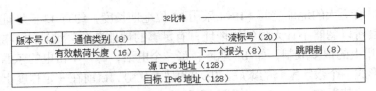

图 7-6　IPv6 基本头部格式

各个字段具体如下。

- 版本号（Version）：4 位，IP 协议版本号，值= 6。
- 通信类别（Traffic Class）：8 位，指示 IPv6 数据流通信类别或优先级。功能类似于 IPv4 的服务类型（TOS）字段。
- 流标记（Flow Label）：20 位，IPv6 新增字段，标记需要 IPv6 路由器特殊处理的数据流。该字段用于某些对连接的服务质量有特殊要求的通信，诸如音频或视频等实时数据传输。在 IPv6 中，同一信源和信宿之间可以有多种不同的数据流，彼此之间以非"0"流标记区分。如果不要求路由器做特殊处理，则该字段值置为"0"。
- 有效负荷长度（Payload Length）：16 位负荷长度。有效负荷长度包括扩展头和上层 PDU，16 位最多可表示 65535 字节负荷长度。超过这一字节数的负荷，该字段值置为"0"，使用扩展头逐个跳段（Hop-by-Hop）选项中的巨量负荷（Jumbo Payload）选项。
- 下一报头（Next Header）：8 位，识别紧跟 IPv6 头后的包头类型，如扩展头（有的话）或某个传输层协议头（诸如 TCP、UDP 或 ICMPv6）。
- 跳限制（Hop Limit）：8 位，类似于 IPv4 的 TTL（生命期）字段，用包在路由器之间的转发次数来限定包的生命期。包每经过一次转发，该字段减 1，减到 0 时就把这个包丢弃。
- 源地址（Source Address）：128 位，发送方主机地址。
- 目标地址（Destination Address）：128 位，在大多数情况下，目标地址即信宿地址。但如果存在路由扩展头的话，目的地址可能是发送方路由表中下一个路由器接口。

（2）IPv6 的扩展头部。

IPv6 包头对原 IPv4 包头的一项重要改进是将所有可选字段移出 IPv6 包头，置于扩展头中。除 Hop-by-Hop 选项扩展头外，其他扩展头不受中转路由器检查或处理，从而提高路由器处理包含选项的 IPv6 分组的性能。

通常，一个典型的 IPv6 包，没有扩展头。仅当需要路由器或目的节点做某些特殊处理时，才由发送方添加一个或多个扩展头。与 IPv4 不同，IPv6 扩展头长度任意，不受 40 字节限制，以便于日后扩充新增选项，这一特征加上选项的处理方式，使得 IPv6 选项能得以真正的利用。为了提高处理选项头和传输层协议的性能，扩展头总是 8 字节长度的整数倍。

目前，RFC 2460 中定义了以下 6 个 IPv6 扩展头：Hop-by-Hop（逐个跳段）选项包头、目的地选项包头、路由包头、分段包头、认证包头和 ESP 协议包头。

① Hop-by-Hop 选项包头：包含分组传送过程中，每个路由器都必须检查和处理的特殊参数选项。其中的选项描述一个分组的某些特性或用于提供填充。这些选项具体如下。

Pad1 选项（选项类型为 0），填充单字节。

PadN 选项（选项类型为 1），填充 2 个以上字节。

Jumbo Payload 选项（选项类型为 194），用于传送超大分组。使用 Jumbo Payload 选项时，分组有效载荷长度最大可达 4294967295 字节。负载长度超过 65535 字节的 IPv6 包称为"超大包"。

路由器警告选项（选项类型为 5），提醒路由器分组内容需要做特殊处理。路由器警告选项用于组播收听者发现和 RSVP（资源预定）协议。

② 目的地选项包头，指名需要被中间目的地或最终目的地检查的信息。有两种用法。

● 如果存在路由扩展头，则每一个中转路由器都要处理这些选项。

● 如果没有路由扩展头，则只有最终目的节点需要处理这些选项。

③ 路由包头。

类似于 IPv4 的松散源路由。IPv6 的源节点可以利用路由扩展包头指定一个松散源路由，即分组从信源到信宿需要经过的中转路由器列表。

④ 分段包头。

提供分段和重装服务。当分组大于链路最大传输单元（MTU）时，源节点负责对分组进行分段，并在分段扩展包头中提供重装信息。

⑤ 认证包头。

提供数据源认证、数据完整性检查和反重播保护。认证包头不提供数据加密服务，需要加密服务的数据包，可以结合使用 ESP 协议。

⑥ ESP 协议包头。

提供加密服务。

（3）IPv6 数据包。

上层协议数据单元。上层数据单元即 PDU，全称为 Protocol Data Unit。PDU 由传输头及其负载（如 ICMPv6 消息或 UDP 消息等）组成。而 IPv6 包有效负载则包括 IPv6 扩展头和 PDU，通常所能允许的最大字节数为 65535 字节，大于该字节数的负载可通过使用扩展头中的 Jumbo Payload 选项进行发送。

2．IPv6 地址的表示方法

IPv6 地址有 3 种表示方法：冒号十六进制表示法（首选格式），由所有 32 个十六进制字符组成一个 IPv6 地址，是书写形式最长的表示方法；IPv6 地址的零压缩表示法，当 IPv6 地址中有 0 值时的表示方法；内嵌 IPv4 的 IPv6 地址表示法。

（1）冒号十六进制表示法（首选表示法）。

冒号十六进制表示法（Colon Hexadecimal）是 IPv6 地址的完全形式，又称 IPv6 地址的首选表示法。这种方法用冒号将 128 位分割成 8 个 16 位的段，每段被转换成一个 4 位十六进制数，并用冒号隔开。也就是说，这种表示方法有 8 个字段，每个字段有 4 个十六进制数，共有 32 个十六进制数。

格式为 X：X：X：X：X：X：X：X。

其中，X 代表十六进制数值。

例如，2254:cade:23ef:cdae:ad54:cda3:3340:bacd。

（2）零压缩表示法。

当 IP 地址中有 0 值时，有两种压缩表示法。这两种方法可以分别使用，也可以同时使用。

① 一种零压缩表示法。

若在一个以冒号十六进制表示法表示的 IPv6 地址中有多个连续字段的值都是 0，这些 0 可以简记为"::"，表示有多组 16 位零。这种零压缩法又称为双冒号法（Double Colon）。"::"只能在一个地址中出现一次，可用于压缩一个地址中的前导、末尾或相邻的 16 位零。

例如，IP 地址 ace5:1:0:0:0:0:0:36cd，可以表示为 ace5:1::36cd。

注意：若 IPv6 地址是一个全为 1 的地址，则不能压缩。

② 第二种零压缩表示法。

当 IPv6 地址中存在一个或多个前导 0 的 16 位十六进制字段时，可以使用 16 位字段的前导压缩法，即第二种零压缩表示法。用这种方法表示 IPv6 地址时，每个字段的前导 0 可以简单去除，以缩短 IPv6 地址的书写长度。但是，如果 16 位字段的每个十六进制数都是 0，则至少要保留一个 0。

例如，IPv6 地址 0000:0000:0000:0000:0000:0000:0000:0000，可表示为 0:0:0:0:0:0:0:0；IPv6 地址 0000:0000:0000:0000:0000:0000:0000:0001，可表示为 0:0:0:0:0:0:0:1。

③ 两种压缩表示法的结合。

● 将两种零压缩表示法相结合，即同时压缩连续的 0 的 16 位字段和压缩 16 位字段中的前导 0，可以缩短 IPv6 地址的书写长度。

例如，IPv6 地址 0000:0000:0000:0000:0000:0000:0000:0000，可表示为::；IPv6 地址 0000:0000:0000:0000:0000:0000:0000:0001，可表示为::1。

（3）内嵌 IPv4 地址的 IPv6 地址（IPv4 和 IPv6 混合环境）。

这种地址表示法由两部分组成：6 个高位 16 位的十六进制数字段和 4 个低位 8 位的二进制字段（即 IPv4 地址）。其中，6 个高位字段之间用冒号分隔；后面 4 个低位字段（3 位十进制数）之间用点号分隔，也可以将后面 32 位的 IPv4 地址用两个 4 位十六进制数字段表示。

格式为 X：X：X：X：X：X：d.d.d.d。

其中，X：X：X：X：X：X 表示 96 位高位顺序字节的十六进制数值，d.d.d.d 表示 32 位低位顺序字节的十进制数值。

例如，内嵌 IPv4 地址的 IPv6 地址（用冒号十六进制表示法）0000:0000:0000:0000:0000:0000:211.98.168.32，相应的零压缩表示法 0:0:0:0:0:0: 211.98.168.32 或::211.98.168.32。

在很多场合，IPv6 地址可由"IPv6 地址/前缀"方式表示。前缀是一个十进制数值，说明地址最左边的连续二进制地址位的长度，即用多少位表示子网。如："8F21:0:0:3::7687/64"表示地址的前 64 位"8F21:0:0:3"构成地址前缀。

3．IPv6 地址的分类

IPv6 地址结构采用层次化的多级体系，这是为了使路由器更快地查找路由。总的来说，IPv6 地址分为单播地址、组播地址和任播地址等几种基本类型。

（1）单播地址。

用于单个接口的标识符。发送到此地址的数据包被传递给标识的接口。根据其作用范围的不同，又分为多种类型，分别是可聚合全球单播地址、链路本地地址、站点本地地址等种类。

① 聚合全球单播地址。

可聚合全球单播地址和 IPv4 中的公网地址一样，用于通信的全局单播地址。它的前缀是 IPv6 提供商分配给组织的 48 位前缀，最高位是"001"，组织机构可以利用后续的 16 位（49 位～64 位）来规划子网。地址的后 64 位是节点的接口 ID，用于标识链路上不同的接口，具有唯一性，接口 ID 可以由设备随机生成或手动配置，在以太网中可以使用 EUI-64 格式自动生成。例如，"2001:B083:8098::CE01:8B72:7F90"就是一个全局单播地址。

② 链路本地地址。

链路本地地址由设备自动生成，是一种应用范围受限的地址类型，只能在连接到同一本地链路的节点之间使用。该地址有个特定的前缀，"FE80::/64"，后面是一个低 64 位的接口 ID，接口 ID 则可以由 EUI—64 地址来填充，形成一个完整的链路本地地址。

当一个节点启动 IPv6 协议时，该节点的每个接口会自动配置一个链路本地地址，这样两个连接到同一本地链路的节点不需要手动配置就可以实现通信。

③ 站点本地地址。

站点本地地址是另一种使用范围受限的地址，它相当于 IPv4 中的私有地址，任何没有申请到可聚合全球单播地址的组织机构都可以使用，其范围被限制在一个站点内。该地址也有一个特定的前缀："FEC0::/48"。

④ IEEE EUI—64 接口 ID。

在 IPv6 网络中，为了能够保证接口 ID 的唯一性，IEEE 定义了一种基于 64 位的扩展唯一标识 EUI-64 规范。其原理是将主机的 48 位 MAC 地址一分为二，在前 24 位（制造商标识符）后插入一个十六进制数 FFFE，同时将第 7 位（U/L）位置为 1，形成一个 64 位的接口 ID。如一个节点的 MAC 地址是"0012：3456：AA89"，变换后的 EUI-64 接口 ID 是"0212：34FF：FE56：AA89"。

（2）组播地址。

组播地址也称为多播地址，是一点到多点的通信，类似于 IPv4 中的 D 类地址。该地址也有一个特定的前缀："FF::/8"。

（3）任播地址。

任播地址是 IPv6 中的新成员，目标地址是一组网络接口（通常属于不同的接口），这些目标地址具有相同的前缀。当一个 IPv6 分组被送到这样的地址时，数据只传输给其中符合这个地址组中最近或最容易访问的一个网络接口。例如，移动用户上网时，因为经常处于不同的地理位置，但接入网络时总是找离用户最近的一个基站，这样移动用户在地理位置上就不受太大限制。

目前任播地址只用于目标地址，而且只用于路由器，其应用还有待开发。

表 7-6 是 IPv6 标准中规定的地址前缀所代表的意义。

表 7-6　　　　　　　　　　　　　IPv6 地址前缀分配情况

地址前缀	前缀分配状况及意义	地址前缀	前缀分配状况及意义
001	可聚集全球单播传送地址	0000 001	预留给 NSAP 分配
010	基于运营商地址	0000 010	未分配
011	未分配	0000 011	未分配
100	基于地理位置的地址	1111 110	未分配
101	未分配	1111 1111	多播传送地址
110	未分配	0000 0000	保留
0001	未分配	0000 0001	未分配
1110	未分配	1111 1110 0	未分配
0000 1	未分配	1111 1110 10	本地链路地址
1111 0	未分配	1111 1110 11	本地地区单播传送地址
1111 10	未分配		

4．从 IPv4 到 IPv6 的过渡

从 IPv4 到 IPv6 的过渡是一个逐渐演进的过程，而不是彻底改变的过程。一旦引入 IPv6 技术，实现全球 IPv6 互联，仍需要一段时间使所有服务都实现全球 IPv6 互联。

在 IPv4 到 IPv6 过渡的过程中，必须遵循如下的原则和目标。

● 保证 IPv4 和 IPv6 主机之间的互通。

● 在更新过程中避免设备之间的依赖性（即某个设备的更新不依赖于其他设备的更新）。

● 对于网络管理者和终端用户来说，过渡过程易于理解和实现。

● 过渡可以逐个进行。

● 用户、运营商可以自己决定何时过渡以及如何过渡。

对于 IPV4 向 IPV6 技术的演进策略，业界提出了许多解决方案。特别是 IETF 组织专门成立了一个研究此演变的研究小组 NGTRANS，已提交了各种演进策略草案，并力图使之成为标准。纵观各种演进策略，主流技术大致可分如下几类。

（1）双栈策略。

实现 IPv6 节点与 IPv4 节点互通的最直接的方式是在 IPv6 节点中加入 IPv4 协议栈。具有双协议栈的节点称作"IPv6/IPv4 节点"，这些节点既可以收发 IPv4 分组，也可以收发 IPv6 分组。它们可以使用 IPv4 与 IPv4 节点互通，也可以直接使用 IPv6 与 IPv6 节点互通。双栈技术不需要构造隧道，但后文介绍的隧道技术中要用到双栈。IPv6/IPv4 节点可以只支持手工配置隧道，也可以既支持手工配置也支持自动隧道。

（2）隧道技术。

在 IPv6 发展初期，必然有许多局部的纯 IPv6 网络，这些 IPv6 网络被 IPv4 骨干网络隔离开来，为了使这些孤立的"IPv6 岛"互通，就采取隧道技术的方式来解决。利用穿越现存 IPv4 因特网的隧道技术将许多个"IPv6 孤岛"连接起来，逐步扩大 IPv6 的实现范围，这就是目前国际 IPv6 试验床 6Bone 的计划。

工作机理：在 IPv6 网络与 IPv4 网络间的隧道入口处，路由器将 IPv6 的数据分组封装入 IPv4 中，IPv4 分组的源地址和目的地址分别是隧道入口和出口的 IPv4 地址。在隧道的出口处再将 IPv6 分组取出转发给目的节点。

隧道技术有 GRE 隧道、手动隧道、6to4 隧道、ISATAP 隧道、6PE 隧道、6over4 隧道、Teredo 隧道和隧道代理等多种技术。

（3）网络地址转换/协议转换技术。

其主要思想是在 IPv6 节点与 IPv4 节点的通信时需借助于中间的 NAT—PT 协议转换服务器。此协议转换服务器的主要功能是把网络层协议头进行 IPv6/ IPv4 间的转换，以适应对端的协议类型。

优点：能有效解决 IPv4 节点与 IPv6 节点互通的问题。

缺点：不能支持所有的应用。这些应用层程序包括如下几种。

① 应用层协议中如果包含有 IP 地址、端口等信息的应用程序，如果不将高层报文中的 IP 地址进行变换，则这些应用程序就无法工作，如 FTP、STMP 等。

② 含有在应用层进行认证、加密的应用程序无法在此协议转换中工作。

由不同的组织或个人提出的 IPv4 向 IPv6 平滑过渡策略技术很多，它们都各有自己的优势和缺陷。因此，最好的解决方案是综合其中的几种过渡技术，取长补短，同时，兼顾各运营商具体的网络设施情况，并考虑成本的因素，为运营商设计一套适合于它自己发展的平滑过

渡解决方案。

5．如何在计算机中配置 IPv6 地址

现在的主流操作系统往往都是双栈系统，即同时支持 IPv4 和 IPv6，只是日常使用中 IPv4 用得比较普遍，忽略了 IPv6 的存在。如果要使用 IPv6 地址，该如何操作呢？下面就以 Windows XP 系统的操作方法为例来进行说明。

（1）IPv6 协议栈的安装。

在"开始"→"运行"处执行 cmd 命令，打开命令提示符窗口，然后输入 ipv6 install 命令进行 IPv6 协议栈的安装，如图 7-7 所示。

（2）IPv6 地址设置。

IPv6 协议安装成功后，系统会根据 EUI-64 规范为网络接口自动生成一个链路本地地址。可以使用 Windows 系统提供的 netsh 工具进行查看并进一步配置。

① 查看 IPv6 接口信息，如图 7-8 和图 7-9 所示。

图 7-7　安装 IPv6 协议栈

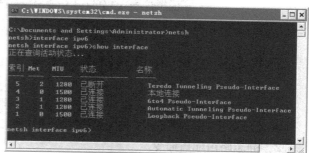

图 7-8　利用 netsh 工具查看所有 IPv6 接口

② 为"本地连接"接口手动配置一个新的链路本地地址，如图 7-10 所示。

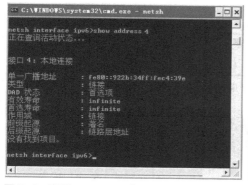

图 7-9　利用 netsh 工具查看接口 4（本地连接）的情况　　图 7-10　为本地链接添加一个链路本地地址

③ 为"本地连接"接口配置 IPv6 默认网关，如图 7-11 所示。

图 7-11　为本地链接添加默认网关

（3）测试网络，利用 ping6 命令可以测试"本地链接"的两个链路本地地址。如图 7-12 所示。

```
C:\WINDOWS\system32\cmd.exe

C:\Documents and Settings\Administrator>ping6 fe80::922b:34ff:fec4:39e

Pinging fe80::922b:34ff:fec4:39e
from fe80::922b:34ff:fec4:39e%4 with 32 bytes of data:

Reply from fe80::922b:34ff:fec4:39e%4: bytes=32 time<1ms
Reply from fe80::922b:34ff:fec4:39e%4: bytes=32 time<1ms
Reply from fe80::922b:34ff:fec4:39e%4: bytes=32 time<1ms
Reply from fe80::922b:34ff:fec4:39e%4: bytes=32 time<1ms

Ping statistics for fe80::922b:34ff:fec4:39e:
    Packets: Sent = 4, Received = 4, Lost = 0 (0% loss),
Approximate round trip times in milli-seconds:
    Minimum = 0ms, Maximum = 0ms, Average = 0ms

C:\Documents and Settings\Administrator>ping6 fec0:6789:a7b5::1

Pinging fec0:6789:a7b5::1
from fec0:6789:a7b5::1%1 with 32 bytes of data:

Reply from fec0:6789:a7b5::1%1: bytes=32 time<1ms
Reply from fec0:6789:a7b5::1%1: bytes=32 time<1ms
Reply from fec0:6789:a7b5::1%1: bytes=32 time<1ms
Reply from fec0:6789:a7b5::1%1: bytes=32 time<1ms

Ping statistics for fec0:6789:a7b5::1:
    Packets: Sent = 4, Received = 4, Lost = 0 (0% loss),
Approximate round trip times in milli-seconds:
    Minimum = 0ms, Maximum = 0ms, Average = 0ms

C:\Documents and Settings\Administrator>
```

图 7-12　验证链路本地地址的可达性

项目实践 7.1　在思科路由器上配置 IPv6

1．接口 IP 配置命令

ipv6 unicast-routing　；在全局模式下开启路由器单播路由功能，类似于 IPv4 的 ip routing

ipv6 address <ipv6 地址>；在接口模式下指定接口的 IPv6 地址

2．静态路由配置命令

ipv6 route<目标网络的网络地址/地址前缀><下一个跳的 IPv6 地址>

（1）网络架构：如图 7-13 所示。

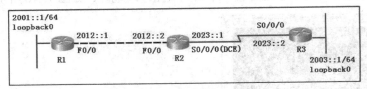

图 7-13　网络拓扑图（IPv6）

（2）路由器 R1、R2、R3 的配置。

① 路由器 R1 的主要配置如下。

```
R1(config)#int loopback 0
R1(config-if)#ipv6 address 2001::1/64
R1(config-if)#exit
R1(config)#int f0/0
R1(config-if)#ipv6 address 2012::1/64
R1(config-if)#no shut
R1(config-if)#exit
R1(config)# ipv6 unicast-routing
R1(config)#ipv6 route 2023::/64 2012::2
R1(config)#ipv6 route 2003::/64 2012::2
```

② 路由器 R2 上的主要配置如下。

```
R2(config)#int s0/0/0
R2(config-if)#ipv6 address 2023::1/64
R2(config-if)#clock rate 1000000
R2(config-if)#no shut
```

```
R2(config-if)#exit
R2(config)#int f0/0
R2(config-if)#ipv6 address 2012::2/64
R2(config-if)#no shut
R2(config-if)#exit
R2(config)#ipv6 unicast-routing
R2(config)#ipv6 route 2003::/64 2023::2
R2(config)#ipv6 route 2001::/64 2012::1
```

③ 路由器 R3 的主要配置如下。

```
R3(config)#int loopback 0
R3(config-if)#ipv6 address 2003::1/64
R3(config-if)#exit
R3(config)#int s0/0/0
R3(config-if)#ipv6 address 2023::2/64
R3(config-if)#no shut
R3(config-if)#exit
R3(config)# ipv6 unicast-routing
R3(config)#ipv6 route 2012::/64 2023::1
R3(config)#ipv6 route 2001::/64 2023::1
```

④ 验证，在路由器 R1 查看路由表，可以看到所配置的两条静态路由表项，如图 7-14 所示。
从路由器 R1 上 ping 路由器 R3 的 loopback 0 口 IP。如图 7-15 所示。

```
R1#show ipv6 route
IPv6 Routing Table - 7 entries
Codes: C - Connected, L - Local, S - Static, R - RIP, B - BGP
       U - Per-user Static route, M - MIPv6
       I1 - ISIS L1, I2 - ISIS L2, IA - ISIS interarea, IS - ISIS summary
       O - OSPF intra, OI - OSPF inter, OE1 - OSPF ext 1, OE2 - OSPF ext 2
       ON1 - OSPF NSSA ext 1, ON2 - OSPF NSSA ext 2
       D - EIGRP, EX - EIGRP external
C   2001::/64 [0/0]
       via ::, Loopback0
L   2001::1/128 [0/0]
       via ::, Loopback0
S   2003::/64 [1/0]
       via 2012::2
C   2012::/64 [0/0]
       via ::, FastEthernet0/0
L   2012::1/128 [0/0]
       via ::, FastEthernet0/0
S   2023::/64 [1/0]
       via 2012::2
L   FF00::/8 [0/0]
       via ::, Null0
R1#
```

图 7-14　R1 上的路由表（静态路由）

```
R1#
R1#ping 2003::1

Type escape sequence to abort.
Sending 5, 100-byte ICMP Echos to 2003::1, timeout is 2 seconds:
!!!!!
Success rate is 100 percent (5/5), round-trip min/avg/max = 2/2/4 ms
R1#
```

图 7-15　R1 上验证静态路由（IPv6）

3. RIPng 路由协议的基本命令

```
ipv6 router rip<进程名|进程号>       ; 开启 RIP 进程
ipv6 rip <进程名|进程号> enable      ; 在接口模式下调用 RIP 进程，类似于 IPv4 RIP 的宣告
```

（1）网络结构：如图 7-13 所示。

（2）路由器 R1、R2、R3 配置。

① 路由器 R1 上的主要配置如下。

```
R1(config)# ipv6 unicast-routing
R1(config)#ipv6 router rip cisco
R1(config-rtr)#exit
R1(config)#int f0/0
R1(config-if)#ipv6 rip cisco enable
R1(config-if)#exit
R1(config)#int loopback 0
R1(config-if)#ipv6 rip cisco enable
R1(config-if)#exit
```

② 路由器 R2 上的主要配置如下。

```
R2(config)# ipv6 unicast-routing
R2(config)#ipv6 router rip cisco
R2(config-rtr)#exit
R2(config)#int f0/0
R2(config-if)#ipv6 rip cisco enable
R2(config-if)#exit
R2(config)#int s0/0/0
R2(config-if)#ipv6 rip cisco enable
R2(config-if)#exit
```

③ 路由器 R3 上的主要配置如下。

```
R3(config)# ipv6 unicast-routing
R3(config)#ipv6 router rip cisco
R3(config-rtr)#exit
R3(config)#int s0/0/0
R3(config-if)#ipv6 rip cisco enable
R3(config-if)#exit
R3(config)#int loopback 0
R3(config-if)#ipv6 rip cisco enable
R3(config-if)#exit
```

④ 验证，在路由器 R1 查看路由表，可以看到通过 RIPng 所学到的两条动态路由表项，如图 7-16 所示。

```
R1#show ipv6 route
IPv6 Routing Table - 7 entries
Codes: C - Connected, L - Local, S - Static, R - RIP, B - BGP
        U - Per-user Static route, M - MIPv6
        I1 - ISIS L1, I2 - ISIS L2, IA - ISIS interarea, IS - ISIS summary
        O - OSPF intra, OI - OSPF inter, OE1 - OSPF ext 1, OE2 - OSPF ext 2
        ON1 - OSPF NSSA ext 1, ON2 - OSPF NSSA ext 2
        D - EIGRP, EX - EIGRP external
C    2001::/64 [0/0]
     via ::, Loopback0
L    2001::1/128 [0/0]
     via ::, Loopback0
R    2003::/64 [120/3]
     via FE80::201:43FF:FE9B:913C, FastEthernet0/0
C    2012::/64 [0/0]
     via ::, FastEthernet0/0
L    2012::1/128 [0/0]
     via ::, FastEthernet0/0
R    2023::/64 [120/2]
     via FE80::201:43FF:FE9B:913C, FastEthernet0/0
L    FF00::/8 [0/0]
     via ::, Null0
R1#
```

图 7-16　R1 上的路由表（RIPng）

从路由器 R1 上 ping 路由器 R3 的 loopback 0 口 IP，也会看到如图 7-15 所示的现象。

知识引导 7.3　Internet 宽带接入技术

要想用 Internet "漫游世界"，必须使计算机通过某种方式与 Internet 连接，只有完成了这种连接，才可以访问 Internet 并使用 Internet 上的丰富资源。随着各种宽带接入技术日益成熟和完善，主干网可以承载各种宽带业务。主干网的边沿部分，即从本地交换机到用户之间的接入网，也得到了迅速的发展，产生了各种各样的接入网技术。

与 Internet 连接的方式很多，各有优点和局限性。实现 Internet 上网，首先要确定上网方式，上网方式是指用什么设备、通过什么线路接入互联网。

7.3.1　基于传统电信网的有线接入 Internet

1．拨号接入方式

通过电话拨号接入 Internet 是一种接入 Internet 最简单的方式。首先，用户需要向网络服务提供商 ISP（Internet Service Provider）申请接入，并取得一个账号，才能获得 Internet 服务。办理入网手续后，还必须从 ISP 处了解相关信息：公司的访问电话号码；用户 ID 及口令；用户电子邮件地址；网关 IP 地址和子网掩码 IP 地址；指定给用户的 IP 地址；DNS 服务器的 IP 地址。

目前，我国的 ISP 类型有两个层次。第一个层次的 ISP 是 CHINANET 和 CHINAGBN。除此之外，国内的其他 ISP 都属于第二个层次的 ISP，必须依靠 CHINANET 或 CHINAGBN 提供 Internet 服务。

每个入网的用户都应当拥有一个 IP 地址。入网用户的 IP 地址有静态和动态之分。静态 IP 地址是 ISP 提供给用户使用的一个固定地址，每次上网的 IP 地址固定不变。动态 IP 地址是指用户的 IP 地址不固定，每次拨号上网时由服务系统自动分配给用户一个未使用的 IP 地址临时占用，该地址回收后还可以分配给其他用户使用。

用拨号方式接入 Internet，用户需要一台计算机、一个调制解调器（Modem）和一条电话线路，如图 7-17 所示。

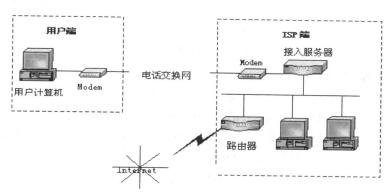

图 7-17　通过电话网接入 internet 的结构

Modem（Modulator Demodulator）是调制解调器。电话网是为传输模拟信号而设计的，计算机中的数字信号无法直接在普通电话线上传输，因此，需要用调制解调器实现数字信号和模拟信号的相互转换。常见的 Modem 按连接方式分为内置式和外置式两种。

2．ISDN 接入方式

ISDN（Integrated Service Digital Network，综合服务数字网）以综合数字电话网为基础发展而成。ISDN 在传统电话线上传输数字信号，能够提供点到点的数字连接，支持广泛的语音和非语音业务，支持多个设备同时通信。利用现有的用户模拟电话线，在用户端加装用户网络接口设备，将可视电话、数据通信、数字传真、数字电话等通过一根传统的电话线进入 ISDN 线路，增强了用户的通信手段。ISDN 用户在上网的同时可拨打电话、浏览网络、收发传真等，又称"一线通"。目前，拨号网络一般采用 SLIP 或 PPP 拨号服务方式。

3．ADSL 接入方式

ADSL（Asymmetrical Digital Subscriber Line，非对称式数字用户线路）是 xDSL 的一种。xDSL 是 DSL（Digital Subscriber Line，数字用户线路）的统称，其中，"x"代表不同种类数字

用户线路技术，包括 ADSL、HDSL、VDSL、SDSL 等。

ADSL 方案不需要改造电话信号传输线路，只要求用户端有一个特殊的 Modem，即 ADSL Modem。ADSL 为用户提供上、下行非对称的传输速率，上行为低速传输，下行为高速传输。在 ADSL 技术中，将一对电话线分成三个信息通道：标准电话服务通道；640kbit/s～1Mbit/s 的中速上行通道；1Mbit/s～10Mbit/s 的高速下行通道。三个通道可同时工作。ADSL 通过 ATM 网络直接接入 Internet，无需拨号。避免了占线和掉线等现象，并且每个用户都独享带宽资源，不会出现因网络用户增加而使传输速率下降的现象。ADSL 的结构如图 7-18 所示。

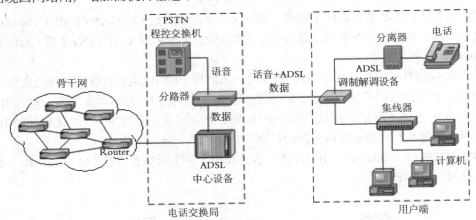

图 7-18　ADSL 的典型连接结构

4．DDN 专线接入方式

DDN（Digital Data Network，数字数据网）是一种利用数字信道传输数据的数据传输网，传输媒介可用光纤、数字微波或卫星等，为用户提供高质量的数据传输通道，提供各种数据传输业务，具有传输速率高、网络延时小的特点。数据以固定的时隙按预先设定的通道带宽和速率顺序传输，免去了目的终端对信息的重组。DDN 支持多种通信协议，支持网络层以上的任何协议，可满足数据、图像、声音等数据传输的需要。DDN 具有速度快、质量高的特点，但投资成本较大。

7.3.2　基于有线电视网接入技术

通过有线电视网连接方式接入 Internet，主要的设备是电缆调制解调器（Cable Modem），负责信号的解调、解码、解密等，并通过以太网端口将数字信号传送到计算机。反过来，Cable Modem 接收计算机传来的上行信号，对信号进行编码、加密、调制后，通过电视网络传播。

Cable Modem 可以提供很高的速率，其上行速率可达到 10Mbit/s，下行的最高速率可达到 40Mbit/s 以上，是目前应用的接入方式中速度最快的一种。Cable Modem 利用已有的有线电视网络，具有成本低廉，不受连接距离的限制，用户终端可以始终挂在网上，上网无需拨号，打电话、上网、看电视可以同时进行等优点。由于目前许多有线电视网络还是一种单向数据传输网络，这意味着用户只能用 Cable Modem 下载数据，必须对现有线路进行改造才可以实现双向传输。

7.3.3　以太网接入技术

有两种方式可以实现局域网与 Internet 主机的连接。一种是局域网的服务器通过高速 MODEM，经电话线路与 Internet 主机连接。这种方法中，所有的工作站共享服务器的一个 IP 地址。另一种是通过路由器将局域网与 Inerter 主机相连，将整个将局域网加入到 Internet 中，成为一个开放式局域网。这种方法中，局域网中的所有工作站都可以有自己的 IP 地址。

最常用的接入方式是局域网代理服务。局域网代理服务入网需要有一台作为代理服务的主机。该主机是局域网中的一台计算机，通过调制解调器和 Internet 连接，将该计算机作为服务器。局域网中的其他计算机可以通过这台服务器连接入网，即局域网的其他计算机要访问 Internet，必须通过代理服务器实现。局域网上的所有计算机共享代理服务器的一个 IP 地址。

代理服务器（Proxy Server）是局域网络和 Internet 网服务商之间的中间代理机构，负责转发合法的网络信息，并对转发进行控制和登记。代理服务器是建立在 TCP/IP 协议应用层上的一种服务软件。代理服务器软件一般安装在一台性能比较好，且装有调制解调器和网卡的计算机上。对于使用代理服务器上网的用户来说，可以加快网络的浏览速度，节省 IP 地址开销。代理服务器还可以作为防火墙，对局域网提供安全保护，也方便对用户的管理。

7.3.4　电力线接入技术

电力线上网（Power Line Communication ，PLC）技术利用 220V 低压电力线传输数据和语音信号。该技术使用专门的设备，把载有信息的高频信号加载于电流，用电力线来传输。到了接收端，再把高频信号从电流中分离出来，传送到计算机，以实现信息传递。电力线具有覆盖范围广、无需重新布线、连接方便的独特优势。随着 Internet 技术的飞速发展，利用配电网低压电力线传输数据的方法开始为人们所重视。

1．PLC 通信的特点

（1）成本低。PLC 充分利用低压配电网四通八达的设施优势，无需布线，使用室内的电源插座即可上网，接入成本低，建设费用低，可以大大减轻用户的负担。

（2）覆盖范围广。电力网是全球覆盖范围最广的网络，其规模是任何网络都无法比拟的。PLC 可以轻松地渗透到每个家庭，为互联网的发展创造了巨大的空间。

（3）速度高。第三代的电力线接入技术提供 200Mbit/s 的带宽，可以为用户提供高速因特网访问服务。

2．PLC 系统的组成

PLC 接入技术需要两种特殊的设备：PLC 局端路由器和 PLC 调制解调器（电力猫）。

（1）PLC 局端路由器。PLC 网络的主控节点，负责管理和控制每个与它直接通信的 PLC 设备。在一个小区里，PLC 局端路由器可放置在配电室，一台 PLC 局端路由器可以带数十台 PLC 调制解调器。PLC 局端路由器一端通过光纤与主干网连接，另一端接入低压电力线，功能是将传统的以太网信号转化为在 220V 民用电力线上传输的高频信号，采用耦合器将信号耦合到三相四线电线中，实现信号的加载和传输。

（2）用户利用电力线接入 Internet 时，需配置一台 PLC 调制解调器。PLC 调制解调器一端与计算机网卡通过 RJ-45 接口相连，另一端直接插到电源插座上。在用户端计算机上安装 PLC 调制解调器的驱动程序，并对 TCP/IP 协议及 IE 浏览器进行配置即可。

利用电力线上网，当电力线空载时，点对点信号可以传输几公里；当电力线负荷较重时，点对点信号只能传输 100～200 米距离。就目前的技术而言，PCL 还不适于长距离的传输，但完全可以在小区楼宇内解决"最后 100 米"的入户问题。

小结

Internet 是网络技术在人们生活中的重要应用，随着 Internet 逐渐走进千家万户，我们也逐步感受到网络带来的便捷。计算机网络已经成为现代生活必不可少的一部分，然而 IP 地址问题却一直困绕着我们。本学习任务主要介绍了 IPv4 和 IPv6 的基本知识、IPv4 中的子网划分技术和 IPv6 地址配置、过渡技术等，并对当前流行的几种宽带接入方式作了简单的说明。

习题

一、填空题

（1）一台 Internet 主机至少有 IP 地址，而且这个 IP 地址是全网_____的。IP 地址分为_____和_____两部分，IP 地址长度为_____位。

（2）A 类地址的网络数为_____个，每个网络包含的主机数有_____个，A 类地址的范围是_____。

（3）B 类地址的网络数为_____个，每个网络号所包含的主机数有_____个，B 类地址的范围是_____。

（4）C 类地址的网络数为_____个，每个网络号所包含的主机数是_____个。C 类地址的范围为_____。

（5）利用网络技术在网络内部裂分出来的若干网络称为_____。

（6）A 类地址的缺省子网掩码是_____，B 类地址的缺省子网掩码是_____，C 类地址的缺省子网掩码是_____。

（7）_____所占的比特越多，可分配给主机的位数就越少。

（8）子网多借用一位主机地址，每个子网中的主机数就减少。

（9）IP 地址的主机部分如果全为 1，则表示_____地址，IP 地址的主机部分若全为 0，则表示_____地址，127.0.0.1 被称做_____地址。

二、选择题

（1）Internet 是由（　　）发展而来的。

    A. 局域网　　　　　　B. ARPANET　　　　C. 标准网　　　　　　D. WAN

（2）下面（　　）不是子网掩码的特征。

    A. 子网掩码由 32 位二进制数码组成，分为 4 段

    B. 子网掩码的书写规则是 IP 地址的网络号和子网号地址部分都用二进制 1 表示，主机地址部分都用二进制 0 表示

    C. IP 地址的子网掩码如果是缺省值，则说明该网络没有划分子网

    D. 划分子网后 IP 地址格式不会发生变化

（3）以下 4 个 IP 地址中，错误的是（　　）。

    A. 123.36.256　　　B. 121.44.203.1　　　C. 202.1.23.116　　　D. 223.25.1.18

（4）Internet 上直接用于文件传输的软件是（　　）。

    A. BBS　　　　　　　B. HTTP　　　　　　C. FTP　　　　　　　D. TELNET

（5）用户标识符是用户的（　　）。

    A. 真名　　　　　　　B. 入网账号　　　　　C. 入网口令　　　　　D. 用户服务商主机名

（6）主机域名 public.tpt.tj.cn 由 4 个子域组成，其中（　　）代表主机名。

    A. public　　　　　　B. tpt　　　　　　　　C. tj　　　　　　　　D. cn

（7）超文本之所以称为超文本，最主要是因为它里面包含有（　　）。

    A. 图形　　　　　　　　　　　　　　　　B. 声音

    C. 与其他文本连接的文本　　　　　　　　D. 电影

（8）为了连入 Internet，以下（　　　）不是必须的。

    A. 一条电话线   B. 一个调制解调器

    C. 一个 Internet 账号   D. 一台打印机

（9）下列 IP 地址属于 C 类地址的是（　　　）。

    A. 22.23.45.56   B. 166.122.23.100   C. 190.180.171.19   D. 212.22.69.201

（10）在下列 IP 地址分类中，（　　　）是允许出现网络数量最多的。

    A. A 类   B. B 类   C. C 类   D. D 类

（11）对下列子网掩码的叙述中（　　　）是错误的。

    A. 子网划分后，IP 地址＝网络地址＋子网地址＋主机地址

    B. 子网掩码与 IP 地址按位执行"与"操作后得到子网地址

    C. 判断两个 IP 地址是否属于同一子网，只需看子网掩码与 IP 地址按位执行"与"操作后的结果是否相同

    D. 子网划分后，全 0 和全 1 子网号不能使用

（12）企业内部网又称为（　　　）。

    A. Internet   B. Intranet   C. WAN   D. LAN

（13）ADSL 是非对称数字用户环路的缩写，其非对称特性是指（　　　）。

    A. 上行速率最高可达 640kbit/s.下行速率最高可达 8Mbit/s

    B. 下行速率最高可达 8Mbit/s.上行速率最高可达 640kbit/ss

    C. 上行速率和下行速率最高可达 640kbit/s

    D. 上行速率和下行速率最高可达 8Mbit/s

（14）（　　　）对电话拨号上网用户访问 Internet 的速度没有直接影响。

    A. 用户调制解调器的速率   B. ISP 的出口带宽

    C. 被访问服务器的性能   D. ISP 的位置

（15）Telnet 为了解决不同计算机系统的差异性，引入了（　　　）的概念。

    A. 用户实终端   B. 网络虚拟终端 NVT

    C. 超文本   D. 统一资源定位器 URL

三、简答题

（1）有几种特殊形式的 IP 地址，它们表示什么意义的地址？

（2）A 类.B 类和 C 类私有地址的范围有哪些？

（3）总结 A 类.B 类和 C 类三类地址的特征。

（4）TCP 和 UDP 之间的主要区别是什么？

（5）接入 Internet 有哪些方式？

（6）一个 C 类地址 198.162.156.0 网络划分成 4 个子网。子网掩码是什么，每个网段的 IP 地址范围是多少？

（7）从一个 IP 地址提取网络号和主机号的方法是什么？

（8）假设一个网络地址为 168.28.0.0，要在网络中划分 8 个子网，试确定子网掩码、子网地址范围、网内的主机地址范围。

（9）什么静态和动态 IP 地址？

（10）简述 IPv6 的特点。

（11）简述 IPv6 报文首部与 IPv4 报文首部的不同。

（12）IPv6 地址表示有哪 3 种格式？

（13）将 MAC 地址 78AB:8C09:2A1B 改写成 EUI-64 地址。

PART 3
第三篇
Internet 服务与管理

　　本部分主要介绍基于 Windows 2008 服务器的常用服务配置和管理。理解 DNS、WWW、FTP、DHCP、POP3 搜索等服务内容的含义和工作原理，掌握在 Windows Server 2008 R2 环境下主流服务器的安装与配置和管理，维护的基本方法以及相应的客户端的配置方法。另外，本篇还介绍了网络管理和防火墙的相关知识。

- 学习任务 8　构建 Internet 信息网站
- 学习任务 9　网络管理与网络安全

学习任务 8
构建 Internet 信息网站

知识引导 8.1　构建 DNS 服务器

【案例】

某高校申请到一个 C 类地址，其网络地址为 211.66.64.0，在进行内部网络创建中需要建立本校的域名系统，如图 8-1 所示。

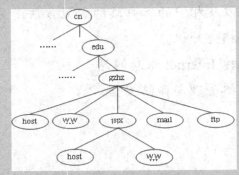

图 8-1　某高校域名系统

具体任务如下。

- 服务器端：在一台安装了 Windows　Server 2008 R2 的计算机上，手动设置静态 IP 地址为 211.66.64.198，子网掩码为 255.255.255.0。设置主机域名与 IP 地址的对应关系：host.gzhz.edu.cn 对应 211.66.64.199/24；邮件服务器 mail.gzhz.edu.cn 对应 211.66.64.199；文件传输服务器 ftp.gzhz.edu.cn 对应 211.66.64.199；host.jsjx.gzhz.edu.cn 对应 211.66.64.200；设置 host.gzhz.edu.cn 别名为 www.gzhz.edu.cn；设置 host.jsjx.gzhz.edu.cn 别名为 www.jsjx.gzhz.edu.cn。设置转发器为 202.96.128.86。

- 客户端：设置静态 IP 地址为 211.66.64.100，子网掩码为 255.255.255.0，DNS 服务器为 211.66.64.198。利用客户端计算机的 IE 浏览器访问 www.gzhz.edu.cn、mail.gzhz.edu.cn、www.jsjx.gzhz.edu.cn，访问文件传输服务器 ftp.gzhz.edu.cn 进行文件的上传和下载。

- 在 DOS 环境下，用 Nslookup 命令可以诊断和解决域名解析问题。检查资源记录是否在区域中正确添加或更新等；通过 "Ping 域名" 命令可以将域名解析为 IP 地址。分别试用 Ping 解析 www.sina.com.cn、www.263.net、www.yahoo.com.cn、www.gzhz.edu.cn、mail.gzhz.edu.cn、www.jsjx.gzhz.edu.cn、www.Sohu.com 等主机对应的 IP 地址，用 Nslookup 命令诊断 DNS 服务器查询测试并获取响应作为命令输出的能力。

建立域名系统是在配置 DNS 服务器的基础上完成的。为了配置 DNS 服务器，需要学习以下相关的基本知识。

- 域名的含义是什么？什么是域名系统？
- 在 Internet 上域名的结构是什么样的？
- DNS 是如何进行域名解析的？

8.1.1 域名及域名系统

1. 域名

在 Internet 上识别一台主机的方式是利用 IP 地址，但是一组 IP 数字很不容易记忆（即使将 32 位的二进制数转换成四组的十进制），也没有什么联想的意义。因此，在 Internet 上的服务器取一个有意义又容易记忆的名字，这个名字称为域名（Domain Name）。

例如，在网络上使用百度网站搜索信息时，大多数用户都会在浏览器地址栏上输入www.baidu.com，很少有人会记住百度网站服务器的 IP 地址。www.baidu.com 是百度网站便于记忆的域名，而 121.14.88.14 则是其 IP 地址。

为主机注册域名需要考虑三个因素。

（1）一个主机的域名在 Internet 上是唯一、通用的，在 Internet 上通过主机的域名可以准确地登录主机。

（2）域名要便于分配、确认和回收管理。

（3）由于网络本身只能识别 IP 地址，域名能与主机的 IP 地址需要高效的映射。

域名（如 www.baidu.com）和 IP 地址（如 121.14.88.14）的映射关系早在 20 世纪 70 年代就由 Internet 信息中心（NIC）负责完成。NIC 记录了已注册的所有域名和 IP 地址的映射信息，并分发给 Internet 上所有最低级的域名服务器（Domain Name Server），每台域名服务器均以 hosts.txt 文件存储其他各个域的域名服务器及其对应的 IP 地址，供主机之间通信时实现域名到 IP 地址的映射。hosts.txt 文件的更新由 NIC 负责。随着 Internet 规模的不断扩大，网络中的主机数量不断增加，由域名服务器记录所有域名地址信息的方法出现了许多问题。例如，各主机查询地址信息时占用信道和系统资源太多，查询效率低；集中式的统一维护管理异常困难等。可见，原有的做法已经不能适应网络发展的需求。通过研究，引入了当前应用的域名系统标准。

2. 域名系统

域名系统（Domain Name System，DNS）是一种分布式网络目录服务，主要用来把主机名转换为 IP 地址，并控制 Internet 上电子邮件的发送。大多数 Internet 服务器的工作依赖于DNS，一旦 DNS 出错，就无法下载 Web 站点并且中止电子邮件的发送。

DNS 采用层次结构的命名树作为主机的域名，允许用户使用友好的名字，而不是难以记忆的数字（IP 地址）来访问 Internet 上的主机，采用分布式数据库存储 DNS 域名到 IP 地址的映射。通过这个分布式数据库 DNS，可以根据一台主机的完整域名查找到对应的 IP 地址，也可由 IP 地址查找到对应的主机完整域名。DNS 使大部分的域名都可以在本地得到映射，仅有少量域名到 IP 地址的映射需要在 Internet 上进行。因此，DNS 地址映射效率极高。DNS 被设计成联机分布式数据库系统，即使某台主机出现故障，DNS 仍然能够正常运行。运行主机域名到 IP 地址映射的计算机称为域名服务器（Domain Name Server）。

域名系统的设计目标如下。

（1）为访问网络资源的用户提供一致的名字空间，通过域名可以看出网络资源的类别。

（2）从数据库容量和更新频率方面考虑，要求实施分散的管理。通过 DNS 的分类，更好地使用本地缓存来提高地址解析效率。

（3）DNS 名字空间适用于不同协议和管理办法，不依赖于通信系统，人们只需考虑 DNS 即可，不用考虑系统所使用的硬件。

（4）具有各种主机的适用性，从个人计算机到大型主机都适用 DNS。

8.1.2 域名结构

Internet 采用层次结构的命名树作为主机的域名。因此，Internet 上的任何主机都有一个唯一的层次结构的域名。一个完整的域名由"主机名"＋"."＋"域名"组成，以域名"www.gzhmt.edu.cn"为例。

● www：这台 Web 服务器的主机名。

● gzhmt.edu.cn：这台 Web 服务器所在的域名，如图 8-2 所示。

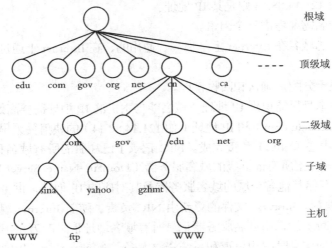

图 8-2 域名的层次结构

域名分为不同的级别，每一级的域名均由英文字母或数字组成，字符个数 0~63 个，且不区分大小写，级别由左向右递增，最右的域名是级别最高的顶级域名，次之为二级域名、三级域名……主机名，如图 8-2 所示。域名系统规定，一个完整的域名不能超过 255 个字符，但没有规定需要包含多少级域名、每一级域名表示什么意思。低一级的域名由高一级域名管理机构分配管理。只有顶级域名才由 Internet 的有关机构管理。表 8-1 给出了部分顶级域名及其代表的意义。

表 8-1　　　　　　　　　　　　域名区域代码

顶级域名区域代码			
com	商业组织	edu	教育机构
gov	政府机构	mil	军事机构
net	网络服务机构	int	国际组织
org	非赢利性机构		

国家/地区区域代码			
cn	中国	hk	中国香港
tw	中国台湾	jp	日本
au	澳大利亚	ca	加拿大

国家/地区代码由两个字母组成，称为国家代码顶级域名（ccTLDs），.cn 是中国专用的顶级域名，其注册归 CNNIC 管理，以.cn 结尾的二级域名简称为国内域名。注册国家/地区代码顶级域名下二级域名的规则和政策，与不同的国家/地区的政策有关。某些域名注册商除提供以.com、.net 和.org 结尾的域名注册服务外，还提供国家/地区代码顶级域名的注册。ICANN 没有特别授权注册商提供国家/地区代码顶级域名的注册服务。

ICANN 是一个非赢利性的组织，1998 年后成为 Internet 的域名管理机构，将顶级域名（Top Level Domain，TLD）分为三大类。

1．通用顶级域名（General Top Level Domain，gTLD）

最早的 gTLD 只有 6 个，其中对所有用户开放的有：.com，适用于商业公司；.org，适用于非赢利机构；.net，适用于大的网络中心。由于上述三个 gTLD 对所有用户开放，又称为全球域名，任何国家的用户都可申请注册其下面的二级域名。只向美国专门机构开放的 gTLD 有：.mil，适用于美国军事机构；.gov，适用于美国联邦政府；.edu，适用于美国大学或学院。

由于 Internet 的飞速发展，Internet 用户数量激增，通用顶级域名下可注册的二级域名越来越少。为缓解这种状况，进一步加强顶级域名管理，ICANN 在 2000 年年底前增加了表 8-2 所示通用顶级域名。

表 8-2　　　　　　　　　　　　　　2000 年新增的 GTLD

顶级域名区域代码			
arts	艺术和文化单位	firm	商业公司. 企业
info	信息服务	name	个人
rec	娱乐活动	store	网上商店
web	同 Web 有关的活动	pro	会计. 律师. 医师个人
Aero	航空运输企业	biz	公司. 企业
Coop	合作团体	Museum	博物馆

2．国际顶级域名（International Top Level Domain，iTLD）

int：适用于国际化机构，即国际性组织可在 int 下注册其二级域名。

3．国家代码顶级域名（Country Code Top Level Domain，ccTLD）

目前全世界使用的 ccTLD 约 200 个，采用 ISO 3166 的规定，见表 8-1。

通常，在 ccTLD 下注册的二级域名全都由该国家自行确定。例如，我国将二级域名划分为类别域名和行政区域名二大类，见表 8-3。其中，在二级域名 edu 下申请注册三级域名由中国教育和计算机网络中心负责。除此之外，其他三级域名的注册均由中国互联网网络信息中心（CNNIC）负责。

表 8-3　　　　　　　　　　　　我国的二级域名

二级域名区域代码（类别域名 6 个）			
com	工．商．金融企业	edu	教育机构
gov	政府机构	ac	科研机构
net	网络服务机构	org	非赢利性组织
二级域名区域代码（行政区域名 34 个）			
bj	北京	he	河北省
gd	广东省	sh	上海市
tj	天津市	cq	重庆市

8.1.3　域名服务器

1．域名服务器概述

计算机在 Internet 上进行通信时，只能识别诸如"211.66.64.88"之类的 IP 地址，不能识别域名。在浏览器的地址栏中输入域名，可以看到访问的页面，原因是"域名服务器"自动把字符型的域名"翻译"成对应的 IP 地址，然后调出 IP 地址对应的网页。

域名服务器（Domain Name Server，DNS）负责把字符型的域名解析为主机的 IP 地址，当一台域名服务器不能完成某个域名的解析时，必须能够连接到其他域名服务器获取相关的信息。没有 DNS，人们将无法在 Internet 上使用域名。

域名服务器是整个域名系统的核心，在 Internet 上，域名服务器按照域名的层次来安排，每个域名服务器只管辖域名系统的一部分。域名服务器之所以能够对域名进行解析，实质是运行了域名解析程序，并且保存一张域名与对应 IP 地址的对照表，可以完成域名到 IP 地址的映射。

域名解析采用客户/服务器（C/S）模式，在域名服务器上运行的服务进程进行域名对 IP 地址的解析。域名服务器存储一个或多个管辖区中主机域名到 IP 地址映射的信息。通常在一个管辖区内设置多台域名服务器，以提高域名解析系统的可靠性，当其中某台域名服务器出现故障时，所有的域名请求能够转发给其他域名服务器。此外，可以将 DNS 查询信息平均地分担到多台域名服务器上，提高整个系统域名解析的能力和效率；可以根据需要将多台域名服务器放置到不同的地方，为用户提供地理位置的就近域名解析。

在一个管辖区内具有多台域名服务器时，可以将这些域名服务器配置成主域名服务器或辅域名服务器。主域名服务器直接从本地管辖区的数据文件（zonefile）中加载本管辖区的信息，管辖区数据文件中包含服务器所在管辖区内的主机域名和相应的 IP 地址；辅域名服务器启动时，与负责本区的主域名服务器联系，经过一个"管辖区内传输"的过程，复制主服务器的数据库。此后，将周期性地查询主域名服务器的数据是否被修改，以保持自己数据库中的数据是最新版本。

2．域名服务器类型

根据域名服务器的不同配置，以及域名服务器在域名解析过程中所起作用的不同，可以将域名服务器分为本地域名服务器、根域名服务器和授权域名服务器三种类型。

（1）本地域名服务器（local name serve）。

每一个 Internet 服务提供者（ISP）都可以拥有一个本地域名服务器，又称默认域名服务器。当一个主机发出 DNS 查询报文时，这个查询报文首先送往该主机的本地域名服务器。本地域名服务器离用户较近，一般不超过几个路由器的距离。当要查询的主机也属于同一个本地 ISP 时，本地域名服务器立即能将查询的主机名转换为对应的 IP 地址，不需要再去询问其他的域名服务器。

本地域名服务器（DNS）的配置步骤如下。

① 用鼠标右键单击桌面的"网络"，在右侧单击"更改适配器设置"，打开"网络连接"窗口，如图 8-3 所示。

② 用右键单击"本地链接"，弹出"本地连接属性"对话框，如图 8-4 所示。

图 8-3　网络连接

③ "Internet 协议（TCP/IP）属性"对话框中设置首选 DNS 和备用 DNS 的 IP 地址，如图 8-5 所示，设置的 DNS 即本地域名服务器。

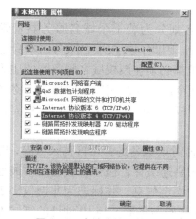

图 8-4　本地连接属性

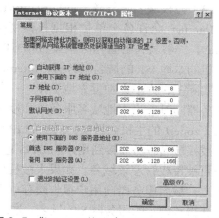

图 8-5　"Internet 协议（TCP/IP）属性"对话框

（2）根域名服务器（root name server）

目前，全球共有 13 台根域名服务器。这 13 台根域名服务器的名字分别为"A"至"M"。其中，10 台在美国，另外各有一台在英国、瑞典和日本，见表 8-4。

名称	管理单位及设置地点	IP 地址
A	INTERNIC.NET（美国，弗吉尼亚州）	198.41.0.4
B	美国信息科学研究所（美国，加利弗尼亚州）	128.9.0.107
C	PSINet 公司（美国，弗吉尼亚州）	192.33.4.12
D	马里兰大学（美国马里兰州）	128.8.10.90
E	美国航空航天管理局（美国加利弗尼亚州）	192.203.230.10
F	因特网软件联盟（美国加利弗尼亚州）	192.5.5.241
G	美国国防部网络信息中心（美国弗吉尼亚州）	192.112.36.4
H	美国陆军研究所（美国马里兰州）	128.63.2.53
I	Autonomica 公司（瑞典，斯德哥尔摩）	192.36.148.17
J	VeriSign 公司（美国，弗吉尼亚州）	192.58.128.30
K	RIPE NCC（英国，伦敦）	193.0.14.129
L	IANA（美国，弗吉尼亚州）	198.32.64.12
M	WIDE Project（日本，东京）	202.12.27.33

表 8-4　　　　　　　　　　　　　**全球根域名服务器**

在根域名服务器中，虽然没有每个域名的具体信息，但储存了管辖每个域（如 COM、NET、ORG 等）的解析的域名服务器的地址信息。因此，一个本地域名服务器不能立即解析某个主机的 DNS 查询时（没有保存被查询主机的信息），该本地域名服务器以 DNS 客户的身份向某个根域名服务器查询。若根域名服务器有被查询主机的信息，就发送 DNS 回答报文给本地域名服务器，本地域名服务器再回答发起查询的主机。当根域名服务器没有被查询主机的信息时，它一定知道某个保存有被查询主机名字映射的授权域名服务器的 IP 地址。根域名服务器不直接对顶级域下属的所有域名进行转换，但一定能够找到下面的所有二级域名的域名服务器。

（3）授权域名服务器（authoritative name srever）

Internet 允许各个单位根据具体情况将本单位的域名划分为若干个域名服务器管辖区（zone），一般就在各管辖区中设置相应的授权域名服务器。因此，授权域名服务器本身是一台主机的本地 ISP 的域名服务器，Internet 上的每一台主机都必须在授权域名服务器处注册登记。实际上，为了更加可靠地工作，一台主机经常存在两个以上的授权域名服务器。许多域名服务器同时充当本地域名服务器和授权域名服务器。授权域名服务器主要作用是将其管辖区域（zone）的主机名转换为对应的 IP 地址。

授权域名服务器接到用户的 DNS 查询报文时，首先核对该域名是否在管辖区域内，即检查是否被授权管理该域名。如果未被授权，则查看自己的高速缓存，检查该域名是否最近被转换过。域名服务器向用户报告缓存中有关域名与地址的绑定信息，并标志为非授权绑定，给出获得该绑定的服务器 S 的域名。本地域名服务器同时也将服务器 S 与 IP 地址的绑定告知用户。用户尽管较快获得应答，但信息可能已过时。如果强调高效，用户可选择接受非授权的回答信息，并继续查询。如果强调准确性，用户可与授权域名服务器联系，并检查域名与地址间的绑定是否仍然有效。

图 8-6 是域名服务器管辖区的划分举例。假设 abc 公司有下属部门 x 和 y，部门 x 下面又分为三个分部门 u、v 和 w，y 下面还有下属的部门 t。可见，管辖区是"域"的子集。

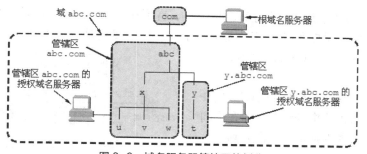

图 8-6 域名服务器管辖区的划分

8.1.4 域名的解析过程

1．域名解析流程

域名解析由用户通过浏览器发起：当用户在浏览器的地址栏输入某个网站的域名后，系统开始呼叫域名解析程序（Resolve）。解析程序是客户端负责 DNS 查询的 TCP/IP 软件，域名解析程序开始进入域名解析流程，如图 8-7 所示。

① 用户提出域名解析请求，并将该请求发送给本地域名服务器。

② 本地的域名服务器收到请求后，解析程序先查询本地缓存，如果有该记录项，则本地域名服务器直接把查询的结果返回。

③ 如果本地缓存中没有该纪录，则本地域名服务器直接把请求发给根域名服务器，根域名服务器向本地域名服务器返回一个查询域（根的子域，如 cn 等）的主域名服务器地址。

④ 本地服务器向上一步骤中返回的域名服务器发送请求，收到该请求的服务器查询其缓存，返回与该请求对应的记录或相关的下级域名服务器地址。本地域名服务器将返回的结果保存到缓存。

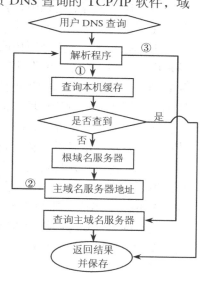

图 8-7 域名解析流程

⑤ 重复第(4)步，直到找到正确的纪录。

⑥ 本地域名服务器把返回结果保存到缓存，以备下一次使用，同时将结果返回客户机。

2．域名解析原理

（1）域名解析分为地址的正向解析和反向解析二类。

- 正向解析：通常的域名解析指的是正向解析，是将主机名解析成 IP 地址的过程，如将 http://www.sina.com.cn/ 解析成 58.63.236.32。
- 反向解析：将 IP 地址解析成主机域名的过程，如将 58.63.236.32 解析成 http://www.sina.com.cn/。

反向解析是依据 DNS 客户端提供的 IP 地址查询对应的主机域名。由于 DNS 域名与 IP 地址之间无法建立直接对应关系，必须在域名服务器内创建一个反向解析区域，该区域名称最后部分为 in-addr.arpa。一旦创建的反向解析区域进入到 DNS 数据库中，即增加一个指针记录，将 IP 地址与相应的主机域名相关联。换句话说，当查询 IP 地址为 58.63.236.32 的主机域名时，解析程序将向 DNS 查询 32.236.63.58.in-addr.arpa 的指针记录。如果该 IP 地址在本地域之外，DNS 将从根开始，顺序解析域节点，直到找到 32.236.63.58.in-addr.arpa。

图 8-8 示意了反向解析的工作原理。DNS 客户端启动反向查询，询问 IP 地址为 58.63.236.32 的另一主机（www）的域名，查询步骤如下。

① DNS 客户端向 DNS 查询对应于 IP 地址为 58.63.236.32 的指针记录，即在反向搜索区域中搜索其相对应的完全限定域名：32.236.63.58.in-addr.arpa.。

图 8-8 反向解析的工作原理

② 如果所在区域包含在 DNS 中，则给出权威性的应答。否则，DNS 服务器将进行递归查询过程。

③ 递归查询完成后，DNS 向客户端返回查询结果，即返回名为"www"的主机的 DNS 域名：www.sina.com.cn.。

（2）在域名解析过程中，客户端和域名服务器或不同域名服务器之间的地址查询模式可分为递归查询和迭代查询两种。

① 递归查询。递归查询用于客户端向域名服务器提出的域名查询请求。客户端送出查询请求后，本地域名服务器必须告诉客户端域名映射的 IP 地址，或通知客户端找不到所需信息。如果 DNS 内没有客户端需要的信息，本地域名服务器代替客户端向其他域名查询。如果其他域名服务器也无法解析该项查询，则告知客户端找不到所需数据。在域名服务器递归查询期间，客户端完全处于等待状态。客户端只需接触一次 DNS 系统，即可得到所需的 IP 地址，或获知所查询的域名没有有效的 IP 地址与其对应。

例如，客户机 A 现在要解析一个域名，发出一个信息告知它所在区域的主域名服务器 B，请求解析域名，若 DNS B 自己解析不了，就去找 DNS C。若服务器 C 也无法解析，再请求 DNS D 解析。若服务器 D 正好是解析这个域名的 DNS，就把自己查询 DNS 数据库得到的与域名对应的 IP 地址告诉服务器 C，服务器 C 再通知服务器 B，最后由服务器 B 告诉 A。A 得到答案后，可以用该域名对应的 IP 地址进行访问。

② 迭代查询。

迭代查询指在域名查询中，当客户端送出查询请求后，若该 DNS 中不包含所需信息，将告诉客户端另外一台 DNS 的 IP 地址，使客户端自动转向另外一台 DNS 查询，依次类推，直到查到信息，否则，由最后一台 DNS 通知客户端查询失败。

若一个网络中既有迭代查询也有递归查询，迭代查询的优先级高于递归查询，即域名解析通常先启用迭代查询，只有在迭代查询无效的情况下，才会使用递归查询。

3．域名解析实例

图 8-9 所示为客户端访问新浪网主机（域名为 www.sina.com.cn）的域名解析过程。

（1）首先，域名解析程序在客户端查询本地主机的缓冲区，查看主机缓冲区是否保存该主机名(www.sina.com.cn)。如果找到则返回对应的 IP 地址；如果主机缓冲区中没有该域名与 IP 地址的映射关系，则解析程序向本地域名服务器发出请求。

（2）本地域名服务器先检查域名 www.sina.com.cn 与 IP 地址的映射关系是否存储在数据库中。如果有，则本地服务器将该映射关系传送给客户端，并告诉客户端这是一个"权威性"的应答；如果没有，则本地服务器将查询其高速缓冲区，检查是否存储有该映射关系。如果在高速缓冲区中发现该映射关系，则本地服务器给出应答，并通知客户端这是一个"非权威性"的应答。如果在本地服务器的高速缓冲区中也没有发现域名 www.sina.com.cn 与 IP 地址的映射关系,需要其他域名服务器提供帮助。

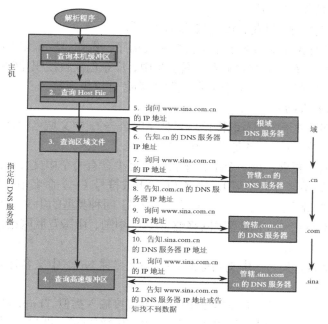

图 8-9　DNS 完整的域名解析过程

（3）其他域名服务器接收到本地服务器的请求后,继续进行域名查询。如果找到域名 www.sina.com.cn 与 IP 地址的映射关系,将该映射关系送交提出查询请求的本地服务器。然后,本地服务器用从其他服务器得到的映射关系响应客户端。

8.1.5　知识扩展:中文域名系统

1．中文域名概述

中文域名是含有中文的新一代域名,与英文域名一样,是互联网上的门牌号码。中文域名在技术上符合 2003 年 3 月 IETF 发布的多语种域名国际标准（RFC3454、RFC3490、RFC3491、RFC3492）。中文域名属于互联网上的基础服务,注册后可以对外提供 WWW、EMAIL、FTP 等应用服务。

经信息产业部批准,我国域名注册管理机构中国互联网络信息中心（CNNIC）于 2000 年推出了中文域名系统。2003 年 5 月,CNNIC 根据国际标准,正式推出符合国际标准的中文域名系统,并在网站上发布,供广大用户免费下载使用。

中文域名和 CN 域名属于域名体系,中文域名是符合国际标准的一种域名体系,使用上和英文域名近似。作为域名的一种,可以通过 DNS 解析,支持虚拟主机、电子邮件等服务。

通用网址是一种新兴的网络名称访问技术,通过建立通用网址与网站地址 URL 的对应关系,可以实现浏览器的快捷访问,是基于 DNS 之上的一种访问技术。总之,中文域名的应用和推广进一步推动了中国互联网的发展!

2．中文域名结构

中文域名分两种类型:由 CNNIC 推出的国内中文域名和 ICANN（Internet Corporation for Assigned Names and Numbers NSI（Network Solutions）管理的国际中文域名。

原则上，中文域名系统遵照国际惯例，采用树状分级结构，系统的根不被命名，其下一级称为"中文顶级域"（CTLD）。顶级域一般由"地理域"组成，二级域为"类别／行业／市地域"，三级域为"名称／字号"。

格式为：地理域.类别／行业／市地域.名称／字号

国标的最主要特征是中文域名的结构符合中文语序，例如，广东创新科技职业学院的中文域名是：广东.教育.广东创新科技职业学院。其中，广东创新科技职业学院域下的子域名由其自行定义，例如，广东.教育.广东创新科技职业学院.计算机学院。

3．中文域名命名规则

根据信息产业部《关于中国互联网络域名体系的公告》，中文域名的命名规则分为以下四种类型：中文.cn、中文.中国、中文.公司和中文.网络。

在注册中文域名时要求：每一个中文域名必需至少含有一个中文文字。可以选择中文、字母（A–Z 或 a–z，不区分大小写）、数字（0–9）或符号（–）命名中文域名，最多不超过20个字符。目前有".CN"、".中国"、".公司"、".网络"四种类型的中文域名可供注册，例如：中国互联网络信息中心.CN、中国互联网络信息中心.中国、中国互联网络信息中心.公司、中国互联网络信息中心.网络。

NSI中文域名命名方式为：中文名称.Com、中文名称.Net、中文名称.Org。

4．中文域名使用

使用中文域名时，只需在 IE 浏览器地址栏中直接输入类似"http://中文名称.公司"或"http://中文名称.com"的中文域名，例如"http://中山大学.cn"，即可访问相应网站。如果用户觉得输入 http 的引导符比较麻烦，且不愿意切换输入法，希望用"。"来代替"."，只要到中国互联网络信息中心网站安装中文域名的软件，即可实现。例如，输入"中山大学。cn"（中文域名中的"."可用"。"代替）也能访问中山大学的网站。

项目实践 8.1　Windows Server 2008 服务器的安装

【项目准备】

（1）计算机1台。

（2）Windows Server 2008 R2 光盘1张。

本项目实训通过 Windows Server 2008 R2（企业版）光盘来学习 Windows Server 2008 的安装。微软提供了 Windows Server 2008 R2 系统具体需求，见表8-5。

表 8-5　　　　　　　　　Windows Server 2008 R2 系统需求（微软提供）

硬　件	需　求
处理器	最低：1.4 GHz（x64 处理器） 注意：Windows Server 2008 for Itanium–Based Systems 版本需要 Intel Itanium 2 处理器
内存	最低：512 MB RAM 最大：8 GB（基础版）或 32 GB（标准版）或 2 TB（企业版、数据中心版及 Itanium–Based Systems 版）
可用 磁盘空间	最低：32 GB 或以上 基础版：10 GB 或以上 注意：配备 16 GB 以上 RAM 的计算机将需要更多的磁盘空间，以进行分页处理、休眠及转储文件

硬 件	需 求
显示器	超级 VGA（800 × 600）或更高分辨率的显示器
其他	DVD 驱动器，键盘和 Microsoft 鼠标（或兼容的指针设备），Internet 访问（可能需要付费）

【操作步骤】

（1）用 Windows Server 2008 R2 光盘启动计算机，出现"安装 Windows"界面，如图 8-10 所示。

（2）单击"下一步"按钮，出现"现在安装"对话框，如图 8-11 所示。

图 8-10　"安装 Windows"对话框

图 8-11　"现在安装"对话框

（3）单击"现在安装"，显示"需要安装的操作系统"对话框，在列表框中选择需要安装的系统。本章所有项目实践使用的是 Windows Server 2008 R2（完全安装），所以在列表框中选择"Windows Server 2008 R2（完全安装）"

（4）单机"下一步"按钮，在"请阅读许可条款"对话框中，选择"我接受许可条款"复选框，如图 8-12 所示。

（5）单击"下一步"按钮，在显示"您想进行何种类型的安装"对话框中，选择"自定义（高级）"安装，如图 8-13 所示。

图 8-12　"请阅读许可条款"对话框

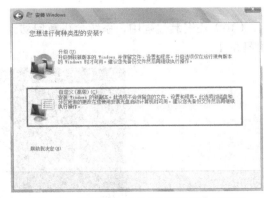

图 8-13　"您想进行何种类型的安装"对话框

注意：本项目实践是全新安装，所以选择"自定义（高级）"选项，如果需要在原有的磁盘上升级安装，那么就选择"升级"安装。

（6）在出现"您想将 Windows 安装在何处"对话框的列表框中，显示了当前计算机磁盘信息和硬盘分区的情况，如图 8-14 所示。

（7）单击"新建"按钮，在"大小"列表框中输入分区的大小，比如 50 000MB，如图 8-15 所示，单击"应用"按钮，如果还需要创建其他的分区，方法是一样的。

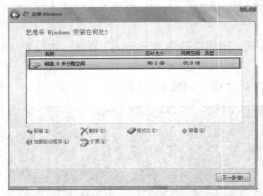

图 8-14 "您想将 Windows 安装在何处"对话框

图 8-15 创建分区

（8）选择系统安装分区，如图 8-16 所示。

（9）单击"下一步"按钮，系统开始复制 Windows，如图 8-17 所示。

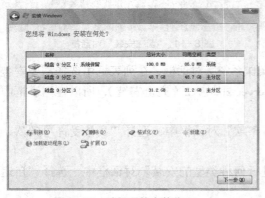

图 8-16 选择系统安装分区

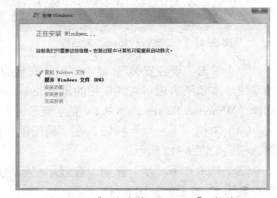

图 8-17 "正在安装 Windows"对话框

（10）在安装过程中，系统会重新启动。当安装完成，首次登录系统强制用户更改密码，如图 8-18 所示。

图 8-18 首次登录更改密码

注意：Windows 2008 R2 对密码的复杂性要求是非常严格的，无论是管理员和普通用户密码中必须包含字母、数字和符号等，密码的个数不能少于 6 个字符，密码不能使用 administrator 和 admin 作为用户密码。

（11）单击"确定"按钮，按照提示输入输入密码（此时的密码是超级管理员的），创建完成密码后稍等片刻进入系统，如图 8-19 所示。

（12）首次安装后，需要激活 Windows　Server 2008 R2 单击"激活 Windows(W)"按钮，打开"Windows 激活"对话框，输入 Windows　Server 2008 R2 的产品密钥，如图 8-20 所示，在线激活时计算机必须接入到互联网。如果暂时不需要激活，可以继续使用。但是试用的的时间是 60 天。

图 8-19　"初始配置任务"窗口

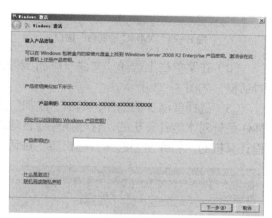

图 8-20　"Windows 激活"对话框

【项目小结】

本实践项目绍了 Windows　Server 2008 R2 安装的硬件环境和 Windows　Server 2008 R2 的安装方法。

用 Windows　Server 2008 R2 系统光盘进行系统安装时，文件系统需选择 NTFS 类型，这样可以为用户提供更高层次的安全保证。

项目实践 8.2　Windows server 2008 服务器的管理

【项目准备】

（1）装有 Windows　Server 2008 R2 操作系统的计算机 2 台。

（2）计算机连接成网络。

MMC 管理控制台用来创建、保存和打开管理工具，以便管理硬件、软件和 Windows 系统的网络组件，实现对 Windows　Server 2008 R2 服务的管理。

MMC 具有统一的管理界面。MMC 控制台由分成两个窗格的窗口组成，如图 8-21 所示。左窗格为控制台树，显示控制台中可以使用的项目，右窗格列出了左侧项目的详细信息。每个控制台都有自己的菜单和工具栏，与主 MMC 窗口的菜单和工具栏分开，有利于用户执行任务。

MMC 控制台不仅可以用来管理本地计算机上的服务或应用，还可以用来管理远程计算机上的服务或应用，就像管理本地计算机一样方便。

【操作步骤】

使用 MMC 控制台进行管理之前，需要添加相应的管理插件。

（1）单击"开始"，在"运行"中输入 MMC 命令，打开 MMC 管理控制台，如图 8-22 所示。

图 8-21 "MMC 控制台"窗口　　　　　　　　　　图 8-22 MMC 管理控制台

（2）在菜单栏上选择"文件→添加/删除管理单元"选项，弹出"添加或删除管理单元"对话框，如图 8-23 所示。

（3）选择要添加的插件，单击"添加"按钮，可将其添加到 MMC 控制台。如果添加的插件是针对本地计算机的，管理插件会自动添加到 MMC 控制台；如果添加的插件是管理远程计算机的，将弹出"选择目标机器"对话框，要求选择管理对象，如图 8-24 所示。

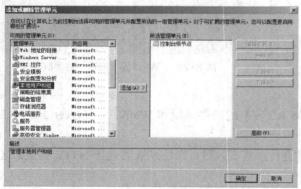

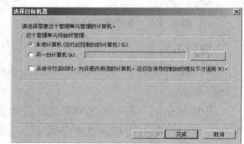

图 8-23 "添加或删除管理单元"对话框　　　　图 8-24 "选择目标机器"对话框

（4）如果直接在被管理的服务器上安装 MMC，可以选中"本地计算机（正在运行该控制台的计算机）"单选按钮。此时，只能管理本地计算机，如图 8-25 所示。

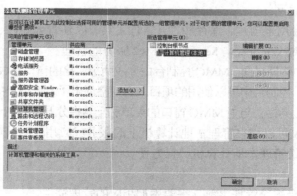

图 8-25 添加管理单元

（5）单击"确定"按钮。

注意：如果需要管理远程计算机，如图8-24所示，选择"另一台计算机"单选按钮，在文本框中输入IP地址，或者单击"浏览"按钮，按照提示操作即可。

【项目小结】

本实践项目学习了MMC管理控制台的使用方法，以及使用MMC管理控制台管理本地服务和远程服务的方法。MMC可以集成管理工具，例如Windows Server 2008 R2中的一些管理工具，如"Active Directory用户、计算机"和"Internet信息服务管理器"等都是MMC管理的一部分。

项目实践8.3 配置Windows Server 2008 R2 DNS服务器

【项目准备】

（1）安装Windows Server 2008 R2操作系统的DNS服务器主机1台。

（2）安装Windows操作系统的客户机（如Windows 2008）2台。

（3）DNS服务器主机与客户机连接成网络。

（4）实践拓扑（使用Visio 2010绘制），如图8-26所示。

（5）理论知识。

① 域名。

② 域名系统。

③ 域名服务器类型。

④ 域名解析原理和流程。

图8-26 实践拓扑（DNS）

【操作步骤】

1. 安装DNS服务器角色

（1）在主机PC-1安装DNS服务器。在"开始"菜单选择"管理工具→服务器管理器"选项，启动"服务器管理器"，如图8-27所示。

（2）单击"服务器管理器"选项，在"服务器管理器"窗口右侧单击"添加角色"选项，如图8-28所示。

图8-27 启动"服务器管理器"

图8-28 添加服务器角色

（3）在"添加角色向导"对话框单击"下一步"按钮，在"选择服务器角色"对话框的列表框中选择"DNS 服务器"，如图 8-29 所示。

注意：在配置 DNS 服务器之前应为服务器设置静态的 IP 地址。

（4）单击"下一步"按钮，在"DNS 服务器"对话框中显示一些关于 DNS 服务器功能简介和注意事项。

（5）单击"下一步"按钮，弹出"确认选择"对话框。

（6）单击"安装"按钮，开始安装 DNS，如图 8-30 所示。

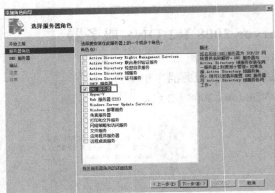

图 8-29 选择服务器角色（DNS）

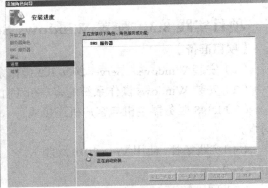

图 8-30 "安装进度"对话框

（7）等待安装完成，单击"关闭"按钮，完成 DNS 服务器的安装。

2. 创建"正向解析区域"

在 DNS 服务器上创建 cx.com 的正向解析区域。

（1）在主机 PC-1 安装 DNS 服务器。在"开始"菜单选择"管理工具→DNS"选项，如图 8-31 所示。

（2）在"DNS 管理器"窗口用右键单击"正向查找区域"，如图 8-32 所示。

（3）单击"新建区域"命令，在"新建区域向导"对话框中单击"下一步"按钮，在"区域类型"类型对话框中选择"主要区域"，如图 8-33 所示。

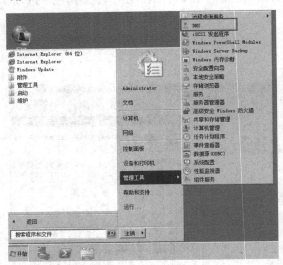

图 8-31 启动 DNS

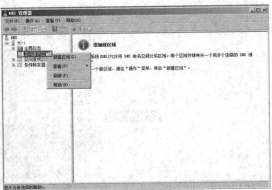

图 8-32 "DNS 管理器"窗口

（4）单击"下一步"按钮，在"区域名称"对话框的"区域名称"文本框输入 cx.com，如图 8-34 所示。

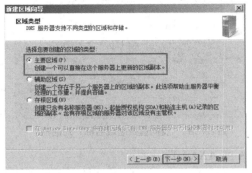

图 8-33 "区域类型"对话框

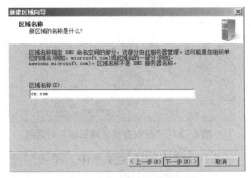

图 8-34 "区域名称"对话框

（5）单击"下一步"按钮，弹出"区域文件"对话框。

（6）单击"下一步"按钮，在"动态更新"对话框中选择"不允许动态更新"复选框，如图 8-35 所示。

（7）单击"下一步"按钮，在"正在完成新建区域向导"对话框中单击"完成"按钮，完成正向查找区域创建，如图 8-36 所示。

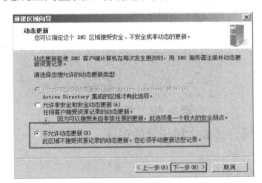

图 8-35 "动态更新"对话框

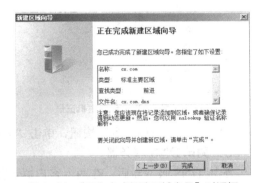

图 8-36 "正在完成新建区域向导"对话框

3．创建"反向查找区域"

（1）在 DNS 管理器窗口用右键单击"反向查找区域"，单击"新建区域"命令。

（2）单击"下一步"按钮，在"区域类型"中选择"主要区域"复选框，单击"下一步"按钮。

（3）在"反向查找区域名称"对话框中选择"IPv4 反向查找区域"复选框，如图 8-37 所示。

（4）单击"下一步"按钮，在"反向查找区域名称"对话框中的"网络 ID"复选框输入网络 ID192.168.1，如图 8-38 所示。

（5）单击"下一步"按钮，弹出"区域文件"对话框。

（6）单击"下一步"按钮，选择"不允许动态更新"。

（7）单击"下一步"按钮。单击"完成"按钮，完成反向区域查找创建。

4．创建"主机资源记录"

为域名 cx.com 创建主机记录 www。

（1）在 DNS 管理器窗口左侧单击"正向查找区域"，用右键单击"cx.com"，如图 8-39 所示。

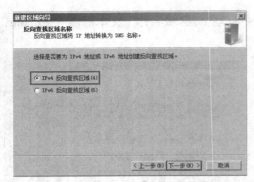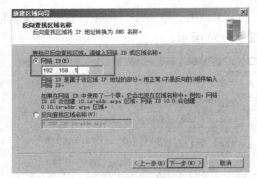

图 8-37 "反向查找区域名称"对话框   图 8-38 "反向查找区域名称"对话框

（2）在弹出的快捷菜单中，单击"新建主机（A 或 AAAA）"。

（3）在"新建主机"对话框中的"名称"文本框中输入 www，在 IP 地址文本框中输入 DNS 服务器的 IP 地址，如，192.168.1.1，如图 8-40 所示。

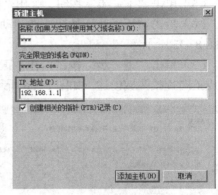

图 8-39 创建主机记录   图 8-40 "新建主机"对话框

（4）单击"添加主机"按钮，单击"完成"按钮，完成主机记录的创建。

5．测试 DNS 服务器

配置 DNS 服务器后，在两台客户端计算机上测试是否成功。

（1）分别在主机 PC-2 和主机 PC-3 设置首选 DNS 服务器的 IP 地址为主机 PC-1 的 IP 地址：192.168.1.1。

（2）分别在主机 PC-2 和主机 PC-3 的"开始"菜单选择"运行"选项，在文本框中输入 cmd，然后输入 nslookup www.cx.com，按回车键，若显示图 8-41 所示界面，表示 DNS 配置成功，工作正常。

图 8-41 nslookup

注意：nslookup 是用来手动测试 DNS 最常用的工具，可以判断 DNS 是否工作正常。

【项目小结】

本项目实践具体介绍了 DNS 服务的正向查找和反向查找配置。使用 Windows Server 2008 R2 的"配置您的服务器向导"安装 DNS 服务器时，如果已经创建一个全新的 DNS 区域，还可以通过 DNS 管理控制台再添加其他的 DNS 域。

若 DNS 服务器是域控制器，DNS 服务器的安装和配置会有一些差别。

项目实践 8.4　Active Directory 服务的安装与配置

【项目准备】

（1）安装 Windows Server 2008 R2 操作系统的计算机 1 台。

（2）装有 Windows 的客户机 2 台。

（3）计算机连接成网络。

（4）实践拓扑，如图 8-41 所示。

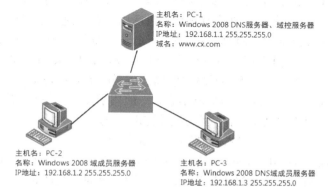

图 8-42　实践拓扑（域）

（5）活动目录。

一个目录就是一个用于储存用户感兴趣对象信息的信息源。例如，一个电话号码目录储存了有关电话用户的信息。在一个文件系统中，目录储存了有关文件的信息。

在一个分布式计算系统或是一个公共计算机网络（如 Internet）中，有许多用户感兴趣的对象，如打印机、传真服务器、应用程序、数据库以及其他用户。用户想找到和使用这些对象，而管理人员则想管理对这些对象的使用。

活动目录包括两个方面：目录和与目录相关的服务。

① 目录是存储各种对象的一个物理的容器，从静态的角度来理解，该活动目录与以前所认识的"目录"和"文件夹"没有本质区别，仅仅是一个对象或实体。

② 目录服务是使目录中所有信息和资源发挥作用的服务，该活动目录是一个分布式的目录服，信息可以分散在多台不同的计算机上，保证用户能够快速访问。无论用户从何处访问或信息处在何处，都可以提供统一的视图。

安装 Windows Server 2008 R2 时，系统没有安装活动目录，用户需要将自己的服务器配置成域控制器，要发挥活动目录的作用，必须安装活动目录。系统提供的活动目录安装向导，可帮助用户配置自己的服务器。如果网络没有其他域控制器，可将服务器配置为域控制器，并新建子域，新建域目录树或目录林。如果网络中有其他域控制器，可将服务器设置为附加域控制器，加入旧域、旧目录树或目录林。

（6）Windows Server 2008 R2 域控制器管理。

域（Domain）是活动目录的分区，定义了安全边界，在没经过授权的情况下，不允许其他域中的用户访问本域中的资源。活动目录可由一个或多个域组成，每一个域可以存储上百万个对象，域之间还有层次关系，可以建立域树和域林，进行无限域扩展。

在活动目录中，目录存储只有一种形式，即域控制器（Domain Controller），包括了完整的域目录的信息。因此，每一个域中必须有一个域控制器，否则域就不存在了。

对于用户来说，域控制器管理是最重要的工作，因为域控制器的运行状态直接关系到网络的正常运行。

（7）Windows Server 2008 R2 在网络中的地位。

Windows Server 2008 R2 作为域中的服务器，有以下 3 种角色。

① 域控制器：保存其控制域中的账户信息和其他的活动目录数据。

域控制器是运行 Active Directory 的 Windows Server 2008 R2 服务器。Active Directory 存储所有域范围内的账户和策略信息，如系统和安全策略、用户身份验证数据和目录搜索等。域控制器存储目录数据并管理用户域的交互，包括用户登录过程、身份验证和目录搜索。Windows Server 2008 R2 网络可以包含多个域，每个域上拥有一个或多个域控制器。

② 成员服务器：属于某个域，但没有活动目录（Active Directory）的数据。

成员服务器属于域的成员，但不是域控制器。成员服务器不处理账户登录过程，不参与 Active Directory 复制，不存储域安全策略信息，一般用于文件服务器、应用服务器、数据库服务器、Web 服务、证书服务器、防火墙、远程访问服务器等。

③ 独立服务器：不属于某个域，而属于某个工作组。

独立服务器是运行 Windows Server 2008 R2 的计算机，但不是 Windows Server 2008 R2 域的成员。独立服务器作为工作组成员安装，可与网络上的其他计算机共享资源，但不能利用 Active Directory 提供的任何功能。

以上 3 种角色可以相互转换。

一个域中至少有一个域控制器，通常 Windows Server 2008 R2 域中有多个域控制器，每个域控制器都复制其他域控制器中的账户和其他活动目录（Active Directory）数据，并为用户提供登录服务。域控制器的文件系统必须采用 NTFS 格式，因为 FAT 系统不能提供足够的安全性。

【操作步骤】

1．安装活动目录服务

（1）以管理的身份登录到 PC-1，将 DNS 首选服务器 IP 地址设置为本计算机的，例如：192.168.1.1。

（2）在"开始"菜单中选择"管理工具→服务器管理器"选项。

（3）单击"服务器管理器"窗口右侧的"添加角色"选项，执行"添加角色向导"；单击"下一步"按钮，在"选择服务器角色"对话框的列表框中选择"Active Directory 域服务"复选框，如图 8-43 所示。

（4）单击"下一步"按钮，在"Active Directory 域服务"对话框中，有关于域服务的简介，如图 8-43 所示。

（5）单击"下一步"按钮，在"确认安装"对话框中单击"安装"按钮，开始安装域服务。

（6）单击"关闭"按钮，完成域服务安装。

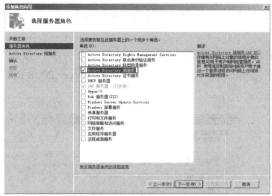
图 8-43 "选择服务器角色"对话框

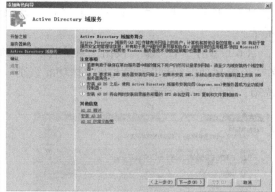
图 8-44 Active Directory 域服务简介

2. 安装活动目录

（1）在"开始"菜单中选择"管理工具→服务器管理器"选项，打开"服务器管理器"窗口，单击"角色"，可以看到已经安装成功的"Active Directory 域服务"，如图 8-45 所示。

（2）单击"服务器管理器"窗口中"摘要"区域中的"运行 Active Directory 域服务安装向导（dcpromo.exe）"链接，启动"Active Directory 域服务安装向导"，如图 8-46 所示。

图 8-45 "Active Directory 域服务"窗口

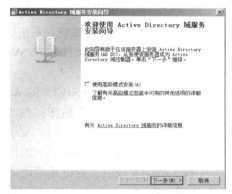
图 8-46 Active Directory 域服务安装向导

（3）单击"下一步"按钮，弹出"操作系统兼容性"对话框，如图 8-47 所示。

（4）单击"下一步"按钮，在"选择某一部署配置"对话框中选择"在新林中新建域"单选框，如图 8-48 所示。

图 8-47 "操作系统兼容性"对话框

图 8-48 "选择某一部署配置"对话框

（5）单击"下一步"按钮，在"命令林根域"中输入域名（例如：cx.com），如图 8-49 所示。

（6）单击"下一步"按钮，系统验证一些信息，信息验证完成后，单击"下一步"按钮，在"设置林功能级别"对话框的"林功能级别"下拉列表框中，选择"Windows Server 2008 R2"选项，如图 8-50 所示。

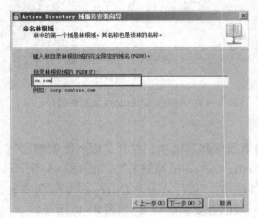

图 8-49 "命名林根域"对话框

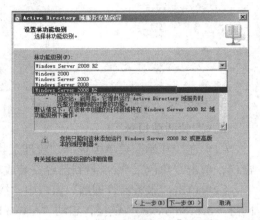

图 8-50 "设置林功能级别"对话框

（7）单击"下一步"按钮，系统检查 DNS 配置情况，通过检测后，单击"下一步"按钮。

（8）"在数据、日志文件和 SYSVOL 的位置"中设置文件夹存放的位置，单击"下一步"按钮。

（9）在"目录服务还原模式的 Administrator 密码"对话框输入密码，如图 8-51 所示。

（10）单击"下一步"按钮，在"摘要"对话框中列出域服务器配置信息。

（11）单击"下一步"按钮，Active Directory 域服务安装向导开始配置服务器，稍等几分钟，单击"完成"按钮，重新启动计算机，完成配置。

（12）启动完成后，验证是否成功配置域服务器。在桌面上右键单击"计算机"，选择"属性"选项，在"系统"窗中的"计算机名称、域和工作组设置"显示区域可以看到计算机由原来的工作组变成了域成员，如图 8-52 所示。

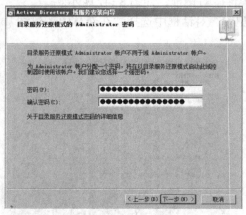

图 8-51 "目录服务还原模式的
Administrator 密码"对话框

图 8-52 "系统"窗口

3．创建用户

在域环境下，需要使用域服务器上的资源，需要使用域环境下的用户名和密码登录到域服务器中。

（1）用管理员账户登录到域服务器中。在"开始"菜单中选择"管理工具→Active Directory 用户和计算机"选项，如图 8-53 所示。

（2）在"Active Directory 用户和计算机"窗口的"操作"菜单中选择"新建"子菜单，选择"用户"命名，如图 8-54 所示。

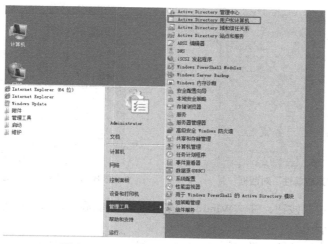

图 8-53　Active Directory 用户和计算机

（3）在"新建对象-用户"对话框输入相关信息，如图 8-55 所示。

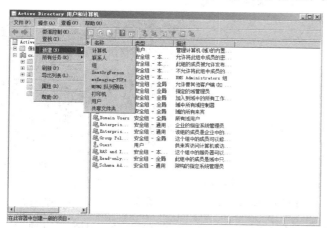

图 8-54　"Active Directory 用户和计算机"窗口

图 8-55　"新建对象-用户"对话框（创建用户）

（4）单击"下一步"按钮，在"新建对象-用户"对话框中输入用户的密码。

（5）单击"下一步"按钮，显示创建用户的基本信息，单击"完成"按钮。

4．加入到域

（1）首先确认主机 PC-2 的 DNS 首选服务器 IP 地址指向 PC-1 的 IP 地址。

（2）在桌面上右键单击"计算机"，选择"属性"选项；在"系统"窗口中的"计算机名称、域和工作组设置"显示区域中单击"更改设置"链接。

（3）在"系统属性"对话框中，选择"计算机名"选项卡，单击"更改"按钮，如图8-56所示。

（4）在"计算机名/域更改"对话框的"隶属于"选项组中选择"域"单选框，在文本框中输入cx.com，如图8-57所示。

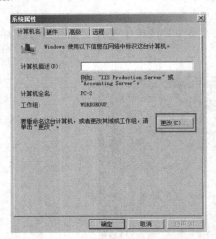

图8-56　"系统属性"对话框

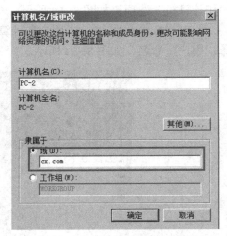

图8-57　"计算机名/域更改"对话框

（5）单击"确定"按钮，在"Windows安全"对话框输入在域服务器上创建的用户名和密码，如图8-58所示。

（6）单击"确定"按钮，弹出图8-59所示对话框，表示成功加入到域cx.com中。单击"确定"按钮，关闭对话框，按照提示重新启动计算机。

（7）输入正确的密码，如图8-60所示，登录到域环境中。

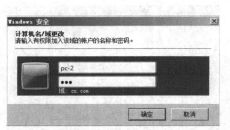

图8-58　"Windows安全"对话框

图8-59　成功加入域

图8-60　"域登录"对话框

（8）在桌面上右键单击"计算机"，选择"属性"选项；在"系统"窗口中的"计算机名称、域和工作组设置"显示区域可以看到PC-2已经加入到cx.com域中，如图8-61所示。

【项目小结】

本实训在没有安装和配置DNS服务器的环境下安装活动目录。如果系统中已经安装和配置了DNS服务器，或者活动目录和DNS服务器集成安装，安装活动目录的过程会有一些差别。

创建和配置新用户、用户组、计算机对象外，在活动目录中还可以创建和配置OU组织单元等内容。

图 8-61 "系统"对话框

知识引导 8.2　配置 WWW 服务器

【案例】

服务器端：在安装 Windows 2003 Server 的计算机上设置 1 个 Web 站点，IP 地址为 211.66.64.199，子网掩码为 255.255.255.0，网关为 211.66.64.1；端口为 80，Web 站点标识为 "配置 www 服务器训练"；连接限制到 100 个，连接超时 500s；日志采用 W3C 扩展日志文件 格式，新日志时间间隔为每天；启用带宽限制，最大网络使用 1024 kbit/s；主目录为 E:\jsjx，允许用户读取和下载文件访问，默认文档为 index.htm。

客户端：在 IE 浏览器的地址栏中输入 http://211.66.64.199 访问创建的 Web 站点。配合 DNS 服务器的配置，将 IP 地址 211.66.64.199 与域名 www.gzhz.edu.cn 对应起来，在 IE 浏览器的地址栏中输入 http:// www.gzhz.edu.cn 访问创建的 Web 站点。

为了配置 WWW 服务器，需要学习以下相关知识。

- 什么是 WWW？WWW 服务原理是什么？
- 了解网页、主页、超文本、超媒体、超链接的基本概念。
- 在 Internet 上如何定位某一资源的位置和访问方法？
- 在 Internet 上理解超文本传送协议 HTTP 和超文本标记语言。

8.2.1　WWW 基本概念

1．WWW

WWW 是 World Wide Web（环球信息网）的缩写，可简称为 Web，中文名字为 "万维网"。

WWW 以超文本标记语言（HTML）与超文本传输协议（HTTP）为基础，为用户提供 界面一致的信息浏览系统。在 WWW 服务系统中，信息以页面（PAGE）（又称网页或 Web 页面）的形式存储在服务器中。这些页面采用超文本方式对信息进行组织，通过 "超链接" 形式将一页信息链接到另一页，这些相互链接的页面信息可以放在同一台主机上，也可以放 在不同的主机上。可以说，WWW 由遍布在 Internet 中称为 WWW 服务器（又称 Web 服务器） 的计算机组成，WWW 的基本结构采用开放式的客户/服务器模式，分成服务器端、客户端和传输协议三部分，如图 8-62 所示。用户用浏览器浏览某个网站，是从访问某个 WWW 服务器的主页（Homepage）开始的。

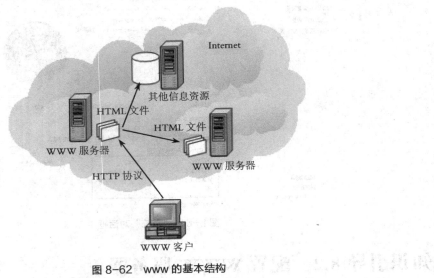

图 8-62 WWW 的基本结构

2．网页（Web Pages 或 Web Documents）

网页又称"Web 页"，是浏览 WWW 资源的基本单位。每个网页对应磁盘上一个单一的文件，其中可以包括文字、表格、图像、声音、视频等。

一个 WWW 服务器通常被称为"Web 站点"或"网站"。每个 Web 站点都由大量的网页作为提供给用户浏览的资源。

3．主页（Home Page）

主页（又称首页）是一种特殊的 Web 页面，是包含一个网站最基本信息的页面，用于对网站进行综合性介绍，是访问网站详细信息的入口。每个 Web 服务器上都有一个 Homepage，它把服务器上的信息分为几大类，通过主页上的链接指向其他超文本文档（网页）。

主页反映了服务器提供的信息内容的层次结构，通过主页上的提示性标题（链接指针），可以转到主页之下各个层次的其他页面，如果用户从主页开始浏览，可以完整地获取这个服务器提供的全部信息。当然，通过某个网站的主页也可以链接到其他网站的主页或非主页。

4．超文本（Hypertext）

WWW 上的每个网页都对应一个文件。浏览一个页面时，先把页面对应的文件从提供这个文件的计算机通过 Internet 传送到用户计算机中，再由 WWW 浏览器翻译成为有文字、有图形甚至有声音的页面。这些页面对应的文件不再是普通的"文本文件"，文件中除包含文字信息外，还包括了一些具体的链接。这些包含链接的文件称为超文本文件。

与普通文本相比，超文本文件多了一些对文件内容的注释，这些注释表明当前文字显示的位置、颜色等信息，更重要的是，有些注释中包含了对用户计算机应做出何种反应的说明，这些注释的内容经过浏览器的翻译，形成不同的操作。为使各种不同类型的 WWW 服务器都能正确地认识和执行，超文本文件要遵从严格的超文本标识语言（HTML）的标准。

5．超媒体（Hypermedia）

超文本文件的概念出现在多媒体技术迅速发展之前，随着多媒体技术应用的日益广泛，超文本文件发展成"超媒体"，即链接的内容从原来文本中的一个词或词组，发展到一幅图像或图像的一部分，通过链接得到的内容也更加广泛，可以是地球另一端某台计算机上的图片、声音、音乐或电影等。

6. 超链接（Hyperlink）

超链接指从一个网页指向一个目标的连接关系，这个目标可以是另一个网页，也可以是相同网页上的不同位置，还可以是一个图片、一个电子邮件地址、一个文件，甚至是一个应用程序。在一个网页中用来超链接的对象，可以是一段文本或者是一个图片。当浏览者单击已经链接的文字或图片后，链接目标将显示在浏览器上，并且根据目标的类型来打开或运行。

8.2.2 统一资源定位符

1. URL 概述

统一资源定位符（Uniform Resource Locate，URL）是一种统一格式的 Internet 信息资源地址的标识方法，即统一资源定位器，是一个识别 Internet 中哪里有信息资源，并且将 Internet 提供的服务统一编址的系统。URL 是 Internet 上的地址簿。

URL 的位置对应在 IE 浏览器窗口中的地址栏，格式如下。

协议服务类型://主机域名［：端口号］/文件路径/文件名

各含义如下。

- <协议服务类型>：指明资源类型，除 WWW 用的 HTTP 协议外，还可以是 FTP、News 等，URL 中的服务类型见表 8-6。
- <主机域名>：资源所在的主机名（必须），可以是域名或 IP 地址，如 www.gzhz.edu.cn 等。
- <端口号>和<路径>：有时可以省略。
- <文件路径>：资源在主机上的位置，包含路径和文件名，通常以"目录名/目录名/文件名"形式表示，也可以不含路径。
- <文件名>：用户浏览的最终资源名称。

输入 URL 时，资源类型和服务器地址不区分字母大小写，目录和文件名可能区分字母的大小写。原因是多数服务器安装了 UNIX 操作系统，UNIX 的文件系统区分文件名的大小写。

表 8-6　　　　　　　　　　　　　　URL 服务类型及对应端口号

协 议 名	服　　务	传输协议	端 口 号
http	World Wide Web 服务	HTTP	80
telnet	远程登录服务	Telnet	23
ftp	文件传输服务	FTP	21
mailto	E-mail 电子邮件服务	SMTP	25
news	网络新闻服务	NNTP	119

2. URL 应用实例

访问 Web 服务器时，输入的 URL 为 http://www.gzhz.edu.cn/jsjx/index.html。其中，协议的名字为 http，Web 服务器主机域名为 www.gzhz.edu.cn，包含该 Web 页面的文件路径和文件名为 jsjx/index.html。

从用户输入 URL 到 Web 页面被显示，经历的过程如下。

（1）浏览器确定 URL，查看选择了什么。

（2）浏览器向 DNS 询问 www.gzhz.edu.cn 的 IP 地址。

（3）DNS 以 211.66.64.199 应答。

（4）浏览器与 211.66.64.199 的 80 端口建立一条 TCP 连接。

（5）浏览器发送 GET/jsjx/index.html 命令。

（6）www.gzhz.edu.cn 服务器发送 index.html 文件。

（7）释放 TCP 连接。

（8）浏览器显示 index.html 中的所有正文。

（9）浏览器取来并显示 index.html 中的所有图像、播放音频、视频等。

若输入 URL：Ftp://ftp.gzhz.edu.cn/jsjx，可以访问相应的文件传输服务器。某些 FTP 服务器要求输入用户名和口令，可在键入<主机域名>项前键入用户名和口令，或在登录 FTP 服务器时使用匿名或经授权的用户名和密码登录。

8.2.3 超文本传输协议

1．HTTP 概述

超文本传输协议（Hyper Text Transfer Protocol，HTTP）是因特网上应用最广泛的一种网络传输协议，用于 WWW 客户机与 WWW 服务器之间的请求和应答。该协议可以使浏览器更加高效，减少网络传输错误。不仅保证计算机正确、快速地传输超文本文档，还可以确定传输文档的哪一部分，以及哪部分内容首先显示（如文本先于图形）等。设计 HTTP 的最初目的，是提供一种发布和接收 HTML 页面的方法。

HTTP 不局限于使用网络协议（TCP/IP）及其相关支持层，可以在任何其他 Internet 协议上执行，或在其他网络上执行。HTTP 只认可可靠的传输，任何能够提供这种保证的协议都可以被其使用。

2．HTTP 的工作过程

HTTP 协议的工作过程包括四个步骤：建立连接、发送请求信息、发送响应信息、关闭连接。

（1）建立连接。对于每个 WWW 服务器站点都有一个服务器监听 TCP 的 80 端口，侦听是否有客户端（通常是浏览器）过来的连接。当客户端浏览器的地址栏输入一个 URL，或单击 WEB 页上的一个超链接时，WEB 浏览器检查相应的协议，以决定是否需要重新打开一个应用程序，同时对域名进行解析，以获得相应的 IP 地址。然后，以该 IP 地址并根据相应的应用层协议（HTTP 协议）对应的 TCP 端口与服务器建立一个 TCP 连接。

（2）发送请求信息。连接建立后，客户端浏览器用 HTTP 协议中的"GET"功能向 WWW 服务器发出指定的 WWW 页面请求。

（3）发送响应信息。服务器收到请求后，根据客户端要求的路径和文件名，使用 HTTP 协议中的"PUT"功能将相应 HTML 文档回送到客户端。如果客户端没有指明相应的文件名，由服务器返回一个默认的 HTML 页面在客户端浏览器显示。

（4）关闭连接。页面传送完毕，中止相应的会话连接，TCP 连接被释放。

在浏览器和服务器之间的请求和响应交互，必须按照规定的格式和遵循一定的规则，这些格式和规则就是超文本传输协议 HTTP。

例 8-1 用鼠标单击一个可选部分，相应的超链接指向"清华大学院系设置"页面，URL 为 http://www.tsinghua.edu.cn/chn/yxsz/index.htm。单击后，发生以下事件。

① 浏览器分析超链接指向页面的 URL。

② 浏览器向 DNS 请求解析 www.tsinghua.edu.cn 的 IP 地址。

③ 域名系统 DNS 解析出清华大学服务器的 IP 地址为 166.111.4.100。

④ 浏览器与服务器建立 TCP 连接在服务器 IP 地址为 166.111.4.100，端口是 80。

⑤ 浏览器发出取文件命令：GET/chn/yxsz/index.htm。

⑥ 服务器 www.tsinghua.edu.cn 给出响应，将文件 index.htm 发送给浏览器。

⑦ TCP 连接释放。

⑧ 浏览器显示"清华大学院系设置"文件 index.htm 中的所有文本。

鼠标每单击一次网页的超链接，系统重复执行一次类似上面的 8 个步骤。即先建立 TCP 连接，再用 TCP 连接传送命令和文件，最后释放 TCP 连接。

8.2.4　超文本标记语言

HTML 是一种制作超文本文档的简单标记语言，用于控制 Web 浏览器显示文档的方式。用 HTML 标记进行格式编排的文档称为 HTML 文档，可以加入图片、声音、动画、影视等内容。实际上，每一个 HTML 文档都是一种静态的网页文件，该文件包含了 HTML 指令代码，这些指令代码不是一种程序语言，只是一种排版网页中资料显示位置的标记结构语言，易学易懂，非常简单。

HTML 指令代码可以利用 notepad.exe 应用程序（记事本）打开，并可在记事本中进行编辑。反过来，由记事本编辑的文本文档可用"另存为"方式保存为普通的 html 文档。

一个 HTML 文件包括文件头（Head）和文体主体（Body）两部分，HTML 文件的基本结构如下。

```
<Html>
        <Head>
              文档头部分
        </Head>
                <Body>
                      文档的主体部分
                </Body>
    </Html>
```

可见，HTML 页面必须以<Html>标记开始，以</Html>结束。在它们之间是 Head 和 Body。Head 部分用<Head>…</Head>标记界定，一般包含网页标题、文档属性参数等不在页面上显示的网页元素。Body 部分是网页的主体，内容反映在页面上，用<Body>…</Body>标记界定，页面的内容组织在其中。页面的内容主要包括文字、图像、动画、超链接等。这几类标记均成对出现，缺一不可。按照上述结构要求完成文字、表格、图像、动画、超链接等代码的编写后，保存为 HTML 文件，利用浏览器即可显示执行这些代码的网页。

充分利用 HTML 标识语言的标识符，可以设计出漂亮的网页。读者可自行查阅有关网页设计方面的书籍。

项目实践 8.5　WWW 服务器的配置

【项目准备】

（1）安装 Windows Server2008 R2 操作系统的 Web 服务器主机 1 台。

（2）安装 Windows 操作系统的客户机（如 Windows Server 2008 R2）2 台。

（3）Web 服务器主机与客户机连接成网络。

（4）实践拓扑，如图 8-63 所示。

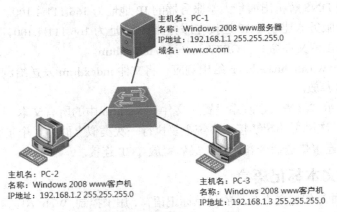

图 8-63　实践拓扑（WWW）

【操作步骤】

Internet 信息服务管理器（IIS）用于配置应用程序池或网站、FTP 站点、SMTP 或 NNTP 站点，采用基于 MMC 控制台的图形界面。利用 IIS 管理器可以配置 IIS 安全、性能和可靠性功能，可添加或删除站点，启动、停止和暂停站点，备份和还原服务器配置，创建虚拟目录等。

1．安装 IIS 服务

（1）以管理员的身份登录到 PC-1 上配置 WWW 服务器。在"开始"选择"管理工具→服务器管理器"选项。

（2）单击"服务器管理器"窗口右侧的"添加角色"命令，执行"添加角色向导"，单击"下一步"按钮，在"选择服务器角色"对话框的列表框中选择"Web 服务器（IIS）"复选框，如图 8-64 所示。

（3）单击"下一步"按钮，在"Web 服务器（IIS）"对话框有关于 Web 服务器（IIS）简介，如图 8-65 所示。

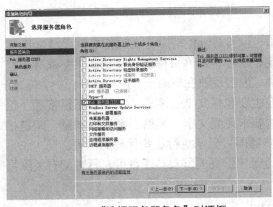 

图 8-64　"选择服务器角色"对话框　　图 8-65　Web 服务器（IIS）简介

（4）单击"下一步"按钮，在"选择角色服务"对话框选择需要安装的 Web 服务器的角色服务，默认只安装 Web 默认必要的组件，如图 8-66 所示。

（5）单击"下一步"按钮，显示确认安装对话框，单击"安装"按钮，开始开始 Web 服务器，如图 8-67 所示。

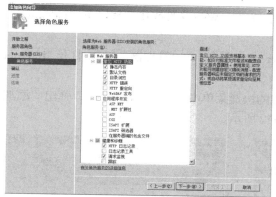

图 8-66　选择角色服务（Web）

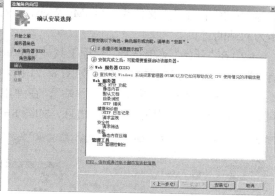

图 8-67　"确认安装选择"对话框

（6）单击"关闭"按钮，完成 Web 服务器安装。

（7）安装完成 Web 服务器（IIS）附后，需要对服务器进行测试，检查是否工作正常。在 PC-2 和 PC-3 浏览器中输入如下内容。

① 域名：www.cx.com，测试结果如图 8-68 所示。

② 服务器的 IP 地址：192.168.1.1，结果如图 8-69 所示。

③ 计算机名：http://pc-1，测试结果如图 8-70 所示。

图 8-68　www.cx.com 测试结果

图 8-69　192.168.1.1 测试结果

图 8-70　PC-1 测试结果

2．配置 IIS7

（1）准备好网站内容，内容可以使用记事本和 Dreamweaver 等专业软件编写，在 C 盘中创建存放网站内容的文件夹：D:\My Web，并在 D:\My Web 文件夹中存放网页"index.htm"作为网站的首页。

（2）在"开始"菜单选择"管理工具→Internet 信息服务（IIS）管理器"选项，打开"Internet 信息服务（IIS）管理器"窗口，如图 8-71 所示。

（3）在窗口中用右键单击"网站"，在弹出的快捷菜单中选择"添加网站"，弹出"添加网站"对话框，分别填入相应的信息，如图 8-72 所示。

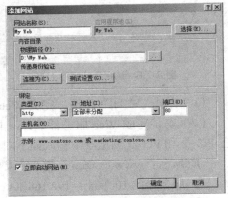

图 8-71 "Internet 信息服务（IIS）管理器"窗口　　　　图 8-72 "添加网站"对话框

（4）单击"确定"按钮，完成 Web 网站的创建，返回"Internet 信息服务（IIS）管理器"窗口。

（5）在"Internet 信息服务（IIS）管理器"窗口中双击"默认文档"，在"默认文档"列表框选择"index.html"，单击"上移"按钮，将"index.html"上移到最前面，如图 8-73 所示。

（6）在 PC-2 浏览器中输入 www.cx.com（192.168.1.1 或 PC-2）测试，如果测试成功，则显示网站内容，如图 8-74 所示。

图 8-73 移动默认文件　　　　　　　　图 8-74 测试网站

（7）用同样的方法在 PC-3 测试。

3．创建虚拟目录

访问网站时，发现一个网站上有许多目录，即虚拟目录。虚拟目录是一个文件夹，这个文件夹不一定在网站的主目录内，但对于网站访问者来看，就是存在主目录中。

（1）在窗口用右键单击"My Web"，在弹出的快捷菜单中选择"添加虚拟目录"，弹出"添加虚拟目录"对话框，填入相关信息，如图 8-75 所示。

（2）单击"确定"按钮，返回到窗口。

（3）在 PC-2 中输入 www.cx.com/my_web1(192.168.1.1/my_web1 或 PC-1/my_web1)，如果成功，显示虚拟目录的主页内容，如图 8-76 所示。

图 8-75　"添加虚拟目录"对话框　　　　图 8-76　访问虚拟目录

（4）按照同样的方法在 PC-3 上测试访问虚拟目录。

【项目小结】

　　虚拟 Web 站点与默认 Web 站点几乎没有任何区别，可以单独进行配置和管理，并且能够建立虚拟目录。虚拟目录的创建过程和虚拟网站的创建过程有些类似，但不需要指定 IP 地址和 TCP 端口，只需设置虚拟目录别名、网站内容目录和虚拟目录访问权限。

知识引导 8.3　动态主机配置协议及其应用

【案例】

　　某高校校园网的网络 ID 是 211.66.63.0、211.66.64.0、211.66.65.0 和 211.66.66.0，整个校园网划分多个 VLAN。其中 4 个 VLAN 有大量的工作站，需要 DHCP 服务器分配 IP 地址及相关参数。表 8-7 是需要在 DHCP 服务器上创建的四个作用域及排除区域。

表 8-7　　　　　　　　　　　　　DHCP 服务器作用域及排除区域

作用域名称	开始地址	结束地址	网　　关	排除区域
办公楼 1~3	211.66.63.2	211.66.63.88	211.66.63.1	211.66.63.2~10，211.66.63.88
宿舍区 1~5	211.66.64.2	211.66.64.200	211.66.64.1	211.66.64.190~200
家属区 1~8	211.66.65.2	211.66.65.100	211.66.65.1	
教学楼 1~5	211.66.66.2	211.66.66.180	211.66.66.1	
服务器选项			DNS：211.66.64.199		

　　为了配置 DHCP 服务器，需要学习以下相关知识。

● 什么是 DHCP？DHCP 的基本术语。

● DHCP 的工作原理。

8.3.1　DHCP 的概念与基本术语

1. DHCP 的基本概念

在小型局域网络中，网络管理员通常采用手工分配 IP 地址的方法，让每个客户端记住所分配的 IP 地址、子网掩码、默认网关、DNS 地址等参数。在大中型网络，特别是大型网络中，一般有超过 100 台客户机，手工分配 IP 地址就比较困难。DHCP（DynamicHostConfigurationProtocol，动态主机配置协议）可以帮助解决这个难题。

采用 TCP/IP 协议的网络，每台计算机都必须拥有唯一的 IP 地址。用户将计算机从一个子网移动到另一个子网时，必须重新设置该计算机的 IP 地址。如果用静态 IP 地址分配方法，将增加网络管理员的负担。DHCP 可以让用户将 DHCP 服务器 IP 地址数据库中的 IP 地址动态地分配给局域网中的客户机，从而减轻了网络管理员的负担。

可以利用 Windows Server 2008 R2 的 DHCP 服务创建 DHCP 服务器，实现在网络上自动分配 IP 地址及相关环境，如图 8-77 所示。DHCP 采用客户/服务器模式。通过这种模式，DHCP 服务器集中维持网络上 IP 地址的管理。支持 DHCP 的客户端可以向 DHCP 服务器请求和租用 IP 地址，作为它们网络启动过程的一部分。

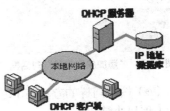

图 8-77　DHCP 服务网络

2. DHCP 的基本术语

（1）DHCP 服务器：集中管理 IP 地址和相关信息，并自动提供给客户端。允许在 DHCP 服务器上配置客户端网络设置，而不是在每台客户端计算机上配置。如果希望某计算机将 IP 地址分发给客户端，要将其配置为 DHCP 服务器。

（2）DHCP 客户端：TCP/IP 客户机上的软件组件，通常作为协议栈软件部分实现。该软件将地址请求、租用续借和其他 DHCP 消息传送给 DHCP 服务器，并获取 DHCP 服务器指派的 IP 地址、子网掩码、默认网关、DNS 服务器等参数。

（3）作用域：一个网络中所有可分配 IP 地址的连续范围，通常定义为接受 DHCP 服务的单个物理子网。还可提供服务器对 IP 地址及相关配置参数的分发和指派进行管理的主要方法。

（4）超级作用域：一组作用域的集合，可用于支持同一个物理子网的多个逻辑 IP 子网。超级作用域仅包含可同时激活的"成员作用域"或"子作用域"列表，不用于配置有关作用域使用的其他详细信息。

（5）排除范围：不用于分配的 IP 地址范围，保证这个序列中的 IP 地址不会被 DHCP 服务器分配给客户机。通常，该范围内的 IP 地址分配给网段内要求拥有静态 IP 地址计算机，如 WWW 服务器、FTP 服务器、邮件服务器、打印服务器或其他有特殊要求的客户机等。

（6）地址池：定义 DHCP 作用域及排除范围后，剩余的地址在作用域内构成一个地址池，其中的地址可以动态分配给网络中的 DHCP 客户机。也就是说，DHCP 客户机租到的 IP 地址均包含在地址池的 IP 地址范围内。

（7）租约：由 DHCP 服务器指定的一段时间，在这段时间范围内，客户端可以使用由 DHCP 服务器指派的 IP 地址。

（8）保留：可用"保留"创建 DHCP 服务器指派的永久地址租约。"保留"可确保子网上指定的硬件设备始终可使用相同的 IP 地址，实质是将 IP 地址与硬件的 MAC 地址绑定。

（9）选项类型：DHCP 服务器向客户端提供租约时，可指派的其他客户端配置参数。如默认网关（路由器）、WINS 服务器和 DNS 服务器的 IP 地址。这些默认选项类型均可为

DHCP 配置的所有作用域使用。

8.3.2 DHCP 的工作过程

DHCP 工作时，客户机和服务器进行交互。当客户机（TCP/IP 属性设置"自动获取 IP 地址和 DNS 服务器地址）登录网络时，通过广播向服务器发出申请 IP 地址的请求；服务器分配一个 IP 地址以及其他 TCP/IP 的配置信息。整个过程可以分为以下几个步骤，如图 8-78 所示。

1. 请求 IP 租约

DHCP 客户机第一次登录网络时，向网路发出一个 DHCPDISCOVER 数据包。由于客户机还不知道自己属于哪一个网路，因而数据包的来源地址为 0.0.0.0，目的地址为 255.255.255.255，再附上 DHCP discover 信息，向整个网路广播。网络上每一台安装了 TCP/IP 协议的主机都会接收到这种广播信息，但只有授权的 DHCP 服务器才会做出响应，如图 8-79 所示。

图 8-78　DHCP 工作过程　　　　图 8-79　客户机发出请求 IP 租约

DHCP discover 的等待时间预设为 1 秒，即客户机将第一个 DHCP discover 数据包送出后，若 1 秒内没有得到回应，将进行第二次 DHCP discover 广播。在得不到回应情况下，客户端一共有四次 DHCP discover 广播。除第一次等待 1 秒之外，其余三次的等待时间分别是9、13 和 6 秒。如果都没有得到 DHCP 服务器的回应，客户端显示错误信息，宣告 DHCP discover 失败。然后，客户机的选择系统继续在 5 分钟后重复一次 DHCP discover 的要求。

2. 提供 IP 租约

当授权的 DHCP 服务器监听到客户端发出的 DHCP discover 广播后，在地址池还没有租出的地址范围内选择最前面的空闲 IP 地址，连同其他 TCP/IP 设定参数，回应给客户端一个 DHCP OFFER 数据包，如图 8-80 所示。

由于客户机还没有 IP 地址，DHCP discover 数据包内带有其 MAC 地址信息，并且有一个 XID 编号辨别该数据包。DHCP 服务器回应的 DHCP offer 数据包根据这些资料传递给要求租约的客户。根据服务器端的设定，DHCP offer 数据包包含一个租约期限的信息。

3. 选择 IP 租约

由图 8-80 可知，对于 DHCP 客户机发出的 DHCP discover 数据包，网络上有多个 DHCP 服务器作出应答，客户机收到网路上多台 DHCP 服务器的回应后，只挑选其中一个 DHCP offer（通常是最先到达的那个）并向网路发送一个 DHCP request 广播数据包，告诉所有 DHCP 服务器，它将接受哪一台服务器提供的 IP 地址，如图 8-81 所示。

客户机以广播方式回答的目的，是为了通知所有的 DHCP 服务器，它将选择那台 DHCP 服务器提供的 IP 地址。同时，客户机还向网路发送一个 ARP 数据包，查询网路上有没有其他机器使用该 IP 地址。如果发现该 IP 已经被占用，客户机送出一个 DHCP DECLINE 数据包给 DHCP 服务器，拒绝接受其 DHCP offer，并重新发送 DHCP discover 信息。事实上，不是所有 DHCP 客户机都会无条件接受 DHCP 服务器的 offer，尤其当这些主机安装有其他 TCP/IP 相关客户软件时。客户机也可以用 DHCP request 向服务器提出 DHCP 选择，这些选择以不同的号码填写在 DHCP Option Field 里面。也就是说，DHCP 服务器设定的所有参数，客户机不一定全都接受，客户机可以保留自己的一些 TCP/IP 设置。

图 8-80　DHCP 服务器提供 IP 租约　　　　图 8-81　客户机选择 IP 租约

4．确认 IP 租约

DHCP 服务器收到 DHCP 客户机回答的 DHCP request 确认信息后，向 DHCP 客户机发送一个包含它所提供 IP 地址和其他设置的 DHCP ack 确认信息，如图 8-82 所示，告诉 DHCP 客户机可以使用它提供的 IP 地址和参数。然后，DHCP 客户机将其 TCP/IP 协议与网卡绑定。另外，除 DHCP 客户机选中的服务器外，其他 DHCP 服务器都将收回曾提供的 IP 地址。

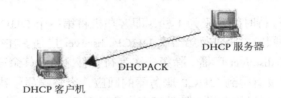

图 8-82　DHCP 服务器确认 IP 租约

5．重新登录，请求 IP 地址租约重新请求\更新\释放租约

DHCP 客户机只要有一次成功登录网络并获得一个 IP，以后每次重新登录网络时不需要再发送 DHCP discover，而是直接发送包含前一次分配的 IP 地址的 DHCP request 请求信息。DHCP 服务器收到这个信息后，尝试让 DHCP 客户机继续使用原来的 IP 地址，并回答一个 DHCP ack 确认信息。如果该 IP 地址已无法再分配给原来的 DHCP 客户机使用（例如，该 IP 地址已分配给其他 DHCP 客户机使用），DHCP 服务器回答一个 DHCP nack 否认信息。原来的 DHCP 客户机收到该 DHCP nack 否认信息后，必须重新发送 DHCP discover 请求新的 IP 地址。

6．更新租约

DHCP 客户机从 DHCP 服务器获取的 IP 地址，有一定的使用期限即租约，租约期满后，DHCP 服务器将收回该 IP 地址。如果 DHCP 客户机要继续使用这个 IP 地址，必须向 DHCP 服务器申请更新 IP 地址的租约。

DHCP 客户机使用的 IP 地址租约期限超过一半时，DHCP 客户机自动向 DHCP 服务器发送 DHCP request 信息，以更新其 IP 租约的信息。如果此时得不到 DHCP 服务器的 DHCP ack 确认信息，客户机还可以继续使用该 IP 地址。但在剩下的租约期限再过一半时（即整个租约期的 75%），若还得不到确认，客户机就不能使用这个 IP 地址了。

7．释放 IP 地址租约

客户机可以主动释放自己的 IP 地址请求；可以不释放，也不续租，等待租约过期释放占用的 IP 地址资源。客户机可随时发出 DHCP LEREASE 命令释放 IP 地址的租用。

DHCP 依赖于广播信息，因此，客户机和服务器应该位于同一个网络内。若设置路由器为可以转发 BootP 广播包，则服务器和客户机可以位于两个不同的网络。但是，配置转发广播信息不是一个很好的解决办法，更好的办法是使用 DHCP 中转计算机。DHCP 中转计算机和 DHCP 客户机位于同一个网络，可以应答客户机的租用请求，但不维护 DHCP 数据和拥有 IP 地址资源，只是将请求转发给位于另一个网络的 DHCP 服务器，由 DHCP 服务器进行实际的 IP 地址分配和确认。

项目实践 8.6　配置 DHCP 服务器

【项目准备】

（1）安装 Windows Server2008 R2 操作系统的 DHCP 服务器主机 1 台。

（2）安装 Windows 操作系统的客户机（如 Windows　Server 2008 R2）2 台。

（3）DHCP 服务器主机与客户机连接成网络。

（4）实践拓扑，如图 8-83 所示。

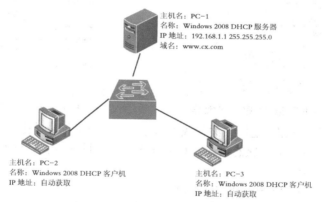

图 8-83　实践拓扑（DHCP）

【操作步骤】

（1）以管理员的身份登录到 PC-1 配置 DHCP 服务器，在"开始"菜单选择"管理工具→服务器管理器"。

（2）"服务器管理器"窗口右侧单击"添加角色"，执行"添加角色向导"，单击"下一步"按钮，在"选择服务器角色"对话框的列表框选择"DHCP 服务器"复选框，如图 8-84 所示。

（3）单击"下一步"按钮，在"DHCP 服务器简介"对话框有关于 DHCP 服务器的简介。

（4）单击"下一步"按钮，在"选择网络连接绑定"对话框的网络列表框显示绑定 DHCP 服务器的 IP 地址信息，如果有服务器有多个 IP，选择所需要的 IP，如图 8-85 所示。

（5）单击"下一步"按钮，在"指定 IPv4 DNS 服务器设置"对话框设置相应的信息，在"首选 DNS 服务器 IPv4 地址"文本框中输入 DNS 地址，例如 192.168.1.1，如图 8-86 所示。

（6）单击"下一步"按钮，在"指定 WINS 服务器"设置对话框选择"此网络上的应用程序不需要 WINS(W)"复选框。

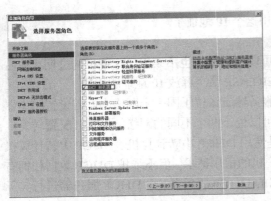

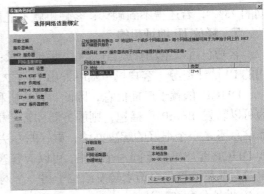

图 8-84 选择服务器角色（DHCP 服务器）

图 8-85 "选择网络连接绑定"对话框

（7）单击"下一步"按钮，在"添加或编辑 DHCP 作用域"对话框左侧单击"添加"按钮，在"添加作用域"对话框填入相应信息，如图 8-87 所示。

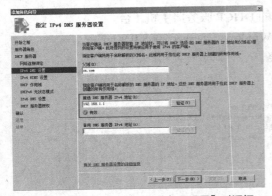

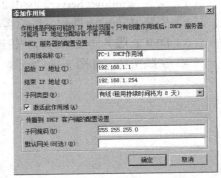

图 8-86 "指定 IPv4 DNS 服务器设置"对话框

图 8-87 "添加作用域"对话框

（8）单击"确定"按钮，返回"添加或编辑作用域"对话框，单击"下一步"按钮。

（9）在"配置 DHCPv6 无状态模式"对话框选择"对服务器禁用 DHCPv6 无状态模式"单选框，如图 8-88 所示。

（10）单击"下一步"按钮，在"DHCP 服务器授权"对话框单击"下一步"按钮。

（11）弹出"确认安装选择"对话框，如配置需要修改，单击"上一步"按钮，修改相应的配置。如果配置信息已确认，单击"安装"按钮，开始安装。

（12）单击"关闭"按钮，安装完成，如图 8-89 所示。

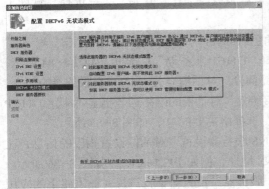

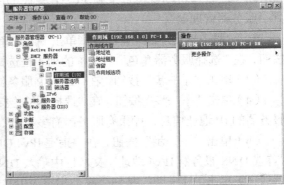

图 8-88 "配置 DHCPv6 无状态模式"对话框

图 8-89 服务器管理器（DHCP）

（13）使用 DHCP 分配 IP 时，需要考虑保留一些 IP 地址，提供给网络中固定的设备使用，如 DHCP 服务器、Web 服务器等。这里为 DHCP 服务器保留 IP 地址：192.168.1.1。方法：在"服务器管理器"窗口依次单击"DHCP 服务器"、"PC-1.cx.com"、"IPv4"、"作用域"。

（14）用右键单击"保留"，在弹出的快捷菜单选择"新建保留"选项，在"新建保留"对话框输入相应信息，如图 8-90 所示。

（15）单击"添加"按钮，添加保留的 IP 地址。

（16）分别在 PC-2 和 PC-3 测试获取 IP 地址。将客户机 IP 地址改为自动获取，即可获取 PC-1DHCP 分配的 IP 地址，如图 8-91 所示。

使用命令：ipcofing /release（释放当前 IP 地址）。

使用命令：ipconfig /renew（更新 IP 地址）。

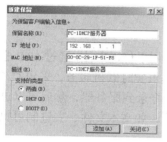

图 8-90　"新建保留"对话框

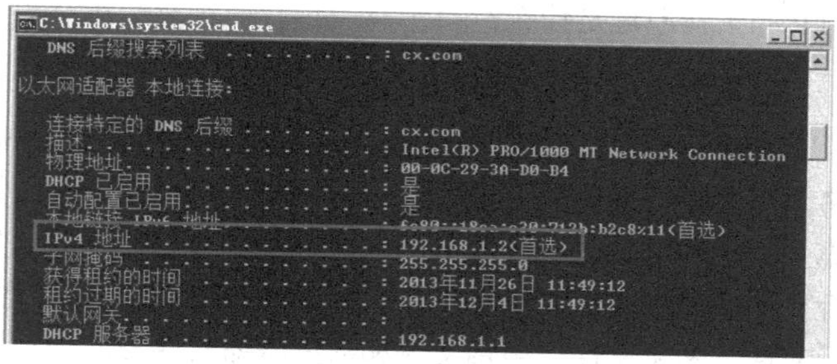

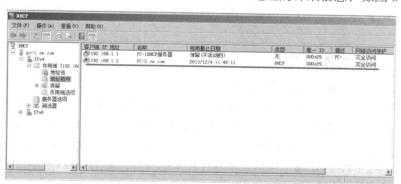

图 8-91　获取 IP 地址信息

（17）在 PC-1 DHCP 服务器中可以看到分配的 IP 地址的详细信息，如图 8-92 所示。

图 8-92　DHCP 分配 IP 信息

【项目小结】

在 Windows Server 2008 R2 操作系统中，除了可以用"配置您的服务器向导"安装 DHCP 服务器外，还可通过"Windows 组件向导"完成 DHCP 服务器的安装。

DHCP 控制台可以管理多个 DHCP 服务器，每个 DHCP 服务器又可管理多个作用域，具体的配置都是以作用域为单位来管理的，每个作用域拥有特定的 IP 地址范围。

知识引导 8.4　文件传输服务及其应用

【案例】

服务器端：在一台安装 Windows　Server 2008 R2 的计算机上设置 1 个 FTP 站点，IP 地址为 211.66.64.199，子网掩码为 255.255.255.0，网关为 211.66.64.1；端口为 21，FTP 站点标识为"FTP 站点实训"；连接限制为 100000 个，连接超时 120s；日志采用 W3C 扩展日志文件格式，新日志时间间隔为每天；启用带宽限制，最大网络使用 1024 kbit/s；主目录为 E:\ftpserver，允许用户读取和下载文件访问；允许匿名访问（Anonymous），匿名用户登录后进入 F:\ftpserver 目录；虚拟目录为 D:\ftpxnml，允许用户浏览和下载。

客户端：在 IE 浏览器的地址栏中输入 ftp://211.66.64.199 访问创建的 FTP 站点。结合 DNS 服务器的配置，将 IP 地址 211.66.64.199 与域名 ftp://ftp.gzhz.edu.cn 对应起来，在 IE 浏览器的地址栏中输入 ftp://ftp.gzhz.edu.cn 和 ftp://ftp.gzhz.edu.cn/ftpxnml 访问创建的 FTP 站点主目录和虚拟目录。

为了在 Windows Server 2008 R2 中配置 FTP 站点，需要学习相关的知识：什么是 FTP？FTP 的工作原理是什么？

8.4.1　文件传输协议

文件传输协议（File Transfer Protocol，FTP）在 Internet 上广泛用于传送文件，通过 FTP 服务器可以进行文件的上传（Upload）或下载（Download）。FTP 提供实时联机服务，采用 C/S 模式，用户必须具有该服务的用户名和口令。工作时，客户端先登录到服务器，然后可以进行文件搜索和文件传送等操作。用 FTP 可以传送所有类型的文件，如文本文件、二进制可执行文件、图象文件、声音文件和数据压缩文件等。

FTP 服务器在 Internet 上按照 FTP 协议提供服务，让用户进行文件的存取。FTP 服务器的注册客户拥有一个用户账号和密码。Internet 上有很大一部分 FTP 服务器被称为"匿名"（Anonymous）FTP 服务器，这类服务器向公众提供文件拷贝服务，不要求用户事先进行登记注册。

8.4.2　FTP 工作原理

FTP 的工作原理与许多网络应用程序一样，也基于客户/服务器模式。文件传输协议标准在 RFC959 说明。该协议定义了一个在远程计算机系统和本地计算机系统之间传输文件的标准。一般来说，要传输文件的用户需先经过认证，然后才能登录 FTP 服务器，访问在远程服务器的文件。大多数 FTP 服务器提供一个公共账户 guest，以允许没有账户的用户可以访问该 FTP 服务器。一个 FTP 会话通常包括五个软件元素的交互，如图 8-93 所示。

FTP 会话的工作过程如下。

（1）FTP 服务器运行 FTPd 守护进程，等待用户的 FTP 请求。

（2）FTP 客户端用户运行 FTP 命令，请求 FTP 服务器为其服务。

例如，FTP 客户端用户在浏览器地址栏中键入 FTP://211.66.64.199，登录 FTP 服务器。

（3）FTP 服务器的 FTPd 守护进程收到客户端用户的 FTP 请求后，派生子进程 FTP 与客户端用户进程 FTP 交互，建立文件传输控制连接，该连接的建立使用 TCP 端口 21。

（4）FTP 客户端用户输入 FTP 子命令，服务器接收子命令，如果命令正确，双方各派生一个数据传输进程 FTP-DATA，建立数据连接。该连接使用 TCP 端口 20，进行数据传输。

（5）本次子命令的数据传输完毕，拆除数据连接，结束 FTP-DATA 进程。

（6）用户继续输入 FTP 子命令，重复（4）~（5）的过程，直至用户输入 quit 命令，双方拆除控制连接，结束文件传输，结束 FTP 进程。

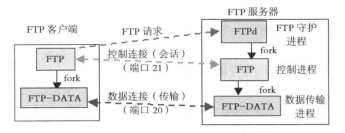

图 8-93　FTP 工作原理示意图

FTP 会话时包含两个通道，控制通道和数据通道。

控制通道：FTP 客户端和 FTP 服务器沟通的通道。连接 FTP，发送 FTP 指令，都是通过控制通道完成。FTP 协议中，控制连接均由客户端发起。

数据通道：FTP 客户端和 FTP 服务器进行文件传输的通道。

8.4.3　FTP 命令

FTP 命令是 FTP 服务器用户使用最频繁的命令之一，熟悉并灵活运用 FTP 命令，可以大大方便文件的上传和下载操作。用 FTP 命令进行文件传输称为交互模式。交互使用 FTP 时，FTP 发出一个提示，每输入一条命令，FTP 执行该命令并发出下一个提示。FTP 允许文件沿任意方向传输，即文件可以上传与下载。交互模式也提供相应的文件上传与下载的命令。Windows 2007、Windows Server 2008 R2 或更高版本的客户端用户，都是通过"命令提示符"窗口使用 FTP 命令。

Windows Server 2008 R2 的 FTP 命令格式如下。

ftp [−v] [−d] [−i] [−n] [−g] [−s:FileName] [−a] [−w:WindowSize] [−A] [Host]

各参数含义如下。

−v：禁止显示 FTP 服务器响应。

−d：启用调试，显示在 FTP 客户端和 FTP 服务器之间传递的所有命令。

−i：传送多个文件时禁用交互提示。

−n：在建立初始连接后禁止自动登录功能。

−g：禁用文件名组合。可以使用星号 (∗) 和问号 (?) 作为本地文件和路径名的通配符。详细信息可参阅相关主题。

−s:filename：指定包含 FTP 命令的文本文件。这些命令在启动 FTP 后自动运行。该参数不允许带空格。

−a：指定绑定。FTP 数据连接时，可以使用任何本地接口。

−w:windowsize　指定传输缓冲区的大小。默认窗口大小为 4096 字节。

−A：匿名登录到 FTP 服务器。

Host：指定要连接的计算机名、IP 地址或 FTP 服务器的 IPv6 地址。如果指定了主机名或地址，必须是命令行的最后一个参数。

/?：在命令提示符下显示帮助。

例如，在"命令提示符"窗口输入命令 ftp 并按回车键后，"命令提示符"窗口屏幕显示"FTP >"提示符；键入命令 help，"命令提示符"窗口列出了交互模式下可用的 FTP 常用命令。

FTP 使用的内部命令（括号表示可选项）简介如下。

（1）基本命令。

Quit：关闭和远程主机的联系，终止 FTP 程序。

?：显示所有 FTP 命令表。

?command：显示一行指定的命令的概况。

Help：显示所有 FTP 命令表。

help command：显示一行指定的命令的概况。

!本地主机：停止 FTP，开始 shell。

! command 本地主机：执行指定的 shell 命令连接。

open［host］：与指定计算机建立。

（2）用于连接的命令。

Close：关闭和远程主机的连接，但保留 FTP。

user［name［password］］：设置用户标识。

（3）用于目录的命令。

cd［directory］远程主机：改变到指定的目录。

cdup 远程主机：改变到主目录。

dir［directory［local-file］］远程主机：显示长的目录清单。

lcd［directory］本地主机：改变目录。

ls［directory［local-file］］远程主机：显示短目录清单。

pwd 远程主机：显示当前目录名。

（4）用于传送文件的命令。

get［remote-file［local-file］］："下传"一个文件。

mget［remote-file...］："下传"多个文件。

put [local-file[remote-file]]：将本地文件 local-file 传送至远程主机。

Mput [local-file]：将多个文件传输至远程主机。

（5）用于设置选项的命令。

ascii（缺省）：把文件设置成 ASCII 文本文件。

binary：把文件设置成二进制文件。

hash 是／不：每传送一个数据块显示一个＃号。

prompt 是／不：传送多个文件的提示。

status：显示选项的当前状态。

上述是一些较常用的子命令，其他命令可参阅相关书籍。

项目实践 8.7　FTP 服务器安装配置

【项目准备】

（1）安装 Windows Server2008 R2 操作系统的 FTP 服务器主机 1 台。

（2）安装 Windows 操作系统的客户机（如 Windows Server2008 R2）2 台。

（3）FTP 服务器主机与客户机连接成网络。

（4）实践拓扑，如图 8-94 所示。

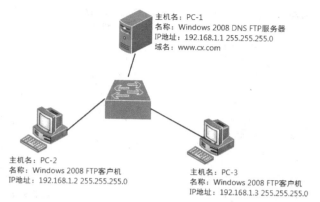

主机名：PC-1
名称：Windows 2008 DNS FTP服务器
IP地址：192.168.1.1 255.255.255.0
域名：www.cx.com
主机名：PC-2
名称：Windows 2008 FTP客户机
IP地址：192.168.1.2 255.255.255.0
主机名：PC-3
名称：Windows 2008 FTP客户机
IP地址：192.168.1.3 255.255.255.0

图 8-94　实践拓扑（FTP）

【操作步骤】

1．安装 FTP 服务器

（1）以管理员的身份登录到 PC-1 配置 FTP 服务器。在“开始”菜单选择“管理工具→服务器管理器”选项。

（2）在“服务器管理器”窗口右侧单击“添加角色”，执行“添加角色向导”，单击“下一步”按钮，在“选择服务器角色”对话框的列表框中选择“Web 服务器”复选框，如图 8-95 所示。

（3）单击“下一步”按钮，在“Web 服务器(IIS)”对话框有关于 Web 服务器(IIS)简介。

（4）单击“下一步”按钮，在“选择角色服务”对话框选择需要安装的 Web 服务器的角色服务，在对话框中选择“FTP 服务器”复选框，如图 8-96 所示。

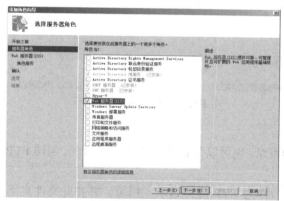

添加角色向导
选择服务器角色

图 8-95　选择服务器角色（Web）

添加角色向导
选择角色服务

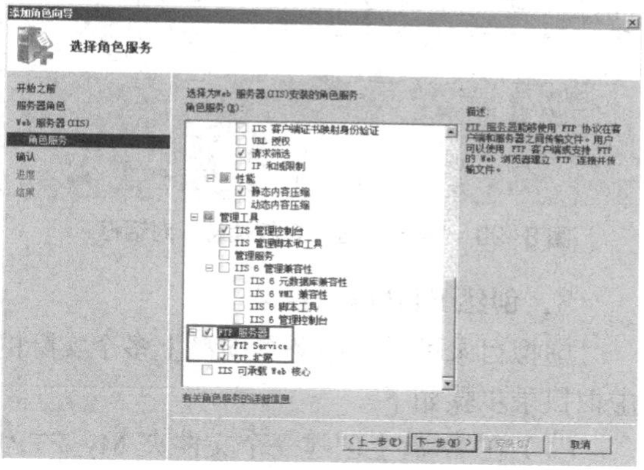

图 8-96　选择角色服务（FTP）

（5）单击“下一步”按钮，选择“安装”按钮，开始安装 FTP 服务。

（6）单击“关闭”按钮，完成安装。

2．配置 FTP 服务器

（1）在盘上创建 D:\My Ftp，并在 D:\My Ftp 文件夹中存放网页“index.htm”作为下载测试。

（2）在“Internet 信息服务（IIS）管理”窗口用右键单击“PC-1”，在快捷菜单选择“添加 FTP 站点”选项，在“添加 FTP 站点”对话框填入相关信息，如图 8-97 所示。

（3）单击“下一步”按钮，在“绑定和 SSL 设置”对话框的 SSL 中选择“无”复选框，如图 8-98 所示。

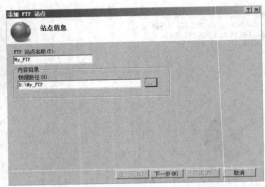

图 8-97 "添加 FTP 站点"对话框

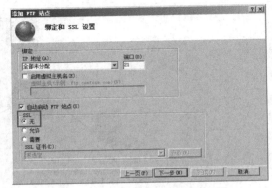

图 8-98 "绑定和 SSL 设置"对话框

（4）单击"下一步"按钮，在"身份验证和授权信息"对话框选择相应的信息，如图 8-99 所示。

（5）单击"完成"按钮，完成 FTP 服务器配置。

（6）在 DNS 正向解析区域中，新建 FTP 别名。

（7）在 PC-2 和 PC-3 中使用 ftp.cx.com 测试，结果如图 8-100 所示。

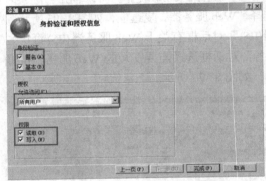

图 8-99 "身份验证和授权信息"对话框

图 8-100 FTP 测试

3. 创建 FTP 虚拟目录

虚拟目录可以是服务器硬盘上多个实际的目录，也可以是其他服务器上的目录，创建 FTP 虚拟目录步骤如下。

（1）在 D 盘上创建一个文件夹 My_FTP1，作为 FTP 虚拟目录主目录，并在此文件夹下存放一个"虚拟目录"文件夹。

（2）在"Internet 信息服务（IIS）管理"窗口单击"PC-1"—"网站"。

（3）用右键单击"My_FTP"，在快捷菜单选择"添加虚拟目录"，在弹出的"添加虚拟目录"对话框填入相应的信息，如图 8-101 所示。

（4）单击"确定"按钮，完成虚拟目录的添加。

（5）在 PC-2 和 PC-3 中使用 ftp.cx.com 测试，结果如图 8-102 所示。

【项目小结】

虚拟目录的创建过程和虚拟网站的创建过程有些相似，但不需要指定 IP 地址和 TCP 端口，只需设置虚拟目录别名、网站内容目录和虚拟目录访问权限。

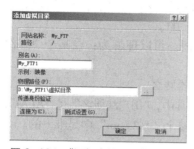

图 8-101 "添加虚拟目录"对话框

图 8-102 虚拟目录测试

利用 FTP 实现众多 Web 站点内容的更新时，仅有一个 FTP 站点是不够的，建立虚拟 FTP 站点和虚拟目录可以解决这个问题。虚拟 FTP 站点与默认 FTP 站点几乎没有任何区别，可以单独进行配置和管理，并且能够建立虚拟目录。利用虚拟 FTP 站点，可以对敏感信息进行有效分离，从而提高数据的安全性，便于管理。

知识引导 8.5　电子邮件服务及其应用

【案例】

电子邮件（Electronic Mail，E-mail）是 Internet 应用最广、最受欢迎的服务之一。通过网络的电子邮件系统，可以用非常低廉的价格，以非常快速的方式，与世界上任何一个角落的网络用户联络。在 Internet 上申请电子邮箱，在局域网中搭建邮件服务器，是一项基本的网络技术。

为了在 Windows 2008 Server R2 中配置邮件服务器，需要学习相关的知识：电子邮件概念，电子邮件系统的组成，构建邮件服务器的实践，利用邮件服务器相互发送电子邮件来测试邮件服务器。

8.5.1　电子邮件概念

电子邮件是 Internet 最基本的功能之一。由于电子邮件的使用简易、投递迅速、收费低廉、易于保存、全球畅通无阻，使得电子邮件被广泛地应用，极大地改变了人们的交流方式。电子邮件被发送到 Internet 信息提供商（ISP）的邮件服务器，然后放入收件人邮箱中；收件人可以随时上网到 ISP 的邮件服务器读取。电子邮件服务是一种通过计算机网络与其他用户进行联系的快速、简便、高效、廉价的现代化通信手段。

1．电子邮件的格式

RFC 822 定义了电子邮件报文的格式，即定义了 SMTP、POP3、IMAP 以及其他电子邮件传输协议提交、传输的内容。RFC 822 定义的邮件由两部分组成：邮件头（Header）和邮件主体（Body）。邮件头（Header）包括与传输、投递邮件有关的信息，如收件人 E-Mail 地址、发件人 E-Mail 地址、邮件主题、发送日期、发送优先级等内容；邮件主体（Body）包括发件人和收件人要处理的邮件内容。

RFC 822 定义的电子邮件报文格式中，对邮件主体没有严格的格式要求，即邮件的主体内容部分一般可由用户参照普通信函的格式使用。对邮件头的 E-Mail 地址有严格的格式定

义，邮件头中 E-Mail 地址的标准格式为

"用户注册名"@"邮件服务器域名"

含义如下。

（1）"用户注册名"是用户在某个 ISP 邮件服务器上注册的用户标识，相当于该用户的私人邮箱，"用户注册名"在该 ISP 邮件服务器管辖范围内是唯一的。

（2）"@"为分隔符，相当于英文的"at"，即"在"的意思。可以理解为：在某个"邮件服务器"上注册的"用户标识"。

（3）"邮件服务器域名"指用户注册邮箱所在的邮件服务器域名。

例如，用户在"网易"注册的 E-Mail 为"ALAI@163.com"，其中，"用户注册名"是"ALAI"，ISP"邮件服务器域名"是"163.com"，用户注册名"ALAI"在整个"163.com"中是唯一的。

2．电子邮件的使用方式

电子邮件的使用环境有 Windows、Linux 和 UNIX 环境，普通 Internet 用户最常接触的是 Windows 环境。在 Windows 环境下，电子邮件的使用有两种方式：WWW 浏览器方式、用客户端软件登录邮件服务器。

（1）WWW 浏览器方式。

在 Windows 环境中，可以用 WWW 浏览器软件访问电子邮件服务商的网址，输入已注册的用户名和密码，即可进入用户的电子邮件信箱，进行处理电子邮件的操作。用这种方式登录电子邮件系统，用户不需要特别准备设备或软件，只要有条件浏览 Internet，即可享受免费电子邮件服务商提供的服务。

（2）客户端软件方式。

可以用一些安装在个人计算机上的、支持电子邮件基本协议的软件进行电子邮件的操作。常用的客户端软件有：Microsoft Outlook Express、Netscape Navigator 等。利用这些客户端软件可以进行电子邮件的各项操作，包括收发邮件，使用地址簿，邮件的存储、删除，远程电子邮件操作，同时处理多账号电子邮件等。

8.5.2 电子邮件系统的组成

电子邮件系统有三个主要组成部分：用户代理 UA、邮件服务器及电子邮件使用的协议（如 SMTP、POP3、IMAP 等），如图 8-103 所示。

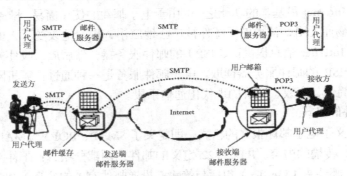

图 8-103　电子邮件的主要组成部件

1．用户代理 UA（User Agent）

用户代理 UA 又称人机界面，是用户与电子邮件系统的接口，是用户发送和接收电子邮件的操作平台和工具，用于编辑、生成、发送、阅读和管理电子邮件，大多数情况下是一个

在客户机中运行的程序。用户代理使用户能够通过一个友好的接口来发送和接收邮件。通过用户代理，用户可以很方便地撰写邮件，在屏幕上显示邮件且根据情况按不同方式进行处理。如 Outlook、Foxmail 都是一些常用的邮件用户代理程序。

2．邮件服务器

邮件服务器又称邮件传输代理 MDA，是电子邮件系统的核心部件。Internet 上所有 ISP 都设有邮件服务器。邮件服务器的功能是发送、接收和存储转发邮件，同时向发信人报告邮件传送的情况，接受新用户的注册申请。

3．电子邮件的协议

Internet 上不同操作系统平台、不同程序实现互通所使用的电子邮件通信的标准，包括 SMTP、POP3、IMAP、MIME 协议等。

8.5.3　知识扩展：邮件协议

1．简单邮件传输协议

简单邮件传输协议（Simple Mail Transfer Protocol，SMTP）是 Internet 上传输电子邮件的标准协议，用于提交和传送电子邮件，规定了主机之间传输电子邮件的标准交换格式和邮件在链路层上的传输机制。

SMTP 工作在两种情况下：一种是电子邮件从客户机传输到服务器；一种是从某一个邮件服务器传输到另一个邮件服务器。SMTP 是一个请求/响应协议，命令和响应都基于 ASCII 文本。

SMTP 提供一种邮件传输的机制，当收件方和发件方都在一个网络上时，可以把邮件直传给对方；当双方不在同一个网络上时，需要通过一个或几个中间服务器转发。

工作时，首先由发件方提出申请，要求与接收方 SMTP 建立双向的通信连接。收件方可以是最终收件人，也可以是中间转发的服务器。收件方服务器确认可以建立连接后，双发开始通信。SMTP 在 TCP 协议 25 号端口监听连接请求。文件 RFC821 规定了该协议的所有细节。

发件方 SMTP 向收件方发出 MAIL 命令，告知发件方的身份；如果收件方接受，回答 OK。发件方再发出 RCPT 命令，告知收件人的身份，收件方 SMTP 确认是否接收或转发，如果同意，回答 OK，接下来可以进行数据传输。通信过程中，发件方 SMTP 与收件方 SMTP 采用交互方式的对话，发件方提出要求，收件方确认，确认后才进行下一步动作。整个过程由发件方控制，有时需要确认几回，如图 8-104 所示。

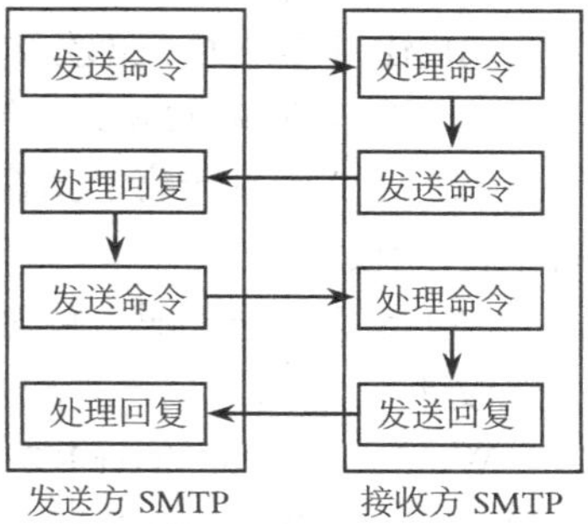

图 8-104　SMTP 工作过程

2．邮件读取协议

常用的邮件读取协议有两个：邮局协议第三个版本 POP3、网际消息访问协议 IMAP。

（1）邮局协议 POP3。

邮局协议（Post Office Protocol，POP3）目前是第 3 版，是 Internet 上传输电子邮件的第一个标准协议，提供信息存储功能，负责为用户保存收到的电子邮件，并且从邮件服务器下载取回这些邮件。POP3 为客户机提供了发送信任状（用户名和口令），以便规范电子邮件的访问。

POP3 采用客户/服务器模式，客户程序运行用户接收邮件的计算机上，服务器程序运行在 ISP 的邮件服务器上。POP3 协议根据收信人邮件地址交付目的 ISP 邮件服务器，收信人的计算机不定期连接到邮件服务器，以便下载收到的邮件。此后，所有对邮件的处理都在用户计算机进行。POP3 服务器是具有存储转发功能的中间服务器。一旦邮件交付用户计算机，

POP3 服务器不再保存这些邮件（可以设置保留备份）。用户取回邮件并中断与 POP3 服务器的连接后，可在本地计算机处理邮件。POP 实际上是一个脱机协议。

（2）网际消息访问协议。

网际消息访问协议（Internet Message Access Protocol，IMAP4）目前是第 4 版，同样采用客户/服务器模式。IMAP 工作时，所有收到的邮件先送到 ISP 邮件服务器（IMAP 服务器）。用户计算机上运行 IMAP 客户程序，与 ISP 邮件服务器的 IMAP 服务器程序建立 TCP 连接。用户可以在自己的计算机操纵 ISP 邮件服务器的邮箱。IMAP 是一个联机协议，当用户计算机的 IMAP 客户程序打开 IMAP 服务器的邮箱时，用户可以看到邮件的首部。当用户打开某个邮件时，必须将邮件传送到用户计算机。

用户可以根据需要为自己的邮箱创建便于分类管理的层次式的邮箱文件夹，并且能将存放的邮件从某个文件夹移动到另一个文件夹中。用户可按某种条件对邮件进行查找。在用户未发出删除邮件的命令前，IMAP 服务器邮箱中的邮件一直保存。IMAP 可以让用户使用不同计算机随时阅读和处理自己的邮件。

当电子邮件客户机软件在笔记本计算机运行时（通过慢速的电话线访问互联网和电子邮件），IMAP4 比 POP38 更适用。使用 IMAP 时，用户可以有选择地下载电子邮件，甚至只是下载部分邮件。因此，IMAP 比 POP 更加复杂。

3．多用途的网际邮件扩展 MIME

SMTP 传输机制以 7 位 ASCII 码为基础，适合传送文本邮件。声音、图像、中文等使用 8 位二进制编码的电子邮件，需要进行 ASCII 转换（编码），才能在 Internet 上正确传输。MIME 编码技术可以将数据从 8 位二进制格式转换为 7 位 ASCII 码格式。

MIME 没有改变 SMTP 或取代它。MIME 继续使用 RFC 822 格式，但增加了邮件主体的结构，定义了传送非 ASCII 码的编码规则。MIME 邮件可在现有的电子邮件程序和协议下传送。

MIME 主要包括三部分内容。

（1）包含在 RFC 822 首部的 5 个新的邮件首部字段，提供有关邮件主体的信息。

（2）定义包括声音、图像、中文等邮件的格式，特别是对多媒体电子邮件的表示方法进行了标准化。

（3）定义传送编码，可对任何内容从 8 位格式转换成 7 位 ASCII 码格式，且不会被邮件系统改变。

Windows 2008 Server R2 并没有自带邮件服务的完整功能，目前只内置了 SMTP 服务器。用 Exchange、Winmail Server 等专业邮件服务软件，搭建邮件服务器。

知识引导 8.6　虚拟专用网（VPN）的使用

8.6.1　VPN 简介

VPN（Virtual Private Network，VPN）是虚拟专用网，是指在 Internet 中，建立一个虚拟的、专用的网络，是 Internet 和企业内部之间专用的通道，为企业提供一个安全、易用和简易的网络环境。当远程 VPN 客户端通过 Internet 连接到 VPN 服务器器时，所传输的信息会被加密。它采用网络层的协议和建立在 PKI 上的认证加密技术，来保证所传输的数据的完整性和身份证不可否认性。由于租用专用的传输线路非常昂贵，所以现在非常多企业都采用 VPN 技术实现数据的安全传输。

8.6.2　VPN 组成

VPN 由 VPN 服务器、VPN 客户端和隧道协议组成。在服务器操作系统中，Windows 和 Linux 等都内置了 VPN 功能，在路由器、防火墙和网络管理系统等都内置了 VPN 系统，用于用户搭建 VPN 服务器，为用户节约额外的开销。

（1）VPN 服务器：用于接手并响应 VPN 用户端的连接请求，建立连接。

（2）VPN 客户端：发起连接的客户机。

（3）隧道协议。

① PPTP（Point-Point Tunneling Protocol，点对点隧道协议）。PPTP 是点对点协议（PPP）的扩展，并协调使用 PPP 的身份验证、压缩和加密机制。PPTP 的 VPN 服务器支持内置于 Windows 2008 Server 系列中。PPTP 与 TCP/IP 一起安装，在路由和远程访问服务器安装向导时，选择 PPTP 协议即可。

② L2TP（Layer Two Tunneling Protocol），第二层隧道协议。L2TP 是基于 RFC 隧道协议。L2TP 同时具有身份验证、加密与数据压缩的功能。L2TP 的验证与加密方法采用的都是 IPSec。IPSec 即 "Internet 协议安全性（IPSec）"，是一种开放标准的框架结构，通过使用加密的安全服务以确保在 Internet 协议（IP）网络上进行保密而安全的通讯。Windows 系列实施 IPSec 基于 "Internet 工程任务组（IETF）"，即 IPSec 工作组开发的标准。

8.6.3　VPN 类型和技术

1．根据 VPN 的应用，可以分为 Access VPN、Intranet VPN 与 Extranet VPN

（1）Access VPN：通过 VPN 客户端利，用 Internet 远程拨号方式访问企业内部资源。这样的应用替代了传统的直接拨号方式接入到企业内部网络。

（2）Intranet VPN：指一个企业内部如何安全连接两个相互信任的内部网络。一般用于企业总部有分支机构建立安全、可靠的连接，以保证 Internet 上传送的敏感数据。

（3）Extranet VPN：Internet 的 VPN，虚拟专用网络支持访问用户以安全方式利用 Internet 网络远程访问企业内部资源。Extranet VPN 是 Intranet VPN 的一个扩展，是 Internet 连接两台分别属于两个不信任的内部网络主机。

2．常见 VPN 技术包括 IPSec VPN、SSL VPN、MPLS VPN

（1）IPSec VPN：基于 IPSec 技术的虚拟局域网解决方案。IPSec 即 Intenet 安全协议，IPSec VPN 指采用 IPSec 协议实现远程接入的一种 VPN 技术，IPSec 全称为 Internet Protocol Security，是 Internet Engineering Task Force (IETF) 定义的安全标准框架，提供公用和专用网络的端对端加密和验证服务。

（2）SSL VPN：解决远程用户访问敏感公司数据最简单最安全的解决技术。与复杂的 IPSec VPN 相比，SSL 通过简单易用的方法实现信息远程连通。任何安装浏览器的机器都可以使用 SSL VPN，这是因为 SSL 内嵌在浏览器中，不需要像传统 IPSec VPN 一样必须为每一台客户机安装客户端软件。

（3）MPLS VPN：MPLS（multi-protocollabelswitch）是 Internet 核心多层交换计算的最新发展。MPLS 将转发部分的标记交换和控制部分的 IP 路由组合在一起，加快了转发速度。MPLS 可以运行在任何链接层技术之上，简化了向基于 SONET/WDM 和 IP/WDM 结构的下一代光 Internet 的转化。

3．VPN 服务器的工作过程

（1）客户端向 VPN 服务器连接的 Internet 接口发送建立连接请求。

（2）VPN 服务器收到客户端建立连接请求后，对客户端的身份进行验证。

（3）如果客户端信息不正确，VPN 服务器拒绝连接请求。

（4）如果客户端信息验证通过，则建立与 VPN 连接，并为客户端分配一个自定义的内部地址。

（5）客户端获取 VPN 服务器分配的 IP 地址。

项目实践 8.8 VPN 服务器的配置

【项目准备】

（1）安装 Windows Server 2008 R2 操作系统的 VPN 服务器主机 1 台（两张网卡，分别命名为内部网络和外部网络）。

（2）安装 Windows 操作系统的客户机（如 Windows Server 2008 R2）2 台。

（3）VPN 服务器主机与客户机连接成网络。

（4）实践拓扑，如图 8-105 所示。

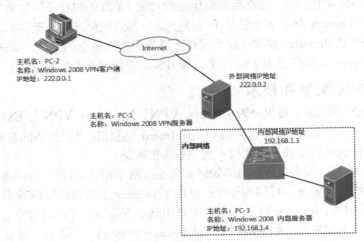

图 8-105 实践拓扑（VPN）

【操作步骤】

1．安装"路由和远程访问服务"角色

配置 VPN 服务器必须安装"路由和远程访问"服务功能，具体步骤如下。

（1）以管理员的身份登录到在 PC-1 上配置 FTP 服务器。在"开始"菜单选择"管理工具→服务器管理器"选项。

（2）在"服务器管理器"窗口右侧单击"添加角色"，执行"添加角色向导"，单击"下一步"按钮，在"选择服务器角色"对话框的列表框中选择"网络策略和访问服务"复选框，如图 8-106 所示。

（3）单击"下一步"按钮，在"网络策略和访问服务"对话框有对应的简介。

（4）单击"下一步"按钮，在"选择角色服务"对话框的"角色服务"列表框选择"路由和远程访问"复选框。

（5）单击"下一步"按钮，在"确认安装选择"对话框中单击"安装"按钮，开始安装。

（6）单击"关闭"按钮，完成安装。

2．配置 VPN 服务

（1）在"服务器管理器"窗口左侧单击"角色"→"网络策略和访问服务"，右键单击"PC-1"。

（2）在快捷菜单中选择"配置并启用路由和远程访问"。

（3）单击"下一步"按钮，在"配置"对话框中选择"远程访问（拨号或 VPN）"单选框，如图 8-107 所示。

图 8-106　"选择服务器角色"对话框（网络策略和访问服务）

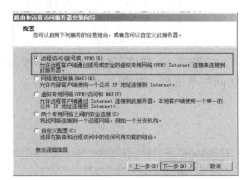

图 8-107　"配置"对话框

（4）单击"下一步"按钮，在"远程访问"对话框中单击"VPN"复选框，如图 8-108 所示。

（5）单击"下一步"按钮，在"VPN 连接"对话框的"网络接口"列表框中选择连接 Internet 接口，例如，外部网络，如图 8-109 所示。

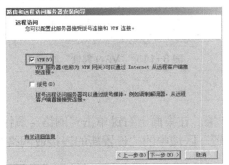

图 8-108　"远程访问"对话框

图 8-109　"VPN 连接"对话框

（6）单击"下一步"按钮，在"IP 地址分配"对话框选择"来自一个指定的地址范围"复选框，如图 8-110 所示。

（7）单击"下一步"按钮，在"地址范围分配"对话框中单击"新建"按钮，如图 8-111 所示。

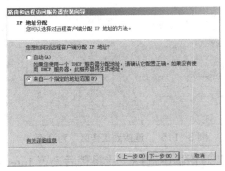

图 8-110　"IP 地址分配"对话框

图 8-111　"新建 IPv4 地址范围"对话框

（8）单击"确定"按钮，返回到"地址范围分配"对话框，单击"下一步"按钮。

（9）在"管理多个远程访问服务器"对话框选择"否，使用路由和远程访问来对连接请求进行身份验证"单选框，如图 8-112 所示。

（10）单击"下一步"按钮，单击"完成"按钮，配置完成。

3．配置用户允许访问 VPN 服务器

（1）在 VPN 服务器上创建远程用户，例如 VPN。

（2）右键单击创建好的用户（VPN），在快捷菜单中选择"属性"选项。

（3）在"vpn 属性"对话框选择"拨入"选项卡，在"网络访问权限"选项区域，选择"允许访问"单选框，如图 8-113 所示。

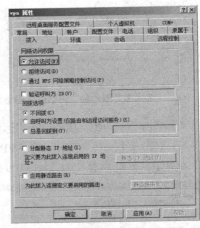

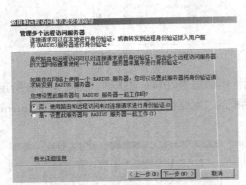

图 8-112 "管理多个远程访问服务器"对话框

图 8-113 "VPN 属性"对话框

（4）单击"确定"按钮，完成配置。

4．创建 VPN 客户端连接

（1）以管理员的身份登录到 PC-2 配置 VPN 客户端。在桌面上右键单击"网络—属性"命令，在"网络和共享中心"窗口选择"更改网络设置"区域中的"设置新的连接或网络"，在对话框中选择"连接到工作区"，如图 8-114 所示。

（2）单击"下一步"按钮，在"连接到工作区"对话框中选择"使用我的 Internet 连接（VPN）"，如图 8-115 所示。

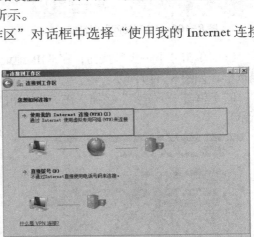

图 8-114 "设置新的连接或网络"

图 8-115 "连接到工作区"对话框

（3）在"您想再继续之前设置 Internet 连接吗？"对话框中选择"我将稍后设置 Internet 连接"。

（4）在"键入要连接的 Internet 地址"对话框中输入 VPN 的 IP 地址和目标名称信息，如图 8-116 所示。

（5）单击"下一步"按钮，在"键入您的用户名和密码"对话框中输入用户名和密码，如图 8-117 所示。

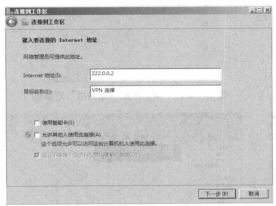

图 8-116 "键入要连接的 Internet 地址"对话框

图 8-117 "键入您的用户名和密码"对话框

（6）单击"创建"按钮，完成 VPN 客户端创建。

5．验证测试

（1）不连接 VPN 测试。在 PC-2 上 Ping PC-1（VPN 服务器），Ping PC-3（内部服务器），如图 8-118 所示。

（2）连接 VPN 测试。在 PC-2（VPN 客户端）桌面上右键"网络"，在快捷菜单中选择"属性"选项，在"网络和共享中心"窗口左侧单击"更改适配器设置"，在"网络连接"窗口双击创建的 VPN 连接，如图 8-119 所示。

图 8-118 不连接 VPN 测试结果

图 8-119 "连接 VPN 连接"对话框

（3）如果连接成功。再次单击 VPN 连接，查看 VPN 连接状态信息，如图 8-120 所示。

（4）单击"详细信息"按钮，查看网络连接详细信息，如图 8-121 所示。

（5）再次在 PC-2 上 Ping PC-1（VPN 服务器），Ping PC-3（内部服务器），如图 8-122 所示。

（6）在 PC-2 上访问 PC-3（内部服务器）资源。在 PC-2 的"开始"菜单选择"运行"选项，在文本框中输入\\192.168.1.4，单击"确定"按钮，在"192.168.1.4"窗口显示 PC-3（内部服务器）的共享资源，如图 8-123 所示。

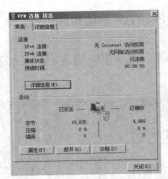

图 8-120 "VPN 连接状态"对话框

图 8-121 "网络连接详细信息"对话框

图 8-122 连接测试验证

图 8-123 验证测试（访问共享文件）

【项目小结】

通过 VPN 可以使企业各分支结构不需要额外的投入连接起来，实现内部信息交换。Window Server 2008 R2 支持 PPTP、L2TP 和 SSTP。在 SSTP、L2TP 和 PPTP 远程解决方案选择时，需要根据环境和应用特点等确定。

小结

IIS（Internet Information Server，互联网信息服务）是一种 Web（网页）服务组件，包括 Web 服务器、FTP 服务器、NNTP 服务器和 SMTP 服务器，分别用于网页浏览、文件传输、新闻服务和邮件发送等方面，使得用户在网络（包括互联网和局域网）上发布信息成了一件很容易的事，可以容易地在本地计算机建立 Web 站点。

DNS 是域名系统的缩写，用于命名组织到域层次结构中的计算机和网络服务。在 Internet 上域名与 IP 地址之间一一对应，域名虽然便于记忆，但机器之间只能互相认识 IP 地址，域名与 IP 地址的转换称为域名解析。域名解析需要由专门的域名解析服务器完成，DNS 就是进行域名解析的服务器。当用户在应用程序中输入域名时，DNS 服务可以将该域名解析为相应的其他信息，如 IP 地址。

万维网（WWW、Web 或 World Wide Web）是目前 TCP/IP 互联网络上最方便、最受欢迎的信息服务类型。WWW 以超文本标记语言（HTML）与超文本传输协议（HTTP）为基础，为用户提供界面一致的信息浏览系统。在 WWW 服务系统中，信息以页面（PAGE）（又称网页或 Web 页面）的形式存储在服务器中。这些页面采用超文本方式对信息进行组织，通过"超链接"形式将一页信息链接到另一页。在万维网中，所有的资源由"统一资源标识符"

（URL）标识，通过超文本传输协议传送给使用者，后者通过单击链接可以获得资源。

FTP 是文件传输协议的简称。用于 Internet 的文件传输服务。用户可以通过 FTP 把自己的计算机与世界各地所有运行 FTP 协议的服务器相连，访问服务器上的大量程序和信息。

DHCP（动态主机配置协议）服务器的主要作用是为网络客户机分配动态的 IP 地址。DHCP 采用 C/S 模型，当 DHCP 客户端程序发出一个广播信息，请求一个动态的 IP 地址时，DHCP 服务器根据目前已经配置的地址，以地址租约形式向客户机提供一个可供使用的 IP 地址和子网掩码。

简单的邮件传输协议 SMTP 用于电子邮件从客户机传输到服务器，或从某一个服务器传输到另一个服务器。SMTP 是请求/响应协议，命令和响应都基于 ASCII 文本，并以 CR 和 LF 符结束。SMTP 在 TCP 协议 25 端口监听连接请求。邮局协议 POP3 可以将个人计算机连接到邮件服务器下载电子邮件，POP3 允许用户从邮件服务器提取邮件并存储到本地主机，同时删除保存在邮件服务器上的邮件。而 POP3 服务器是遵循 POP3 协议的接收邮件服务器，用来接收电子邮件。

习题

一、填空题

（1）域名解析过程中，客户端和域名服务器或不同域名服务器之间的地址查询模式可分为_____和_____两种。

（2）在 TCP/IP 互联网中，电子邮件客户端程序向邮件服务器发送邮件使用_____协议，电子邮件客户端程序查看邮件服务器中自己的邮箱使用_____或_____协议，邮件服务器之间相互传递邮件使用_____协议。

（3）在 TCP/IP 互联网中，WWW 服务器与 WWW 浏览器之间的信息传递使用_____协议。

（4）WWW 服务器上的信息通常以_____方式进行组织。

（5）URL 一般有三部分组成，它们是_____、_____和_____。

（6）在 Internet 中 URL 的中文名称是_____。

二、操作题

（1）一个具有 200 台主机的局域网，已经申请并获得一个可以在 Internet 上使用的 C 类网络地址，其 ID 号为"200.200.200"，同时申请到的域名后缀为"gzhz.edu.cn"。其中，DNS 服务器使用的 IP 地址为 200.200.200.200。计划用这个 IP 地址建立 3 个虚拟主机，即 WWW、FTP 和 mail。试配置 DNS 服务器和客户机，并使用命令和浏览器两种方法测试服务器和客户机的配置是否成功。

（2）一台主机可以拥有多个 IP 地址，一个 IP 地址又可以与多个域名相对应。在 IIS6.0 中建立的 Web 站点可以和这些 IP（或域名）绑定，以便用户在 URL 中指定不同的 IP（或域名）访问不同的 Web 站点。例如，Web 站点 A 与 192.168.1.1（或 wwwA.gzhz.edu.cn）绑定，Web 站点 B 与 192.168.1.2（或 wwwB.gzhz.edu.cn）绑定。这样，用户通过 http://192.168.1.1/(或 http://wwwA.gzhz.edu.cn/）可以访问 Web 站点 A，通过 http://192.168.1.2/（或 http://wwwB.gzhz.edu.cn/）可以访问 Web 站点 B。试将主机配置成多 IP 或多域名的主机，在 IIS6.0 中建立两个新的 Web 站点，对这两个新站点进行配置，看看能否通过指定不同的 IP（或不同的域名）访问不同的站点。

学习任务 9
网络管理与网络安全

知识引导 9.1　网络安全解决方案

网络安全的解决方案包括网络安全的定义和内容，网络面临的威胁与网络安全策略等。本任务学习网络安全的基本知识和网络安全的解决方案。

9.1.1　网络安全概述

通过网络获取和交换信息已成为当前信息沟通的主要方式之一，与此同时，网络提供的方便快捷服务也被不法分子利用，并在网络上进行犯罪活动，使信息的安全受到严重的威胁。例如，邮件炸弹、网络病毒、特洛伊木马、窃取存储空间、盗用计算资源、窃取和窜改机密数据、冒领存款、捣毁服务器等。人们日益担忧计算机网络的安全。随着全球范围内"黑客"行为的泛滥，网络安全成为人们关注的重点，网络安全技术成为当前网络技术研究和发展的重要方向。

1．网络安全的内容

网络安全是指保护网络系统的硬件、软件及其信息资源，使之不受偶然或者恶意的破坏、篡改、泄露，保证网络系统连续可靠正常地运行，网络服务不中断。网络安全的内容，一是要保障用户数据在网络中的保密性、完整性和不可否认性，防止信息被泄露和破坏，二是要保障合法用户正常的使用网络资源，避免病毒、拒绝服务、非授权访问等安全威胁，及时发现安全漏洞，制止攻击行为等。

保障网络的安全应从以下几个方面入手。

（1）保护网络和系统的资源免遭自然或人为的破坏。

（2）明确网络系统的脆弱性，严密监测最容易受到影响或破坏的地方。

（3）对计算机系统和网络的各种威胁有充分的估计并找到对策。

（4）开发并实施有效的安全策略，尽量减少可能面临的各种风险。

（5）准备适当的应急计划，使网络系统在遭到破坏或攻击后能够尽快恢复正常工作。

（6）定期检查各种安全管理措施的实施情况与有效性。

网络信息的安全保障要有网络安全技术的支持才能实现，网络安全技术具有四个方面的特征。

（1）保密性：指信息不泄露给非授权的用户或供其利用的特性，即防止用户非法获取关键的敏感信息，避免机密信息的泄露。加密是保护数据的一种重要方法，也是保护存储在系统中的数据的一种有效手段，通常采用加密来保证数据的保密性。

（2）完整性：指数据未经授权不能进行改变的特性，即信息在存储或传输过程中保持不被修改、不被破坏和丢失，包括软件完整性和数据完整性两个方面。

（3）可用性：指可被授权实体访问并按需求使用的特性。对于授权实体，无论何时，只要用户需要，系统和网络资源必须是可用的，尤其是计算机及网络系统遭到非法攻击时，必须能够为用户提供正常的系统功能或服务。

（4）安全性：内部安全指对用户进行识别和认证，防止非授权用户访问系统，确保系统的可靠性，以避免软件的缺陷成为系统的入侵点。对授权用户实施访问权限控制，防止重要信息被盗用或修改，对用户的行为进行实时监控和审计，检查其是否对系统有攻击行为，并对入侵的用户进行跟踪。外部安全是指加强系统的物理安全性能，保护计算机系统的硬件。

2．网络安全的威胁

计算机网络安全面临的威胁分两种：对网络中信息的威胁；对网络中设备的威胁。这里主要指网络信息的安全，即信息资源的保密性、完整性、可用性在合法使用时可能面临的危害。影响网络安全的因素来自多方面，有意的或是无意的，人为的或是偶然的。归纳起来，网络安全的威胁主要来自以下几个方面。

（1）非授权访问：指非授权用户对系统的入侵。没有预先经过同意就使用网络或计算机资源；有意避开系统访问控制机制，对网络设备及资源非正常使用；或擅自扩大权限，越权访问信息。主要表现为几种形式：假冒身份攻击、非法用户进入网络系统违法操作、合法用户以未授权方式操作等。

（2）信息泄露：指有价值的和高度机密的信息泄露给了未授权实体。信息在传输过程中，黑客利用电磁泄露或搭线窃听等方式截获机密信息，或通过对信息流向、流通、通信频度和长度等参数的分析，推出用户口令、账号等重要信息。

（3）拒绝服务攻击：对网络服务系统进行干扰，改变其正常的作业信息流程，执行无关程序，使系统响应减慢甚至瘫痪，用户的合法访问被无条件拒绝和推迟。

（4）破坏数据完整性：以非法手段窃取对数据的使用权，使数据的一致性受到未授权的修改、创建、破坏而损害。

（5）利用网络传播病毒：通过网络传播病毒的破坏性远远高于单机系统，对网络安全造成的威胁极大，而且用户很难防范。

常见的窃取数据或入侵网络攻击行为包括截取、窃听、窜改、伪造等。

3．网络安全的隐患

网络的开放性、共享性等特点导致了网络上存在很多安全隐患，归纳起来，大致有以下几个方面的问题。

（1）网络系统软件自身的安全隐患。网络操作系统是管理网络硬件和其他软件资源的基础，操作系统自身的安全性直接关系到网络的安全。若网络操作系统的体系结构设计考虑不周全，将留下安全漏洞，给攻击者以可乘之机，危害网络的安全性。例如，超级用户的存在就是一种安全隐患，如果入侵者得到了超级用户口令，整个系统将完全受控于入侵者。网络操作系统提供的远程过程调用服务，及其无口令入口，也常成为黑客通道。许多软件存在的安全漏洞，厂商会对存在的漏洞发布"补丁"程序进行弥补。

当前计算机网络系统使用的 TCP／IP 协议以及 FTP、E-mail、NFS 等，都包含着一些影响网络安全的因素，存在一些漏洞。

（2）数据库管理系统的安全隐患。网络数据库存放着大量的重要信息资源，这些信息资源保存在存储媒体上，由数据管理系统（DBMS）统一管理。DBMS 为用户及应用程序提供一种访问数据的方法，并且对数据进行组织和管理，对数据库进行维护和恢复。数据库的安全由操作系统和 DBMS 共同承担，即 DBMS 的安全必须与操作系统的安全配套。另外，如果不注意数据库文件的加密保护，入侵者可以从计算机内存中导出所需信息，或者采取某种方式打入系统，从系统的后备存储器上窃取或修改数据。

（3）网络安全管理的隐患。无论什么样的网络系统，都离不开人的管理，大多数网络缺少安全管理员，特别是高素质的网络管理员。网络管理的疏忽，是网络安全体系的隐患之一。例如，网络管理软件不及时升级；随意使用普通网络站点下载的软件；在防火墙内部架设拨号服务器而没有对账号的认证严格限制等，都会造成安全漏洞。另外，缺少网络安全管理的技术规范，缺少定期的安全测试与检查，缺少安全监控，许多网络系统已使用多年，但网络管理员与用户的注册、口令等还是处于默认状态。这些行为都会给网络安全带来隐患。

4．网络安全的实现

要实施一个完整的网络安全系统，必须从法规政策、管理方法、技术水平三个层次上采取有效措施，通过多个方面的安全策略来保障网络安全的实现。

- 从法规政策入手：国家和行业部门要制定严格的法律、法规，使非法分子的犯罪活动有法可依，有章可循，使非法分子慑于法律威力，不敢轻举妄动。
- 从管理方法入手：各用户单位要建立相应的网络安全管理办法，加强内部管理，建立合适的网络安全管理系统，建立安全审计和跟踪体系，提高整体网络安全意识。
- 从技术水平入手：先进的网络技术是网络安全的根本保证。首先要选择性能优良的服务器。服务器是网络的核心，其故障意味着整个网络的瘫痪，应具有容错能力、带电热插拔技术、智能 I／O 技术和具有良好的扩展性。其次要采用备份制度，对服务器、重要的网络设备、通信线路、交换机、路由器应有相应的备份措施。技术方面也必须有相应的安全措施，如网络防毒、信息加密、存储通信、授权、认证以及防火墙技术等。

（1）从策略入手。

- 物理安全策略：保护路由器、交换机、工作站、各种网络服务器、打印机等邮件实体和通信链路免受自然灾害、人为破坏和搭线窃听。
- 身份认证策略：入网访问的控制首先是身份认证。一般要通过三个关卡才能进入网络，即用户名的识别和验证、用户口令的识别和验证、用户账号的缺省限制检查。
- 访问控制策略：用户和用户组被赋予一定的权限，根据权限决定可以访问那些目录、子目录、和文件，能够执行那些操作。目录和文件的访问权限一般有：系统管理员权限、读权限、写权限、创建权限、删除权限、修改权限、文件查找权限、存取控制权限等。此外，还可以通过给目录和文件设置访问属性（如执行文件、隐藏文件、共享、系统属性等）来提高安全性。
- 信息加密策略：信息加密的目的是保护网内的数据、文件、口令和控制信息，保护网络会话的完整性。网络加密可以在链路层、网络层、应用层等进行，形成不同层次的加密通信通道。加密过程由加密算法实施，用户可以根据不同的需要选择适当的加密方式。
- 安全管理策略：确定安全管理等级和安全管理范围，制定有关网络操作使用规程和人员出入机房管理制度，制定网络系统的维护制度和应急措施等。

- 防火墙控制策略：利用防火墙技术切断内部网络与外部网络之间的直接数据通信，以保护内部网络的安全性。

（2）从防范入手。

具有开放性的 Internet 成为计算机病毒广泛传播的有利环境，而 Internet 本身的安全漏洞也为病毒的繁殖提供了条件。因此，在网络上病毒的防范是一个非常重要的问题。网络病毒不象单台计算机病毒的检测和清除那么简单，需要建立多层次和立体的病毒防护体系，要从防毒安全体系的建立、服务器的防毒措施、终端用户的防毒措施多方面入手，才能给网络提供安全的环境。

建立局域网防病毒安全体系包括以下几个方面。

- 增加安全意识。用户应当提高安全意识，安装网络版杀毒软件，定时更新病毒库，利用补丁程序修补系统漏洞，对来历不明的文件运行前杀毒，定期对系统进行全面查毒，减少共享文件夹的数量，文件共享时尽量控制权限和增加密码。这些措施都可以有效地抑止病毒在网络上的传播。
- 在服务器上使用一些防病毒的技术。电子邮件是病毒的最大携带者，这些受感染的附件进入电子邮件服务器或网关时，将其拦截下来。定期使用新的杀毒软件进行扫描，对服务器所有数据进行全面查杀病毒，确保没有任何受感染的文件蒙混过关。对服务器的重要数据用备份和镜像技术定期存档，这些存档文件可以帮助恢复受感染的文件。
- 终端用户严格防范。严格执行身份鉴别和口令守则，不要随便下载文件，或下载后立即进行病毒检测。不要打开来源不明、可疑或不安全的电子邮件上的任何附件，对接受包含 Word 文档的电子邮件使用能清除宏病毒的软件检测。使用移动存储介质时加上写保护，使用外来磁盘前要进行杀毒处理。安装杀毒软件和个人防火墙定期查杀病毒。

以上这些措施都能对网络上的计算机进行有效的保护。

9.1.2 网络黑客攻击的防范

黑客是英文 hacker 的译音，原意为热衷于电脑程序的设计者，指对于任何计算机操作系统的奥秘都有强烈兴趣的人。这些人具有操作系统和编程语言方面的高级知识，能够发现并修改软件的漏洞和逻辑缺陷。这些人如果利用他们的知识恶意入侵系统、制造麻烦，将对系统造成很大的威胁。黑客是利用通信软件通过网络非法进入他人系统，截获或篡改计算机数据，危害信息安全的电脑入侵者。

在 Internet 上，利用黑客软件攻击是一种常用的手法。黑客可以截获用户账号和口令，获得非法访问权闯入远程计算机系统，破坏重要数据。黑客软件分为服务器端和用户端。服务器端程序一般都比较小，常常附带于某些软件上。当用户下载了一个小游戏并运行时，可能黑客软件的服务器端已安装完成了。黑客攻击时，会使用用户端程序登陆已安装好服务器端程序的计算机。大部分黑客软件的重生能力比较强，给用户进行清除造成一定的麻烦。

1．黑客攻击的三个阶段

（1）确定攻击目标，收集信息，准备攻击工具。

黑客利用各种工具收集驻留在网络系统中的各个主机系统的相关信息。

- 查阅网络路由器的路由表，获得到达目标主机所要经过的网络数和路由器数，从而了解目标主机所在网络的拓扑结构及其内部细节，获取系统中可以访问的主机的 IP 地址表，以及 DNS 域和相关的管理参数。

- 获取指定主机上的所有用户的详细信息，如用户注册名、电话号码、最后注册时间等。
- 收集到攻击目标的网络信息后，探测网络上的每台主机，寻找该系统的安全漏洞或安全弱点。例如，黑客发现"补丁"程序的接口后，自己编写程序，通过该接口进入目标系统，利用某些工具对整个网络或子网扫描，寻找安全漏洞。

（2）登录目标主机，用漏洞后门获得控制权，实施攻击。

- 收集或探测到一些"有用"信息后，黑客可以登录目标主机，对目标系统实施破坏、进行网络欺骗、发送垃圾信息等攻击。
- 在目标系统中安装探测器软件，窥探所在系统的活动，收集黑客感兴趣的一切信息，如 Telnet 和 FTP 的账号名和口令等。进一步获取系统在网络中的信任等级，黑客通过该系统信任级展开对整个系统的攻击。

（3）消除痕迹，植入后面，退出。

黑客毁掉攻击入侵的痕迹，并在系统上建立新的安全漏洞或后门，以便在先前的攻击点被发现之后能继续访问这个系统。

2．黑客入侵的应对措施

（1）充分利用系统工具来发现和追踪黑客。

（2）经常定期检查登录文件，特别是系统登录服务文件的内容。

（3）注意异常的主机连接及连接次数。

（4）注意突然变得异常活跃的账户。

（5）在黑客可能攻击的时段里，记录并分析所有的过程及网络联接。

（6）对已经察觉到的安全管理方面的漏洞及时进行修补。

9.1.3　网络病毒及其防范

1．特洛伊木马病毒及其防范

（1）木马病毒的工作原理。

特洛伊木马是一种恶意程序，可以直接侵入用户的计算机并进行破坏。它们悄悄地在用户机器上运行，在用户毫无察觉的情况下，让攻击者获得了远程访问和控制系统的权限。木马程序常被伪装成工具程序、游戏或绑定到某个合法软件上，诱使用户下载运行。带有木马病毒的程序被执行后，计算机系统中隐藏一个可以在 Windows 启动时悄悄执行的程序。当用户连接到 Internet 时，这个程序通知攻击者，并报告用户的 IP 地址以及预先设定的端口。攻击者在收到信息后，利用这个潜伏在其中的程序修改用户计算机的参数设定、复制文件、窥视用户硬盘的内容等，以达到控制用户计算机的目的。

（2）木马病毒的特点。

① 隐蔽性。木马会隐藏自己的通信端口，即使管理员经常扫描端口也难以发现。

② 伪装性。木马程序安装完成后，自动改变其文件大小或文件名，即使找到木马传播时所依附的文件，也不能轻易找到安装后的木马程序。

③ 自动运行。木马为了随时对服务端进行控制，在系统启动同时自动启动，因而会修改注册表或启动配置文件。

④ 自动恢复功能。木马程序可以多重备份、相互恢复，删除后会自动恢复。

⑤ 功能的特殊性。木马还具有十分特殊的功能，包括搜索 Cache 中的口令、设置口令、扫描目标机器的 IP 地址、进行键盘记录、远程注册表的操作以及锁定鼠标等。

（3）木马病毒的种类。

① 破坏型。这种类型的木马能够自动删除计算机上的文件、格式化硬盘等，以达到破坏的目的。

② 密码记录与发送型。这种类型的木马程序能长期潜伏在目标主机上，与主机一同启动，记录操作者的键盘操作，从中寻找有用的密码，并存放起来。一旦用户连接到网络，它们就可以把这些密码发送到指定的信箱或以某种形式传给黑客。

③ 远程访问型。这种类型的木马只要运行起来，就可以将目标主机的 IP 地址、端口号等信息发送回客户端。这样黑客可以与木马建立连接，从而对目标主机进行控制。

④ 攻击、代理型木马。黑客入侵一台目标主机后，将会植入 DOS 攻击木马及代理木马，变成一台受控的傀儡机。黑客对傀儡机的控制通过代理木马进行，对目标主机的攻击由攻击木马实现。邮件炸弹木马也是一种攻击型木马，一旦机器被感染，木马会随机生成各种各样主题的信件，向邮件列表中的地址或特定的邮箱不停地发送邮件，以达到让对方瘫痪的目的。

（4）木马病毒的防范。

对木马的防治要制定出一个有效的策略，通常可以采取以下措施。

① 不要轻易地下载、运行不安全的程序。

② 定期对系统进行扫描。可以采用专用的木马防治工具，如木马克星。

③ 使用防火墙。对现有硬盘的扫描是不够的，应该从根本上制止木马的入侵。

2．邮件病毒及其防范

电子邮件是 Internet 上应用十分广泛的一种通讯方式。E-mail 服务器向全球开放，很容易受到黑客的袭击。攻击者可以使用一些邮件炸弹软件或 CGI 程序向目标邮箱发送大量内容重复、无用的垃圾邮件，造成邮件系统正常工作缓慢甚至瘫痪。

（1）电子邮件攻击。

电子邮件攻击主要表现为两种方式。

① 邮件炸弹。用伪造的 IP 地址和电子邮件地址向同一信箱发送数以千计、万计甚至无穷多次的内容相同的垃圾邮件，大量占用系统的可用空间、CPU 时间和网络带宽，造成正常用户的访问速度迟缓，使机器无法正常工作，严重时可能造成电子邮件服务器瘫痪。

② 电子邮件欺骗。攻击者佯称自己为系统管理员，给用户发送邮件，要求用户修改口令（口令可能为指定字符串），或在貌似正常的附件中加载病毒或其他木马程序。

（2）清除邮件炸弹的常用方法。

① 取得 ISP 服务商的技术支持，清除电子邮件炸弹。

② 使用邮件工具软件，设置自动删除垃圾邮件。

③ 借用 Outlook 的阻止发件人功能，删除垃圾邮件。

④ 用邮件程序的 E-mail-notify 功能，过滤信件。

⑤ 利用系统的自动转信功能，将邮件自动转寄。

9.1.4 防火墙技术

防火墙（Firewall）是指隔离在内部网络与外部网络之间的一道防御系统，是在网络之间执行安全控制策略的系统。防火墙在用户与 Internet 之间建立起一道屏障，把用户与外部网络隔离，保护内部网络资源不被外部非授权用户使用，防止内部受到外部非法用户的攻击。防火墙通过检查所有进出内部网络的数据包，检查数据包的合法性，判断是否会对网络安全构成威胁，为内部网络建立一个安全边界。

用户可以通过设定规则来决定在哪些情况下防火墙应该隔断计算机与 Internet 之间的数据传输，哪些情况允许两者之间的数据传输。通过这样的方式档住外部网络对内部网络的入侵和攻击，以保障用户网络的安全。防火墙是一种非常有效的网络安全管理模型，可以隔离风险区与安全区的连接，又不会妨碍对风险区的访问。

防火墙是一种综合性的技术，涉及到计算机网络技术、密码技术、安全技术、软件技术。防火墙的主要目标是防止外部网络的未授权访问。防火墙是不同网络或不同网络安全域之间信息的唯一出入口，可以按照用户事先规定的方案控制信息的流入和流出，且本身具有较强的抗攻击能力，可以监督和控制使用者的操作，使用户可以安全地使用网络，避免受到黑客的攻击。此外，防火墙还提供信息安全服务，实现网络和信息的安全。

防火墙包含一对矛盾机制，既要限制数据流通，又要允许数据流通。防火墙的管理策略中，一种是除了非允许不可的都被禁止，这种策略安全，但访问效率较低；另一种是除了非禁止不可的都被允许，这种策略效率高，但安全性较差。防火墙监控进出网络的信息，仅让安全、符合规则的信息进入内部网络。防火墙可以分为硬件防火墙和软件防火墙两类，硬件防火墙由路由器、主计算机和软件组成，软件防火墙通过纯软件的方式来实现。

1．防火墙的基本原理

防火墙的产生和发展已经历了相当的一段时间，目前比较成熟的防火墙的技术有基于硬件的"包过滤"技术和通过软件实现的"代理服务器"技术。早期防火墙主要起屏蔽主机和加强访问控制的作用，现代的防火墙逐渐集成了信息安全技术中的最新研究成果，一般都具有加密、解密和压缩、解压等功能。

防火墙从三个方面入手保护内部网络。第一层防护是过滤机制，这也是经典防火墙的主要功能，它根据事先设置的规则检查外部网络发来的数据包，决定是否让其通过。第二层防护是代理服务机制，代理服务器是代表内网用户向外网服务器实施连接请求的程序，断开了内部网络和外部网络之间的直接数据通道，起到隔离作用。第三层防护机制，是在数据送到外部网络之前进行加密，以防机密数据在外部网络被盗用。

（1）数据包过滤型防火墙。

由包过滤路由器依据事先设定的过滤逻辑控制哪些数据包可以进出网络，哪些数据包应被网络拒绝。核心是过滤算法。包是网络上信息流动的单位。包过滤路由器工作在网络层，因而又称网络层防火墙，是防火墙的初级产品。包过滤防火墙结构如图 9-1 所示。

① 包过滤路由器工作原理。

包过滤工作由包过滤路由器来完成，路由器拦截数据包，然后按照系统内部设置的包过滤规则（又称访问控制表）检查每个分组的源 IP 地址、目的 IP 地址和内装协议目标端口 ICMP 信息类型等信息，把这些信息与包过滤规则表进行比较，顺序检查规则表中的每一条规则，决定该分组是否应该转发。

如果有一条规则阻止包传输或接收，该包被丢弃。如果有一条规则允许包传输或接收，该包被转发。如果一个包不满足任何一条规则，该包被阻塞。通过包过滤路由器的处理，拒绝那些不符合标准的包头，过滤掉不应入站的信息，保证了网络的安全。

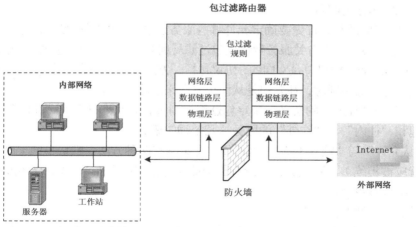

图 9-1　包过滤结构

例如，有以下几条包过滤规则。

规则号	功能	源 IP 地址	目标 IP 地址	源端口	目标端口	协议
1	Allow	192.168.2.0	★	★	21	TCP
2	Block	★	192.168.2.0	20	<1024	TCP
3	Allow	★	192.168.2.0	20	★	TCP
			ACK=1			

第一条规则是允许网络地址为 192.168.2.0 内的任何主机与任意目标地址且端口为 21 建立 TCP 的会话连接。

第二条规则是阻止任何源端口为 20 的远程 IP 地址访问内部网络地址为 192.168.2.0 且端口小于 1024 的任意主机。

第三条规则是允许源端口为 20 的任意远程主机可以访问 192.168.2.0 网络内主机任意端口。

这些规则的应用是按照顺序执行的。第三条看上去好像是矛盾的。如果任何包违反第二条规则，将被立刻丢弃，第三条规则不会执行。但是，第三条规则仍然需要，因为包过滤对所有进来和出去的流量进行过滤，直到遇到特定的允许规则。

包过滤操作流程如图 9-2 所示。

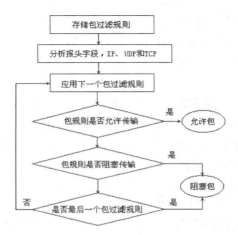

图 9-2　包过滤操作流程图

② 包过滤路由器的配置。

配置包过滤路由器时，首先要确定允许哪些服务通过，拒绝哪些服务，并将这些规定翻译成有关的包过滤规则。将有关服务翻译成包过滤规则时，有几个非常重要的概念。

- 协议的双向性。协议总是双向的，协议包括一方发送一个请求，另一方返回一个应答。在制定包过滤规则时，注意包是从两个方向来到路由器的。
- "往内"与"往外"的含义。制定包过滤规则时，必须准确理解"往内"与"往外"的包和"往内"与"往外"的服务这几个词的语义。
- "默认允许"与"默认拒绝"。网络的安全策略有两种方法：默认拒绝（没有明确被允许就应被拒绝）与默认允许（没有明确被拒绝就应被允许）。从安全角度来看，用默认拒绝应该更合适。

③ 包过滤防火墙的优缺点。

包过滤方式有许多优点，主要优点之一，是仅用一个放置在重要位置上的包过滤路由器就可保护整个网络。如果站点与 Internet 之间只有一台路由器，则无论站点规模多大，只要在这台路由器上设置合适的包过滤，站点就可获得很好的网络安全保护。包过滤对用户是透明的，即不需要用户名和密码登录。这种防火墙速度快、效率高，且易于维护、投资少，通常作为第一道防线。但缺点也是很明显的，包过滤不具有记账功能，没有用户的使用纪录，也就不能发现黑客的攻击纪录，而攻击一个单纯的包过滤防火墙对黑客来说是比较容易的。在机器中配置包过滤规则比较困难，对系统中包过滤规则的配置进行测试也较麻烦。包过滤的另一个缺点，是不能在用户级别进行过滤，即不能鉴别不同的用户和防止 IP 地址被盗用。许多产品的包过滤功能有这样或那样的局限性，要找一个比较完整的包过滤产品比较困难。

包过滤防火墙通常用在网络主机数少，不需要强大的集中化安全管理的地方。在实际应用中，已很少把包过滤技术当作单独的安全方案，而是把它和其他的防火墙技术糅合在一起使用。

（2）代理服务型防火墙。

包过滤防火墙可以依据 IP 地址禁止未授权者访问内网，但不适合控制内网用户访问外网。这种情况下，采用代理服务是更好的选择。代理服务是运行在防火墙主机上的一些特定的应用程序或服务程序。防火墙主机是指有一个内部网络接口和一个外部网络接口的双宿主主机，或是既能连接 Internet 也能连接内部网络的堡垒主机。

通常所说的"代理服务"，是用具有访问 Internet 能力的主机作为那些无权访问 Internet 主机的代理，使得这些不能访问 Internet 的主机通过代理服务也可以访问 Internet。在局域网中，常用这种代理服务器实现网内客户机与 Internet 的连接。

① 代理服务器。

代理服务器是运行在防火墙主机上的专门的应用程序或者服务程序，工作在应用层。代理服务器的基本工作过程是：当客户机需要使用外网服务器上的数据时，首先将请求发给代理服务器，代理服务器根据请求向服务器索取信息后，再由代理服务器将数据传输给用户。代理服务器在上述工作过程中，发挥中间转接作用。

与包过滤不同的是，代理服务直接和应用程序打交道，它不会让数据包直接通过，而是接受数据包并对其分析，当代理程序理解了连接请求后，启动另一个连接向外部网络发出同样的请求。代理服务器把内部网络客户端向外发出的请求重新包装，以代理的身份向目的地发送，目的是隐藏内部网络的构架及 IP 地址，以免暴露身份或所在位置，成为入侵者的攻击目标。代理服务断开了内部网络和外部网络之间的直接数据通道，外部的恶意侵害也就很难伤害到内部网络，起到防火墙的隔离作用。代理服务器结构如图 9-3 所示。

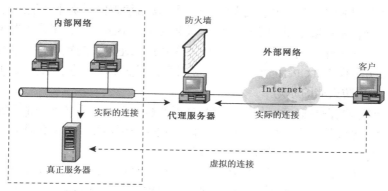

图 9-3　代理服务器结构

　　代理服务器是代表内网用户向外网服务器实施连接请求的程序。代理服务器运行在两个网络之间。对于内网用户来说，它像一台真正的服务器；对于外网的服务器来说，它又是一台客户机。代理服务器不是将内网用户的全部网络请求提交给 Internet 上真正的服务器，而是依据安全规则对用户请求判断是否代理执行该请求，因而能控制用户的请求。

　　代理技术与包过滤技术完全不同。包过滤技术是在网络层拦截所有的信息流，代理技术是对每一个特定应用都有一个程序。根据处理协议的不同，可分为 FTP 网关型、WWW 网关型、Telnet 网关型等防火墙。优点是既能进行安全控制，又可加速访问，但实现起来比较困难，对于每一种服务协议必须设计一个代理软件模式，以进行安全控制。

　　② 代理服务器的主要功能。

- 设置用户验证和记账功能。可按用户进行记账，没有登记的用户无权通过代理服务器和访问 Internet；能对用户的服务时间、访问地点、信息流量进行统计。
- 对用户进行分级管理。设置不同的用户访问权限，对 Internet 地址进行过滤。
- 节省 IP 地址。内部网络的所有用户只占用一个真实的 IP 地址，一方面可以节省 IP 开销，另一方面可以隐藏内部网络的拓扑结构，增强安全性。
- 利用缓冲提高访问速度。把经常访问的地址存储在缓冲器上，可大大提高热门站点的访问效率。通常代理服务器都设置一个较大的硬盘缓冲区，外界信息通过时，将其保存在缓冲区中，当其他用户访问相同信息时，直接从缓冲区中取出信息传给用户，以提高访问速度。

　　③ 代理服务的特点。

　　代理服务容易配置。由于是一种软件，过滤规则相对包过滤路由器更容易配置和测试，配置界面也十分友好。代理服务能提供详细的日志和安全审计功能，支持用户认证并提供详细的注册信息，这对于流量分析和安全检验是十分重要和宝贵的资料。代理服务能灵活地实现一整套的安全策略，可以隐藏内部网的 IP 地址，以保护内部主机不受外部主机的进攻；也可以给单个用户授权，即使攻击者盗取用了合法的 IP 地址，也无法通过严格的身份验证。内部网中的所有主机通过代理可以访问 Internet。代理能为用户提供透明的加密机制，确保用户数据的机密性，也可以方便地与其他安全手段集成，大大增加了网络的安全性。

　　代理服务比包过滤安全性更高，不足之处是代理速度比路由器慢。路由器工作在网络层，只是查看数据包头信息；代理服务工作在应用层，要检查数据包内容，按特定的应用协议对数据包内容进行审查、扫描，并转发请求或响应。对于每一项服务，代理服务可能要求对每项协议设置一个不同的服务器。由于代理服务器要在理解协议的前提下才能进行代理，安装、配置和执行服务器也是一项繁重的工作。代理服务对用户不透明，许多代理都要求对客户端做修改或安装客户端软件。由于客户端硬件和操作系统的差异，配置客户端软件既费时又容易出错。代理服务工作于 TCP/IP 之上，属于应用层，因而不能改进底层协议的安全性。

2．设置和选用防火墙的原则

首先要明确哪些数据是必须保护的，这些数据的被侵入会导致什么样的后果，以及网络不同区域需要什么等级的安全级别。防火墙可以是软件或硬件模块，并能集成于网桥、网关和路由器等设备之中。防火墙必须与网络接口匹配。

一般在选择防火墙时都将注意力放在防火墙如何控制连接，以及防火墙支持多少种服务上，往往忽略了防火墙也是网络上的主机设备，也可能存在安全问题。防火墙如果不能确保自身安全，则防火墙的控制功能再强，也终究不能完全保护内部网络。选用防火墙软件时，应该考虑以下几点。

- 防火墙应该是一个整体网络的保护者。
- 防火墙必须能弥补其他操作系统的不足。
- 防火墙应该为使用者提供不同平台的选择。
- 防火墙应能向使用者提供完善的售后服务。

设置防火墙参数时要考虑一些特殊的需求。

（1）IP 地址转换。进行 IP 地址转换有两个好处：其一是隐藏内部网络真正的 IP，可以使黑客无法直接攻击内部网络，也是强调防火墙自身安全性问题的主要原因；另一个好处是可以让内部用户使用保留的 IP，这对许多 IP 不足的地方是有益的。

（2）双重 DNS。当内部网络使用没有注册的 IP 地址，或防火墙进行 IP 转换时，DNS 也必须经过转换。由于同一个主机内部的 IP 与外界 IP 是不同的，有的防火墙可以提供双重 DNS，有的必须在不同主机上各安装一个 DNS。

（3）虚拟网络。虚拟网络可以在防火墙与防火墙之间，或移动的客户机程序之间对所有网络传输内容加密，建立一个虚拟通道，让两者之间感觉是在同一个网络上，既保证了安全，而且可以不受约束地互相存取。

（4）病毒扫描功能。大部分防火墙都可以与防病毒防火墙搭配，实现病毒扫描功能。有的防火墙可以直接集成病毒扫描功能，差别是病毒扫描工作由防火墙完成，或由另一台专用的计算机完成。

防火墙技术发展迅速，新型防火墙产品中引入了许多新技术：利用透明的代理系统技术，降低了系统登录的安全风险和出错概率；采用分组级、应用网关级、登录网关级三级过滤技术，提高了防护水平；采用一次性使用的口令字系统作为用户的鉴别手段；采用安全服务器网络（SSN）技术，用分别保护策略对服务器实施保护；健全防火墙产品的审计和告警功能，有十分完善的日志分析工具。

未来的防火墙技术将全面考虑网络的安全、操作系统的安全、应用程序的安全、用户的安全、数据的安全。网络防火墙产品还将把网络的前沿技术与自身的技术结合起来，从目前对子网或内部网络的管理方式向集中管理远程上网的方式发展；过滤深度不断加强，从目前的地址、服务过滤发展到 URL 页面过滤、关键字过滤和对 ActoveX、Java 等的过滤。未来的防火墙系统应当是一个可随意伸缩的模块化解决方案，使用户有充分的余地构建自己需要的防火墙体系。防火墙将具有非常易于配置的图形用户界面，易于安装和易于管理。利用防火墙建立专用网、加密技术、安全协议、日志分析工具等都是防火墙技术开发的热点。

3．防火墙存在的一些局限性

（1）防火墙不能防范不通过防火墙的连接。如果允许内部网络的用户与 Internet 服务商建立直接的拨号访问，可以绕过防火墙的安全保护。

（2）不能防范恶意的内部用户。防火墙对内部的入侵者无能为力，网络内部的用户访问内部网络不受防火墙的限制；不能防范网络内部窃取数据、破坏系统的行为。

（3）防火墙不能完全防范病毒。病毒的类型有多种，操作系统也有多种，编码与压缩二进制文件的方法也各不相同。因此，不能期望防火墙对每一个文件进行扫描查毒。无论防火墙多么安全，用户都需要有防毒措施。

（4）防火墙不能防备新的网络安全问题。防火墙是一种被动的防护手段，只能对现在已知的网络威胁起遏制作用。随着网络攻击手段的不断更新和一些新网络应用的出现，不可能靠一次性的防火墙设置来解决永远的网络安全问题。

知识引导 9.2　网络管理

9.2.1　网络管理概述

随着网络的规模不断扩大，复杂性不断增加，为确保向用户提供满意的服务，迫切需要一个高效的网络管理系统对整个网络进行自动化的管理工作。网络管理是计算机网络发展中的关键技术，对网络的正常运行起着极其重要的作用。随着计算机网络的发展与普及，对如何保证网络的安全、组织网络高效运行提出了迫切的要求。同时，网络覆盖范围越来越大，网络用户数目不断增加，网络共享数据量剧增，网络通信量剧增，网络应用软件类型不断增加，网络对不同操作系统的兼容性要求不断提高。这些变化使得对网络的管理变得更加复杂。

网络管理是指对网络的运行状态进行监测和控制，使其能够有效、可靠、安全经济地提供服务。网络管理包括对网络硬件资源和软件资源的管理。

网络管理是控制一个复杂的计算机网络，使它具有最高的效率和生产力的过程。这一过程通常包括数据收集、数据处理、数据分析和产生用于管理网络的报告。

国际标准化组织 ISO 在网络管理的标准化上定义了网络管理的五个功能域。

（1）**故障管理**：主要任务是发现和排除网络故障。

（2）**配置管理**：包括设置开放系统中有关路由操作的参数，被管对象和被管对象组名字的管理，初始化或关闭被管对象，根据要求收集系统当前状态的有关信息，获取系统重要变化的信息，更改系统的配置等功能。

（3）**计费管理**：包括计算网络建设及运营成本（网络设备器材成本，网络服务成本，人工费用等），统计网络及其资源的利用率（为确定计费标准提供依据）、联机收集计费数据（向用户收取网络服务费用的根据），计算用户应支付的网络服务费用，账单管理（保存原始数据备查）等功能。

（4）**性能管理**：维护网络服务质量（QoS）和网络运营效率，包含收集性能参数，分析数据，为每个重要的变量决定合适的性能门限值等功能。

（5）**安全管理**：包括对授权机制，访问控制，加密和加密关键字的管理，维护和检查安全日志。安全管理子系统将网络资源分为授权和未授权两大类，执行的功能包括：标识重要的网络资源，确定重要的网络资源和用户集间的映射关系，监视对重要网络资源的访问，记录对重要网络资源的非法访问等。

9.2.2　网络管理模式

一种典型的网络管理模型是"管理者/代理"模式，如图9-4所示。

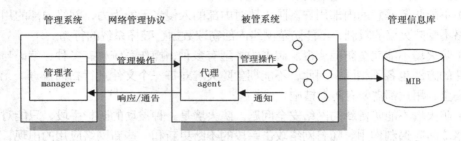

图9-4　网络管理者—网管代理模式

1．网络管理者

网络管理者是实施网络管理的处理实体，驻留在管理工作站上。管理工作站通常是指那些工作站、微机等，一般位于网络系统的主干或接近于主干的位置，负责发出管理操作的指令，并接收来自网管代理的信息。

2．网管代理

网管代理是一个软件模块，驻留在被管设备上，功能是把来自网络管理者的命令或信息的请求转换成本设备特有的指令，完成网络管理者的批示或把所在设备的信息返回到网络管理者。网管代理实际所起的作用是充当网络管理者与网管代理所驻留设备之间的信息中介。

3．网络管理协议

管理站和网管代理者之间通过网络管理协议通信，网络管理者进程通过网络管理协议完成网络管理。目前最有影响的网络管理协议是 SNMP 和 CMIS/CMIP。其中，SNMP 流传最广，获得支持也最广泛，已经成为事实上的工业标准。

4．管理信息库

管理信息库 MIB 是一个信息存储库，是网络管理系统中的一个非常重要的部分。MIB 定义了一种对象数据库，由系统内的许多被管对象及其属性组成。在 MIB 中的数据可大体分为3类：感测数据、结构数据和控制数据。

9.2.3　简单网络管理协议

在网络管理模型中，网络管理者和代理之间需要交换大量的管理信息。这一过程必须遵循统一的通信规范，我们把这个通信规范称为网络管理协议。网络管理协议是高层网络应用协议，建立在个体物理网络及其基础通信协议基础之上，为网络管理平台服务。

目前使用的标准网络管理协议包括：简单网络管理协议（SNMP）、公共管理信息服务/协议（CMIS/CMIP）和局域网个人管理协议（LMMP）等。ISO 早在提出 OSI/RM 的同时，就提出了网络管理标准的框架，并制定了基于开放系统互连参考模型的 CMIS/CMIP。然而由于种种原因，符合 OSI 网络管理标准的可供实用的产品几乎没有。与此同时，Internet 组织在长期运行因特网的实践中，提出了一个基于 TCP/IP 协议簇的网络管理标准协议 SNMP。与

CMIS/CMIP 相比，SNMP 流行更广、应用更多、获得的支持更广泛。SNMP 的最大的优点是简易性与可扩展性，它体现了网络管理系统的一个重要准则，即网络管理功能的实现不能影响网络的正常功能，不给网络附加过多的开销。本节主要介绍简单网络管理协议 SNMP。

1．SNMP 协议简介

SNMP 是由因特网工程任务组 IETF（the Internet Engineering Task Force）提出的面向 Internet 的管理协议，其管理对象包括网桥、路由器、交换机等网络互联设备。SNMP 由一系列协议组和规范组成，提供一种从网络设备中收集网络管理信息的方法。SNMP 使用嵌入到网络设施中的代理软件来收集网络的通信信息和有关网络设备的统计数据。代理软件不断地收集统计数据，并把这些数据记录到一个管理信息库（MIB）中，网络管理员通过向代理的 MIB 发出查询信号即可得到这些信息，这个过程称为轮询（polling）。

SNMP 采用轮询监控方式，管理者隔一定时间间隔向代理请求管理信息，管理者根据返回的管理信息判断是否有异常事件发生。轮询监控的主要优点是对代理资源的要求不高，缺点是管理通信的开销大。SNMP 由于简单、易于实现得到了业界广泛的支持，具有很好的扩展性，成为目前最流行的网络管理协议。SNMP 是基于 TCP／IP 的一种网络管理协议，所以它不能超越 TCP／IP 的范畴。像所有 TCP／IP 协议族中的协议一样，SNMP 对安全问题考虑甚少，安全性较差。SNMP 没有提供管理程序间共享信息和互相通信的机制。

使用 SNMP 的前提是要求所有的代理和管理站都支持 UDP 和 IP，这限制了对某些设备的管理，例如，某些不支持 TCP/IP 协议的网桥和调制调解器等设备只能被排除在网管范围之外。此外，可能有许多小系统如个人计算机、可编程控制器等，虽然支持 TCP/IP，但是它们不能承受由于增加了 SNMP、代理逻辑和 MIB 的维护而带来的额外负担。为了管理那些没有实现 SNMP 的设备，可以引入委托代理的方法来解决。

2．SNMP 系统的构成

SNMP 位于 ISO/OSI 参考模型的应用层，遵循 ISO 的网络管理模型。SNMP 模型由管理节点和代理节点构成，采用的是代理/管理站模型，如图 9-5 所示。

现代计算机网络的管理系统主要由以下几部分组成。

（1）多个被管代理（Managed Agents），又称代理节点。

（2）至少一个网络管理器（Network Manager），也称管理站节点。

（3）一个通用的网络管理协议（Network Management Protocol）。

（4）一个或多个管理信息库（MIB–Management Information Base）。

管理的网络设备包括用户站点和网络互连设备等，统称为被管理节点。驻留在这些被管对象上配合网络管理的处理实体称为被管代理。任何一种可被管理的被管对象，如主机、工作站、文件服务器、打印服务器、终端服务器、路由器，网桥或中继器等，都有一个被管代理，被管代理时刻监听和响应来自网络管理器的查询或命令。驻留在管理工作站上实施管理的处理实体称为管理器。任一网络管理域至少应该有一个网络管理工作站，驻留在网络管理工作站上的网络管理器负责网络管理的全部监视和控制工作。管理器和被管代理借助网络管理协议，通过发送请求与接受响应的信息交换方式进行工作，信息分别驻留在被管对象和管理工作站上的管理信息库（MIB）中。网络管理协议与管理信息库一起协调工作，简化了网络管理的复杂过程。

网络中可以存在多个网络管理节点，每个网络管理节点可以同时和多个 SNMP 代理节点通信，SNMP 软件一般采用图形用户界面来显示网络的状况，并接受管理员的操作指示不断地调整网络的运行。

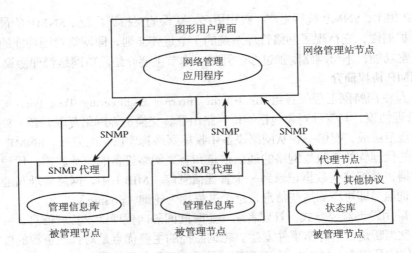

图 9-5　SNMP 网络管理参考模型

小结

　　网络管理是计算机网络的关键技术，对网络的正常运行起着极其重要的作用。本任务介绍了网络管理的基本概念，简单介绍了用途最为广泛的"简单网络管理协议"（SNMP）。网络安全已经成为一个关系到国家安全和主权以及社会稳定的重要问题，成为一门计算机网络的重要学科。

　　任务简要介绍了网络安全的基本概念和网络安全的解决方案，网络病毒和常见的防范措施。网络的安全性不仅要有安全的意识，还要有安全技术做保证。网络安全是一个复杂的系统学科，涉及计算机科学、网络技术、通信技术、密码技术、应用数学、数论、信息论等多种学科。本任务对防火墙技术作了简略的介绍。

习题

一、填空题

（1）网络安全从其本质上来讲就是网络上_____的安全。

（2）网络安全是指保护网络系统_____，使之不受偶然或者恶意的破坏、篡改、泄露，保证网络系统连续可靠正常地运行，网络服务不中断。

（3）网络安全技术的特征是_____、_____、_____、_____。

（4）要实施一个完整的网络安全系统，必须从_____、_____、_____三个层次上采取有效措施。

（5）防火墙是指隔离在_____网络与_____网络之间的一道防御系统。

（6）防火墙的管理策略一种是除了非允许不可的都被_____，这种策略安全，但访问效率较低。另一种是除了非禁止不可的都被_____，这种策略效率高但安全性较差。

（7）包过滤路由器拦截数据包，把数据包有关信息同_____进行比较，决定该分组是否应该转发。

（8）如果有一条规则阻止包传输或接收，此包被_____。如果有一条规则允许包传输或接收，该包被_____。如果一个包不满足任何一条规则，该包被_____。

（9）代理服务是运行在防火墙主机上的一些特定的_____或者_____。

（10）电子邮件攻击主要表现为_____和_____两种方式。

二、选择题

（1）下列不属于计算机安全目标的是（   ）。

    A. 保密性   B. 完整性   C. 有效性   D. 不可否认性

（2）以下关于防火墙属性中不正确的说法是（   ）。

    A. 进出网络的所有通信流都应该通过防火墙

    B. 所有穿过防火墙的通信流都必须有安全策略和计划的确认和授权

    C. 防火墙本身不需要具有预防入侵的功能

    D. 有良好的人机界面，用户配置、使用、管理方便

（3）包过滤型防火墙工作在（   ）。

    A. 网络层   B. 数据链路层   C. 物理层   D. 应用层

（4）代理服务型防火墙工作在（   ）。

    A. 网络层   B. 数据链路层   C. 物理层   D. 应用层

（5）下面（   ）是代理服务器的主要功能。

    A. 设置用户验证和记账功能，对用户进行分级管理设置不同的用户访问权限

    B. 节省了 IP 开销，还可以隐藏内部网络的拓扑结构增强安全性

    C. 增加缓冲器提高访问速度

    D. 以上都是

（6）在企业内部网与外部网之间，用来检查网络请求分组是否合法，保护网络资源不被非法使用的技术是（   ）。

    A. 防病毒技术   B. 防火墙技术   C. 差错控制技术   D. 流量控制技术

三、简述题

（1）什么是网络管理，网络管理的目标是什么？

（2）网络管理的五个功能是什么？

（3）网络安全技术的特征是什么？

（4）简述网络安全的实现。

（5）防火墙有哪些主要的功能特点？

（6）简述包过滤的基本特点及其工作原理。

（7）简述代理服务器的作用。

（8）简述黑客攻击的三个阶段。

（9）木马病毒有什么特点？

参 考 文 献

[1] 柳青等. 计算机网络技术基础. 北京：人民邮电出版社，2010

[2] 李志球. 计算机网络基础（第3版）. 北京：电子工业出版社，2011

[3] http://baike.baidu.com/view/5228.htm

[4] 思科系统公司译. 思科网络技术学院教程：网络基础知识. 北京：人民邮电出社版，2009

[5] 褚建立、刘彦舫等. 计算机网络技术实用教程. 北京：清华大学出版社，2007

[6] 柴方艳. 服务器配置与应用（Windows Server 2008 R2）. 北京：电子工业出版社，2014

[7] 张庆力、潘刚柱、王艳华. Windows Server 2008 教程(含 DVD 光盘 1 张). 北京：电子工业出版社，2014

[8] http://technet.microsoft.com/zh-cn/dd547417.aspx 微软中文广播

[9] 刘远生等. 计算机网络基础（第2版）. 北京：电子工业出版社，2005

[10] 刘晶璘. 计算机网络概论. 北京：高等教育出版社，2008

[11] 徐其兴. 计算机网络技术及应用（第三版）. 北京：高等教育出版社，2008

[12] 谢希仁. 计算机网络（第四版）. 北京：电子工业出版社，2004

[13] 吴功宜. 计算机网络（第2版）. 清华大学出版社，2007

[14] 刘钢. 计算机网络基础与实训. 北京：高等教育出版社，2005

[15] 邢彦辰. 计算机网络与通信. 北京：人民邮电出版社，2008

[16] 柳青. 计算机导论（基于 Windows 7+Office 2010）. 北京：中国水利水电出版社，2012